에듀윌과 함께 시작하면,
당신도 합격할 수 있습니다!

대학 졸업 후 취업을 위해 바쁜 시간을 쪼개며
전기기사 자격시험을 준비하는 취준생

비전공자이지만 더 많은 기회를 만들기 위해
전기기사에 도전하는 수험생

전기직 업무를 수행하면서 승진을 위해
전기기사에 도전하는 주경야독 직장인

누구나 합격할 수 있습니다.
시작하겠다는 '다짐' 하나면 충분합니다.

마지막 페이지를 덮으면,

**에듀윌과 함께
전기기사 합격이 시작됩니다.**

전기기사 1위

꿈을 실현하는 에듀윌
real 합격 스토리

이○름 3주 초단기 동차합격

3주 만에 전기기사 취득, 과목별 전문 교수진 덕분

자격증을 따야겠다고 결심했던 시기가 시험 접수 기간이었습니다. 친구들에게 좋은 이야기를 많이 들었던 에듀윌이 생각나서 상담을 받고 본격적인 준비를 시작했습니다. 에듀윌은 과목별로 교수 라인업이 잘 짜여 있고, 취약한 부분은 교수님 별로 다양한 관점의 강의를 들을 수 있어서 많은 도움이 됐습니다. 또, 이 과정을 통해 학습 내용을 정리할 수 있는 점도 정말 좋았습니다.

이○학 3개월 단기 합격

나를 합격으로 이끌어 준 에듀윌 전기기사

공기업 취업을 준비하던 중에 취업에 도움이 될 거라는 생각에 전기기사 자격증 공부를 시작했습니다. 강의를 듣고 난 당일 복습했던 게 빠르게 합격할 수 있었던 이유라고 생각합니다. 아버지께서 에듀윌에서 전기산업기사 준비를 하셔서 자연스럽게 에듀윌을 선택하게 됐습니다. 전문 교수님들이 에듀윌의 가장 큰 장점이라고 생각합니다. 그리고 학습 상황을 객관적으로 파악할 수 있었던 모의고사 서비스도 만족스러웠습니다.

김○연 비전공자 3개월 합격

에듀윌이라 가능했던 3개월 단기 합격

비전공자임에도 불구하고 3개월 만에 전기기사 자격증을 취득할 수 있었습니다. 제게 맞는 강의를 선택할 수 있도록 다양한 콘텐츠를 지원해 준 에듀윌에 감사드립니다. 일반 물리학 정도의 지식만 있던 상태라 강의를 따라가기가 쉽지만은 않았습니다. 하지만 힘들어서 포기하고 싶을 때마다 용기를 주시고 격려해주신 교수님과 학습 매니저 분들에게 정말 감사 인사를 전하고 싶습니다.

다음 합격의 주인공은 당신입니다!

더 많은 합격 비법

* 2023 대한민국 브랜드만족도 전기(산업)기사 교육 1위(한경비즈니스)

에듀윌 전기기사

1위 에듀윌만의
체계적인 합격 커리큘럼

매일 선착순 100명

쉽고 빠른 합격의 첫걸음
기술자격증 입문서 8권 무료 신청

원하는 시간과 장소에서, 1:1 관리까지 한번에
온라인 강의

① 전 과목 최신 교재 제공
② 업계 최강 교수진의 전 강의 수강 가능
③ 맞춤형 학습플랜 및 커리큘럼으로 효율적인 학습

기술자격증 입문서
무료 신청

친구 추천 이벤트

" **친구 추천**하고 한 달 만에
920만원 받았어요 "

친구 1명 추천할 때마다 현금 10만원 제공
추천 참여 횟수 무제한 반복 가능

※ *a*o*h**** 회원의 2021년 2월 실제 리워드 금액 기준
※ 해당 이벤트는 예고 없이 변경되거나 종료될 수 있습니다.

친구 추천 이벤트
바로가기

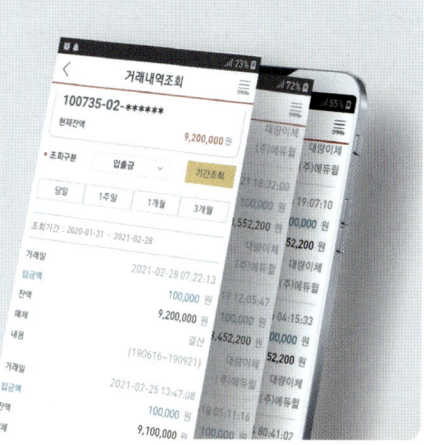

---

* 2023 대한민국 브랜드만족도 전기(산업)기사 교육 1위(한경비즈니스)

eduwill

에듀윌 **직영학원**에서
합격을 수강하세요

언제나 전문 학습 매니저와 상담이 가능한 안내데스크

고품질 영상 및 음향 장비를 갖춘 최고의 강의실

재충전을 위한 카페 분위기의 아늑한 휴게실

에듀윌의 상징 노란색의 환한 학원 입구

에듀윌 직영학원 대표전화

공인중개사 학원	02)815-0600	공무원 학원	02)6328-0600	편입 학원	02)6419-0600
주택관리사 학원	02)815-3388	소방 학원	02)6337-0600	세무사·회계사 학원	02)6010-0600
전기기사 학원	02)6268-1400	부동산아카데미	02)6736-0600		

전기기사 학원 바로가기

* 2023 대한민국 브랜드만족도 전기(산업)기사 교육 1위(한경비즈니스)

시험 직전, CBT 시험 적응을 위한
최신기출 CBT 모의고사

💻 PC로 응시하기

1 | 최신 출제경향을 반영한 CBT 모의고사

실제 시험과 동일한 시험 환경 구현
CBT 시험 완벽 대비

총 3회 분량의 모의고사 제공

1회 | https://eduwill.kr/DFIp
2회 | https://eduwill.kr/NFIp
3회 | https://eduwill.kr/TFIp

2 | 학습자 맞춤형 성적분석

전체 응시생의 평균점수 비교를 통한 시험의 난이도와 합격예측 확인

과목별 점수와 난이도를 비교하여 스스로 취약한 부분 확인

STEP 1 모의고사 응시 후 [성적분석] 클릭

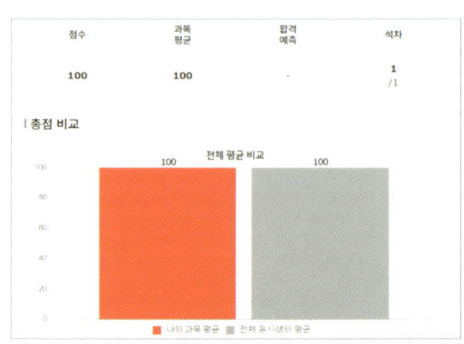

3 | 쉽고 빠르게 확인하는 오답해설

모의고사 채점을 통한 과목별 성적 및 상세한 해설 제공

문제별 정답률을 확인하여 문제 난이도를 한눈에 파악

STEP 1 모의고사 응시 후 [채점 결과] 클릭
STEP 2 점수 확인 후 [해설 보기] 클릭

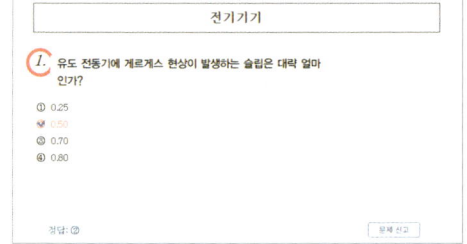

에듀윌 전기
전력공학 필기
+무료특강

끝맺음 노트

☑ 핵심이론 및 빈출문제

☑ 최신기출 CBT 모의고사 (+무료특강 3강)

eduwill

에듀윌 전기
전력공학 필기
+무료특강

에듀윌 전기
전력공학
필기 기본서+유형별 N제

끝맺음 노트

eduwill

핵심이론 및 빈출문제

최근 20개년 동안 가장 많이 출제된 핵심이론만 모았습니다.
이론과 관련된 빈출문제를 풀어보면서 개념을 확립할 수 있습니다.
무료강의와 함께 학습하면 소화력이 배가 됩니다.

전력공학 본권 학습 후 마무리를 도와주는 끝맺음 노트

핵심이론 및 빈출문제

시험에 나오는 요점만 정리한 이론과 문제!

PART 01 핵심이론 및 빈출문제

활용 방법
① 네이버앱 또는 카카오톡앱에서 QR코드 스캔 기능을 준비한다.
② QR코드를 스캔하여 강의를 수강한다.
③ 동영상강의와 함께 부록으로 학습한다.

1 전선의 굵기 선정

(1) 경제적인 전선의 굵기 선정: 켈빈의 법칙

(2) 전선의 굵기 선정 시 고려 사항
  ① 허용 전류가 클 것
  ② 전압 강하가 작을 것
  ③ 기계적 강도가 우수할 것

대표 빈출 문제

옥내 배선의 전선 굵기를 결정할 때 고려해야 할 사항으로 틀린 것은?

① 허용 전류
② 전압 강하
③ 배선 방식
④ 기계적 강도

해설 전선 굵기 선정 시 고려 사항
• 허용 전류
• 전압 강하
• 기계적 강도

| 정답 | ③

---

2 현수 애자 1련의 전압 분담

(1) 현수 애자는 철탑 암에서 밑으로 내려뜨려서 사용하는 애자로, 전선 위치에서 볼 때 각 애자마다 걸리는 전압이 서로 다르다.

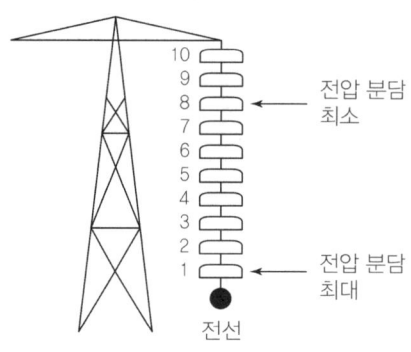

▲ 현수 애자 1련의 전압 분담 분포(154[kV])

(2) 애자 10개를 1련으로 한 경우의 전압 분담

① 전압 분담이 최대인 애자: 전선에서 첫 번째 애자

② 전압 분담이 최소인 애자: 전선으로부터 $\frac{2}{3}$ 되는 지점에 있는 애자(전선에서 8번째 애자, 철탑에서 3번째 애자)

> **대표 빈출 문제**
>
> 154[kV] 송전 선로에 10개의 현수 애자가 연결되어 있다. 다음 중 전압 분담이 가장 작은 것은?(단, 애자는 같은 간격으로 설치되어 있다.)
>
> ① 철탑에서 가장 가까운 것 ② 철탑에서 3번째에 있는 것
> ③ 전선에서 가장 가까운 것 ④ 전선에서 3번째에 있는 것
>
> **해설**
>
>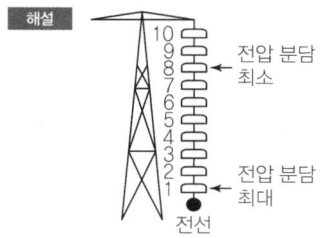
>
> • 전압 분담이 가장 큰 애자: 전선에서 가장 가까운 애자
> • 전압 분담이 가장 작은 애자: 전선에서 8번째 애자 또는 철탑에서 3번째 애자
>
> |정답| ②

3 전선의 이도 및 전선의 실제 길이

(1) 이도: 전선의 최고 높은 지점에서부터 밑으로 내려온 길이[m]를 말한다.

(2) 이도의 대소에 따른 특징

이도가 클 때	• 지지물 높이가 증가한다. • 전선의 진동이 커진다.
이도가 작을 때	• 전선 장력이 증가한다. • 단선 사고 위험이 있다.

▲ 송전 선로의 이도에 의한 가설 방법

- 전선의 이도 $D = \dfrac{WS^2}{8T}$[m] (단, $T = \dfrac{\text{인장 하중[kg]}}{k}$)
- 전선의 실제 길이 $L = S + \dfrac{8D^2}{3S}$[m]
- 지지점의 평균 높이 $h = H - \dfrac{2}{3}D$[m]

단, W: 전선 1[m]당 무게[kg/m], S: 철탑과 철탑 간의 경간[m]
T: 전선의 수평 장력[kg], k: 안전율, H: 지지점의 높이[m]

대표빈출문제 경간 200[m], 장력 1,000[kg], 하중 2[kg/m]인 가공 전선의 이도(Dip)는 몇 [m]인가?

① 10 　　　　　　　　　　　② 11
③ 12 　　　　　　　　　　　④ 13

해설 이도 $D = \dfrac{WS^2}{8T} = \dfrac{2 \times 200^2}{8 \times 1,000} = 10$[m]

| 정답 | ①

---

4 선로 정수의 계산

- 인덕턴스 $L = 0.05 + 0.4605 \log_{10} \dfrac{D}{r}$ [mH/km]
- 정전 용량 $C = \dfrac{0.02413}{\log_{10} \dfrac{D}{r}}$ [μF/km]

단, D: 전선 간의 이격 거리[m], r: 전선의 반지름[m]

> **대표빈출문제**
>
> 3상 3선식 1회선의 가공 송전 선로에서 D를 등가 선간 거리, r을 전선의 반지름이라고 하면 1선당 작용 정전 용량은?
>
> ① $\dfrac{D}{r}$에 비례한다. ② $\dfrac{D}{r}$에 반비례한다.
>
> ③ $\log \dfrac{D}{r}$에 비례한다. ④ $\log \dfrac{D}{r}$에 반비례한다.
>
> **해설** 정전 용량
>
> $$C = \dfrac{0.02413}{\log_{10} \dfrac{D}{r}} \, [\mu\text{F/km}]$$
>
> 인덕턴스
>
> $$L = 0.05 + 0.4605 \log_{10} \dfrac{D}{r} \, [\text{mH/km}]$$
>
> 정전 용량은 $\log \dfrac{D}{r}$에 반비례하고, 인덕턴스는 $\log \dfrac{D}{r}$에 비례한다.
>
> |정답| ④

5 등가 선간 거리(D_e)

(1) 3상 선로에서 실제 전선과 전선 간의 이격 거리가 서로 각기 달라 정삼각형 배열로 등가 변환하여 선간 거리를 동일하게 환산한 거리를 말한다.

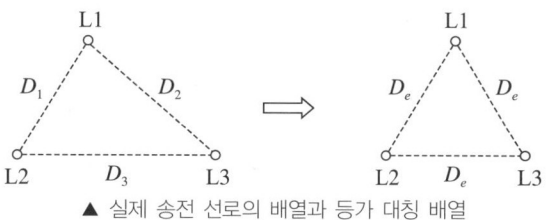

▲ 실제 송전 선로의 배열과 등가 대칭 배열

(2) 등가 선간 거리 공식

> 등가 선간 거리 $D_e = \sqrt[3]{D_1 \times D_2 \times D_3} \, [\text{m}]$
>
> 단, 세제곱근은 전선 간 이격 거리가 3개임을 의미한다.

> **대표빈출문제** 그림과 같이 일직선 배치로 완전 연가한 경우의 등가 선간 거리는?
>
>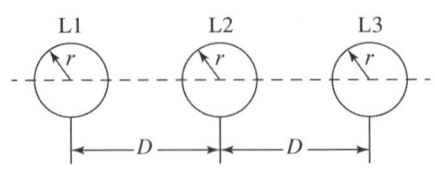
>
> ① $\sqrt{D}$ ② $\sqrt{2}D$ ③ $\sqrt[3]{2}D$ ④ $\sqrt[3]{3}D$
>
> **해설** 등가 선간 거리
> $D_e = \sqrt[3]{D_1 \times D_2 \times D_3} = \sqrt[3]{D \times D \times 2D} = \sqrt[3]{2}D[\mathrm{m}]$
>
> | 정답 | ③

6 복도체(다도체)

(1) 복도체(다도체)의 정의
  ① 단도체: 1상의 전선이 도체 1개로 이루어진 도체
  ② 복도체: 단도체가 적당한 간격을 두고 2가닥으로 이루어진 전선
  ③ 다도체: 단도체의 개수가 3가닥 이상인 전선

(2) 용도: 코로나 방지용으로 많이 사용한다.

(3) 전압별 사용 도체 형식
  ① 154[kV]용: 복도체
  ② 345[kV]용: 4도체
  ③ 765[kV]용: 6도체

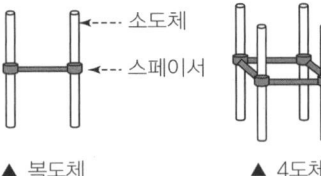

▲ 복도체   ▲ 4도체

(4) 스페이서(Spacer) 역할
  복도체에서 발생하는 흡인력에 의한 소도체 간 충돌 방지용(간격 유지)

> **대표빈출문제** 복도체를 사용한 가공 송전 방식을 같은 단면적의 단도체를 사용하는 경우와 비교할 때 틀린 것은?
> ① 송전 용량을 증대시킬 수 있다.
> ② 코로나 개시 전압이 높아지므로 코로나 손실을 줄일 수 있다.
> ③ 안정도를 증대시킬 수 있다.
> ④ 인덕턴스는 증가하고, 정전 용량은 감소한다.
>
> **해설** 복도체의 특징
> • 전선 표면 전위 경도를 감소시켜 임계 전압이 상승하여 코로나 현상을 방지한다.(복도체 사용의 주목적)
> • 인덕턴스는 감소하고 정전 용량은 증가하여 송전 용량이 증대한다.
> • 송전 계통의 안정도가 증가한다.
>
> | 정답 | ④

7 작용 정전 용량 $C[\text{F}]$

(1) 전선과 전선 사이에 존재하는 상호 정전 용량(C_m)과 각 상의 전선과 대지 사이에 존재하는 대지 정전 용량(C_s)을 모두 합친 전선의 전체 정전 용량을 말한다.

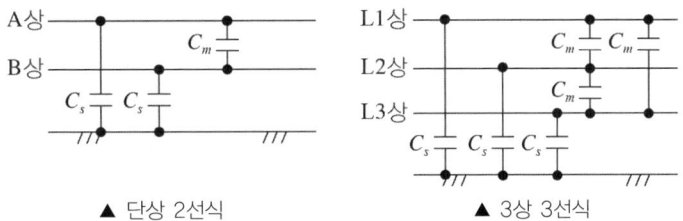

▲ 단상 2선식 　　　　▲ 3상 3선식

(2) 선로의 작용 정전 용량식

- 단상 2선식 $C = C_s + 2C_m [\text{F}]$
- 3상 3선식 $C = C_s + 3C_m [\text{F}]$

단, C_s: 대지 정전 용량[F], C_m: 상호 정전 용량[F]

대표 빈출 문제　3상 1회선 전선로에서 대지 정전 용량은 C_s이고 선간 정전 용량을 C_m이라 할 때, 작용 정전 용량 C_n은?

① $C_s + C_m$　　　　　　　　② $C_s + 2C_m$
③ $C_s + 3C_m$　　　　　　　　④ $2C_s + C_m$

해설　작용 정전 용량
- 단상 2선식: $C_n = C_s + 2C_m$
- 3상 3선식: $C_n = C_s + 3C_m$

| 정답 | ③

---

8 전선로 1선당 충전 전류 $I_c[\text{A}]$

선로 정전 용량에 전류가 흐르면 전류는 다음과 같은 진상 전류로서 선로에 충전하여 흐르게 된다.(3상 3선식의 경우)

$$I_c = \frac{E}{X_c} = \frac{E}{\frac{1}{\omega C}} = \omega C E = \omega(C_s + 3C_m)E = \omega(C_s + 3C_m)\frac{V}{\sqrt{3}}[\text{A}]$$

단, E: 대지 전압[V], V: 선간 전압[V]

> **대표빈출문제** $22[\text{kV}]$, $60[\text{Hz}]$ 1회선의 3상 송전선에서 무부하 충전 전류는 약 몇 $[\text{A}]$인가?(단, 송전선의 길이는 $20[\text{km}]$이고, 1선 $1[\text{km}]$당 정전 용량은 $0.5[\mu\text{F}]$이다.)
>
> ① 12　　　　② 24　　　　③ 36　　　　④ 48
>
> **해설** $I_c = \dfrac{E}{X_c} = \dfrac{E}{\dfrac{1}{\omega C}} = \omega CE = 2\pi f CE = 2\pi f C\left(\dfrac{V}{\sqrt{3}}\right)$
>
> $\qquad = 2\pi \times 60 \times (0.5 \times 10^{-6} \times 20) \times \dfrac{22{,}000}{\sqrt{3}} = 47.9[\text{A}]$
>
> |정답| ④

9 3상 송전 선로에 충전되는 충전 용량 $Q_c[\text{VA}]$

선로의 정전 용량에 충전 전류가 흐르게 되면 3상 송전 선로에는 다음과 같은 값으로 충전 용량이 발생하게 된다.

- $Q_c = 3\omega CE^2 = 3\omega C\left(\dfrac{V}{\sqrt{3}}\right)^2 = \omega CV^2[\text{VA}]$
- $Q_c = 3\omega(C_s + 3C_m)E^2 = \omega(C_s + 3C_m)V^2[\text{VA}]$

단, E: 상전압[V], V: 선간 전압[V]

> **대표빈출문제** 주파수 $60[\text{Hz}]$, 정전 용량 $\dfrac{1}{6\pi}[\mu\text{F}]$의 콘덴서를 Δ결선해서 3상 전압 $20{,}000[\text{V}]$를 가했을 때의 충전 용량은 몇 $[\text{kVA}]$인가?
>
> ① 12　　　　② 24　　　　③ 48　　　　④ 50
>
> **해설** 충전 용량
>
> $Q = 3\omega CE^2$에서 Δ결선이므로 선간 전압이 상전압과 같다.
>
> $\therefore Q_c = 3\omega CE^2 = 3\omega CV^2 = 3 \times 2\pi f \times C \times V^2$
>
> $\qquad = 3 \times 2\pi \times 60 \times \dfrac{1}{6\pi} \times 10^{-6} \times 20{,}000^2$
>
> $\qquad = 24 \times 10^3[\text{VA}] = 24[\text{kVA}]$
>
> |정답| ②

10 연가의 목적

(1) 선로 정수 평형

(2) 수전단 전압 파형의 일그러짐 방지

(3) 인접 통신선의 유도 장해 방지

(4) 소호 리액터 접지에서 직렬 공진의 방지

대표빈출문제 연가를 하는 주된 목적은?

① 미관상 필요 ② 선로 정수의 평형
③ 유도뢰의 방지 ④ 직격뢰의 방지

해설 연가 목적
- 선로 정수의 평형
- 유도 장해 감소
- 소호 리액터 접지 시 직렬 공진 방지

|정답| ②

11 3상 3선식 송전 선로에서의 주요 공식 정리

① 전압 강하 $e = V_s - V_r = \sqrt{3}I(R\cos\theta + X\sin\theta)[\text{V}]$
$= \dfrac{P}{V_r}(R + X\tan\theta)[\text{V}]\left(\therefore e \propto \dfrac{1}{V}\right)$

② 전압 강하율 $\varepsilon = \dfrac{e}{V_r} \times 100[\%] = \dfrac{V_s - V_r}{V_r} \times 100[\%]$
$= \dfrac{\sqrt{3}I(R\cos\theta + X\sin\theta)}{V_r} \times 100[\%]$
$= \dfrac{P}{V_r^2}(R + X\tan\theta) \times 100[\%]\left(\therefore \varepsilon \propto \dfrac{1}{V^2}\right)$

③ 전압 변동률 $\delta = \dfrac{V_{r0} - V_r}{V_r} \times 100[\%]$
(V_{r0}: 무부하 시 수전단 전압, V_r: 전부하 시 수전단 전압)

④ 유효 전력 $P = \sqrt{3}\,VI\cos\theta[\text{W}]$

⑤ 전력 손실 $P_l = 3I^2R = 3\left(\dfrac{P}{\sqrt{3}\,V\cos\theta}\right)^2 R = \dfrac{P^2 R}{V^2 \cos^2\theta}[\text{W}]\left(\therefore P_l \propto \dfrac{1}{V^2}\right)$

대표빈출문제 송전단 전압 $6,600[\text{V}]$, 길이 $2[\text{km}]$의 3상 3선식 배전선에 의해서 지상 역률 0.8의 말단부하에 전력이 공급되고 있다. 부하단 전압이 $6,000[\text{V}]$를 내려가지 않도록 하기 위해서 부하를 최대 몇 $[\text{kW}]$까지 허용할 수 있는가?(단, 선로 1선당 임피던스는 $Z = 0.8 + j0.4[\Omega/\text{km}]$이다.)

① 818 ② 945 ③ 1,332 ④ 1,636

해설 전압 강하 $e = V_s - V_r = 6,600 - 6,000 = 600[\text{V}]$
$e = \dfrac{P}{V_r}(R + X\tan\theta)[\text{V}]$이므로
$\therefore P = \dfrac{eV_r}{R + X\tan\theta} = \dfrac{600 \times 6,000}{0.8 \times 2 + 0.4 \times 2 \times \dfrac{0.6}{0.8}}$
$= 1,636[\text{kW}]$

|정답| ④

12 중거리 송전 선로

(1) T형 회로에 의한 해석

① 등가 회로

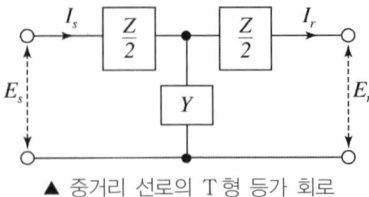

▲ 중거리 선로의 T형 등가 회로

② T형 회로의 송전단 전압, 전류

- 송전단 전압 $E_s = AE_r + BI_r = \left(1 + \dfrac{ZY}{2}\right)E_r + Z\left(1 + \dfrac{ZY}{4}\right)I_r$
- 송전단 전류 $I_s = CE_r + DI_r = YE_r + \left(1 + \dfrac{ZY}{2}\right)I_r$

단, 직렬 임피던스 $Z = R + j\omega L[\Omega]$
　　병렬 어드미턴스 $Y = G + j\omega C[\mho]$

(2) π형 회로에 의한 해석

① 등가 회로

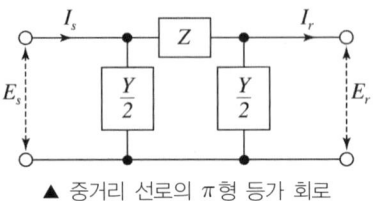

▲ 중거리 선로의 π형 등가 회로

② π형 회로의 송전단 전압, 전류

- 송전단 전압 $E_s = AE_r + BI_r = \left(1 + \dfrac{ZY}{2}\right)E_r + ZI_r$
- 송전단 전류 $I_s = CE_r + DI_r = Y\left(1 + \dfrac{ZY}{4}\right)E_r + \left(1 + \dfrac{ZY}{2}\right)I_r$

(3) 4단자 정수(A, B, C, D)의 정의

① 송전단 전압(E_s) 및 송전단 전류(I_s)의 표현
- 송전단 전압·전류는 A, B, C, D 정수를 사용
  - 송전단 전압 $E_s = AE_r + BI_r$
  - 송전단 전류 $I_s = CE_r + DI_r$

② 4단자 정수 A, B, C, D의 물리적 의미

- $A = \dfrac{E_s}{E_r}$: 수전단 개방 시($I_r = 0$)의 송·수전단 전압비를 의미

- $B = \dfrac{E_s}{I_r}$: 수전단 단락 시($E_r = 0$)의 송·수전단 전달 임피던스를 의미[Ω]

- $C = \dfrac{I_s}{E_r}$: 수전단 개방 시($I_r = 0$)의 송·수전단 전달 어드미턴스를 의미[℧]

- $D = \dfrac{I_s}{I_r}$: 수전단 단락 시($E_r = 0$)의 송·수전단 전류비를 의미

③ 행렬식에 의한 4단자 정수의 산출

- 직렬 임피던스 회로의 행렬식

$\begin{bmatrix} A & B \\ C & D \end{bmatrix} = \begin{bmatrix} 1 & Z \\ 0 & 1 \end{bmatrix}$

- 병렬 어드미턴스 회로의 행렬식

$\begin{bmatrix} A & B \\ C & D \end{bmatrix} = \begin{bmatrix} 1 & 0 \\ Y & 1 \end{bmatrix}$

대표 빈출 문제 중거리 송전 선로에서 T형 회로일 경우 4단자 정수 A는?

① $1+\dfrac{ZY}{2}$ ② $1-\dfrac{ZY}{4}$ ③ Z ④ Y

해설 중거리 송전 선로 T형 회로

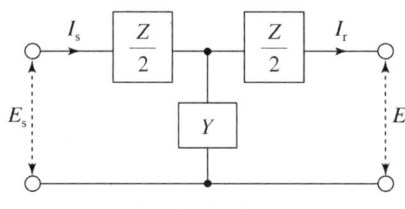

▲ 중거리 선로의 T형 등가 회로

$A = 1 + \dfrac{\frac{Z}{2}}{\frac{1}{Y}} = 1 + \dfrac{ZY}{2}$

| 정답 | ①

---

13 특성 임피던스

(1) $Z_o = \sqrt{\dfrac{Z}{Y}} = \sqrt{\dfrac{R+j\omega L}{G+j\omega C}} \fallingdotseq \sqrt{\dfrac{L}{C}}$ [Ω]

(2) 송전선을 이동하는 진행파에 대한 전압과 전류의 비로, 그 송전선 고유의 특성을 나타내는 값이 된다.(선로의 길이와 무관)

대표빈출문제 가공 송전 선로의 정전 용량이 $0.005[\mu\text{F}/\text{km}]$이고, 인덕턴스는 $1.8[\text{mH}/\text{km}]$이다. 이때 파동 임피던스는 몇 $[\Omega]$인가?

① 360　　　② 600　　　③ 900　　　④ 1,000

해설 파동 임피던스

$$Z_0 = \sqrt{\frac{L}{C}} = \sqrt{\frac{1.8 \times 10^{-3}}{0.005 \times 10^{-6}}} = 600[\Omega]$$

|정답| ②

14 전력 원선도

(1) **정의**: 계통의 송·수전 전력을 계산에 의한 방법이 아닌 평면도에 그림을 그려서 해석하는 기법이다.

(2) **전력 원선도 작성 시 필요 사항**: $E_s = AE_r + BI_r$, $I_s = CE_r + DI_r$의 전력 방정식에서 송·수전단 전압 및 전류, 4단자 정수(A, B, C, D)가 필요하다.

(3) **전력 원선도의 반지름 산출식**

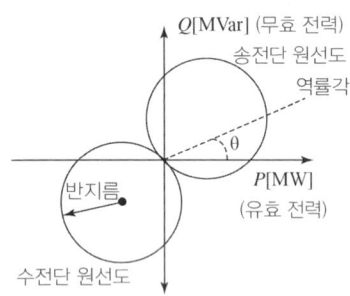

▲ 전력 원선도의 예

$$\rho = \frac{E_s E_r}{B}$$

(단, E_s: 송전단 전압, E_r: 수전단 전압, B: 임피던스 정수)

(4) **전력 원선도에서 알 수 있는 사항**
  ① 송·수전할 수 있는 최대 전력
  ② 송·수전단 전압 간의 상차각
  ③ 전력 손실과 송전 효율
  ④ 수전단 측의 역률
  ⑤ 전력 계통 전압을 유지하기 위한 조상설비

> **대표빈출문제** 송전단, 수전단 전압을 각각 E_s, E_r이라 하고 4단자 정수를 A, B, C, D라 할 때 전력 원선도의 반지름은?
>
> ① $\dfrac{E_s E_r}{A}$ ② $\dfrac{E_s E_r}{B}$ ③ $\dfrac{E_s E_r}{C}$ ④ $\dfrac{E_s E_r}{D}$
>
> **해설** 전력 원선도의 반지름 $\rho = \dfrac{E_s E_r}{B}$
>
> |정답| ②

15 직류 송전

(1) 직류 송전의 장점
① 전력 손실이 적다.
② 주파수가 서로 다른 계통 간 연계(비동기 연계)가 가능하다.
③ 코로나 손실이 적고 충전 전류의 영향이 없다.
④ 선로의 리액턴스가 없으므로 계통 안정도가 높다.
⑤ 전선의 표피 효과나 근접 효과 영향이 없으므로 저항 증대가 없다.
⑥ 전력 기기의 절연을 교류 방식보다 낮게 할 수 있다.(교류 최대값의 $\dfrac{1}{\sqrt{2}}$ 정도)

(2) 직류 송전의 단점
① 전압의 승압과 강압이 곤란하다.
② 변환 장치(컨버터, 인버터) 설치에 많은 비용이 든다.
③ 교류에서와 같이 전류의 영점이 없으므로 고장 전류 차단이 어렵다.
④ 변환 장치에서 발생하는 다량의 고조파를 제거하는 장치가 필요하다.

> **대표빈출문제** 교류 송전 방식과 직류 송전 방식을 비교할 때 교류 송전 방식의 장점에 해당되는 것은?
>
> ① 전압의 승압, 강압 변경이 용이하다. ② 절연 계급을 낮출 수 있다.
> ③ 송전 효율이 좋다. ④ 안정도가 좋다.
>
> **해설** **직류 송전 방식**
> • 장점
>   - 비동기 연계가 가능하다.
>   - 기기의 절연을 낮게 할 수 있다.
>   - 역률이 1이므로 송전 효율이 높다.
>   - 안정도가 우수하다.
> • 단점
>   - 회전 자계를 얻지 못한다.
>   - 승압, 강압이 어렵다.
> 직류 송전 방식과 비교한 교류 송전 방식의 장점은 전압의 승압, 강압 변경이 용이하다는 것이다.
>
> |정답| ①

16 전력 계통의 안정도 산출식

▲ 전력 계통의 등가 회로

$$P = \frac{V_s V_r}{X} \sin\delta \, [\text{MW}]$$

단, P: 계통의 공급 전력[MW], V_s: 송전단 전압[kV], V_r: 수전단 전압[kV]
X: 송·수전단 간의 전달 리액턴스[Ω], δ: 송수전단 간의 위상차 각[°]

대표빈출문제 송전단 전압 $161[\text{kV}]$, 수전단 전압 $155[\text{kV}]$, 상차각 $40°$, 리액턴스가 $49.8[\Omega]$일 때 선로 손실을 무시한다면 전송 전력은 약 몇 $[\text{MW}]$인가?

① 289 ② 322 ③ 373 ④ 869

해설 송전 용량
$$P = \frac{V_s V_r}{X} \sin\delta = \frac{161 \times 155}{49.8} \times \sin 40° = 322[\text{MW}]$$

| 정답 | ②

17 안정도 향상 대책

계통의 안정도를 향상시키는 방법은 위 안정도 식에서 전압(V)을 크게 하거나 발전단과 부하 간의 위상차 각(δ)을 증가시키거나 계통의 전달 리액턴스(X)를 감소시키는 것이다.

(1) 전력 계통의 승압

(2) 속응 여자 방식의 채용

(3) 계통 연계

(4) 발전기나 변압기의 리액턴스 감소

(5) 직렬 콘덴서 설치

(6) 선로에 복도체 방식 채용

(7) 고속 차단 및 재폐로 방식 채용

(8) 단락비가 큰 발전기 사용

(9) 계통의 접지 방식을 고저항 접지 및 소호 리액터 접지 방식으로 채용

(10) 중간 조상 방식의 채용

(11) 제동 저항기 설치

(12) 선로의 병렬 회선수 증가

대표 빈출 문제

다음 중 전력 계통의 안정도 향상 대책으로 옳은 것은?

① 송전 계통의 전달 리액턴스를 증가시킨다.
② 고속 재폐로 방식을 채용한다.
③ 전원 측 원동기용 조속기의 작동을 느리게 한다.
④ 고장을 줄이기 위하여 각 계통을 분리시킨다.

해설 안정도 향상 대책
- 리액턴스를 적게 한다.
  - 복도체 또는 다도체 채용
  - 직렬 콘덴서 설치
  - 발전기나 변압기의 리액턴스 감소
  - 선로의 병렬 회선수 증가
- 전압 변동을 적게 한다.
  - 중간 조상 방식 채용
  - 고장 구간을 신속히 차단
  - 고속도 계전기, 고속도 차단기 설치
  - 속응 여자 방식 채용
- 계통에 충격을 주지 말아야 한다.
  - 제동 저항기 설치
  - 단락비를 크게 함

| 정답 | ②

---

18 %임피던스(%Z)법

계통의 모든 요소를 %값으로 환산하여 고장 계산하는 방법이다.

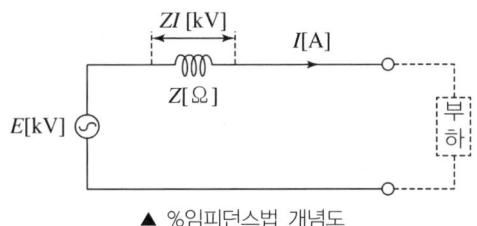

▲ %임피던스법 개념도

① %임피던스 환산 공식 $\%Z = \dfrac{P_n Z}{10 V^2} [\%]$

② 단락 전류 $I_s = \dfrac{100}{\%Z} I_n = \dfrac{100}{\%Z} \times \dfrac{P_n}{\sqrt{3} V_n} [\mathrm{A}]$

③ 3상 단락 용량 $P_s = \dfrac{100}{\%Z} P_n [\mathrm{kVA}]$

단, P_n: 기준 용량[kVA], V: 선간 전압[kV], I_n: 정격 전류[A], V_n: 정격 전압[V]

대표빈출문제 3상 송전 선로의 선간 전압을 $100[\mathrm{kV}]$, 3상 기준용량을 $10,000[\mathrm{kVA}]$로 할 때 선로 리액턴스(1선당) $100[\Omega]$을 %임피던스로 환산하면 약 몇 $[\%]$인가?

① 0.33 ② 3.33 ③ 10 ④ 1

해설 $\%Z = \dfrac{P_n Z}{10 V^2} = \dfrac{10,000 \times 100}{10 \times 100^2} = 10[\%]$

(단, 기준용량 $P_n[\mathrm{kVA}]$, 선간 전압 $V[\mathrm{kV}]$)

|정답| ③

19 3상의 대칭분 표현식 및 대칭 성분

(1) 3상 전원의 대칭분 표현

$$\begin{cases} V_a = V_0 + V_1 + V_2 [\mathrm{V}] \\ V_b = V_0 + a^2 V_1 + a V_2 [\mathrm{V}] \\ V_c = V_0 + a V_1 + a^2 V_2 [\mathrm{V}] \end{cases}$$

(2) 대칭분 표현

$$\begin{cases} \text{영상 전압 } V_0 = \dfrac{1}{3}(V_a + V_b + V_c)[\mathrm{V}] \\ \text{정상 전압 } V_1 = \dfrac{1}{3}(V_a + a V_b + a^2 V_c)[\mathrm{V}] \\ \text{역상 전압 } V_2 = \dfrac{1}{3}(V_a + a^2 V_b + a V_c)[\mathrm{V}] \end{cases}$$

대표빈출문제 A, B 및 C상 전류를 각각 I_a, I_b 및 I_c라 할 때 $I_x = \dfrac{1}{3}(I_a + a^2 I_b + a I_c)$, $a = -\dfrac{1}{2} + j\dfrac{\sqrt{3}}{2}$ 으로 표시되는 I_x는 어떤 전류인가?

① 정상 전류 ② 역상 전류
③ 영상 전류 ④ 역상 전류와 영상 전류의 합

해설 대칭분 전류
- 영상 전류 $I_0 = \dfrac{1}{3}(I_a + I_b + I_c)[\mathrm{A}]$
- 정상 전류 $I_1 = \dfrac{1}{3}(I_a + a I_b + a^2 I_c)[\mathrm{A}]$
- 역상 전류 $I_2 = \dfrac{1}{3}(I_a + a^2 I_b + a I_c)[\mathrm{A}]$

|정답| ②

20 사고 종류에 따른 대칭분의 종류

(1) 1선 지락 사고: 영상분, 정상분, 역상분

(2) 선간 단락 사고: 정상분, 역상분

(3) 3상 단락 사고: 정상분

대표 빈출 문제

송전 선로의 고장 전류 계산에 영상 임피던스가 필요한 경우는?

① 1선 지락 ② 3상 단락
③ 3선 단선 ④ 선간 단락

해설 고장별 대칭분 및 전류의 크기

고장의 종류	대칭분	전류의 크기
1선 지락	정상분, 역상분, 영상분	$I_0 = I_1 = I_2 \neq 0$, $I_g = 3I_0$
선간 단락	정상분, 역상분	$I_0 = 0$, $I_1 = -I_2$
3상 단락	정상분	$I_0 = I_2 = 0$, $I_1 \neq 0$

| 정답 | ①

21 직접 접지방식(초고압 장거리)

(1) 변압기를 Y 결선한 후 변압기 중성점과 대지 사이를 도선으로 직접 접지하는 방식이다.

(2) 지락 전류가 크다.

(3) 지락 사고 시 건전상 전위 상승이 매우 작다.

(4) 기기의 단절연, 저감 절연이 가능하다.

(5) 보호 계전기 동작이 가장 확실하다.

(6) 보호 계전기 동작이 빈번하므로 과도 안정도가 나쁘다.

(7) 통신선에 대한 유도 장해가 가장 크다.

(8) 지락 전류가 크므로 기기에 미치는 충격이 크다.

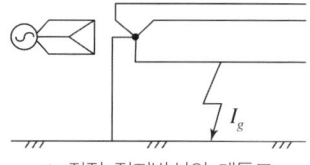

▲ 직접 접지방식의 계통도

> **대표빈출문제** 중성점 접지 방식 중 직접 접지 송전방식에 대한 설명으로 틀린 것은?
> ① 1선 지락 사고 시 지락 전류는 타 접지방식에 비하여 최대로 된다.
> ② 1선 지락 사고 시 지락 계전기의 동작이 확실하고 선택 차단이 가능하다.
> ③ 통신선에서의 유도 장해는 비접지방식에 비하여 크다.
> ④ 기기의 절연 레벨을 상승시킬 수 있다.
>
> **해설** 직접 접지방식
> - 1선 지락 시 건전상의 전압 상승이 가장 낮다.
> - 1선 지락 시 지락 전류가 최대이므로, 지락 고장 시 계전기 동작이 가장 확실하다.
> - 지락 시 영상분 전류로 인한 통신선의 유도 장해가 크다.
> - 선로 및 기기의 절연 레벨을 경감시킨다.
>
> |정답| ④

22 비접지방식(저전압 단거리)

(1) 변압기를 △ 결선한 후 변압기와 대지 사이를 고임피던스($Z_n = 大$), 즉 접지선을 연결하지 않는 방식이다.

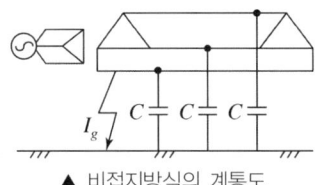

▲ 비접지방식의 계통도

(2) 지락 전류 크기: $I_g = j3\omega CE[\text{A}] = j\sqrt{3}\omega CV[\text{A}]$

(3) 지락 전류가 작아 순간적인 지락 사고 시에도 계속 송전이 가능하다.

(4) 전력선 주변의 통신선에 대한 유도 장해가 적다.

(5) 변압기 1대 고장 시 나머지 2대로 V 결선하여 송전이 가능하다.

(6) 지락 사고 시 이상 전압이 크다.(약 $\sqrt{3}$ 배)

(7) 접지(지락) 계전기 동작이 곤란하다.

(8) 주로 저전압, 단거리 계통에 한해 적용된다.

> **대표빈출문제** 배전 선로에 3상 3선식 비접지방식을 채용할 경우 장점이 아닌 것은?
> ① 과도 안정도가 크다.
> ② 1선 지락 고장 시 고장 전류가 작다.
> ③ 1선 지락 고장 시 인접 통신선의 유도 장해가 작다.
> ④ 1선 지락 고장 시 건전상의 대지 전위 상승이 작다.
>
> **해설** 비접지 방식
> • 저전압, 단거리 선로에 사용한다.
> • 1선 지락 시 건전상 대지 전위 상승이 $\sqrt{3}$ 배로 큰 편이다.
> • 지락 전류가 적어 통신선 유도 장해가 적고, 과도 안정도가 크다.
>
> |정답| ④

23 소호 리액터 접지방식($66[\mathrm{kV}]$, 중거리)

(1) 전선의 대지 정전 용량과 병렬 공진할 수 있는 소호 리액터를 변압기 중성점과 대지 사이를 연결하여 지락 전류를 완전히 소멸시키는 접지방식이다.

(2) 소호 리액터의 크기

$$\omega L = \frac{1}{3\omega C}[\Omega]$$

(3) L과 C의 병렬 공진을 이용한다.

(4) 지락 전류가 작아 지락 사고 시에도 계속 송전이 가능하다.

(5) 전력선 주변의 통신선에 대한 유도 장해가 매우 적다.

(6) 과도 안정도가 우수하다.

(7) 보호 계전기 동작이 불확실하다.

(8) 지락 사고 시 이상 전압이 최대가 된다.($\sqrt{3}$ 배 이상)

(9) 단선 사고 시 이상 전압이 가장 큰 단점이 있다.

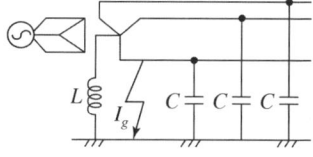

▲ 소호 리액터 접지방식의 계통도

> **대표빈출문제** 1선 지락 시에 지락 전류가 가장 작은 송전 계통은?
> ① 비접지식   ② 직접 접지식
> ③ 저항 접지식   ④ 소호 리액터 접지식
>
> **해설** 소호 리액터 접지방식
> 대지 정전 용량과 병렬 공진하는 인덕턴스를 중성점에 삽입한 접지방식이다. 1선 지락 시에 지락 전류가 가장 적어 유도 장해 감소 효과가 크다.
>
> |정답| ④

24 전자 유도 장해

(1) 전력선과 통신선의 상호 인덕턴스(M)에 의해 유도되는 현상이다.

(2) 전자 유도 전압

$$E_m = -j\omega Ml(I_a + I_b + I_c) = -j\omega Ml \times 3I_0 [V] \quad (I_0: \text{영상 전류[A]})$$

(3) 전자 유도 장해는 지락 사고 시 지락 전류($I_g = 3I_0$)에 발생하는 유도 장해 현상이다. (즉, 영상 전류(I_0)를 유기)

전자 유도 전압의 크기 $|E_m| = \omega Ml \times 3I_0 [V]$

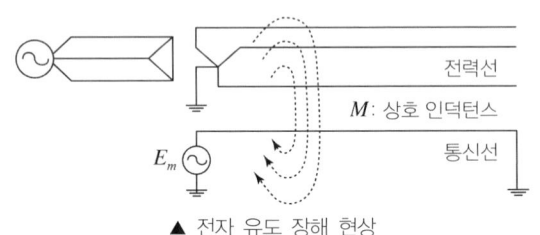

▲ 전자 유도 장해 현상

대표 빈출 문제

다음 중 전력선에 의한 통신선의 전자 유도 장해의 주된 원인은?

① 전력선과 통신선 사이의 상호 정전 용량
② 전력선의 불충분한 연가
③ 전력선의 1선 지락 사고 등에 의한 영상 전류
④ 통신선 전압보다 높은 전력선의 전압

해설 전자 유도 장해
전력선과 통신선 간의 상호 인덕턴스에 의한 영상 전류가 원인이다.
전자 유도 전압 $E_m = -j\omega Ml(3I_0)[V]$
(여기서, M: 상호 인덕턴스, I_0: 영상 전류)

| 정답 | ③

---

25 내부 이상 전압

(1) 계통 조작 시에 나타나는 개폐 서지로 내부 이상 전압 또는 내뢰라고도 한다.

(2) 내부 이상 전압 중 무부하 송전 선로를 개방할 때 발생하는 개방 서지가 가장 크다.

> **대표빈출문제**
>
> **전력 계통에서 내부 이상 전압의 크기가 가장 큰 경우는?**
>
> ① 유도성 소전류 차단 시   ② 수차 발전기의 부하 차단 시
> ③ 무부하 선로 충전 전류 차단 시   ④ 송전 선로의 부하 차단기 투입 시
>
> **해설** 내부 이상 전압
> - 내부 이상 전압은 계통을 조작하거나 고장이 발생하였을 때 발생하며, 계통 조작 시 과도 현상으로 발생하는 이상 전압은 투입 서지와 개방 서지로 구분된다.
> - 일반적으로 투입 서지보다 개방 서지가 더 크며, 부하가 있는 회로를 차단(개방)하는 것보다 무부하 회로를 차단하는 경우가 더 큰 이상 전압을 발생시킨다.
> - 이상 전압이 가장 큰 경우는 무부하 송전 선로의 충전 전류를 차단하는 경우이며, 이상 전압의 크기는 보통 상규 대지 전압의 3.5배 이하이다.
>
> |정답| ③

26 이상 전압 방지 대책

(1) 가공 지선을 철탑 상부에 설치한다.

(2) 매설 지선을 설치하여 철탑의 접지 저항을 저감한다.(역섬락 방지에 가장 유효한 방법)

(3) 건축물 최상부에 피뢰침을 설치한다.

(4) 송전용 피뢰기 및 아킹혼을 설치한다.

(5) 변전소 내부에 피뢰기를 설치한다.

(6) 적당한 절연 협조를 설계한다.

(7) 서지 흡수기를 설치한다.

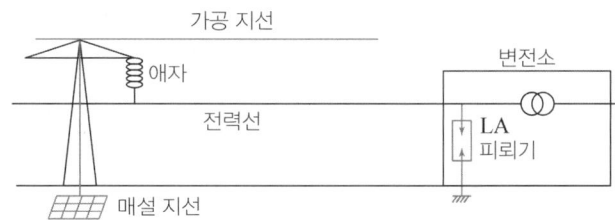

▲ 전력 계통의 이상 전압 방호 장치 설치 개념도

> **대표빈출문제**
>
> **송전 선로에서 역섬락을 방지하는 가장 유효한 방법은?**
>
> ① 피뢰기를 설치한다.   ② 가공 지선을 설치한다.
> ③ 소호각을 설치한다.   ④ 탑각 접지 저항을 작게 한다.
>
> **해설** 매설 지선은 철탑 상부에 설치된 가공 지선을 접지할 때 사용한다. 탑각 접지 저항값을 줄여 송전 선로의 역섬락 사고를 방지하는 가장 유효한 방법이다.
>
> |정답| ④

27 피뢰기(LA)

(1) 피뢰기의 구조 및 역할
  ① **직렬갭**: 이상 전압이 침입하면 즉시 방전을 개시해 전압 상승을 억제하고, 속류를 차단한다.
  ② **특성 요소**: 이상 전압 방전 후 일정값 이하가 되면 즉시 방전을 정지하여 원래 송전 상태로 복귀한다.

(2) 피뢰기 구비 조건
  ① 충격 방전 개시 전압이 낮을 것
  ② 상용 주파 방전 개시 전압이 높을 것
  ③ 속류 차단 능력이 충분할 것
  ④ 방전 내량이 크면서 제한 전압이 낮을 것

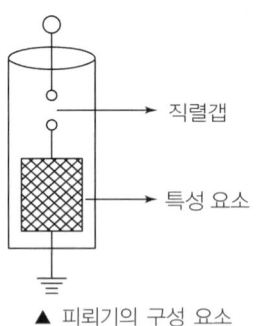
▲ 피뢰기의 구성 요소

> **대표빈출문제** 피뢰기의 구비 조건이 아닌 것은?
> ① 속류의 차단 능력이 충분할 것
> ② 충격 방전 개시 전압이 높을 것
> ③ 상용 주파 방전 개시 전압이 높을 것
> ④ 방전 내량이 크고 제한 전압이 낮을 것
>
> **해설** 피뢰기의 구비 조건
> • 충격 방전 개시 전압이 낮을 것
> • 상용 주파 방전 개시 전압이 높을 것
> • 방전 내량이 크면서 제한 전압이 낮을 것
> • 속류의 차단 능력이 충분할 것
>
> |정답| ②

28 차단기(CB)

(1) 차단기는 평상시 부하 전류를 개폐하고, 고장 시 발생하는 대전류를 빠르게 차단하여 고장 구간을 신속히 분리하는 개폐기이다.

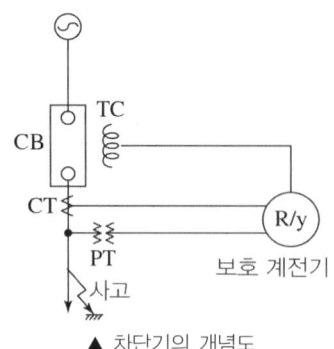
▲ 차단기의 개념도

(2) 소호 원리에 따른 고압용 차단기 종류

종류	소호 원리
유입 차단기(OCB)	소호실에서 아크의 열에 의한 절연유 분해에 따른 가스 소호력을 이용
공기 차단기(ABB)	압축 공기의 강한 소호력 이용(소음이 크다.)
진공 차단기(VCB)	진공 상태에서의 아크의 급속한 확산 효과를 이용하여 소호
자기 차단기(MBB)	자기 회로에서의 자기력에 의해 아크를 끌어당겨 소호
가스 차단기(GCB)	절연 특성이 매우 뛰어난 SF_6가스의 강력한 소호 작용 이용

(3) 차단기의 정격 차단 용량

$$P_s = \sqrt{3}\, V_n I_s [\text{MVA}]$$

단, V_n: 정격 전압[kV]($=$ 공칭 전압$\times \frac{1.2}{1.1}$)

I_s: 정격 차단 전류[kA]

대표 빈출 문제

차단기와 차단기의 소호 매질이 틀리게 연결된 것은?

① 유입 차단기 – 절연유
② 가스 차단기 – SF_6
③ 자기 차단기 – 진공
④ 공기 차단기 – 압축 공기

해설 자기 차단기는 전자력을 이용하여 차단 시 발생하는 아크를 소호 장치(아크 슈트)에 밀어 넣어 소호하며, 대기 중에서 차단이 이루어진다.

|정답| ③

---

29 단로기(DS)

(1) 단로기는 선로로부터 기기를 분리, 구분, 변경할 때 사용되는 개폐 장치이다.

(2) 단로기는 차단기와 달리 내부에 소호 장치가 없으므로 고장 전류나 부하 전류를 차단할 수 없으며 무부하 상태에서만 회로를 개폐할 수 있다.

(3) 차단기와 단로기 조작 순서(인터록 장치)
① **투입 시**: 단로기(DS) 투입 → 차단기(CB) 투입
② **차단 시**: 차단기(CB) 개방 → 단로기(DS) 개방

> **대표빈출문제** 전력 계통에서 인터록(Interlock)의 설명으로 적합한 것은?
> ① 차단기와 단로기는 각각 열리고 닫힌다.
> ② 차단기가 열려 있어야만 단로기를 닫을 수 있다.
> ③ 차단기가 닫혀 있어야만 단로기를 닫을 수 있다.
> ④ 차단기의 접점과 단로기의 접점이 동시에 투입될 수 있다.
>
> **해설**
> - 차단기: 내부에 소호 장치가 있어 고장 전류 및 부하 전류를 차단시킬 수 있다.
> - 단로기: 내부에 소호 장치가 없으므로 무부하 상태에서만 회로를 개폐할 수 있다.
> - 인터록: 차단기가 개방되어(열려) 있는 무부하 상태에서만 단로기를 작동시킬 수(닫을 수) 있도록 한 안전 장치이다.
>
> |정답| ②

30 전력 퓨즈(PF)

(1) 전력 퓨즈는 주로 단락 전류를 차단하기 위한 보호 장치이다.

(2) 전력 퓨즈의 역할
  ① 부하 전류는 안전하게 통전시킨다.
  ② 이상 전류는 즉시 차단시킨다.

(3) 전력 퓨즈의 장·단점

장점	단점
• 소형으로 큰 차단 용량을 갖는다. • 고속도 차단할 수 있다. • 현저한 한류 특성을 갖는다. • 한류형은 차단 시 무소음, 무방출이다.	• 재투입이 불가능하다.(최대 단점) • 과전류에 용단되기 쉽고 결상을 일으킬 우려가 있다. • 한류형 퓨즈는 용단되어도 차단되지 않는 범위가 있다.(비보호 영역이 있다.)

> **대표빈출문제** 차단기와 비교하여 전력 퓨즈에 대한 설명으로 적합하지 않은 것은?
> ① 가격이 저렴하다.   ② 보수가 간단하다.
> ③ 고속 차단을 할 수 있다.   ④ 재투입을 할 수 있다.
>
> **해설** 전력 퓨즈(PF)
> - 소형, 경량이다.
> - 차단 용량이 크다.
> - 유지 보수가 용이하다.
> - 재투입이 불가하다.
> - 과도 전류에 용단되기 쉽다.
>
> |정답| ④

31 동작 시간에 따른 보호 계전기의 종류

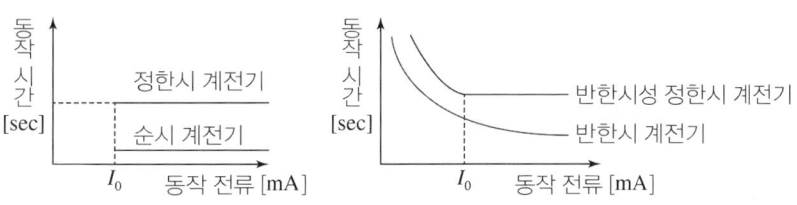

▲ 동작 시간에 따른 보호 계전기의 종류

(1) **순시(순한시) 계전기**: 동작 전류 이상에서 즉시 동작하는 계전기

(2) **정한시 계전기**: 동작 전류 이상에서 일정 시간 경과 후 동작하는 계전기

(3) **반한시 계전기**: 동작 전류가 작을 때에는 늦게 동작하고, 동작 전류가 클 때에는 빨리 동작하는 계전기

(4) **반한시성 정한시 계전기**: 동작 전류가 적은 동안 반한시 특성을 갖고, 그 이상에서는 정한시 특성을 갖는 계전기

대표 빈출 문제

동작 전류의 크기가 커질수록 동작 시간이 짧게 되는 특성을 가진 계전기는?

① 순한시 계전기 ② 정한시 계전기
③ 반한시 계전기 ④ 반한시 정한시 계전기

해설
- 순한시(순시) 계전기: 최소 동작 전류가 흐르면 즉시 동작하는 계전기
- 정한시 계전기: 최소 동작 전류가 흐르면 일정한 시간이 지난 후 동작하는 계전기
- 반한시 계전기: 동작 전류가 작을 때에는 느리게 동작하고, 동작 전류가 커질수록 빨리 동작하는 계전기 | 정답 | ③

---

32 용도에 따른 보호 계전기의 종류

(1) **과전류 계전기(OCR)**: 일정값 이상의 전류가 흐를 때 동작하는 계전기

(2) **과전압 계전기(OVR)**: 전압이 일정값 이상이 되었을 때 동작하는 계전기

(3) **부족 전압 계전기(UVR)**: 전압이 일정값 이하가 되었을 때 동작하는 계전기

(4) **지락(접지) 계전기(GR)**: 지락 사고 시 발생하는 지락 전류에 동작하는 계전기(ZCT에 의해 검출된 영상 전류로 동작하며 지락 보호 용도로도 사용된다.)

(5) **선택 지락 계전기(SGR)**: 병행 2회선 송전 선로에서 지락 사고 시 지락이 발생한 회선만 검출하여 선택, 차단하는 지락 계전기

> 전압이 일정값 이하로 되었을 때 동작하는 것으로서 단락 시 고장 검출용으로도 사용되는 계전기는?
> ① OVR   ② OVGR   ③ NSR   ④ UVR
>
> **해설** UVR(부족 전압 계전기)
> 전압이 정정값 이하가 되었을 때 동작한다. 단락 사고 검출용으로도 사용된다. |정답| ④

33 비율 차동 계전기의 용도

비율 차동 계전기(87: RDR)는 변류기를 통한 차동 회로에 억제 코일과 동작 코일의 차전류를 이용하여 주로 발전기, 변압기 및 모선(BUS)을 보호하는 보호 계전기이다. (차동 계전기라고도 한다.)

(1) OC: 동작 코일

(2) RC: 억제 코일

(3) 동작 비율: 10~30[%]

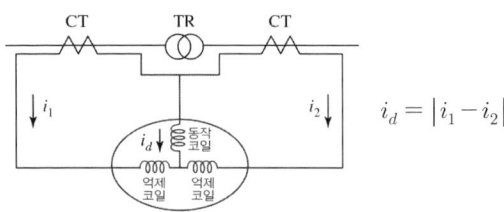

$i_d = |i_1 - i_2|$

▲ 비율 차동 계전기 결선도

> 발전기나 변압기의 내부 고장 검출에 주로 사용되는 계전기는?
> ① 역상 계전기   ② 과전압 계전기
> ③ 과전류 계전기   ④ 비율 차동 계전기
>
> **해설** 비율 차동 계전기(87)
> 발전기, 변압기의 내부 고장 보호용 |정답| ④

34 PT와 CT의 비교

항목	PT(계기용 변압기)	CT(변류기)
목적	고전압을 저전압으로 변압하여 계기나 계전기에 공급	대전류를 소전류로 변류하여 계기나 계전기에 공급
접속	주회로에 병렬 연결	주회로에 직렬 연결
2차 접속 부하	전압계, 계전기의 전압 코일, 역률계, 임피던스가 큰 부하	전류계, 전원 릴레이의 전류 코일, 차단기의 트립 코일, 전원 임피던스가 작은 부하
2차 정격	정격 전압: 110[V]	정격 전류: 5[A]
점검 시 유의점	2차 측 개방	2차 측 단락
심벌	⌇⌇	⋀⋀

> **대표 빈출 문제**
>
> 변류기 개방 시 2차 측을 단락하는 이유는?
>
> ① 측정 오차 방지
> ② 2차 측 절연 보호
> ③ 1차 측 과전류 방지
> ④ 2차 측 과전류 보호
>
> **해설** 변류기(CT)는 2차 개방 시 1차 전류가 모두 여자 전류가 되고 2차 측에 과전압이 유기되어 절연 파괴의 우려가 있다.(변류기는 개방 시 2차 측을 단락하여 2차 측 절연을 보호한다.)
>
> |정답| ②

35 저압 뱅킹 방식

(1) 정의

고압 배전 선로에 접속되어 있는 2대 이상의 배전용 변압기를 경유해 저압 측 간선을 공통으로 운전하는 방식이다.

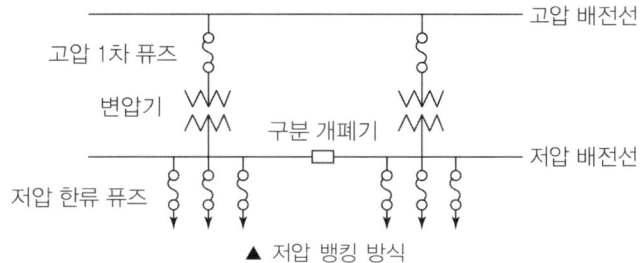

▲ 저압 뱅킹 방식

(2) 특징

① 전압 변동 및 전력 손실이 경감된다.
② 변압기의 공급 전력을 서로 융통시켜 변압기 용량을 저감할 수 있다.
③ 부하 증가에 대응할 수 있는 탄력성이 향상된다.
④ 고장 보호 방식이 적당할 때 공급 신뢰도가 향상된다.
⑤ 보호 장치가 부적합하면 캐스케이딩 장해를 일으킨다.

> **대표 빈출 문제**
>
> 저압 뱅킹 배전 방식으로 운전 중 변압기 또는 선로 사고에 의하여 뱅킹 내의 건전한 변압기의 일부 또는 전부가 연쇄적으로 회로로부터 차단되는 현상은?
>
> ① 아킹(Arcing)
> ② 댐핑(Damping)
> ③ 플리커(Flicker)
> ④ 캐스케이딩(Cascading)
>
> **해설** **저압 뱅킹 방식**
> - 공급 신뢰도가 우수하다.
> - 전압 강하 및 전력 손실이 작다.
> - 캐스케이딩을 일으킬 우려가 있다.(캐스케이딩은 배전 선로 어느 한 곳의 사고로 인하여 다른 건전한 변압기나 선로에 사고가 확대되는 현상을 말한다.)
>
> |정답| ④

36 각 방식별 전기적 특성 비교

(1) 전기 방식의 전기적 특성 비교표

종류	총 공급 전력	1선당 전력	소요 전선비
$1\phi 2W$	$P = EI$	$P_{12} = \dfrac{1}{2}EI = 100[\%]\,(\therefore EI = 2P_{12})$	W_1 (100[%]기준)
$1\phi 3W$	$P = 2EI$	$P_{13} = \dfrac{2}{3}EI = \dfrac{2}{3}\cdot 2P_{12} = 133[\%]$	$\dfrac{W_2}{W_1} = \dfrac{3}{8}(37.5[\%])$
$3\phi 3W$	$P = \sqrt{3}EI$	$P_{33} = \dfrac{\sqrt{3}}{3}EI = \dfrac{\sqrt{3}}{3}\cdot 2P_{12} = 115[\%]$	$\dfrac{W_3}{W_1} = \dfrac{3}{4}(75[\%])$
$3\phi 4W$	$P = 3EI$	$P_{34} = \dfrac{3}{4}EI = \dfrac{3}{4}\cdot 2P_{12} = 150[\%]$	$\dfrac{W_4}{W_1} = \dfrac{1}{3}(33.3[\%])$

> **대표 빈출 문제**
>
> 단상 2선식 배전선의 전선 총량을 $100[\%]$라 할 때 3상 3선식과 단상 3선식의 전선의 총량은 각각 몇 $[\%]$인가?(단, 선간 전압, 공급 전력, 전력 손실 및 배전 거리는 같으며, 중성선의 굵기는 외선과 같다고 한다.)
>
> ① 3상 3선식: 37.5[%], 단상 3선식: 75[%]   ② 3상 3선식: 50[%], 단상 3선식: 75[%]
> ③ 3상 3선식: 75[%], 단상 3선식: 37.5[%]   ④ 3상 3선식: 100[%], 단상 3선식: 37.5[%]
>
> **해설** 단상 2선식을 기준($100[\%]$)으로 하였을 때 나머지 배전 방식의 전선 소요량 비
> - 단상 3선식: $\dfrac{3}{8}(37.5[\%])$
> - 3상 3선식: $\dfrac{3}{4}(75[\%])$
> - 3상 4선식: $\dfrac{1}{3}(33.3[\%])$
>
> |정답| ③

37 전압 강하율

(1) 선로에 부하가 접속되면 수전단 전압은 송전단 전압보다 낮아진다. 이는 선로에서 발생하는 전압 강하 때문이다.

(2) 전압 강하율[%] 관계식

전압 강하율 $\varepsilon = \dfrac{e}{V_r} \times 100 = \dfrac{V_s - V_r}{V_r} \times 100[\%]$

(여기서 e: 전압 강하[V], V_s: 송전단 전압[V], V_r: 수전단 전압[V])

> **대표 빈출 문제**
>
> 송전단 전압이 $66[\mathrm{kV}]$이고, 수전단 전압이 $62[\mathrm{kV}]$로 송전 중이던 선로에서 부하가 급격히 감소하여 수전단 전압이 $63.5[\mathrm{kV}]$가 되었다. 이때의 전압 강하율은 약 몇 $[\%]$인가?
>
> ① 2.28   ② 3.94   ③ 6.06   ④ 6.45
>
> **해설** 전압 강하율
> $$\varepsilon = \dfrac{V_s - V_r}{V_r} \times 100 = \dfrac{66 - 63.5}{63.5} \times 100 = 3.94[\%]$$
>
> |정답| ②

38 최대 전력 산출

(1) 수용률(Demand factor)

① 전력 소비 기기(부하)가 동시에 사용되는 정도를 나타내는 지표이다.

② 수용률 = $\dfrac{\text{최대 수용 전력[kW]}}{\text{설비 용량[kW]}} \times 100\,[\%]$

(2) 부하율(Load factor)

① 일정 기간 부하 변동 정도를 나타내는 지표이다.

② 부하율 = $\dfrac{\text{평균 수용 전력[kW]}}{\text{최대 수용 전력[kW]}} \times 100\,[\%]$

(3) 부등률(Diversity factor)

① 최대 수용 전력의 발생 시각이나 발생 시기의 분산을 나타내는 지표이다.

② 부등률 = $\dfrac{\text{개별 수용가 최대 수용 전력의 합[kW]}}{\text{합성 최대 수용 전력[kW]}} \geq 1$

대표 빈출 문제

다음 중 그 값이 항상 1 이상인 것은?

① 부등률　　② 부하율　　③ 수용률　　④ 전압 강하율

해설 부등률 = $\dfrac{\text{각 개별 수용가 최대 전력의 합}}{\text{합성 최대 수용 전력}} \geq 1$

|정답| ①

---

39 고조파(Harmonics)

(1) 정의

변압기 철심의 자기 포화나 비선형 부하(전력 변환 장치)의 영향으로 정현파 교류 파형이 왜곡되어 왜형파가 되는 것이다.

(2) 전력 계통에서의 고조파 발생원

① 전력 변환 장치(인버터, 컨버터 등)
② 형광등, 회전 기기, 변압기
③ 아크로, 전기로 등

(3) 고조파 억제 방법

① 전원의 단락 용량 증대
② 공급 배전선의 전용 배선
③ 고조파 부하를 일반 부하와 분리
④ 고조파 제거 필터 채용
⑤ 변환 장치의 다펄스 변환기 사용
⑥ 변압기의 Δ 결선 채용
⑦ 무효 전력 보상 장치 채용

> **대표빈출문제** 송전 선로에서 고조파 제거 방법이 아닌 것은?
> ① 변압기를 Δ 결선한다.
> ② 유도 전압 조정 장치를 설치한다.
> ③ 무효 전력 보상 장치를 설치한다.
> ④ 능동형 필터를 설치한다.
>
> **해설** 고조파 억제 대책
> - 고조파 필터(수동 필터, 능동 필터) 설치
> - 변압기를 Δ 결선 및 직렬 리액터 설치
> - 무효 전력 보상 장치 설치
>
> |정답| ②

40 배전 계통의 손실 경감 대책

(1) **배전 전압의 승압**: 전력 손실은 공급 전압의 제곱에 반비례한다.

(2) **역률 개선**: 전력 손실은 역률 제곱에 반비례한다.

(3) **변전소 및 변압기의 적정 배치**: 변압기 배치를 수시로 검토하여 적정한 배치를 고려한다.

(4) **변압기 손실의 경감**
   ① 동손 감소 대책: 변압기의 권선수 저감, 권선의 단면적 증가
   ② 철손 감소 대책: 고배향성 규소 강판 사용 및 저손실 철심 재료의 사용

(5) **적정 배전 방식 채택**: 방사상 방식보다 네트워크 배전 방식을 채용·운전한다.

> **대표빈출문제** 배전선의 전력 손실 경감 대책이 아닌 것은?
> ① 다중 접지 방식을 채용한다.
> ② 역률을 개선한다.
> ③ 배전 전압을 높인다.
> ④ 부하의 불평형을 방지한다.
>
> **해설** 배전 선로의 손실 경감 대책
> - 승압을 한다.
> - 역률을 개선한다.
> - 동량을 증가한다.
> - 부하 설비의 불평형을 개선한다.
>
> |정답| ①

41 역률 개선용 콘덴서 용량 계산식

$$Q_c = P(\tan\theta_1 - \tan\theta_2) = P\left(\frac{\sin\theta_1}{\cos\theta_1} - \frac{\sin\theta_2}{\cos\theta_2}\right)$$

$$= P\left(\frac{\sqrt{1-\cos^2\theta_1}}{\cos\theta_1} - \frac{\sqrt{1-\cos^2\theta_2}}{\cos\theta_2}\right)[\text{kVA}]$$

단, P: 유효 전력[kW], $\cos\theta_1$: 개선 전 역률, $\cos\theta_2$: 개선 후 역률

대표 빈출 문제

역률 0.8(지상)의 2,800[kW] 부하에 전력용 콘덴서를 병렬로 접속하여 합성 역률을 0.9로 개선하고자 할 경우, 필요한 전력용 콘덴서의 용량[kVA]은 약 얼마인가?

① 372　　② 558　　③ 744　　④ 1,116

해설 콘덴서 용량

$$Q_c = P(\tan\theta_1 - \tan\theta_2) = 2,800 \times \left(\frac{0.6}{0.8} - \frac{\sqrt{1-0.9^2}}{0.9}\right)$$
$$= 744[\text{kVA}]$$

|정답| ③

42 역률 개선 효과

(1) 배전 계통의 전력 손실 감소(가장 큰 효과)

(2) 전압 강하 및 전압 변동률 감소

(3) 설비 용량 여유 증대

(4) 수용가의 전기 요금 절감

대표 빈출 문제

배전 계통에서 전력용 콘덴서를 설치하는 목적으로 옳은 것은?

① 배전선의 전력 손실 감소　　② 전압 강하 증대
③ 고장 시 영상 전류 감소　　④ 변압기 여유율 감소

해설 전력용 콘덴서는 역률을 개선하기 위해 설치한다. 역률 개선 시 효과는 다음과 같다.
- 전력 손실 감소
- 전압 강하 감소
- 설비 이용률 향상
- 전기 요금 절감

|정답| ①

43 배전 선로 보호 방식

(1) 보호 장치의 종류

22.9[kV-Y] 다중 접지 계통에서는 선로의 적절한 위치에 사고를 구분, 차단할 수 있는 리클로저(Recloser)-섹셔널라이저(Sectionalizer)-라인 퓨즈(Line Fuse)의 선로 보호 장치를 설치하며 이들과 변전소 차단기 간에 보호 협조가 이루어져야 한다.

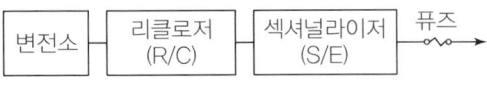

▲ 배전 선로 보호 장치

(2) 배전 선로 보호 장치의 배열 순서

리클로저(R/C) - 섹셔널라이저(S/E) - 라인 퓨즈(F)

(3) 리클로저

차단기가 내장되어 고장 전류 차단 능력이 있는 자동 재폐로 차단기를 말한다.

(4) 섹셔널라이저

고장 전류 차단 능력이 없는 개폐 장치로, 직렬로 리클로저와 함께 사용해야 한다.

대표 빈출 문제 배전 선로 개폐기 중 반드시 차단 기능이 있는 후비 보호 장치와 직렬로 설치하여 고장 구간을 분리시키는 개폐기는?

① 컷아웃 스위치 ② 부하 개폐기
③ 리클로저   ④ 섹셔널라이저

해설 배전 선로 보호 장치 설치 순서는 '리클로저 → 섹셔널라이저(차단 기능이 없으므로 반드시 리클로저와 직렬로 설치) → 라인 퓨즈'이다.

| 정답 | ④

44 수력 발전소 각 부분의 출력

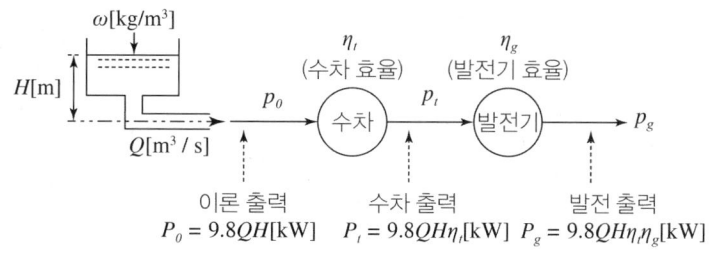

▲ 수력 발전소의 출력 개념도

대표 빈출 문제

유효 낙차 $75[\text{m}]$, 최대 사용 수량 $200[\text{m}^2/\text{s}]$, 수차 및 발전기의 합성 효율이 $70[\%]$인 수력 발전소의 최대 출력은 약 몇 $[\text{MW}]$인가?

① 102.9　　② 157.3　　③ 167.5　　④ 177.8

해설　$P = 9.8QH\eta = 9.8 \times 200 \times 75 \times 0.7 = 102,900[\text{kW}]$
　　　　$= 102.9[\text{MW}]$

| 정답 | ①

45 화력 발전소의 열효율 계산식

$$\eta = \frac{860W}{BH} \times 100 = \frac{860Pt}{BH} \times 100[\%]$$

단, W: 발전 전력량[kWh], P: 발전 전력[kW], t: 시간[h]
　　B: 연료량[kg], H: 연료 발열량[kcal/kg]

대표 빈출 문제

최대 출력 $350[\text{MW}]$, 평균 부하율 $80[\%]$로 운전되고 있는 화력 발전소의 10일간 중유 소비량이 $1.6 \times 10^7[\text{L}]$라고 하면 발전단에서의 열효율은 몇 $[\%]$인가?(단, 중유의 열량은 $10,000[\text{kcal/L}]$이다.)

① 35.3　　② 36.1　　③ 37.8　　④ 39.2

해설　$\eta = \dfrac{860W}{BH} \times 100$ (여기서, W: 발전 전력량[kWh])

　　　　$= \dfrac{860 \times 350 \times 10^3 \times 0.8 \times (10 \times 24)}{1.6 \times 10^7 \times 10,000} \times 100 = 36.12[\%]$

| 정답 | ②

PART 02

최신기출 CBT 모의고사

시험 전 최신 기출문제를 풀며 최종 점검을 할 수 있습니다.
CBT 모의고사로 학습하면 온라인 시험 방식에 적응할 수 있습니다.
무료특강과 함께라면 소화력은 배가 됩니다.(무료특강은 2025년 9월 중 오픈 예정입니다.)

전력공학 본권 학습 후 마무리를 도와주는 끝맺음 노트

2025년 1회 최신기출 CBT 모의고사

01
전선의 표피 효과에 대한 설명으로 알맞은 것은?

① 전선이 굵을수록, 주파수가 높을수록 커진다.
② 전선이 굵을수록, 주파수가 낮을수록 커진다.
③ 전선이 가늘수록, 주파수가 높을수록 커진다.
④ 전선이 가늘수록, 주파수가 낮을수록 커진다.

02
모선 보호에 사용되는 계전 방식이 아닌 것은?

① 위상 비교 방식
② 선택 접지 계전 방식
③ 방향 거리 계전 방식
④ 전류 차동 보호 방식

03
화력 발전소에서 증기 및 급수가 흐르는 순서는?

① 절탄기 → 보일러 → 과열기 → 터빈 → 복수기
② 보일러 → 절탄기 → 과열기 → 터빈 → 복수기
③ 보일러 → 과열기 → 절탄기 → 터빈 → 복수기
④ 절탄기 → 과열기 → 보일러 → 터빈 → 복수기

04
송전 계통에서 절연 협조의 기본이 되는 것은?

① 애자의 섬락 전압
② 권선의 절연 내력
③ 피뢰기의 제한 전압
④ 변압기 부싱의 섬락 전압

05
중거리 송전 선로의 T형 회로에서 일반 회로 정수 C는 무엇을 나타내는가?

① 저항
② 리액턴스
③ 임피던스
④ 어드미턴스

06
한류 리액터를 사용하는 가장 큰 목적은?

① 충전 전류의 제한
② 접지 전류의 제한
③ 누설 전류의 제한
④ 단락 전류의 제한

07
단로기에 대한 다음 설명 중 옳지 않은 것은?

① 소호 장치가 있어서 아크를 소멸시킨다.
② 회로를 분리하거나 계통의 접속을 바꿀 때 사용한다.
③ 고장 전류는 물론 부하 전류의 개폐에도 사용할 수 없다.
④ 배전용의 단로기는 보통 디스커넥팅바로 개폐한다.

08
선간 전압이 $154[kV]$이고 1상당의 임피던스가 $j8[\Omega]$인 기기가 있을 때, 기준 용량을 $100[MVA]$로 하면 %임피던스는 약 몇 $[\%]$인가?

① 2.75
② 3.15
③ 3.37
④ 4.25

09
비접지 계통의 지락 사고 시 계전기에 영상 전류를 공급하기 위하여 설치하는 기기는?

① PT
② CT
③ ZCT
④ GPT

10
3상 배전 선로의 말단에 역률 $60[\%]$(늦음), $60[kW]$의 평형 3상 부하가 있다. 부하점에 부하와 병렬로 전력용 콘덴서를 접속하여 선로 손실을 최소로 하고자 할 때 콘덴서 용량 $[kVA]$은?(단, 부하단의 전압은 일정하다.)

① 40
② 60
③ 80
④ 100

11
한 대의 주상 변압기에 역률(뒤짐) $\cos\theta_1$, 유효 전력 $P_1[\mathrm{kW}]$의 부하와 역률(뒤짐) $\cos\theta_2$, 유효 전력 $P_2[\mathrm{kW}]$의 부하가 병렬로 접속되어 있을 때 주상 변압기 2차 측에서 본 부하의 종합 역률은 어떻게 되는가?

① $\dfrac{P_1+P_2}{\dfrac{P_1}{\cos\theta_1}+\dfrac{P_2}{\cos\theta_2}}$

② $\dfrac{P_1+P_2}{\dfrac{P_1}{\sin\theta_1}+\dfrac{P_2}{\sin\theta_2}}$

③ $\dfrac{P_1+P_2}{\sqrt{(P_1+P_2)^2+(P_1\tan\theta_1+P_2\tan\theta_2)^2}}$

④ $\dfrac{P_1+P_2}{\sqrt{(P_1+P_2)^2+(P_1\sin\theta_1+P_2\sin\theta_2)^2}}$

12
개폐 장치 중에서 고장 전류의 차단 능력이 없는 것은?

① 진공 차단기
② 유입 개폐기
③ 전력 퓨즈
④ 리클로저

13
파동 임피던스 $Z_1=600[\Omega]$인 선로 종단에 파동 임피던스 $Z_2=1,300[\Omega]$의 변압기가 접속되어 있다. 지금 선로에서 파고 $e_1=900[\mathrm{kV}]$의 전압이 진입하였다면 접속점에서의 전압의 반사파는 약 몇 $[\mathrm{kV}]$인가?

① 530
② 430
③ 330
④ 230

14
중성점 직접 접지방식에 대한 설명으로 틀린 것을 고르시오.

① 계통의 과도 안정도가 나쁘다.
② 변압기의 단절연이 가능하다.
③ 1선 지락 시 건전상의 전압은 거의 상승하지 않는다.
④ 1선 지락 전류가 작아 차단기의 차단 능력이 감소한다.

15
유황곡선으로 알 수 없는 것이 무엇인지 고르시오.

① 월별 하천 유량
② 풍수량
③ 갈수량
④ 평수량

16
송전 선로에서 가공 지선을 설치하는 목적이 아닌 것은?

① 뇌(雷)의 직격을 받을 경우 송전선 보호
② 유도뢰에 의한 송전선의 고전위 방지
③ 통신선에 대한 전자 유도 장해 경감
④ 철탑의 접지 저항 경감

17
각 수용가의 수용 설비 용량이 50[kW], 100[kW], 80[kW], 60[kW], 150[kW]이며, 각각의 수용률이 0.6, 0.6, 0.5, 0.5, 0.4이다. 이때 부하의 부등률이 1.3이라면 변압기 용량은 약 몇 [kVA]가 필요한가?(단, 평균 부하 역률은 80[%]라고 한다.)

① 142   ② 165
③ 183   ④ 212

18
수력 발전 설비에서 흡출관을 사용하는 목적으로 옳은 것은?

① 압력을 줄이기 위하여
② 유효 낙차를 늘리기 위하여
③ 속도 변동률을 작게 하기 위하여
④ 물의 유선을 일정하게 하기 위하여

19
부하 전류가 흐르는 전로는 개폐할 수 없으나 기기의 점검이나 수리를 위하여 회로를 분리하거나 계통의 접속을 바꾸는 데 사용하는 것은?

① 차단기   ② 단로기
③ 전력용 퓨즈   ④ 부하 개폐기

20
다음 중 송전선의 코로나손과 가장 관계가 깊은 것은?

① 송전선 전압 변동률
② 송전선의 정전 용량
③ 상대 공기 밀도
④ 송전거리

2025년 1회 정답과 해설

무료 해설 강의

1회	SPEED CHECK 빠른정답표								
01	02	03	04	05	06	07	08	09	10
①	②	①	③	④	④	①	③	③	③
11	12	13	14	15	16	17	18	19	20
③	②	④	①	④	④	②	②	②	③

01 | ①
표피 효과
주파수, 도전율, 투자율이 높을수록, 전선이 굵을수록 커진다.

02 | ②
모선(Bus) 보호 방식
- 전압 차동 방식
- 전류 차동 방식
- 위상 비교 방식
- 거리 계전 방식

03 | ①
화력 발전의 기본 장치

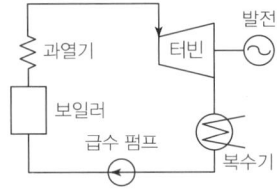

- 증기 및 급수 이동 순서: 급수 펌프 → 절탄기 → 보일러 → 과열기 → 터빈 → 복수기
- 복수기에서 나온 물을 보일러로 보내기 전에 절탄기를 통해 급수를 미리 예열한다.
- 절탄기(Economizer)란 보일러에서 나오는 연소 배기가스의 열을 이용하여 급수를 미리 예열하는 장치이다.

04 | ③
절연 협조는 피뢰기의 제한 전압을 기본으로 두고 있다.

05 | ④
T형 선로의 4단자 정수(A, B, C, D)

$$\begin{bmatrix} A & B \\ C & D \end{bmatrix} = \begin{bmatrix} 1+\dfrac{ZY}{2} & Z(1+\dfrac{ZY}{4}) \\ Y & 1+\dfrac{ZY}{2} \end{bmatrix}$$

$C = Y$이므로 어드미턴스를 의미한다.

06 | ④
한류 리액터
한류 리액터는 계통에 직렬로 설치되는 리액터로서 $I_s = \dfrac{100}{\%Z} I_n [A]$
에서 분모의 %임피던스값을 증가시켜 단락 전류를 제한하는 역할을 한다.

07 | ①
단로기(DS)
- 단로기는 선로로부터 기기를 분리, 구분, 변경할 때 사용하는 개폐 장치이다.
- 단로기(DS)는 아크 소호 능력이 없어 부하 전류 및 고장 전류의 차단은 불가능하다.
- 차단기와 단로기 조작 순서(인터록 장치)
  - 투입 시: 단로기(DS) 투입 → 차단기(CB) 투입
  - 차단 시: 차단기(CB) 개방 → 단로기(DS) 개방

08 | ③
%임피던스
$$\%Z = \dfrac{PZ}{10V^2} = \dfrac{100 \times 10^3 \times 8}{10 \times 154^2} = 3.37[\%]$$

09 | ③
영상 변류기(ZCT)
비접지 계통에서 지락 사고 시 고장 전류를 검출하여 보호 계전기에 영상 전류를 공급하는 기기

10 | ③
역률 개선용 콘덴서 용량

$Q_c = P(\tan\theta_1 - \tan\theta_2) = P\left(\dfrac{\sin\theta_1}{\cos\theta_1} - \dfrac{\sin\theta_2}{\cos\theta_2}\right)$ [kVA]에서 선로 손실을 최소로 하고자 하면 개선 후 역률이 $100[\%]$가 되어야 한다.

$\therefore Q_c = 60 \times \left(\dfrac{0.8}{0.6} - \dfrac{0}{1}\right) = 80 [\text{kVA}]$

11 | ③
종합 역률 $\cos\theta = \dfrac{P}{P_a} = \dfrac{\text{유효 전력}}{\text{피상 전력(벡터 합)}}$

$= \dfrac{P}{\sqrt{P^2 + Q^2}}$

$= \dfrac{P_1 + P_2}{\sqrt{(P_1+P_2)^2 + (Q_1+Q_2)^2}}$

$= \dfrac{P_1 + P_2}{\sqrt{(P_1+P_2)^2 + (P_1\tan\theta_1 + P_2\tan\theta_2)^2}}$

12 | ②
유입 개폐기는 통상의 부하 전류를 개폐할 수 있는 개폐기로, 배전 선로의 고장 또는 보수 점검 시 정전 구간을 축소하기 위해 사용하는 구분 개폐기이다. 고장 전류는 유입 개폐기로 차단할 수 없다.

13 | ③
반사 계수 $\beta = \dfrac{Z_2 - Z_1}{Z_2 + Z_1} = \dfrac{e_r}{e_1}$에서

전압의 반사파 $e_r = \dfrac{Z_2 - Z_1}{Z_2 + Z_1} e_1$

$= \dfrac{1,300 - 600}{1,300 + 600} \times 900 = 331.6 [\text{kV}]$

14 | ④
직접 접지방식
- 장점
  - 지락 사고 시 건전상 전위 상승이 매우 작다.
  - 기기의 단절연, 저감 절연이 가능하다.
  - 보호 계전기 동작이 가장 확실하다.
- 단점
  - 보호 계전기 동작이 빈번하므로 과도 안정도가 나쁘다.
  - 통신선에 대한 유도 장해가 가장 크다.
  - 지락 전류가 크므로 기기에 미치는 충격이 크다.

15 | ①
유황곡선이란 유량도를 이용하여 횡축에 일수를 잡고 종축에 유량을 취하여 매일의 유량 중 큰 것부터 작은 순으로 1년분을 배열하여 그린 곡선이다. 이 곡선으로부터 하천의 유량 변동 상태와 연간 총 유출량 및 풍수량, 갈수량, 평수량 등을 알 수 있다.

16 | ④
가공 지선 설치 목적
- 직격뢰 차폐
- 유도뢰 차폐
- 통신선의 전자 유도 장해 경감

탑각 접지 저항값을 줄이는 것은 매설 지선의 역할이다.

17 | ④
변압기 용량을 C라고 하면

$C[\text{kVA}] = \dfrac{\text{개별 수용 최대 전력의 합}[\text{kW}]}{\text{부등률} \times \cos\theta \times \text{효율}}$

$= \dfrac{50 \times 0.6 + 100 \times 0.6 + 80 \times 0.5 + 60 \times 0.5 + 150 \times 0.4}{1.3 \times 0.8 \times 1}$

$= 212 [\text{kVA}]$

18 | ②
흡출관

비교적 유효 낙차가 낮은 수력 발전소(반동수차)에서 수차 하단에 설치한 관으로, 가능한 한 유효 낙차를 높이기 위한 목적으로 설치한다.

19 | ②
단로기(DS)의 특징
- 소호 장치가 없다.
- 무부하 상태에서 개폐 가능하므로 계통의 점검이나 분리 및 변경에 적용된다.

20 | ③
코로나 손실 $P = \dfrac{241}{\delta}(f+25)\sqrt{\dfrac{d}{2D}}(E-E_0)^2 \times 10^{-5}$ [kW/km/1선]

(단, δ: 상대 공기 밀도, f: 주파수, d: 전선의 지름, D: 선간거리, E: 대지전압, E_0: 코로나 임계 전압)

코로나손은 상대 공기 밀도 δ에 반비례한다.

2025년 2회 최신기출 CBT 모의고사

01
어느 발전소의 명판에 발전기의 정격 전압 13.2[kV], 정격 용량 93,000[kVA], %Z=95[%]라고 쓰여 있다. 발전기 내부 임피던스의 크기는?

① 1.78[Ω] ② 2.18[Ω]
③ 3.78[Ω] ④ 4.18[Ω]

02
전력 계통의 과도 안정도 향상 대책으로 옳은 것은?

① 전원 측 원동기용 조속기의 작동을 느리게 한다.
② 송전 계통의 전달 리액턴스를 증가시킨다.
③ 고장을 줄이기 위해 각 계통을 분리한다.
④ 고속도 재폐로 방식을 채용한다.

03
발전기 또는 주변압기의 내부 고장 보호용으로 가장 널리 쓰이는 것은?

① 거리 계전기 ② 과전류 계전기
③ 비율 차동 계전기 ④ 방향단락 계전기

04
송전 선로의 단락 보호 계전 방식이 아닌 것은?

① 방향 단락 계전 방식
② 과전류 계전 방식
③ 과전압 계전 방식
④ 거리 계전 방식

05
3상 수직 배치인 선로에서 오프셋을 주는 주된 이유는?

① 유도 장해 감소 ② 난조 방지
③ 철탑 중량 감소 ④ 단락 방지

06
코로나가 발생하면 전선이 부식되는 원인은?

① 질소　　　　② 산소
③ 초산　　　　④ 이산화탄소

07
1[BTU]는 몇 [cal]인가?

① 225[cal]　　② 252[cal]
③ 325[cal]　　④ 525[cal]

08
송전 전력, 송전 거리, 전선의 비중 및 전력 손실률이 일정하다고 할 때, 전선의 단면적 $A[\mathrm{mm}^2]$과 송전 전압 $V[\mathrm{kV}]$와의 관계로 옳은 것은?

① $A \propto \dfrac{1}{V^2}$　　② $A \propto V$
③ $A \propto \dfrac{1}{\sqrt{V}}$　　④ $A \propto V^2$

09
배전 선로의 고장 또는 보수 점검 시 정전 구간을 축소하기 위하여 사용되는 것은?

① 단로기　　　　② 컷아웃 스위치
③ 계자 저항기　　④ 구분 개폐기

10
$154[\mathrm{kV}]$ 송전 선로에 10개의 현수 애자가 연결되어 있다. 다음 중 전압 분담이 가장 작은 것은?(단, 애자는 같은 간격으로 설치되어 있다.)

① 철탑에서 가장 가까운 것
② 철탑에서 3번째에 있는 것
③ 전선에서 가장 가까운 것
④ 전선에서 3번째에 있는 것

11
사고, 정전 등의 중대한 영향을 받는 지역에서 정전과 동시에 자동적으로 예비 전원용 배전 선로로 전환하는 장치는?

① 차단기(Circuit Breaker)
② 리클로저(Recloser)
③ 섹셔널라이저(Sectionalizer)
④ 자동 부하 전환개폐기(Auto Load Transfer Switch)

12
비접지 계통의 지락 사고 시 계전기에 영상 전류를 공급하기 위하여 설치하는 기기는?

① PT   ② CT
③ ZCT   ④ GPT

13
다음 중 코로나 방지 대책으로 적당하지 않은 것은?

① 복도체를 사용한다.
② 가선 금구를 개량한다.
③ 선간 거리를 감소시킨다.
④ 가선 시 전선 표면이 금구를 손상하지 않게 한다.

14
단상 2선식 배전 선로에서 대지 정전 용량을 C_s, 선간 정전 용량을 C_m이라 할 때 작용 정전 용량은?

① $C_s + C_m$ ② $C_s + 2C_m$
③ $2C_s + C_m$ ④ $C_s + 3C_m$

15
송배전 선로에서 내부 이상 전압에 속하지 않는 것은?

① 개폐 이상 전압
② 유도뢰에 의한 이상 전압
③ 사고 시의 과도 이상 전압
④ 계통 조작과 고장 시의 지속 이상 전압

16
화력 발전소에서 매일 최대 출력 $100,000[\text{kW}]$, 부하율 $90[\%]$로 60일간 연속 운전할 때 필요한 석탄량은 약 몇 $[\text{t}]$인가?(단, 사이클 효율은 $40[\%]$, 보일러 효율은 $85[\%]$, 발전기 효율은 $98[\%]$로 하고 석탄의 발열량은 $5,500[\text{kcal}/\text{kg}]$이라 한다.)

① 60,820
② 61,820
③ 62,820
④ 63,820

17
선간 전압이 $154[\text{kV}]$이고, 1상 당의 임피던스가 $j8[\Omega]$인 기기가 있을 때, 기준 용량을 $100[\text{MVA}]$로 하면 %임피던스는 약 몇 $[\%]$인가?

① 2.75
② 3.15
③ 3.37
④ 4.25

18
한류 리액터를 사용하는 가장 큰 목적은?

① 충전 전류의 제한
② 접지 전류의 제한
③ 누설 전류의 제한
④ 단락 전류의 제한

19
송전 철탑에서 역섬락을 방지하기 위한 대책은?

① 가공 지선의 설치
② 탑각 접지저항의 감소
③ 전력선의 연가
④ 아크혼의 설치

20
파동 임피던스 $Z_1 = 600[\Omega]$인 선로 종단에 파동 임피던스 $Z_2 = 1,300[\Omega]$의 변압기가 접속되어 있다. 지금 선로에서 파고 $e_i = 900[\text{kV}]$의 전압이 진입되었다면 접촉점에서의 전압 반사파는 약 몇 $[\text{kV}]$인가?

① $192[\text{kV}]$
② $332[\text{kV}]$
③ $524[\text{kV}]$
④ $988[\text{kV}]$

2025년 2회 정답과 해설

무료 해설 강의

2회 SPEED CHECK 빠른정답표

01	02	03	04	05	06	07	08	09	10
①	④	③	③	④	③	②	①	④	②
11	12	13	14	15	16	17	18	19	20
④	③	③	②	②	①	③	④	②	②

01 | ①

$$Z = \frac{10V^2}{P_n} \times \%Z = \frac{10 \times 13.2^2}{93,000} \times 95 = 1.78[\Omega]$$

02 | ④

안정도 향상 대책
- 리액턴스를 작게 한다.
  - 복도체 또는 다도체 채용
  - 직렬 콘덴서 설치
  - 발전기나 변압기의 리액턴스 감소
  - 선로의 병렬 회선 수 증가
- 전압 변동을 적게 한다.
  - 중간 조상 방식 채용
  - 고장 구간을 신속히 차단
  - 고속도 계전기, 고속도 차단기 설치
  - 속응 여자 방식 채용
- 계통에 충격을 주지 말아야 한다.
  - 제동 저항기 설치
  - 단락비를 크게 함

직접 접지방식은 지락 사고 시 지락 전류(I_g)가 커서 계통의 안정도가 나빠진다.

03 | ③

비율 차동 계전기는 발전기, 변압기의 내부 고장 시 양쪽 전류의 벡터차에 의해 동작하여 차단기를 개로시킨다. 따라서 발전기나 변압기의 내부 고장 보호용으로 사용한다.

04 | ③

송전 선로의 단락 사고 보호 방식
- 과전류 계전 방식
- 거리 계전 방식
- 방향 단락 계전 방식

암기
단락 사고는 합선을 의미 → 전류 관련 보호 계전 방식 선택

05 | ④

오프셋
전선의 도약으로부터 전선을 보호하기 위해 철탑의 암(Arm)의 길이를 다르게 설치(오프셋)하여 전선 도약에 따른 선간 단락 사고를 방지한다.

06 | ③

코로나
코로나 방전은 고전압 송전선이나 변압기 등에서 발생하는 방전 현상으로, 전선 주위의 공기가 이온화하면서 발생한다. 코로나 방전이 일어나면 공기 중에 오존이 발생하고, 이 오존이 습기와 반응해 초산을 형성하여 전선의 표면이 부식된다.

07 | ②

1[cal]는 물 1[g]을 1[℃] 올리는 데 필요한 열량이며 1[BTU]는 물 1파운드를 1[°F] 올리는데 필요한 열량이다. 1[℃]의 온도차는 1.8[°F]와 같으므로

$$1[BTU] = \frac{453.59}{1.8} = 251.99 ≒ 252\,[cal]$$

08 | ①

전력 손실 $P_l = \dfrac{P^2 R}{V^2 \cos^2\theta} = \dfrac{P^2 \rho l}{V^2 \cos^2\theta A}$ 에서

전선의 단면적 $A = \dfrac{P^2 \rho l}{V^2 \cos^2\theta P_l}$ 이다.

$\therefore A \propto \dfrac{1}{V^2}$

48 끝맺음 노트

09 | ④
구분 개폐기
배전 선로의 고장 또는 보수 점검 시 정전 구간을 축소하기 위해 사용

10 | ②

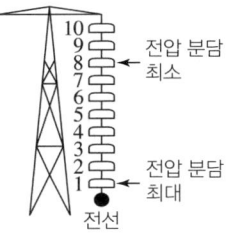

- 전압 분담이 가장 큰 애자: 전선에서 가장 가까운 애자
- 전압 분담이 가장 작은 애자: 전선에서 8번째 애자 또는 철탑에서 3번째 애자

11 | ④
자동 부하 전환개폐기(ALTS)
사고나 정전 시에 즉시 자동적으로 예비 전원으로 전환하는 개폐기

12 | ③
영상 변류기(ZCT)
비접지 계통에서 지락 사고 시 고장 전류를 검출하여 보호 계전기에 영상 전류를 공급하는 기기

13 | ③
코로나 임계 전압 $E_0 = 24.3 m_0 m_1 \delta d \log_{10} \dfrac{D}{r}$[kV]에서,
선간 거리(D)가 감소하면 임계 전압은 감소한다.
암기
코로나 방지 대책
- 코로나 임계 전압을 크게 한다.
- 복도체를 사용한다.
- 가선 금구를 개량한다.

14 | ②
- 단상 2선식 작용 정전 용량 $C = C_s + 2C_m$ [μF]
- 3상 3선식 작용 정전 용량 $C = C_s + 3C_m$ [μF]

15 | ②
- 외부 이상 전압: 직격뢰, 유도뢰
- 내부 이상 전압: 차단기의 개폐 서지, 계통 사고 시 이상 전압

16 | ①
$$\eta = \frac{860W}{BH} \Rightarrow B = \frac{860W}{\eta H}$$
$$= \frac{860 \times 100,000 \times 0.9 \times (24 \times 60)}{0.4 \times 0.85 \times 0.98 \times 5,500}$$
$$= 60,818,509 \text{[kg]} ≒ 60,820 \text{[t]}$$
($\because W = Pt$)

17 | ③
$$\%Z = \frac{PZ}{10V^2} = \frac{100 \times 10^3 \times 8}{10 \times 154^2} = 3.37 [\%]$$
여기서, P[kVA], V[kV] 단위를 조심해야 한다.

18 | ④
한류 리액터는 계통에 직렬로 설치되는 리액터로서,
단락 전류 $I_s = \dfrac{100}{\%Z} I_n$ [A]에서 분모의 %임피던스값을 증가시켜 단락 전류를 제한하는 역할을 한다.
암기
한류 리액터 – 단락 전류 제한

19 | ②
역섬락 사고를 방지하기 위해 탑각 접지저항을 감소시킨다.

20 | ②
반사 계수 $\beta = \dfrac{Z_2 - Z_1}{Z_2 + Z_1} = \dfrac{e_r}{e_i}$ 에서
전압의 반사파
$$e_r = \frac{Z_2 - Z_1}{Z_2 + Z_1} e_i = \frac{1,300 - 600}{1,300 + 600} \times 900 = 331.6 \text{[kV]}$$
(단, e_r: 전압의 반사파[kV], e_i: 전압의 입사파[kV])

2025년 3회 최신기출 CBT 모의고사

01
망상(network) 배전 방식에 대한 설명으로 옳은 것은?
① 부하 증가에 대한 융통성이 작다.
② 전압 변동이 대체로 크다.
③ 인축에 대한 감전 사고가 적어서 농촌에 적합하다.
④ 방사상식보다 무정전 공급의 신뢰도가 더 높다.

02
변압기 보호용 비율 차동 계전기를 사용하여 $\Delta-Y$ 결선의 변압기를 보호하려고 한다. 이때 변압기 1, 2차 측에 설치하는 변류기의 결선 방식은?(단, 위상 보정 기능이 없는 경우이다.)
① $\Delta-\Delta$ ② $\Delta-Y$
③ $Y-\Delta$ ④ $Y-Y$

03
1상의 대지 정전 용량 $C[F]$, 주파수 $f[Hz]$인 3상 송전선의 소호 리액터 공진 탭의 리액턴스는 몇 $[\Omega]$인가?(단, 소호 리액터를 접속시키는 변압기의 리액턴스는 $x_t[\Omega]$이다.)
① $\frac{1}{3\omega C}+\frac{x_t}{3}$ ② $\frac{1}{3\omega C}-\frac{x_t}{3}$
③ $\frac{1}{3\omega C}+3x_t$ ④ $\frac{1}{3\omega C}-3x_t$

04
수변전 설비에서 1차 측에 설치하는 차단기의 용량은 어느 것에 의하여 정하는가?
① 변압기 용량 ② 수전계약용량
③ 공급측 단락용량 ④ 부하설비용량

05
전력 계통의 전압 조정설비에 대한 특징으로 틀린 것은?
① 병렬 콘덴서는 진상 능력만을 가지며 병렬 리액터는 진상능력이 없다.
② 동기 조상기는 조정의 단계가 불연속적이나, 직렬 콘덴서 및 병렬 리액터는 연속적이다.
③ 동기 조상기는 무효 전력의 공급과 흡수가 모두 가능하여 진상 및 지상 용량을 갖는다.
④ 병렬 리액터는 경부하 시에 계통 전압이 상승하는 것을 억제하기 위하여 초고압 송전선 등에 설치한다.

06
공통 중성선 다중 접지 3상 4선식 배전 선로에서 고압 측(1차 측) 중성선과 저압 측(2차 측) 중성선을 전기적으로 연결하는 주목적은?

① 저압 측의 단락 사고를 검출하기 위함
② 저압 측의 접지 사고를 검출하기 위함
③ 주상 변압기의 중성선 측 부싱(bushing)을 생략하기 위함
④ 고저압 혼촉 시 수용가에 침입하는 상승 전압을 억제하기 위함

07
화력 발전소에서 가장 큰 손실은?

① 소내용 동력
② 송풍기 손실
③ 복수기에서의 손실
④ 연도 배출가스 손실

08
원자로의 제어재가 구비해야 할 조건으로 옳지 않은 것은?

① 중성자의 흡수 단면적이 작아야 한다.
② 높은 중성자속에서 장시간 그 효과를 간직해야 한다.
③ 내식성이 크고, 기계적 가공이 쉬워야 한다.
④ 열과 방사선에 대하여 안정적이어야 한다.

09
그림과 같은 2기 계통에서, 발전기에서 전동기로 전달되는 전력 P는 얼마인가?(단, $X = X_G + X_L + X_M$이고, E_G, E_M은 각각 발전기 및 전동기의 유기 기전력, δ는 E_G와 E_M 간 상차각이다.)

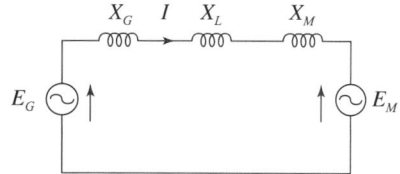

① $P = \dfrac{E_G}{XE_M}\sin\delta$
② $P = \dfrac{E_G E_M}{X}\sin\delta$
③ $P = \dfrac{E_G E_M}{X}\cos\delta$
④ $P = XE_G E_M \cos\delta$

10
어느 화력 발전소에서 $40,000[\text{kWh}]$를 발전하는 데 발열량 $860[\text{kcal/kg}]$의 석탄을 60톤 사용한다. 이 발전소의 열효율[%]은 약 얼마인가?

① 56.7
② 66.7
③ 76.7
④ 86.7

11
수차 발전기에 제동 권선을 설치하는 주된 목적은?

① 정지 시간 단축 ② 회전력의 증가
③ 과부하 내량의 증대 ④ 발전기 안정도의 증진

12
그림과 같이 사각형으로 배치된 4도체 송전선이 있다. 소도체의 반지름 $1[\text{cm}]$, 한 변의 길이 $40[\text{cm}]$일 때, 소도체 간의 기하 평균 거리$[\text{cm}]$는?

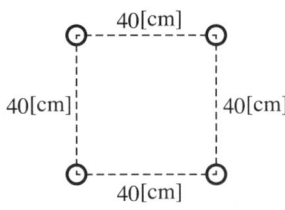

① 42.9
② 44.9
③ 46.9
④ 48.9

13
송수 양단의 전압을 E_S, E_R라 하고 4단자 정수를 A, B, C, D라 할 때 전력 원선도의 반지름은?

① $\dfrac{E_R E_S}{A}$
② $\dfrac{E_R E_S}{B}$
③ $\dfrac{E_R E_S}{C}$
④ $\dfrac{E_R E_S}{D}$

14
4단자 정수 $A = D = 0.8$, $B = j1.0$인 3상 송전 선로에 송전단 전압 $160[\text{kV}]$를 인가할 때 무부하 시 수전단 전압은 몇 $[\text{kV}]$인가?

① 154
② 164
③ 180
④ 200

15
차단기가 전류를 차단할 때, 재점호가 일어나기 쉬운 차단 전류는?

① 동상 전류
② 지상 전류
③ 진상 전류
④ 단락 전류

16
케이블의 전력 손실과 관계가 없는 것은?

① 철손
② 유전체손
③ 시스손
④ 도체의 저항손

17
증기의 엔탈피가 의미하는 내용으로 옳은 것은?

① 증기 $1[kg]$의 잠열
② 증기 $1[kg]$의 현열
③ 증기 $1[kg]$의 보유 열량
④ 증기 $1[kg]$의 증발열을 그 온도로 나눈 것

18
경간이 $200[m]$인 가공 전선로가 있다. 사용 전선의 길이는 경간보다 몇 $[m]$ 더 길게 하면 되는가?(단, 사용 전선의 $1[m]$당 무게는 $2[kg]$, 인장 하중은 $4,000[kg]$, 전선의 안전율은 2로 하고 풍압 하중은 무시한다.)

① $\frac{1}{2}$
② $\sqrt{2}$
③ $\frac{1}{3}$
④ $\sqrt{3}$

19
차단기의 정격 차단 시간에 대한 설명으로 옳은 것은?

① 고장 발생부터 소호까지의 시간
② 트립 코일 여자로부터 소호까지의 시간
③ 가동 접촉자의 개극부터 소호까지의 시간
④ 가동 접촉자의 동작 시간부터 소호까지의 시간

20
%임피던스와 관련된 설명으로 틀린 것은?

① 정격 전류가 증가하면 %임피던스는 감소한다.
② 직렬 리액터가 감소하면 %임피던스도 감소한다.
③ 전기 기계의 %임피던스가 크면 차단기의 용량은 작아진다.
④ 송전 계통에서는 임피던스의 크기를 옴값 대신에 %값으로 나타내는 경우가 많다.

2025년 3회 정답과 해설

무료 해설 강의

3회 SPEED CHECK 빠른정답표

01	02	03	04	05	06	07	08	09	10
④	③	②	①	②	④	③	①	②	②
11	12	13	14	15	16	17	18	19	20
④	②	②	④	③	①	①	③	②	①

01 | ④
망상(네트워크)식 배전
- 무정전 공급이 가능하므로 공급 신뢰도가 높다.
- 플리커, 전압 변동률, 전력 손실, 전압 강하가 작다.
- 기기 이용률이 높고 부하 증가에 대한 적응성이 좋다.
- 변전소 수를 줄일 수 있다.
- 가격이 비싸고 대도시에 적합하다.
- 인축의 감전 사고가 빈번하게 발생한다.

02 | ③
변류기 결선
$\Delta-Y$ 결선 변압기 1차 측과 2차 측의 위상차를 보정하기 위해 변압기와 변류기는 반대로 결선한다. 즉 변압기 결선이 $\Delta-Y$ 결선인 경우 변류기 결선은 $Y-\Delta$ 결선을 적용한다.

03 | ②
소호 리액터 접지의 리액턴스(x_L)
1선 지락 사고 시 병렬 공진이 일어나므로 등가 회로를 이용하면 $3x_L + x_t = x_c$이다.
$$\therefore x_L = \frac{x_c}{3} - \frac{x_t}{3} = \frac{1}{3\omega C} - \frac{x_t}{3} [\Omega]$$

04 | ①
차단기는 과전류나 고장 전류 발생 시 회로를 차단하는 보호 장치이다. 변압기 1차 측 차단기의 정격 전류 $I = \frac{P}{\sqrt{3} \times V}[\text{A}]$로, 변압기의 정격 용량에 따라 전류 및 차단기의 용량을 결정한다.

05 | ②
조상설비의 비교

구분	동기 조상기	전력용 콘덴서	분로 리액터
무효 전력	지상, 진상	진상	지상
조정 형태	연속적	불연속적	불연속적
전압 유지 능력	크다	작다	작다
전력 손실	크다	작다	작다
시충전	가능	불가능	불가능

06 | ④
전로의 중성점 접지
공통 중성선 다중 접지 3상 4선식 배전 선로에서 고저압 혼촉 시 저압 측 전로의 전위가 상승한다. 이때 저압 측 수용가에 침입하는 상승 전압을 억제하기 위해 고압 측 중성선과 저압 측 중성선을 전기적으로 연결한다.

07 | ③
화력 발전소의 손실
복수기는 증기 터빈에서 방출된 습증기를 냉각수로 응축하여 급수로 환원하는 설비이다. 이 과정에서 습증기의 열을 냉각수가 대부분 흡수하므로 화력 발전 전체 열손실의 50[%] 가량이 복수기에서 발생한다.

08 | ①
제어재의 구비 조건
- 중성자 흡수 단면적이 클 것
- 높은 중성자속에서 장시간 그 효과를 간직할 것
- 내식성이 크고 기계적 가공이 용이할 것
- 열과 방사선에 대하여 안정할 것
- 원자의 질량이 작을 것

09 | ②

송전 용량 $P = \dfrac{E_G E_M}{X} \sin\delta$ [MW]

(단, E_G, E_M은 [kV] 단위이다.)

10 | ②

열효율 $\eta = \dfrac{860W}{BH} \times 100 [\%] = \dfrac{860 \times 40,000}{60 \times 10^3 \times 860} \times 100 = 66.7[\%]$

암기
$1[kWh] = 860[kcal]$

11 | ④

제동 권선은 발전기의 난조 현상을 방지하고 계통의 안정도를 높인다.

12 | ②

등가 선간 거리 = 기하 평균 거리(D_e)
네 도체가 정사각형으로 배치된 경우 도체 간 거리는 다음과 같다.

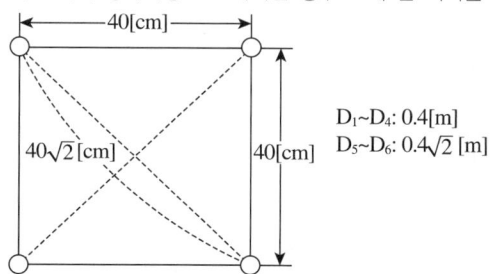

D_1~D_4: 0.4[m]
D_5~D_6: $0.4\sqrt{2}$ [m]

$D_e = \sqrt[6]{D_1 \times D_2 \times D_3 \times D_4 \times D_5 \times D_6}$
$= \sqrt[6]{d \times d \times d \times d \times \sqrt{2}d \times \sqrt{2}d}$
$= \sqrt[6]{2}\, d = 40\sqrt[6]{2} = 44.9 [cm]$

13 | ②

전력 원선도의 반지름 $R = \dfrac{E_R E_S}{B}$

참고
부하 증감에 따라 변화하는 무효 전력을 보상하는 조상기 용량은 부하 역률 직선과 전력 원선도의 직선상의 거리로 정한다.

14 | ④

$E_s = AE_r + BI_r$ 이고 무부하에서 $I_r = 0$(수전단 개방)이므로
$E_r = \dfrac{E_s}{A} = \dfrac{160}{0.8} = 200[kV]$

15 | ③

재점호가 일어나기 쉬운 경우는 전류가 전압보다 위상이 90° 앞선 진상 전류일 때이며, 이때 이상 전압이 쉽게 발생한다.

16 | ①

케이블은 도체, 절연체(유전체), 시스층으로 이루어져 있어 다음과 같은 전력 손실이 발생한다.
- 도체의 저항손
- 유전체손
- 시스손

17 | ③

증기의 엔탈피[kcal/kg]는 증기 1[kg]이 보유한 열량[kcal]을 의미한다.

18 | ③

이도 $D = \dfrac{WS^2}{8T} = \dfrac{2 \times 200^2}{8 \times \dfrac{4,000}{2}} = 5[m]$, 전선의 길이 $L = S + \dfrac{8D^2}{3S}$ [m]

$\therefore L - S = \dfrac{8D^2}{3S} = \dfrac{8 \times 5^2}{3 \times 200} = \dfrac{1}{3}[m]$

(단, W: 사용 전선 무게[kg/m], S: 경간[m], T: 수평 장력)

암기
수평 장력 $T = \dfrac{\text{인장 하중}}{\text{안전율}}$

19 | ②

차단기의 정격 차단 시간은 차단기의 트립 코일 여자 순간부터 아크가 완전히 소호될 때까지의 시간으로, 보통 3~8 사이클이다.

20 | ①

$\%Z = \dfrac{I_n Z}{E} \times 100 = \dfrac{I_n}{I_s} \times 100[\%]$

정격 전류 I_n이 증가하면 %임피던스(%Z)도 증가한다.

**여러분의 작은 소리
에듀윌은 크게 듣겠습니다.**

본 교재에 대한 여러분의 목소리를 들려주세요.
공부하시면서 어려웠던 점, 궁금한 점,
칭찬하고 싶은 점, 개선할 점, 어떤 것이라도 좋습니다.

에듀윌은 여러분께서 나누어 주신 의견을
통해 끊임없이 발전하고 있습니다.

에듀윌 도서몰 book.eduwill.net
- 부가학습자료 및 정오표: 에듀윌 도서몰 → 도서자료실
- 교재 문의: 에듀윌 도서몰 → 문의하기 → 교재(내용, 출간) / 주문 및 배송

끝맺음 노트

에듀윌 전기
전력공학 필기
+무료특강

📱 Mobile로 응시하기

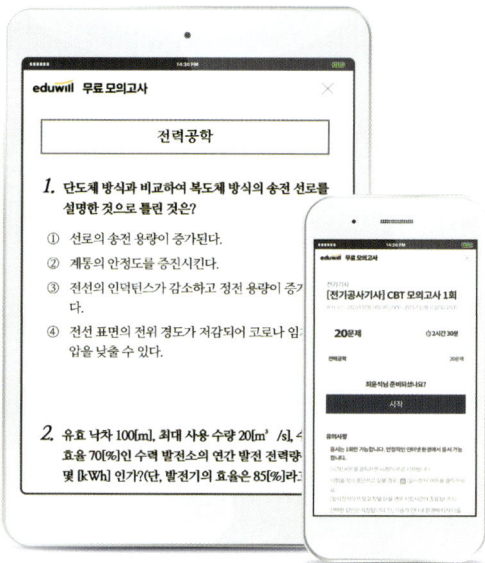

PC 버전 CBT 모의고사의 장점만을 그대로 담았습니다.
QR 코드를 스캔하여 더욱 쉽고 빠르게 서비스를 이용할 수 있습니다.

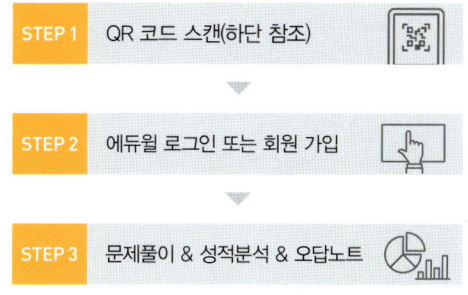

STEP 1 QR 코드 스캔(하단 참조)

STEP 2 에듀윌 로그인 또는 회원 가입

STEP 3 문제풀이 & 성적분석 & 오답노트

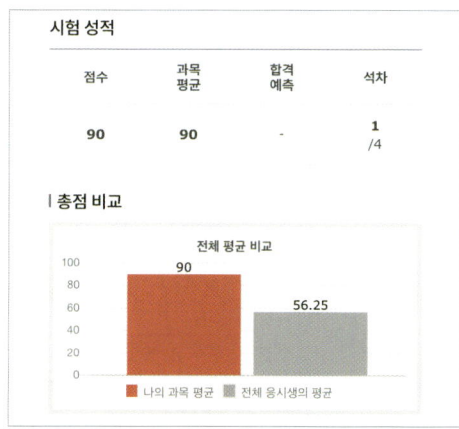

맞춤형 성적 분석

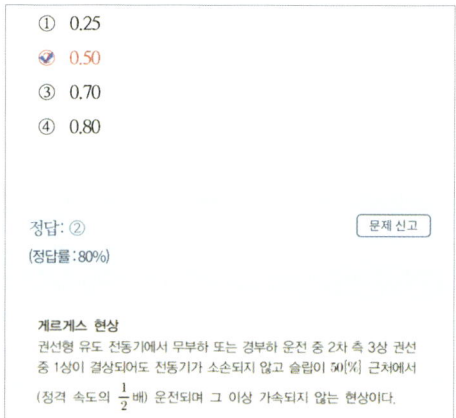

쉽고 빠른 오답해설

CBT 모의고사 3회 QR 코드

1회　　2회　　3회

* CBT 모의고사는 2026년 1회차 시험 한달 전에 제공됩니다.
* CBT 모의고사 유효기간은 2027년 12월 31일까지이며, 이후 서비스 제공이 중단될 수 있습니다.

2026 에듀윌 전기 전력공학
6주 플래너

기초부터 탄탄하게 학습한다!
꼼꼼하게 학습하는 사람에게
추천하는 플래너

WEEK	DAY		차례	페이지	공부한 날	완료
1주	DAY 1	기본서	CHAPTER 01 가공 전선로	기본서 p.24	__월 __일	☐
	DAY 2		CHAPTER 02 지중 전선로	기본서 p.40	__월 __일	☐
	DAY 3		CHAPTER 03 선로 정수 특성 및 코로나 현상	기본서 p.48	__월 __일	☐
	DAY 4		CHAPTER 04 송전 특성	기본서 p.64	__월 __일	☐
	DAY 5		CHAPTER 04 송전 특성	기본서 p.64	__월 __일	☐
	DAY 6		CHAPTER 04 송전 특성	기본서 p.64	__월 __일	☐
	DAY 7		CHAPTER 05 안정도 및 고장 계산	기본서 p.88	__월 __일	☐
2주	DAY 8		CHAPTER 06 중성점 접지방식과 유도 장해	기본서 p.104	__월 __일	☐
	DAY 9		CHAPTER 07 전력 계통 이상 전압	기본서 p.118	__월 __일	☐
	DAY 10		CHAPTER 08 보호 계전기	기본서 p.138	__월 __일	☐
	DAY 11		CHAPTER 08 보호 계전기	기본서 p.138	__월 __일	☐
	DAY 12		CHAPTER 09 배전 선로	기본서 p.156	__월 __일	☐
	DAY 13		CHAPTER 09 배전 선로	기본서 p.156	__월 __일	☐
	DAY 14		CHAPTER 09 배전 선로	기본서 p.156	__월 __일	☐
3주	DAY 15		CHAPTER 09 배전 선로	기본서 p.156	__월 __일	☐
	DAY 16		CHAPTER 09 배전 선로	기본서 p.156	__월 __일	☐
	DAY 17		CHAPTER 10 수력 발전	기본서 p.182	__월 __일	☐
	DAY 18		CHAPTER 11 화력 발전	기본서 p.198	__월 __일	☐
	DAY 19		CHAPTER 12 원자력 발전	기본서 p.212	__월 __일	☐
	DAY 20		전력공학 기본서 전체 복습		__월 __일	☐
	DAY 21				__월 __일	
4주	DAY 22	유형별 N제	CHAPTER 01 ~ 02	유형별 N제 p.8	__월 __일	☐
	DAY 23		CHAPTER 03 ~ 04	유형별 N제 p.22	__월 __일	☐
	DAY 24		CHAPTER 05 ~ 06	유형별 N제 p.62	__월 __일	☐
	DAY 25		CHAPTER 07 ~ 08	유형별 N제 p.92	__월 __일	☐
	DAY 26		CHAPTER 09	유형별 N제 p.130	__월 __일	☐
	DAY 27		CHAPTER 09	유형별 N제 p.130	__월 __일	☐
	DAY 28		CHAPTER 10	유형별 N제 p.166	__월 __일	☐
5주	DAY 29		CHAPTER 11 ~ 12 1회독 완료	유형별 N제 p.180	__월 __일	☐
	DAY 30		CHAPTER 01 ~ 02	유형별 N제 p.8	__월 __일	☐
	DAY 31		CHAPTER 03 ~ 04	유형별 N제 p.22	__월 __일	☐
	DAY 32		CHAPTER 05 ~ 06	유형별 N제 p.62	__월 __일	☐
	DAY 33		CHAPTER 07 ~ 08	유형별 N제 p.92	__월 __일	☐
	DAY 34		CHAPTER 09 ~ 10	유형별 N제 p.130	__월 __일	☐
	DAY 35		CHAPTER 11 ~ 12 2회독 완료	유형별 N제 p.180	__월 __일	☐
6주	DAY 36		CHAPTER 01 ~ 04	유형별 N제 p.8	__월 __일	☐
	DAY 37		CHAPTER 05 ~ 08	유형별 N제 p.62	__월 __일	☐
	DAY 38		CHAPTER 09 ~ 12 3회독 완료	유형별 N제 p.130	__월 __일	☐
	DAY 39		전력공학 유형별 N제 전체 복습		__월 __일	☐
	DAY 40				__월 __일	
	DAY 41		전력공학 전체 복습		__월 __일	☐
	DAY 42				__월 __일	

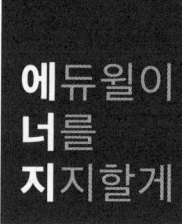

세상을 움직이려면
먼저 나 자신을 움직여야 한다.

– 소크라테스(Socrates)

에듀윌 전기 전력공학
필기 기본서

전기설비기술기준 & KEC
용어표준화 및 국문순화

어떻게 변했는가?

- 산업통상자원부에서 전기설비기술기준 및 한국전기설비규정(KEC) 내 일본식 한자, 어려운 축약어, 외래어 등의 순화에 관한 사항을 2023년 10월 12일에 공고하였습니다.
- 용어표준화 및 국문순화는 공고 즉시 시행되었으며 순화된 용어는 다음과 같이 총 177개입니다. 순화 대상이 된 용어는 앞으로 전기 관련 시험에 반영되어 출제될 것으로 예상됩니다.

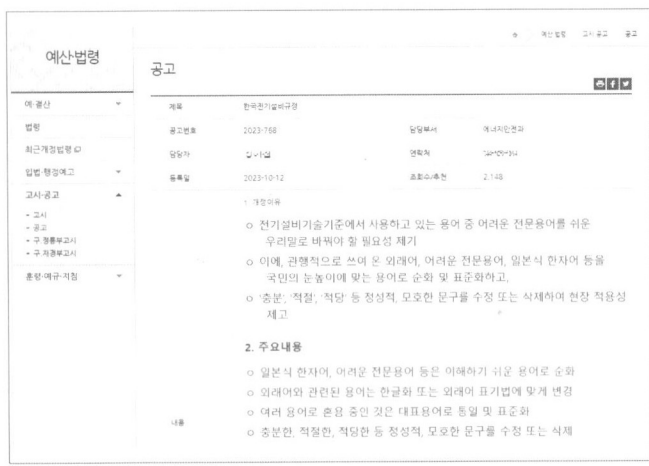

*산업통상자원부 고시 제 2023-197호(전기설비기술기준 변경)
*산업통상자원부 공고 제 2023-768호(한국전기설비규정 변경)

*용어표준화 및 국문순화 대상

용어 변경에 따른 학습의 방향

- 2022년 3회차 전기기사 필기 시험부터 적용된 CBT 시험 방식의 특성상 용어의 변경이 시험 문제 전반에 걸쳐 모두 반영되지 않을 수 있습니다.
- 그러나 전기설비기술기준, 한국전기설비규정(KEC)에서 순화된 용어로 개정된 것은 명백한 사실이므로 용어표준화 및 국문순화에 따른 시험 문제 및 보기의 문항이 바뀔 가능성이 높습니다.
- 따라서 변경된 용어 위주로 학습하되 변경되기 전의 용어는 무엇이었는지 알고 넘어간다면 더욱 완벽한 시험 대비를 할 수 있습니다.

수험자별 다르게 출제되는 CBT시험 어떻게 준비해야 할까요?

 수험자별 출제되는 문제가 다르므로 원리학습을 할 필요가 있습니다.

 문제은행 식이므로 유형별로 문제가 랜덤으로 출제됩니다. 따라서, 빈출 유형별로 이론과 문제를 정리·학습해야 시험에 잘 대응할 수 있습니다.

 실전과 비슷한 방법으로 컴퓨터 시험 환경에 익숙해져야 합니다.

2026년 대비 CBT 맞춤 개정판 출간

CBT 시험에 강한 유형별 N제	문제은행 방식으로 출제됨에 따라 과년도 기출문제가 더욱 중요해졌습니다. 최신 기출문제는 물론 2000년도 이전에 시행된 시험까지 분석하여, 엄선한 문제들로 유형별 N제를 구성하였습니다. 반복학습을 통해 빠르게 합격이 가능합니다.
THEME별 핵심이론	과년도 기출문제를 분석하여 자주 출제된 문제 유형을 THEME별로 정리하였습니다. 시험대비에 꼭 필요한 내용으로만 구성하여 효율적으로 학습이 가능합니다.
최종 점검 CBT 실전 모의고사	실제 시험과 유사한 CBT 실전 모의고사로 시험 직전 최종 점검을 할 수 있습니다. 출제 비중이 높은 문제 위주로 엄선하여 구성하였으며, 상세한 해설 및 동영상 강의도 활용해 보세요.

이 책의 구성

2026 에듀윌 전기 기본서

비전공자도 이해하기 쉬운, 기초개념

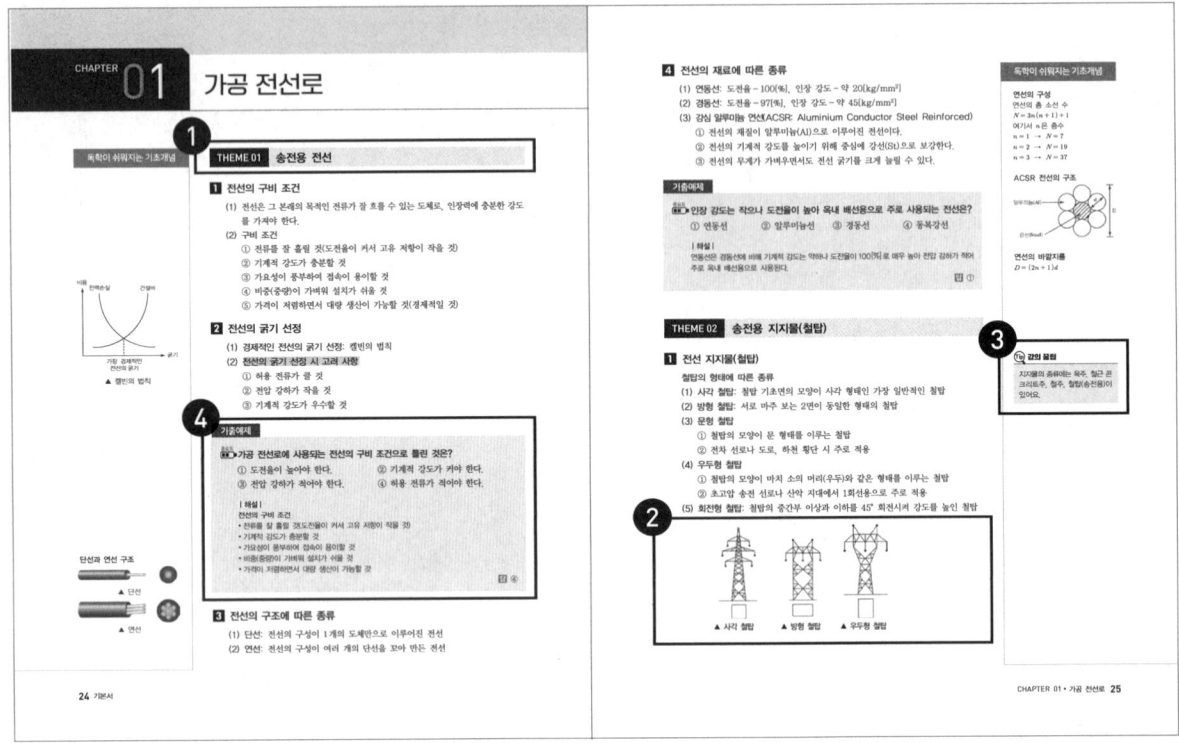

❶ CBT 시험 대비에 꼭 필요한 유형을 THEME로 구성하였습니다.
❷ 이론 학습에 꼭 필요한 다양한 그림을 제공하여 이해를 돕습니다.
❸ 비전공자부터 전공자까지 누구나 쉽게 이해할 수 있도록 어려운 개념을 알기 쉽게 풀어서 쓴 강의꿀팁을 제공합니다.
❹ 기출예제를 통해 이론 학습 후 바로 실전 적용이 가능합니다.

"시험에 출제되는 이론을 탄탄하게 학습할 수 있습니다."

합격에 꼭 필요한, 유형별 N제

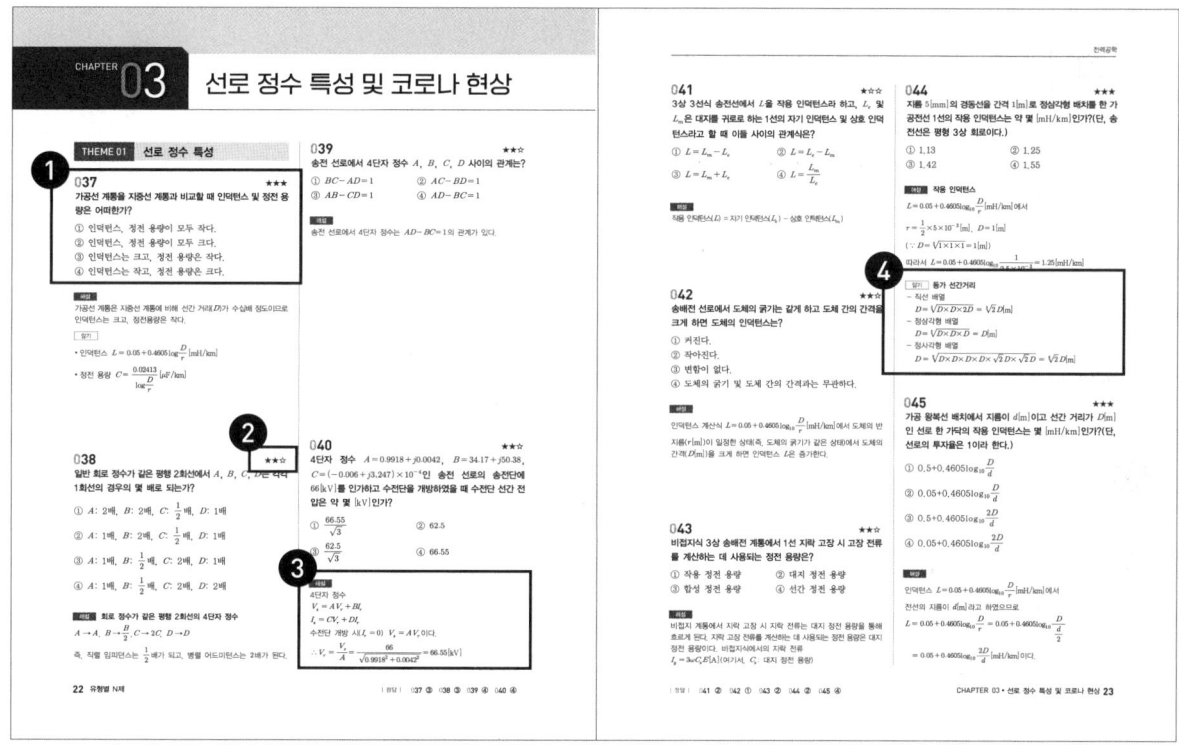

❶ 유형별 쉬운 문제부터 어려운 문제까지 엄선하여 수록하였습니다.
❷ 출제 비중을 ★~★★★로 표시하여 중요도를 한눈에 알 수 있습니다.
❸ 누구나 쉽게 이해할 수 있게 친절한 해설을 제공하였습니다.
❹ 중요한 이론이나 공식은 로 수록하였습니다.

"유형별 N제, 3회독 학습으로 쉽고 빠르게 합격 가능합니다."

이 책의 구성

2026 에듀윌 전기 기본서

마무리 학습을 위한, 끝맺음 노트

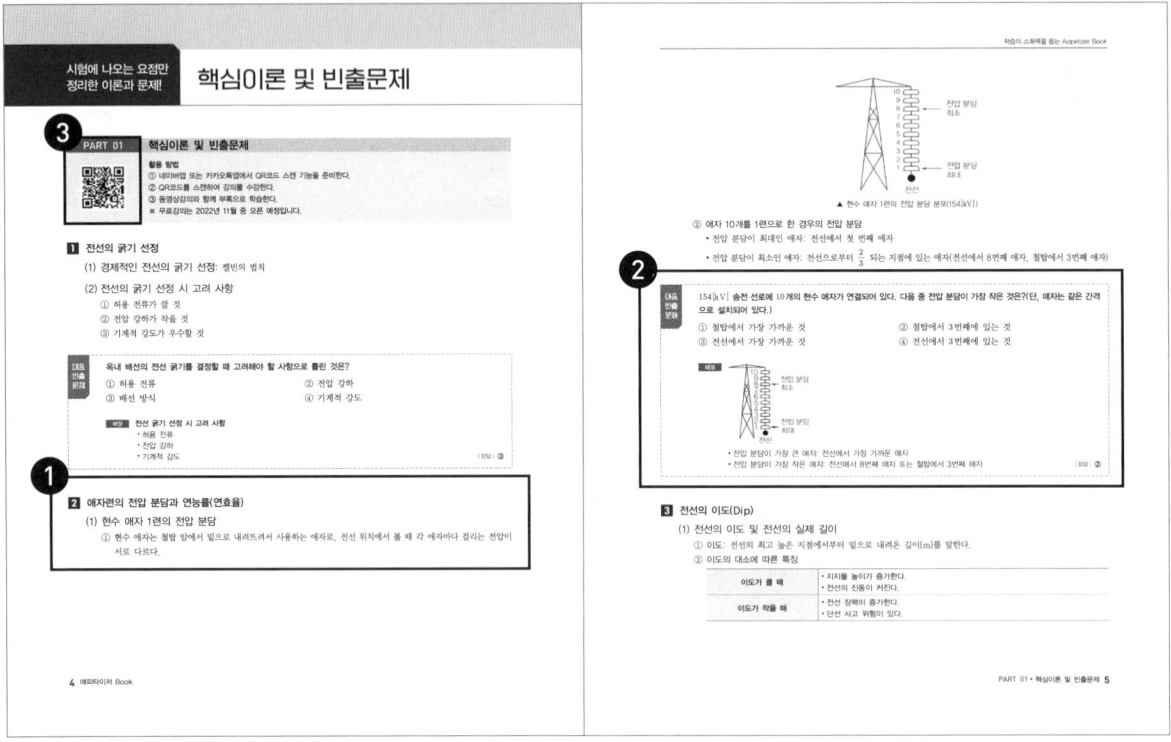

❶ 시험에 나오는 요점만 정리한 핵심이론을 제공합니다.
❷ 대표 빈출문제를 수록하여 핵심이론에 관련된 문제를 바로 풀어볼 수 있습니다.
❸ QR코드를 스캔하여 학습을 돕는 무료특강을 수강할 수 있습니다.

"시험 전, **끝맺음 노트**와 함께 최종 점검하면 좋습니다."

시험 전에 준비하는, 최신기출 CBT 실전 모의고사

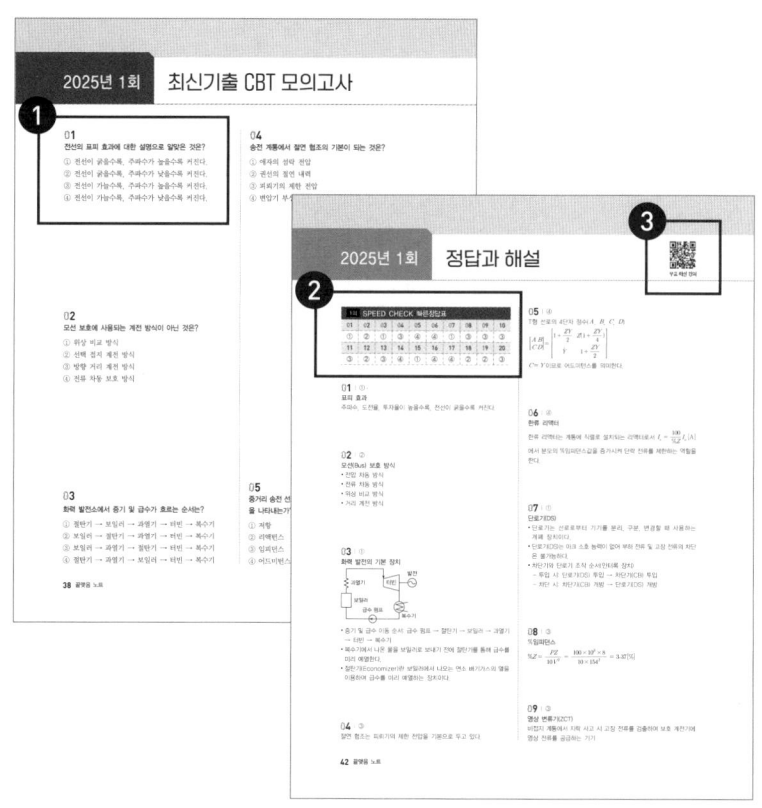

최신기출 CBT 모의고사 편

❶ 기출문제를 기반으로 실제 시험에 출제될 만한 문제들로 구성한 모의고사 3회를 제공합니다.
하단의 링크를 입력하거나 QR코드를 스캔하여 온라인 CBT 모의고사에 응시해 보세요!

정답과 해설 편

❷ 정답을 한눈에 확인할 수 있도록 빠른 정답표를 제공합니다.
❸ QR코드를 스캔하여 무료 해설 특강으로 접근할 수 있으며, 강의를 통해 효율적인 학습이 가능합니다.

CBT 모의고사 빠른 입장

PC 버전
- 1회 | https://eduwill.kr/DFlp
- 2회 | https://eduwill.kr/NFlp
- 3회 | https://eduwill.kr/TFlp

모바일 버전 | 1회 ▶ 2회 ▶ 3회

※ CBT 모의고사 유효기간은 2027년 12월 31일까지이며, 이후 서비스 제공이 중단될 수 있습니다.

합격의 첫 걸음
전기직 취업

전기기사 과목별 출제 정보

과목	전기(산업)기사	전기공사(산업)기사	전기직 공사·공단	전기직 공무원
회로이론	O	O	O	O
제어공학	O	O	O	O
전기기기	O	O	O	O
전기자기학	O	X	O	O
전력공학	O	O	O	X
전기설비기술기준	O	O	O	X
전기응용 및 공사재료	X	O	O	X
전기설비 설계 및 관리	O	X	X	X
전기설비 견적 및 시공	X	O	X	X

※ 단, 전기산업기사 및 전기공사산업기사는 제어공학이 출제되지 않음
※ 전기직 공사·공단 출제 정보는 회사마다 다름

필기

- 회로이론
- 제어공학
- 전력공학
- 전기자기학
- 전기기기
- 전기설비기술기준
- 전기응용 및 공사재료

실기

- 전기설비 설계 및 관리
- 전기설비 견적 및 시공

전기직 취업 정보

전기직군 공사·공단 취업

- 회로이론
- 제어공학
- 전기기기
- 전기자기학
- 전력공학
- 전기설비기술기준

➜ 최근 전기직군 공사 공단 채용이 많아지면서 한국전력, 코레일, 발전회사 위주로 큰 단위의 채용이 이루어짐

전기직 공무원 취업

직렬	선발예정인원	시험과목(선택형 필기시험)	
전기직 (7급)	• 일반:15명 • 장애인:1명	언어논리영역, 자료해석영역, 상황판단영역, 영어(영어능력검정시험으로 대체), 한국사(한국사능력검정시험으로 대체), 물리학개론, 전기자기학, 회로이론, 전기기기	• 회로이론 • 제어공학 • 전기기기 • 전기자기학
전기직 (9급)	• 일반:52명 • 장애인:5명 • 저소득:2명	국어, 영어, 한국사, 전기이론, 전기기기	

➜ 2023년 7·9급 전기직 공무원, 군무원 시험과목에 전기 기초 과목이 포함됨

**결국 최종 목표는 취업, 전기기사 자격증부터 취업까지
에듀윌 전기기사 시리즈로 한번에 해결!**

Why? 전기기사

취업의 치트키 전기기사 자격증

취업 기회가 늘어나는 전기 관련 시장

전기전자 관련직 수요증가

- 2015년: 30만 8천명
- 2020년: 35만 9천명
- 2025년: 39만 6천명

※ 출처: 고용노동부 직종별 사업체 노동력 조사

취업 부담이 줄어드는 다양한 가산점

한국전력공사 채용
전기기사 10점 + 전기공사기사 10점
총 20점까지 부여

한국철도공사 일반직 6급 채용
전기기사 4점 가산
전기산업기사 2.5점 가산

6급 이하 및 기술직공무원 채용
전기기사 5% 가산
전기산업기사 3% 가산

경찰공무원 채용
전기기사 4점 가산
전기산업기사 2점 가산

알아 두면 쓸데 있는 전기기사 시험 Q&A

Q 전기기사와 전기공사기사 시험, 무엇이 다를까요?

A 전기기사와 전기공사기사의 필기시험은 총 5과목이며, 이중 1개의 과목만 서로 다르고 나머지 4개의 과목은 같습니다. 따라서 전기기사 취득 후 1개의 과목만 더 준비하면 전기공사기사 준비가 가능합니다. 전기기사와 전기공사기사 실기의 출제범위 중 50%도 서로 같기 때문에 실기에서도 연계하여 학습하기 유리합니다.

Q 필기시험과 실기시험, 무엇이 다른가요?

A 필기는 5개 과목이고, 실기는 단답, 시퀀스, 수변전 설비의 3개 과목으로 필기가 실기보다 과목수가 더 많습니다.
그러나 시험 및 학습 난도는 실기가 더 높은 편입니다. 필기는 객관식 4지선다형의 문제 형태를 갖지만 실기는 논술식으로 치루어지기 때문에 더 실기가 어렵다고 느껴질 수 있습니다. 따라서 필기를 학습함에 있어서도 실기와 연관된 이론 학습은 확실히 알고 넘어갈 필요가 있습니다.

Q CBT 시험으로 변경된 후 어떤 출제 경향을 보이나요?

A 2022년 제3회 시험부터 CBT 시험 방식이 도입되었습니다. CBT 시험 특성상 수험자별로 출제되는 문제가 다르기 때문에 출제 경향을 예측하기는 쉽지 않은 상황입니다. 그러나 문제은행 방식으로 출제된다는 특징이 있기 때문에, THEME별로 이론과 문제들을 반복학습하면 쉽게 합격할 수 있습니다.

How? 전기기사

전기기사 합격전략

효율 UP 학습순서

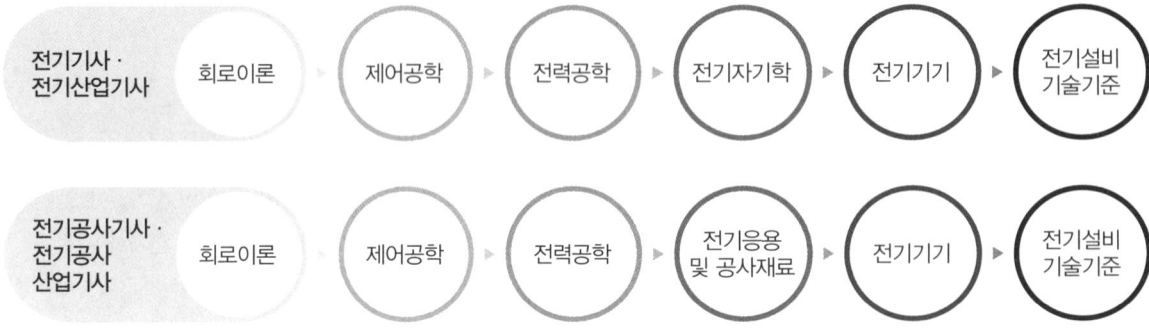

전략 UP 과목별 맞춤학습법

회로이론	• 모든 과목의 바탕이 되는 중요한 과목 • 전기기사는 회로이론 전체를 학습 • 산업기사는 회로이론 앞부분을 중심으로 학습
제어공학	• 70점 이상의 점수를 얻기 쉬운 과목 • 전기기사는 회로이론의 기본만 학습하고 제어공학을 중심으로 학습
전력공학	• 고득점을 얻어야 유리한 과목 • 필기시험과 실기시험에도 영향을 미치는 과목 • 발전보다는 전력 부분에 초점을 맞추어 학습
전기자기학	• 고난도 문제가 자주 출제되는 과목 • 출제 기준에 맞추어서 학습
전기기기	• 어려운 내용에 비해 문제는 비교적 쉽게 출제되는 과목 • 기본공식을 암기하는 것에 집중하여 학습 • 기출문제를 중심으로 학습
전기응용 및 공사재료	• 난이도가 높지 않은 과목 • 기출문제 위주로 학습
전기설비기술기준	• 암기가 중요한 과목 • 고득점을 얻어야 하는 쉬우면서도 중요한 과목 • 내용을 요약하여 정리한 후 문제를 풀면서 학습

전력공학의 흐름을 잡는

완벽한 출제분석

전력공학 출제기준

분야	세부 출제기준
1. 발·변전 일반	수력발전 / 화력발전 / 원자력 발전 / 신재생에너지발전 / 변전방식 및 변전설비 / 소내전원설비 및 보호계전방식
2. 송·배전선로의 전기적 특성	선로정수 / 전력원선도 / 코로나 현상 / 단거리 송전선로의 특성 / 중거리 송전선로의 특성 / 장거리 송전선로의 특성 / 분포정전용량의 영향 / 가공전선로 및 지중전선로
3. 송·배전방식과 그 설비 및 운용	송전방식 / 배전방식 / 중성점접지방식 / 전력계통의 구성 및 운용 / 고장계산과 대책
4. 계통 보호방식 및 설비	이상 전압과 그 방호 / 전력 계통의 운용과 보호 / 전력 계통의 안정도 / 차단 보호방식
5. 옥내배선	저압 옥내배선 / 고압 옥내배선 / 수전설비 / 동력설비
6. 배전반 및 제어기기의 종류와 특성	배전반의 종류와 배전반 운용 / 전력제어와 그 특성 / 보호 계전기 및 보호 계전방식 / 조상설비 / 전압조정 / 원격조작 및 원격제어
7. 개폐기류의 종류와 특성	개폐기 / 차단기 / 퓨즈 / 기타 개폐장치

전력공학 최근 20개년 출제비중

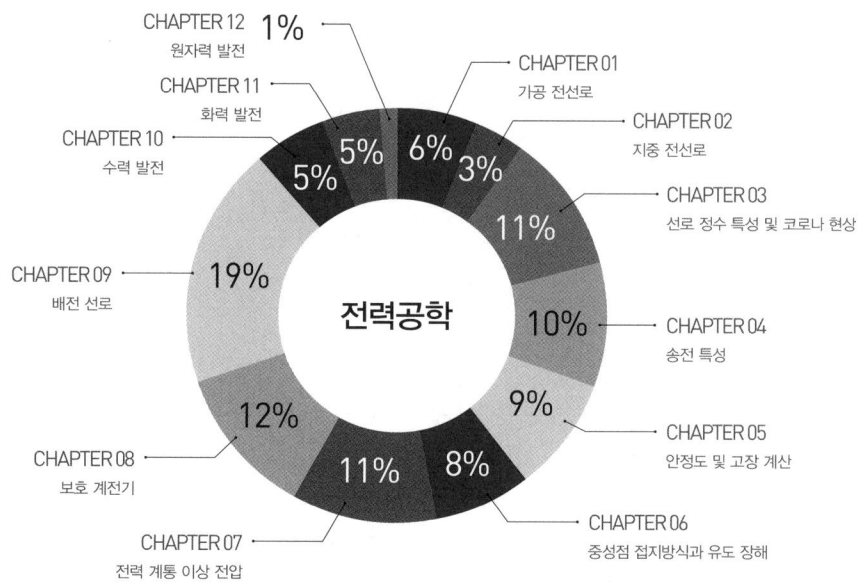

전기기사 시험안내

GUIDE

2026 시험 예상 일정

1. 전기(산업)기사, 전기공사(산업)기사

구분	필기시험	필기합격(예정자)발표	실기시험	최종합격 발표일
제1회	2~3월	3월	4~5월	6월
제2회	5월	6월	7~8월	9월
제3회	7월	8월	10~11월	12월

※ 정확한 시험 일정은 한국산업인력공단(Q-net) 참고

2. 빈자리 추가 접수기간

구분	필기시험	실기시험
제1회	2월	4월
제2회	5월	7월
제3회	6월	-

※ 정확한 시험 일정은 한국산업인력공단(Q-net) 참고

3. 공통사항

(1) 원서접수 시간은 원서접수 첫날 10:00부터 마지막 날 18:00까지 임
(2) 필기시험 합격(예정)자 및 최종합격자 발표시간은 해당 발표일 09:00임

검정기준 및 응시자격

1. 검정기준

등급	검정기준
기사	해당 국가기술자격의 종목에 관한 공학적 기술이론 지식을 가지고 설계·시공·분석 등의 업무를 수행할 수 있는 능력 보유
산업기사	해당 국가기술자격의 종목에 관한 기술기초이론 지식 또는 숙련기능을 바탕으로 복합적인 기초기술 및 기능 업무를 수행할 수 있는 능력 보유

※ 국가기술자격 검정의 기준(제14조 제1항 관련)

2. 응시자격

등급		응시자격 조건
기능사	자격제한 없음	
산업기사	자격증 + 경력	기능사 + 실무경력 1년
		실무경력 2년
	관련학과 졸업	실무경력 2년
		실무경력 2년
기사	자격증 + 경력	산업기사+실무경력 1년
		기능사+실무경력 3년
		실무경력 4년
	관련학과 졸업	관련학과 4년제 대졸 또는 졸업예정
		관련학과 3년제 대졸+실무경력 1년
		관련학과 2년제 대졸+실무경력 2년

GUIDE
전기기사 시험안내

전기기사

구분	시험과목	검정방법	합격기준
필기	· 전기자기학 · 전력공학 · 전기기기 · 회로이론 및 제어공학 · 전기설비기술기준	객관식 4지 택일형, 과목당 20문항(30분)	과목당 40점 이상, 전과목 평균 60점 이상(100점 만점 기준)
실기	전기설비 설계 및 관리	필답형(2시간 30분)	60점 이상(100점 만점 기준)

분류	종목	인정 학점	표준교육과정 해당 전공	
			전문학사	학사
전기일반	전기기사	20(30)	시스템제어, 자동제어, 전기, 전기공사, 전자기기	메카트로닉스학, 전기공학, 제어계측공학
	전기산업기사	16(24)		
전기설비	전기공사기사	20(30)	시스템제어, 자동제어, 전기, 전기공사	전기공학, 제어계측공학
	전기공사산업기사	16(24)		

※ 인정학점 옆 괄호 학점은 2009년 3월 1일 이전 취득한 자격에 한해 인정

전기산업기사

구분	시험과목	검정방법	합격기준
필기	· 전기자기학 · 전력공학 · 전기기기 · 회로이론 · 전기설비기술기준	객관식 4지 택일형, 과목당 20문항(30분)	과목당 40점 이상, 전과목 평균 60점 이상(100점 만점 기준)
실기	전기설비 설계 및 관리	필답형(2시간)	60점 이상(100점 만점 기준)

분류	종목	인정 학점	표준교육과정 해당 전공	
			전문학사	학사
전기일반	전기기사	20(30)	시스템제어, 자동제어, 전기, 전기공사, 전자기기	메카트로닉스학, 전기공학, 제어계측공학
	전기산업기사	16(24)		
전기설비	전기공사기사	20(30)	시스템제어, 자동제어, 전기, 전기공사	전기공학, 제어계측공학
	전기공사산업기사	16(24)		

※ 인정학점 옆 괄호 학점은 2009년 3월 1일 이전 취득한 자격에 한해 인정

전기공사기사

구분	시험과목	검정방법	합격기준
필기	· 전기응용 및 공사재료 · 전력공학 · 전기기기 · 회로이론 및 제어공학 · 전기설비기술기준	객관식 4지 택일형, 과목당 20문항(30분)	과목당 40점 이상, 전과목 평균 60점 이상(100점 만점 기준)
실기	전기설비 견적 및 시공	필답형(2시간 30분)	60점 이상(100점 만점 기준)

분류	종목	인정학점	표준교육과정 해당 전공	
			전문학사	학사
전기일반	전기기사	20(30)	시스템제어, 자동제어, 전기, 전기공사, 전자기기	메카트로닉스학, 전기공학, 제어계측공학
	전기산업기사	16(24)		
전기설비	전기공사기사	20(30)	시스템제어, 자동제어, 전기, 전기공사	전기공학, 제어계측공학
	전기공사산업기사	16(24)		

※ 인정학점 옆 괄호 학점은 2009년 3월 1일 이전 취득한 자격에 한해 인정

전기공사산업기사

구분	시험과목	검정방법	합격기준
필기	· 전기응용 · 전력공학 · 전기기기 · 회로이론 · 전기설비기술기준	객관식 4지 택일형, 과목당 20문항(30분)	과목당 40점 이상, 전과목 평균 60점 이상(100점 만점 기준)
실기	전기설비 견적 및 시공	필답형(2시간)	60점 이상(100점 만점 기준)

분류	종목	인정학점	표준교육과정 해당 전공	
			전문학사	학사
전기일반	전기기사	20(30)	시스템제어, 자동제어, 전기, 전기공사, 전자기기	메카트로닉스학, 전기공학, 제어계측공학
	전기산업기사	16(24)		
전기설비	전기공사기사	20(30)	시스템제어, 자동제어, 전기, 전기공사	전기공학, 제어계측공학
	전기공사산업기사	16(24)		

※ 인정학점 옆 괄호 학점은 2009년 3월 1일 이전 취득한 자격에 한해 인정

CONTENTS
기본서 차례

CHAPTER 01 가공 전선로
THEME 01. 송전용 전선 — 24
THEME 02. 송전용 지지물(철탑) — 25
THEME 03. 애자(Insulator) — 26
THEME 04. 송전 선로의 설치 — 30
CBT 적중문제 — 33

CHAPTER 02 지중 전선로
THEME 01. 지중 전선로 — 40
THEME 02. 지중 케이블 매설 방법 및 고장점 측정법 — 41
CBT 적중문제 — 45

CHAPTER 03 선로 정수 특성 및 코로나 현상
THEME 01. 선로 정수 특성 — 48
THEME 02. 충전 전류 및 충전 용량 — 52
THEME 03. 코로나(Corona) — 53
THEME 04. 연가(Transposition) — 55
CBT 적중문제 — 56

CHAPTER 04 송전 특성
THEME 01. 송전 선로의 해석 — 64
THEME 02. 전력 원선도 — 68
THEME 03. 조상설비 — 69
THEME 04. 송전 용량 — 71
THEME 05. 계통 연계 — 72
THEME 06. 직류 송전 — 73
CBT 적중문제 — 75

CHAPTER 05 안정도 및 고장 계산
THEME 01. 안정도 — 88
THEME 02. 3상 단락 고장 계산(평형 고장) — 89
THEME 03. 대칭 좌표법(불평형 고장 계산 방법) — 90
CBT 적중문제 — 94

CHAPTER 06 중성점 접지방식과 유도 장해
THEME 01. 중성점 접지방식 — 104
THEME 02. 중성점 잔류 전압 — 107
THEME 03. 유도 장해 — 107
CBT 적중문제 — 110

CHAPTER 07 전력 계통 이상 전압
THEME 01. 계통에서 발생하는 이상 전압의 분류 — 118
THEME 02. 진행파의 반사 현상과 투과 현상 — 119
THEME 03. 이상 전압 방지 대책 — 120
THEME 04. 개폐기 — 123
CBT 적중문제 — 127

CHAPTER 08 보호 계전기

THEME 01. 보호 계전 시스템	138
THEME 02. 보호 계전기의 종류	139
THEME 03. 비율 차동 계전기 및 거리 계전기	140
THEME 04. 송전 선로의 단락 사고 보호	141
THEME 05. 표시선 보호 계전 방식	143
THEME 06. 계기용 변성기	144
CBT 적중문제	146

CHAPTER 09 배전 선로

THEME 01. 저압 배전 선로의 구성 방식	156
THEME 02. 배전 선로의 전기 방식의 종류	157
THEME 03. 전압 강하 및 전력 손실	158
THEME 04. 변압기 효율 계산	160
THEME 05. 변압기의 결선	161
THEME 06. 최대 전력 산출	163
THEME 07. 전력 품질	163
THEME 08. 배전 계통의 손실 감소 대책	165
THEME 09. 역률 개선 방법	166
THEME 10. 배전 선로 보호 방식	167
THEME 11. 배전 선로의 전압 조정 장치	168
CBT 적중문제	169

CHAPTER 10 수력 발전

THEME 01. 수력학	182
THEME 02. 수력 발전소의 출력	184
THEME 03. 수차(Turbine)	185
THEME 04. 조압 수조(Surge Tank)	187
THEME 05. 캐비테이션(Cavitation)	188
THEME 06. 수차의 특유 속도(N_s, 비속도: Specific Speed)	188
THEME 07. 양수 발전소	189
CBT 적중문제	190

CHAPTER 11 화력 발전

THEME 01. 열역학 이론	198
THEME 02. 화력 발전소의 열 사이클 종류	198
THEME 03. 화력 발전소의 열효율 계산	202
THEME 04. 화력 발전소용 보일러의 원리	203
THEME 05. 전기식 집진기 및 조속기	204
CBT 적중문제	206

CHAPTER 12 원자력 발전

THEME 01. 원자력 발전의 기본 원리	212
THEME 02. 열중성자 원자로	213
THEME 03. 원자로의 종류	214
CBT 적중문제	216

가공 전선로

1. 송전용 전선
2. 송전용 지지물(철탑)
3. 애자(Insulator)
4. 송전 선로의 설치

학습 전략

가공 전선로는 전선을 실제로 어떻게 가설하는지를 이해해야 학습하기가 쉬워지므로 가공 전선로용 전선의 종류, 전선을 지지하는 송전 철탑 구조, 전선을 절연 지지하는 애자에 대해 알아 두어야 합니다. 송전 선로 가설에 대한 학습이 끝난 후에는 송전 선로에서 발생하는 여러 가지 현상들을 익혀 두도록 합니다. 이러한 학습이 이루어지고 나면 송전 선로에 대한 이해가 쉬워질 것입니다.

CHAPTER 01 | 흐름 미리보기

1. 송전용 전선
- 전선의 구비 조건
- 전선의 굵기 선정
- 전선의 구조에 따른 종류
- 전선의 재료에 따른 종류

2. 송전용 지지물(철탑)
- 전선 지지물(철탑)
- 철탑의 용도에 따른 종류

4. 송전 선로의 설치
- 전선의 이도(Dip)
- 전선의 하중
- 전선의 도약에 의한 상간 단락 방지

3. 애자(Insulator)
- 애자의 역할
- 애자의 구비 조건
- 애자의 종류
- 현수 애자의 섬락 전압(250[mm] 표준 현수 애자)
- 애자련의 전압 분담과 연능률(연효율)
- 애자련의 보호(소호각)
- 전선로의 미풍 진동 및 방지 장치

NEXT **CHAPTER 02**

CHAPTER 01 가공 전선로

THEME 01 송전용 전선

1 전선의 구비 조건

(1) 전선은 그 본래의 목적인 전류가 잘 흐를 수 있는 도체로, 인장력에 충분한 강도를 가져야 한다.
(2) 구비 조건
① 전류를 잘 흘릴 것(도전율이 커서 고유 저항이 작을 것)
② 기계적 강도가 충분할 것
③ 가요성이 풍부하여 접속이 용이할 것
④ 비중(중량)이 가벼워 설치가 쉬울 것
⑤ 가격이 저렴하면서 대량 생산이 가능할 것(경제적일 것)

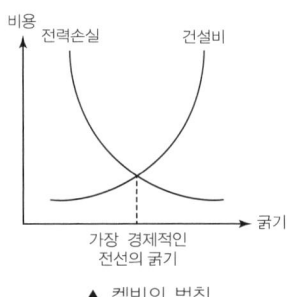
▲ 켈빈의 법칙

2 전선의 굵기 선정

(1) 경제적인 전선의 굵기 선정: 켈빈의 법칙
(2) 전선의 굵기 선정 시 고려 사항
① 허용 전류가 클 것
② 전압 강하가 작을 것
③ 기계적 강도가 우수할 것

기출예제

가공 전선로에 사용되는 전선의 구비 조건으로 틀린 것은?
① 도전율이 높아야 한다.
② 기계적 강도가 커야 한다.
③ 전압 강하가 적어야 한다.
④ 허용 전류가 적어야 한다.

| 해설 |
전선의 구비 조건
• 전류를 잘 흘릴 것(도전율이 커서 고유 저항이 작을 것)
• 기계적 강도가 충분할 것
• 가요성이 풍부하여 접속이 용이할 것
• 비중(중량)이 가벼워 설치가 쉬울 것
• 가격이 저렴하면서 대량 생산이 가능할 것

답 ④

3 전선의 구조에 따른 종류

(1) 단선: 전선의 구성이 1개의 도체만으로 이루어진 전선
(2) 연선: 전선의 구성이 여러 개의 단선을 꼬아 만든 전선

4 전선의 재료에 따른 종류

(1) 연동선: 도전율 – 100[%], 인장 강도 – 약 20[kg/mm^2]
(2) 경동선: 도전율 – 97[%], 인장 강도 – 약 45[kg/mm^2]
(3) 강심 알루미늄 연선(ACSR: Aluminium Conductor Steel Reinforced)
  ① 전선의 재질이 알루미늄(Al)으로 이루어진 전선이다.
  ② 전선의 기계적 강도를 높이기 위해 중심에 강선(St)으로 보강한다.
  ③ 전선의 무게가 가벼우면서도 전선 굵기를 크게 늘릴 수 있다.

기출예제

중요도 인장 강도는 작으나 도전율이 높아 옥내 배선용으로 주로 사용되는 전선은?

① 연동선   ② 알루미늄선   ③ 경동선   ④ 동복강선

| 해설 |
연동선은 경동선에 비해 기계적 강도는 약하나 도전율이 100[%]로 매우 높아 전압 강하가 적어 주로 옥내 배선용으로 사용된다.

답 ①

독학이 쉬워지는 기초개념

연선의 구성
연선의 총 소선 수
$N = 3n(n+1) + 1$
여기서 n은 층수
$n = 1 \rightarrow N = 7$
$n = 2 \rightarrow N = 19$
$n = 3 \rightarrow N = 37$

ACSR 전선의 구조

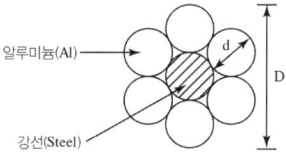

연선의 바깥지름
$D = (2n+1)d$

THEME 02   송전용 지지물(철탑)

1 전선 지지물(철탑)

철탑의 형태에 따른 종류
(1) 사각 철탑: 철탑 기초면의 모양이 사각 형태인 가장 일반적인 철탑
(2) 방형 철탑: 서로 마주 보는 2면이 동일한 형태의 철탑
(3) 문형 철탑
  ① 철탑의 모양이 문 형태를 이루는 철탑
  ② 전차 선로나 도로, 하천 횡단 시 주로 적용
(4) 우두형 철탑
  ① 철탑의 모양이 마치 소의 머리(우두)와 같은 형태를 이루는 철탑
  ② 초고압 송전 선로나 산악 지대에서 1회선용으로 주로 적용
(5) 회전형 철탑: 철탑의 중간부 이상과 이하를 45° 회전시켜 강도를 높인 철탑

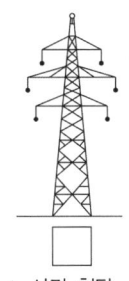 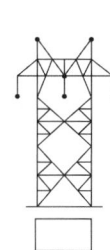 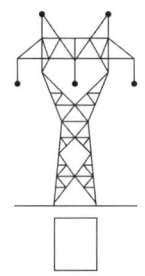

▲ 사각 철탑   ▲ 방형 철탑   ▲ 우두형 철탑

Tip 강의 꿀팁

지지물의 종류에는 목주, 철근 콘크리트주, 철주, 철탑(송전용)이 있어요.

독학이 쉬워지는 기초개념

2 철탑의 용도에 따른 종류

(1) 직선 철탑(A형): 수평 각도 3° 이하인 직선 선로에 채용되는 철탑
(2) 각도 철탑(B형, C형)
  ① 수평 각도 3°를 초과하는 부분에 사용되는 철탑
  ② 수평 각도에 따라 B형(3°~20°), C형(20° 초과)으로 구분
(3) 인류 철탑(D형): 전선로가 끝나는 지점에 주로 적용(억류 지지 철탑)
(4) 내장 철탑(E형)
  ① 장경간이나 A형 철탑 10기마다 1기씩 기계적 강도를 보강시키기 위해 사용되는 철탑
  ② 장경간이란 표준 경간보다 긴 경간을 말한다.

경간(Span)
지지물과 지지물 사이의 거리[m]

▲ 철탑의 용도에 따른 종류

기출예제

다음 중 표준형 철탑이 아닌 것은?
① 내선 철탑 ② 직선 철탑
③ 각도 철탑 ④ 인류 철탑

| 해설 |
표준형 철탑 종류에는 직선 철탑, 각도 철탑, 인류 철탑, 내장 철탑 등이 있다.

답 ①

THEME 03 애자(Insulator)

1 애자의 역할

애자는 철탑과 송전 선로 사이에 설치되는 송전 선로를 가설할 때 필요한 자재로서 다음과 같은 역할을 한다.
(1) 전선과 철탑 간의 절연체 역할을 한다.
(2) 전선을 지지물에 고정시키는 지지체 역할을 한다.

절연(Insulation)
전기가 흐르는 두 개 이상의 전기적 회로가 서로 전류가 흐르지 못하도록 하는 것

2 애자의 구비 조건

(1) 충분한 절연 내력을 가질 것
(2) 충분한 기계적 강도를 가질 것
(3) 누설 전류가 적을 것
(4) 온도 변화에 잘 견디고 습기를 흡수하지 않을 것
(5) 가격이 저렴하고 다루기 쉬울 것

기출예제

송전 선로에 사용되는 애자의 특성이 나빠지는 원인으로 볼 수 없는 것은?
① 애자 각 부분의 열팽창 상이
② 전선 상호 간의 유도 장해
③ 누설 전류에 의한 편열
④ 시멘트의 화학 팽창 및 동결 팽창

| 해설 |
애자 특성이 나빠지는 원인
- 시멘트의 화학 팽창 및 동결 팽창
- 누설 전류에 의한 편열
- 애자 각 부분의 열팽창 상이
- 전기적 부식

답 ②

3 애자의 종류

(1) 핀 애자: 직선 전선로를 지지하기 위한 곳
(2) 현수 애자
  ① 철탑에서 여러 개의 애자를 연결하여 내려뜨려서 사용하는 애자(송전 선로용 애자로 주로 사용)

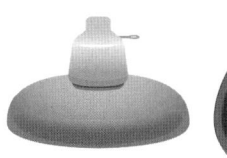

▲ 250[mm] 표준 현수 애자

  ② 사용 전압별 현수 애자 개수(250[mm] 표준)

전압[kV]	22.9	66	154	345	765
애자 개수	2~3개	4~6개	9~11개	18~23개	38~43개

(3) 장간 애자: 장경간이나 해안 지대에서 염진해 대책으로 개발된 애자
(4) 내무 애자: 해안, 공장 지대의 염분이나 먼지, 매연 대책용 애자

기출예제

다음 중 대한민국에서 가장 많이 사용하는 현수 애자의 폭의 표준은 몇 [mm]인가?
① 160
② 250
③ 280
④ 320

| 해설 |
현수 애자의 규격은 250[mm], 280[mm], 320[mm]가 있으며, 가장 많이 사용되는 현수 애자의 폭은 250[mm]이다.

답 ②

독학이 쉬워지는 기초개념

현수 애자를 서로 연결하는 방식
- 클레비스형
- 볼 소켓형

독학이 쉬워지는 기초개념

4 현수 애자의 섬락 전압(250[mm] 표준 현수 애자)

(1) 애자의 섬락 전압: 250[mm] 표준 현수 애자 1개의 양 전극 간에 시험 전압을 인가하여 애자 자기제 부분에서 섬락 방전이 일어나는 최대 전압

(2) 섬락 전압의 종류

① 유중 섬락(파괴) 전압: 애자가 절연유에 있는 상태에서의 섬락 전압(약 140[kV])

② 충격 섬락 전압: 애자에 충격파를 가한 상태에서의 섬락 전압(약 125[kV])

③ 건조 섬락 전압: 애자 표면이 건조한 상태에서의 섬락 전압(약 80[kV])

④ 주수 섬락 전압: 애자 표면이 비에 젖은 상태에서의 섬락 전압(약 50[kV])

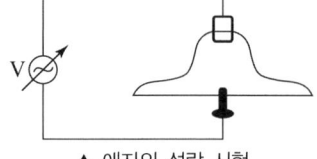

▲ 애자의 섬락 시험

기출예제

> 현수 애자의 섬락 전압 특성에서 가장 높은 전압은 어느 것인가?
> ① 충격 섬락 전압 ② 주수 섬락 전압
> ③ 건조 섬락 전압 ④ 유중 파괴 전압
>
> | 해설 |
> 현수 애자의 섬락 전압이 큰 순서는 '유중 섬락(파괴) 전압 > 충격 섬락 전압 > 건조 섬락 전압 > 주수 섬락 전압'이다.
>
> 답 ④

5 애자련의 전압 분담과 연능률(연효율)

(1) 현수 애자 1련의 전압 분담

① 현수 애자는 철탑 암에서 밑으로 내려뜨려서 사용하는 애자로, 전선 위치에서 볼 때 각 애자마다 걸리는 전압이 서로 다르다.

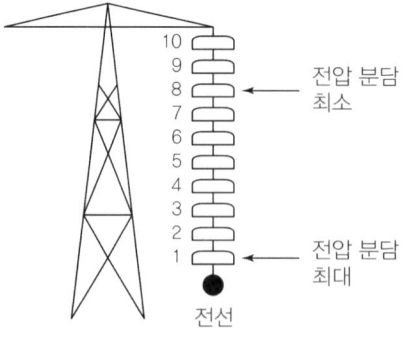

▲ 현수 애자 1련의 전압 분담 분포(154[kV])

② <mark>애자 10개를 1련으로 한 경우의 전압 분담</mark>

• 전압 분담이 최대인 애자: 전선에서 첫 번째 애자

• 전압 분담이 최소인 애자: 전선으로부터 $\frac{2}{3}$ 되는 지점에 있는 애자(전선에서 8번째 애자, 철탑에서 3번째 애자)

Tip 강의 꿀팁

현수 애자 1련은 전압별 필요한 애자 개수를 연결하였을 때 직렬로 연결된 애자 1set를 말하는 것이에요.

(2) 애자련의 연능률(연효율)

$$\eta = \frac{V_n}{nV_1} \times 100 [\%]$$

여기서, V_n: 애자련의 섬락 전압[kV], V_1: 애자 1개의 섬락 전압[kV], n: 애자 1련의 개수

기출예제

중요도 가공 송전선에 사용되는 애자 1련 중 전압 분담이 최대인 애자는?(단, 애자는 250[mm] 표준 현수 애자 10개를 1련으로 한다.)

① 중앙에 있는 애자
② 철탑에 제일 가까운 애자
③ 전선에 제일 가까운 애자
④ 전선으로부터 1/4 지점에 있는 애자

| 해설 |
250[mm] 현수 애자 10개를 1련으로 한 경우의 전압 분담
- 전압 분담이 가장 큰 애자: 전선에서 가장 가까운 첫 번째 애자
- 전압 분담이 가장 작은 애자: 전선에서 8번째 애자(철탑에서 3번째 애자)

답 ③

6 애자련의 보호(소호각, 소호환)

(1) 뇌격으로 인한 섬락 사고 시 애자의 열적 파괴를 방지한다.
(2) 소호각의 설치로 애자련의 전압 분담을 균등시켜 애자의 연능률을 개선시키는 효과도 있다.

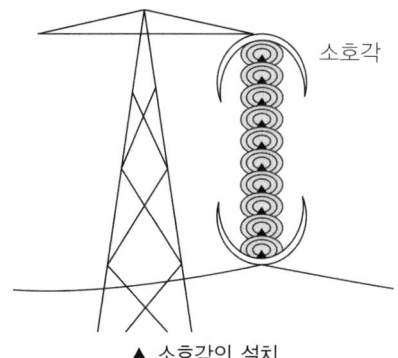

▲ 소호각의 설치

> **Tip 강의 꿀팁**
> 소호각과 같은 의미의 용어에는 초호각과 아킹혼(Arcing horn)이 있어요. 또한, 소호환과 같은 의미의 용어에는 초호환과 아킹링이 있어요.

7 전선로의 미풍 진동 및 방지 장치

(1) 전선의 미풍 진동 현상
① 가공 지선이나 송전 선로에 직각 방향으로 5[m/s] 정도의 미풍이 불면 그 전선의 배후에 공기의 소용돌이가 발생하고, 전선은 상하 방향으로 진동하게 된다.
② 전선 진동의 진폭의 크기: 보통 전선 지름의 0.5~2배 정도
③ 미풍 진동은 전선이 굵고 가벼울수록 커진다. ACSR이 경동선에 비해 무게가 가벼워 진동 발생의 우려가 있다.

독학이 쉬워지는 기초개념

(2) 전선 진동의 영향
　① 전선의 단선 사고 발생
　② 철탑의 기계적 강도 저하
(3) 전선의 진동 방지 장치
　① 댐퍼
　　• 스톡 – 브리지 댐퍼: 전선의 좌·우 진동 방지
　　• 토셔널 댐퍼: 전선의 상·하 진동 방지
　　• 스페이서 댐퍼: 스페이서와 댐퍼의 역할을 동시에 수행
　② 아머로드: 전선 지지점 부근에 첨선하여 전선의 단선 사고 방지
　③ 클램프

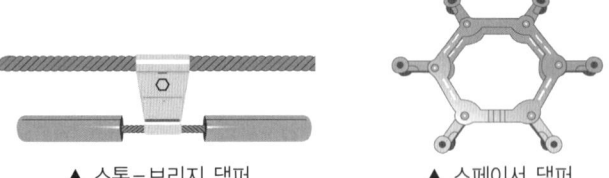

▲ 스톡-브리지 댐퍼　　▲ 스페이서 댐퍼

기출예제

중요도 송·배전 전선로에서 전선의 진동으로 인해 전선이 단선되는 것을 방지하기 위한 설비는?

① 오프셋　　② 조임쇠　　③ 댐퍼　　④ 초호환

| 해설 |
전선의 진동 방지 장치
• 댐퍼
• 아머로드
• 클램프

답 ③

THEME 04　송전 선로의 설치

1 전선의 이도(Dip)

전선의 이도 및 전선의 실제 길이

(1) 이도: 전선의 최고 높은 지점에서부터 밑으로 내려온 길이[m]를 말한다.
(2) 이도의 대소에 따른 특징

이도가 클 때	• 지지물 높이가 증가한다. • 전선의 진동이 커진다.
이도가 작을 때	• 전선 장력이 증가한다. • 단선 사고 위험이 있다.

장력
당기거나 당겨지는 힘(인장력)

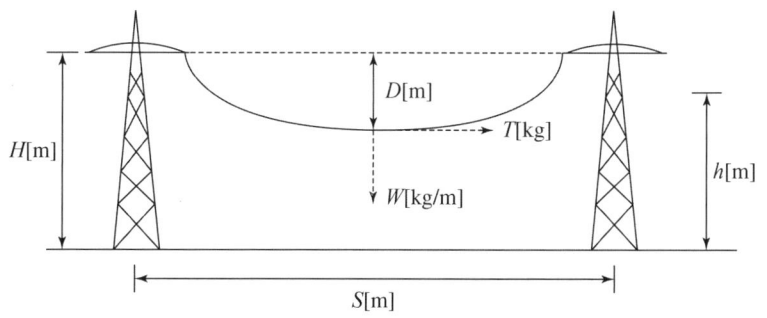

▲ 송전 선로의 이도에 의한 가설 방법

- 전선의 이도 $D = \dfrac{WS^2}{8T}$[m] (단, $T = \dfrac{\text{인장 하중[kg]}}{k}$)
- 전선의 실제 길이 $L = S + \dfrac{8D^2}{3S}$[m]
- 지지점의 평균 높이 $h = H - \dfrac{2}{3}D$[m]

단, W: 전선 1[m]당 무게[kg/m], S: 철탑과 철탑 간의 경간[m]
 T: 전선의 수평 장력[kg], k: 안전율, H: 지지점의 높이[m]

독학이 쉬워지는 기초개념

기출예제

중요도 가공 전선로의 경간 200[m], 전선의 자체 무게 2[kg/m], 인장 하중 5,000[kg], 안전율 2인 경우, 전선의 이도는 몇 [m]인가?

① 2
② 4
③ 6
④ 8

| 해설 |
$D = \dfrac{WS^2}{8T} = \dfrac{2 \times 200^2}{8 \times \dfrac{5,000}{2}} = 4$[m]

답 ②

중요도 전선의 지지점 높이가 31[m]이고, 전선의 이도가 9[m]라면 전선의 평균 높이는 몇 [m]인가?

① 25.0
② 26.5
③ 28.5
④ 30.0

| 해설 |
지지점의 평균 높이
$h = H - \dfrac{2}{3}D = 31 - \dfrac{2}{3} \times 9 = 25$[m]
(여기서, H: 전선의 지지점 높이[m], D: 이도[m])

답 ①

독학이 쉬워지는 기초개념

빙설 하중 조건
두께: 6[mm] 이상
비중: 0.9[g/cm³]

고온계와 저온계

고온계	온도가 높아서 눈이 와도 금방 녹아버리는 남쪽 지방
저온계	날씨가 추워서 눈이 오면 바로 얼어 빙설이 되는 지방

전선의 도약(Sleet jumping)
전선에 부착되어 있던 빙설이 녹아서 떨어지면서 그 반동력으로 전선이 위로 튀어 오르는 현상

2 전선의 하중

(1) 빙설 하중(W_i: 수직 하중, 저온계에서만 적용): 전선 표면에 겨울철 빙설이 부착된 상태의 하중이다.
(2) 풍압 하중(W_w: 수평 하중): 전선에 부는 바람에 의해 전선에 수평으로 가해지는 하중으로, 철탑 설계 시 가장 중요한 하중이다.
(3) 합성 하중(W: 총 하중[kg/m])
   ① 고온계($W_i = 0$)
   $$W = \sqrt{W_c^2 + W_w^2}$$
   ② 저온계(W_i 고려)
   $$W = \sqrt{(W_c + W_i)^2 + W_w^2}$$

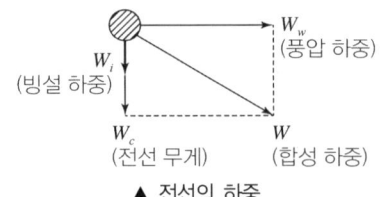

▲ 전선의 하중

3 전선의 도약에 의한 상간 단락 방지

(1) 겨울철 온도가 내려가면 눈은 전선에 부착되어 빙설이 되어 버린다. 이 빙설은 수직 하중으로 작용하므로 각 상의 전선들은 밑으로 처지게 된다.
(2) 전선 주변의 온도가 올라가면 부착되어 있던 빙설이 갑자기 전선에서 탈락하면서 그 반동력으로 전선은 위로 튀어 올라 다른 상의 전선과 상간 단락 사고를 일으킬 우려가 있다.
(3) 철탑의 오프셋(Off-set): 전선의 도약으로부터 전선을 보호하기 위해 철탑의 암(Arm)의 길이를 다르게 설치하여 전선 도약 시 선간 단락 사고를 방지한다.

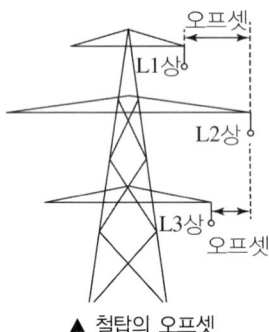

▲ 철탑의 오프셋

기출예제

철탑에서 전선의 오프셋을 주는 이유로 옳은 것은?
① 불평형 전압의 유도 방지
② 상하 전선의 접촉 방지
③ 전선의 진동 방지
④ 지락 사고 방지

| 해설 |
전선에 붙어 있던 빙설이 온도 상승 시 갑자기 탈락하면 그 반동력으로 위로 튀어 오르면서 전선이 도약한다. 오프셋은 전선의 상간 단락(접촉) 사고를 일으키는 것을 방지하기 위해 철탑 암의 길이를 서로 다르게 하는 것이다.

답 ②

CHAPTER 01 CBT 적중문제

01
가공 전선로에 사용하는 전선의 굵기를 결정할 때 고려할 사항이 아닌 것은?

① 절연 저항
② 전압 강하
③ 허용 전류
④ 기계적 강도

해설 전선 굵기 선정 시 고려 사항
- 허용 전류
- 전압 강하
- 기계적 강도

02
ACSR은 동일한 길이에서 동일한 전기 저항을 갖는 경동 연선에 비하여 어떠한가?

① 바깥 지름은 크고 중량은 작다.
② 바깥 지름은 작고 중량은 크다.
③ 바깥 지름과 중량이 모두 크다.
④ 바깥 지름과 중량이 모두 작다.

해설
ACSR(강심 알루미늄 연선)은 도체를 가벼운 알루미늄으로 만든 연선으로서 구리를 사용한 경동 연선에 비해 중량은 가벼우면서도 바깥 지름이 큰 전선이다.

03
154[kV] 송전 선로에 10개의 현수 애자가 연결되어 있다. 다음 중 전압 분담이 가장 적은 것은?(단, 애자는 같은 간격으로 설치되어 있다.)

① 철탑에서 가장 가까운 것
② 철탑에서 3번째에 있는 것
③ 전선에서 가장 가까운 것
④ 전선에서 3번째에 있는 것

해설

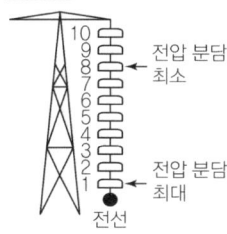

- 전압 분담이 가장 큰 애자: 전선에서 가장 가까운 애자
- 전압 분담이 가장 적은 애자: 전선에서 8번째 애자 또는 철탑에서 3번째 애자

04
현수 애자 4개를 1련으로 한 66[kV] 송전 선로가 있다. 현수 애자 1개의 절연 저항은 1,500[MΩ], 이 선로의 경간이 200[m]라면 선로 1[km]당의 누설 컨덕턴스는 몇 [℧]인가?

① 0.83×10^{-9}
② 0.83×10^{-6}
③ 0.83×10^{-3}
④ 0.83×10^{-2}

해설
현수 애자 1련의 합성 저항 $R = 4 \times 1,500 = 6,000[\text{M}\Omega] = 6,000 \times 10^6[\Omega]$, 표준 경간이 200[m]이므로 1[km], 즉 1,000[m]에서의 경간은 애자 5련을 병렬로 설치하여야 한다. 이때 애자의 총 합성 저항
$$R' = \frac{6,000 \times 10^6}{5} = 1.2 \times 10^9 [\Omega]$$

누설 컨덕턴스 $G = \dfrac{1}{R'} = \dfrac{1}{1.2 \times 10^9} = 0.83 \times 10^{-9} [\text{℧}]$

| 정답 | 01 ① 02 ① 03 ② 04 ①

05
전선로에 댐퍼(Damper)를 사용하는 목적은?

① 전선의 진동 방지
② 전력 손실 경감
③ 낙뢰의 내습 방지
④ 많은 전력을 보내기 위하여

해설
전선의 진동 방지 장치
- 댐퍼
- 아머로드
- 클램프

06
초호각(Arcing horn)의 역할은?

① 풍압을 조절한다.
② 송전 효율을 높인다.
③ 애자의 파손을 방지한다.
④ 고주파수의 섬락 전압을 높인다.

해설 소호각(환), 초호각(환)의 역할
- 섬락으로부터 애자련의 보호
- 애자련의 연능률 개선

07
송전선에 낙뢰가 가해져서 애자에 섬락이 생기면 아크가 생겨 애자가 손상되는데 이것을 방지하기 위하여 사용하는 것은?

① 댐퍼(Damper)
② 아킹혼(Arcing horn)
③ 아머 로드(Armour rod)
④ 가공 지선(Overhead ground wire)

해설 소호각(환), 아킹링(혼)의 역할
- 섬락으로부터 애자련의 보호
- 애자련의 연능률 개선

댐퍼와 아머 로드는 전선의 진동을 방지하기 위해 사용하며, 가공 지선은 직격뢰 및 유도뢰로부터 전력선을 차폐하기 위해 사용한다.

08
가공 전선로의 전선 진동을 방지하기 위한 방법으로 틀린 것은?

① 토셔널 댐퍼(Torsional damper)의 설치
② 스프링 피스톤 댐퍼와 같은 진동 제지권을 설치
③ 경동선을 ACSR로 교환
④ 클램프나 전선 접촉기 등을 가벼운 것으로 바꾸고 클램프 부근에 적당히 전선을 첨가

해설 전선 진동 방지 대책
- 댐퍼 설치(스톡 브리지 댐퍼, 토셔널 댐퍼, 스페이서 댐퍼)
- 아머로드 설치(클램프 부근에 전선을 첨가하는 것)

ACSR(강심 알루미늄 연선)은 경동선보다 비중이 작아 전선 진동의 우려가 더 크다.

09

경간 $200[\text{m}]$, 장력 $1,000[\text{kg}]$, 하중 $2[\text{kg/m}]$인 가공 전선의 이도(Dip)는 몇 $[\text{m}]$인가?

① 10
② 11
③ 12
④ 13

해설 전선의 이도

$$D = \frac{WS^2}{8T} = \frac{2 \times 200^2}{8 \times 1,000} = 10[\text{m}]$$

(여기서, T: 장력[kg], W: 하중[kg/m], S: 경간[m])

10

가공 전선을 $200[\text{m}]$의 경간에 가설하였더니 이도가 $5[\text{m}]$이었다. 이도를 $6[\text{m}]$로 하려면 이도를 $5[\text{m}]$로 하였을 때보다 전선의 길이는 약 몇 $[\text{cm}]$ 더 필요한가?

① 8
② 10
③ 12
④ 15

해설
- 이도가 $5[\text{m}]$일 경우의 전선 길이

$$L_1 = S + \frac{8D_1^2}{3S} = 200 + \frac{8 \times 5^2}{3 \times 200} = 200.33[\text{m}]$$

- 이도가 $6[\text{m}]$일 경우의 전선 길이

$$L_2 = S + \frac{8D_2^2}{3S} = 200 + \frac{8 \times 6^2}{3 \times 200} = 200.48[\text{m}]$$

- 추가되는 전선의 길이

$$L_2 - L_1 = 200.48 - 200.33 = 0.15[\text{m}] = 15[\text{cm}]$$

11

양 지지점의 높이가 같은 전선의 이도를 구하는 식은? (단, 이도는 $D[\text{m}]$, 수평 장력은 $T[\text{kg}]$, 전선의 무게는 $W[\text{kg/m}]$, 경간은 $S[\text{m}]$이다.)

① $D = \dfrac{WS^2}{8T}$
② $D = \dfrac{SW^2}{8T}$
③ $D = \dfrac{8WT}{S^2}$
④ $D = \dfrac{ST^2}{8W}$

해설
이도는 전선의 수평에서 밑으로 내려온 정도이다.

$$D = \frac{WS^2}{8T}[\text{m}]$$

(여기서, T: 장력[kg], W: 하중[kg/m], S: 경간[m])

12

송배전 선로에서 전선의 수평 장력을 2배로 하고 또 경간을 2배로 하면 전선의 이도는 처음보다 어떻게 되는가?

① $\dfrac{1}{4}$로 줄어든다.
② $\dfrac{1}{2}$로 줄어든다.
③ 2배로 늘어난다.
④ 4배로 늘어난다.

해설
이도 $D = \dfrac{WS^2}{8T}[\text{m}]$에서

$$D' = \frac{W \times (2S)^2}{8 \times (2T)} = \frac{WS^2}{8T} \times \frac{2^2}{2} = 2D[\text{m}]$$

13
가공 송전 선로를 가선할 때에는 하중 조건과 온도 조건을 고려하여 적당한 이도를 주도록 하여야 한다. 다음 중 이도에 대한 설명으로 옳은 것은?

① 이도가 작으면 전선이 좌우로 크게 흔들려서 다른 상의 전선에 접촉하여 위험해진다.
② 전선을 가선할 때 전선을 팽팽하게 가선하는 것을 이도를 크게 준다고 한다.
③ 이도를 작게 하면 이에 비례하여 전선의 장력이 증가하며, 너무 작으면 전선 상호 간에 꼬임 현상이 발생한다.
④ 이도의 대소는 지지물의 높이를 좌우한다.

해설 이도의 성질(이도가 큰 경우)
- 전선 지지물(철탑)의 높이가 높아진다.
- 전선에 걸리는 장력이 작아져 전선이 끊어질 염려가 적다.
- 전선의 흔들림이 심해지므로 다른 상의 전선과 접촉할 우려가 커진다.

14
그림과 같이 지지점 A, B, C에는 고저 차가 없으며 경간 AB와 BC 사이에 전선이 가설되어 그 이도가 $12[\text{cm}]$이었다. 지금 경간 AC의 중점인 지지점 B에서 전선이 떨어져서 전선의 이도가 D로 되었다면 D는 몇 $[\text{cm}]$인가?

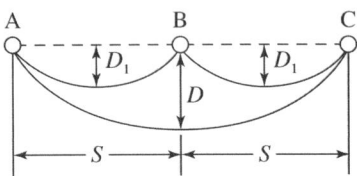

① 18
② 30
③ 24
④ 36

해설
지지점 A와 B 사이의 실제 전선 길이는
$$L_{AB} = S + \frac{8D_1^2}{3S}$$
지지점 A와 C 사이의 실제 전선 길이는
$$L_{AC} = 2S + \frac{8D^2}{3 \times 2S}$$
$$2L_{AB} = L_{AC}$$
$$2 \times \left(S + \frac{8D_1^2}{3S}\right) = 2S + \frac{8D^2}{6S}$$
$$\therefore D = 2D_1 = 2 \times 12 = 24[\text{cm}]$$

15
$1[\text{m}]$의 하중이 $0.37[\text{kg}]$인 전선을 지지점이 수평인 경간 $80[\text{m}]$에 가설하여 이도를 $0.8[\text{m}]$로 하면 전선의 수평 장력은 몇 $[\text{kg}]$인가?

① 350
② 360
③ 370
④ 380

해설
$D = \dfrac{WS^2}{8T}[\text{m}]$ 에서
$T = \dfrac{WS^2}{8D} = \dfrac{0.37 \times 80^2}{8 \times 0.8} = 370[\text{kg}]$

16
전선의 자체 중량과 빙설의 종합 하중을 W_1, 풍압 하중을 W_2라 할 때 합성 하중은?

① $W_1 + W_2$
② $W_1 - W_2$
③ $\sqrt{W_1 - W_2}$
④ $\sqrt{W_1^2 + W_2^2}$

해설 합성 하중

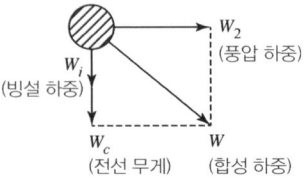

합성 하중 $W = \sqrt{W_1^2 + W_2^2}$
(여기서 W_1: 수직 하중 $= W_i + W_c$)

17

3상 수직 배치인 선로에서 오프셋(Off-set)을 주는 이유는?

① 전선의 진동 억제
② 단락 방지
③ 철탑의 중량 감소
④ 전선의 풍압 감소

해설

철탑에 설치된 전선에 부착되었던 빙설이 녹아서 갑자기 떨어지면 그 반동력으로 인해 전선이 튀어 올라 다른 전선과 단락 사고가 발생할 수 있다. 이를 방지하기 위해 철탑의 암의 길이를 서로 다르게 하는 오프셋을 준다.

| 정답 | 17 ②

지중 전선로

1. 지중 전선로
2. 지중 케이블 매설 방법 및 고장점 측정법

학습 전략

기출과 연관된 내용 위주로 학습하는 것이 좋습니다. 특히, 지중 전선로의 케이블 구조 및 케이블에서 발생하는 손실 부분에 대해 너무 깊게 학습하는 것보다는 기본 내용 위주로 학습하는 것이 효율적입니다. 이 챕터를 잘 준비한다면 2차 실기 시험에서 단답 문제를 푸는 데 큰 도움이 될 것입니다.

CHAPTER 02 | 흐름 미리보기

1. 지중 전선로
- 지중 전선로가 필요한 곳
- 지중 전선로의 특징
- 지중 전선로용 케이블

2. 지중 케이블 매설 방법 및 고장점 측정법
- 직접 매설식
- 관로식
- 암거식
- 케이블 고장점 측정 방법
- 지중 케이블의 전기적인 부식(전식) 현상

NEXT **CHAPTER 03**

CHAPTER 02 지중 전선로

독학이 쉬워지는 기초개념

지중 전선로

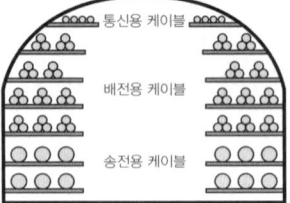

Tip 강의 꿀팁

지중 전선로의 특징(장·단점)은 2차 실기 시험의 단답 문제로도 출제돼요.

THEME 01 지중 전선로

1 지중 전선로가 필요한 곳

지중 전선로는 가공 전선로와 달리 땅 밑에 매설되므로 다음과 같은 경우에 적합하다.
(1) 외부 기후에 의한 사고 빈도가 높아 공급 신뢰도가 중요한 구간
(2) 대도시를 경유하여 특히 미관이 미려한 것이 요구되는 구간
(3) 부하 밀도가 높아 송전 용량이 크게 요구되는 구간
(4) 보안상의 문제로 가공 전선로를 건설할 수 없는 구간

2 지중 전선로의 특징

(1) 외부 기후의 영향을 받지 않아 전력 공급 신뢰도가 높다.
(2) 전선로의 경과지 확보가 가공 전선로에 비해 용이하다.
(3) 다회선 설치가 가공 전선로에 비해 용이하다.
(4) 고장 발생 시 고장 위치 확인 및 고장 복구가 어렵다.
(5) 동일 굵기의 가공 전선로에 비해 지중전선의 구조상 발생열의 냉각이 어려워 송전 용량이 작다.
(6) 건설비가 고가이다.

기출예제

다음 중 지중 케이블을 설치하기에 적합한 곳이 아닌 것은?
① 부하 밀도가 높은 대도시
② 높은 공급 신뢰도를 요구하는 곳
③ 군사 보안 시설 지역
④ 농촌 지역

| 해설 |
지중 전선로는 공사비가 비싸므로 부하 밀도가 비교적 적은 농촌 지역은 적합하지 않다.

답 ④

3 지중 전선로용 케이블

(1) 가교 폴리에틸렌 케이블(CV Cable)
기존의 유입 케이블의 절연유가 누출되는 단점을 보완한 케이블로서 폴리에틸렌의 내열성을 높인 케이블이다.

Tip 강의 꿀팁

열에 약한 폴리에틸렌을 보완한 것이 가교 폴리에틸렌 케이블이에요.

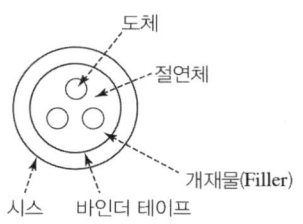

▲ CV 케이블 단면도

(2) 케이블에서 발생하는 손실
　① 도체손(저항손) $P_c = I^2R\,[\mathrm{W}]$
　② 유전체손 $P_d = \omega CE^2 \tan\delta = 2\pi f CE^2 \tan\delta\,[\mathrm{W}]$ (여기서, $\tan\delta$: 유전정접)
　③ 연피손(시스손)

기출예제

다음 중 케이블에서 발생하는 손실이 될 수 없는 것은?

① 도체손(저항손)　　② 유전체손
③ 연피손　　　　　　④ 철손

| 해설 |
케이블에는 철이 없어 철손의 발생량이 거의 없다.

답 ④

THEME 02 지중 케이블 매설 방법 및 고장점 측정법

1 직접 매설식

(1) 지하에 트러프를 묻고 그 안에 케이블 포설 후 모래를 채우는 방식이다.
(2) 케이블 매설 깊이
　① 중량의 하중이 없는 장소: 0.6[m]
　② 중량의 하중(차량 및 중량물의 압력)이 있는 장소: 1.0[m]
(3) 특징
　① 공사가 간단하여 경제적이다.
　② 케이블이 손상되기 쉽다.
　③ 사고 시 수리가 어렵다.
　④ 재시공이나 증설이 곤란하다.
　⑤ 케이블 포설 가닥 수에 한계가 있다.

▲ 직접 매설식

2 관로식

(1) 적당한 간격(100~300[m])마다 맨홀(M/H)을 만들고, 그 사이에 관로 설치 후 케이블을 끌어넣는 방식이다.

독학이 쉬워지는 기초개념

강의 꿀팁

전력 케이블의 매설 방법은 2차 실기 시험의 단답 문제로도 출제돼요.

독학이 쉬워지는 기초개념

(2) 특징
① 케이블 손상이 적다.
② 케이블의 재시공이나 증설이 쉽다.
③ 고장점 탐지가 쉽고, 고장 시 일부 구간의 케이블 교체가 쉽다.
④ 직접 매설식에 비해 건설비가 증가한다.

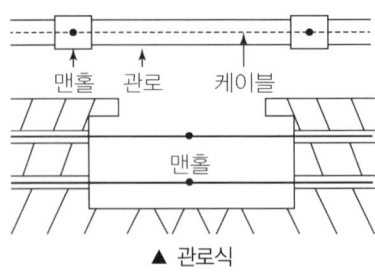

▲ 관로식

3 암거식

(1) 지하에 완전히 넓은 지하 터널(전력구)에 케이블 트레이를 설치 후 행거 위에 케이블(Cable)을 포설하는 방식이다.
(2) 특징
① 케이블 손상이 적다.
② 관로식보다 전류 용량이 크다.
③ 고장 시 케이블 교체가 용이하다.
④ 다량의 케이블 포설에 유효하다.
⑤ 공사비가 가장 비싸다.

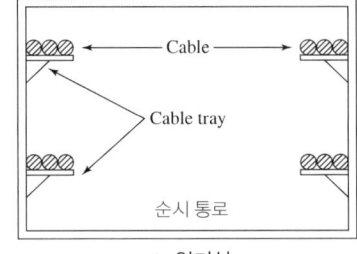

▲ 암거식

4 케이블 고장점 측정 방법

(1) 머레이 루프법
(2) 수색 코일법
(3) 펄스 레이더법
(4) 정전 용량 브리지법

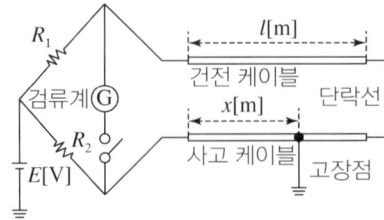

▲ 머레이 루프법

Tip 강의 꿀팁
머레이 루프법은 브리지 평형 원리를 이용한 케이블 고장점 측정법으로서 측정 정확도가 가장 높은 측정법이에요.

기출예제

중요도 지중 케이블에 있어서 고장점을 찾는 방법이 아닌 것은?
① 머레이 루프 시험기에 의한 방법
② 수색 코일에 의한 방법
③ 메거에 의한 측정 방법
④ 펄스에 의한 측정법

| 해설 |
메거는 절연물의 절연 저항값을 측정하는 기기이다.

답 ③

5 지중 케이블의 전기적인 부식(전식) 현상

(1) 전식(Electrolytic corrosion)

① 전식의 정의: 매설 금속체가 양극(+)으로 되고, 여기에서 지중에 전류가 유출되어 패러데이 법칙에 따른 금속 매설물에서 전기 분해 작용으로 부식이 발생하는 것이다.

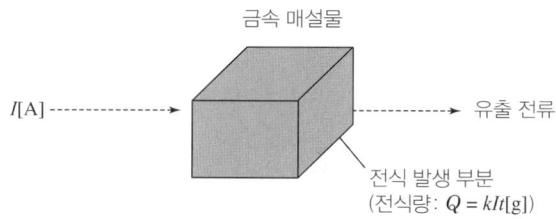

k: 화학당량, I: 누설 전류[A], t: 통전 시간[sec]

▲ 전식 발생 원리

② 전식 발생 구역: 아래 그림과 같이 전동차 레일의 접속 부분 저항이 높으면 레일을 흐르는 전류 일부가 누설되어 지중에 매설되어 있는 수도관, 가스관, 전력 케이블 등 지중 금속 매설물을 통해 흐르다가 변전소 부근 지중 금속체로부터 대지로 전류가 유출하는 부분에서 전기 분해를 일으켜 부식을 일으키게 된다.

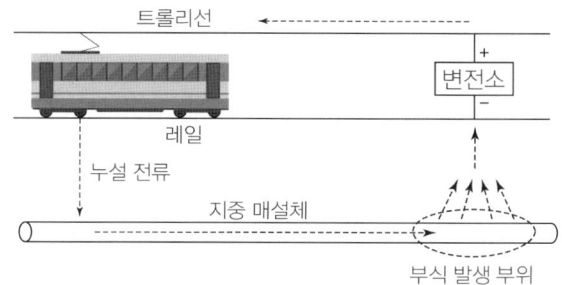

▲ 전식 발생 지역

(2) 지중 케이블의 전식 방지 대책

① 희생 양극법(유전 양극법)

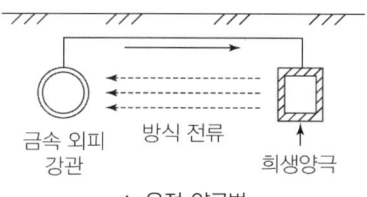

▲ 유전 양극법

독학이 쉬워지는 기초개념

패러데이 법칙
전기분해에 의해 석출되는 물질의 양은 전하량(전류×시간)과 화학당량(k)에 비례한다.

독학이 쉬워지는 기초개념

선택 배류법
전기철도 부하의 변동, 변전소 사이의 부하분담 변화 등으로 피방식 구조물이 레일에 대해 부(-)전위가 되어 역류가 흐르는 경우가 발생하는데, 이를 방지하기 위해 배류선에 다이오드 또는 역전압 계전기 등의 역류 방지 장치(선택 배류기)를 사용하는 방법

② 외부 전원법

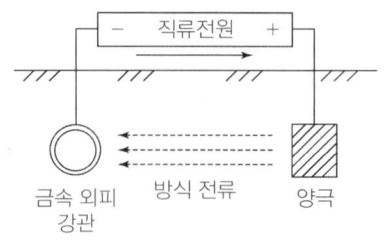

▲ 외부 전원법

③ 배류법
- 전기 철도로부터의 누설 전류를 대지에 유출시키지 않고, 바로 레일로 돌아가도록 전기적으로 접속하는 방법이다.
- 종류: 직접 배류법, 선택 배류법, 강제 배류법이 있다.

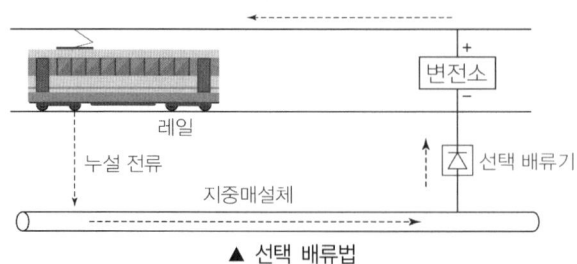

▲ 선택 배류법

기출예제

중요도 다음 지중 케이블에 대한 전식 방지 대책에 대한 설명 중 틀린 것은?
① 선택 배류기는 전철의 레일 밑에 설치된 전력 케이블에 사용하면 효과적이다.
② 직접 배류법은 역전류 방지를 위해 다이오드가 반드시 있어야 한다.
③ 유전 양극법에 의한 방식 대책은 직류 전원이 불필요하다.
④ 방식 효과면에서 외부 전원법이 양극 전원법에 비해 우수하다.

| 해설 |
역전류 방지용 다이오드는 선택 배류법에서 필요하다.

답 ②

CHAPTER 02 CBT 적중문제

01
지중 전선로를 가공 전선로에 비교했을 때의 장점에 해당하는 것이 아닌 것은?

① 경과지 확보가 가공 전선로에 비해 쉽다.
② 다회선 설치가 가공 전선로에 비해 쉽다.
③ 외부 기상 여건 등의 영향을 거의 받지 않는다.
④ 송전 용량이 가공 전선로에 비해 크다.

해설 가공 전선로와 비교한 지중 전선로의 특징
- 기상 조건에 대한 영향이 적다.
- 다회선 설치가 용이하다.
- 전선로의 경과지 확보가 용이하다.
- 구조상 발생열의 냉각이 어려워 송전 용량이 작다.
- 고장점 검출 및 복구가 어렵다.

02
주파수를 f, 전압을 E라고 할 때 유전체 손실은 다음 어느 것에 비례하는가?

① fE
② fE^2
③ $\dfrac{E}{f}$
④ $\dfrac{f}{E^2}$

해설
케이블의 유전체 손실 $P_d = 2\pi fCE^2 \tan\delta [\text{W}]$에서 $P_d \propto fE^2$의 관계가 있다.

03
전력 케이블의 고장점 탐색 방법 중 휘스톤 브리지의 평형 상태를 이용하여 고장점을 측정하는 방법은?

① 수색 코일법
② 펄스 측정법
③ 머레이 루프법
④ 정전 용량 측정법

해설 머레이 루프법
- 휘스톤 브리지 평형 원리를 이용한 지중 케이블의 고장점을 탐지하는 방법이다.
- 측정 정확도가 가장 정밀하다.(고장점 측정 오차가 적음)
- 주로 1선 지락 사고의 측정에 많이 사용된다.

04
지중 케이블의 금속체 전식 방지를 위한 배류 방식이 아닌 것은?

① 유전 양극 방식
② 직접 배류 방식
③ 선택 배류 방식
④ 강제 배류 방식

해설
- 전식: 누설 전류로 인해 지중 케이블이 전기적으로 부식되는 현상
- 전식 방지 대책
  - 전극법: 유전 양극 방식, 외부 전원 방식
  - 배류법: 직접 배류 방식, 선택 배류 방식, 강제 배류 방식

| 정답 | 01 ④ 02 ② 03 ③ 04 ①

CHAPTER 03

선로 정수 특성 및 코로나 현상

1. 선로 정수 특성
2. 충전 전류 및 충전 용량
3. 코로나(Corona)
4. 연가(Transposition)

학습 전략

선로 정수 특성 및 코로나 현상을 쉽게 학습하기 위해서는 송전 선로에서 가장 중요한 공식 중 하나인 선로의 작용 인덕턴스 및 정전 용량 공식을 충분히 암기해야 합니다. 또한, 복도체 선로의 적용 시 공식 변환 관계 등을 정확하게 학습해 두어야 실제 문제를 푸는 데 어려움이 없습니다. 이렇게 공식을 완전히 파악한 후, 자주 출제되는 코로나 현상에 대한 내용을 공부하는 것이 좋습니다.

CHAPTER 03 | 흐름 미리보기

1. 선로 정수 특성
- 송전 선로의 4정수의 의미
- 선로 정수의 계산
- 등가 선간 거리(D_e)
- 복도체(다도체)
- 다도체에서의 인덕턴스 및 정전 용량 계산식

2. 충전 전류 및 충전 용량
- 작용 정전 용량 C[F]
- 전선로 1선당 충전 전류 I_c[A]
- 3상 송전 선로에 충전되는 충전 용량 Q_c[VA]
- 송전 선로의 작용 정전 용량을 산출해야 하는 이유

4. 연가(Transposition)
- 연가
- 연가의 목적

3. 코로나(Corona)
- 코로나 현상의 정의
- 파열 극한 전위 경도(E[kV/cm])
- 코로나 임계 전압(E_0[kV])
- 코로나 방전에 의한 영향
- 코로나 방지 대책

NEXT **CHAPTER 04**

CHAPTER 03 선로 정수 특성 및 코로나 현상

> **독학이 쉬워지는 기초개념**
>
> **Tip 강의 꿀팁**
> 선로 정수는 전선의 굵기, 종류, 배치 상태 등에 의해 결정돼요.

THEME 01 선로 정수 특성

1 송전 선로의 4정수의 의미

(1) 송전 선로를 건설하게 되면 필수 불가결하게 발생할 수밖에 없는 회로의 정수를 말한다.

(2) 송전 선로의 정수에는 다음과 같은 4가지 정수가 존재한다.
  ① 저항 $R[\Omega]$
  ② 인덕턴스 $L[\text{H}]$
  ③ 컨덕턴스 $G[\mho]$
  ④ 정전 용량 $C[\text{F}]$

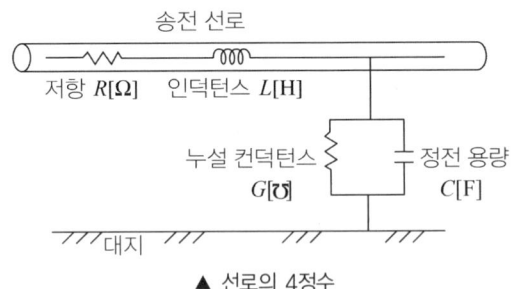

▲ 선로의 4정수

(3) 위 4정수 중 컨덕턴스(G)는 그 값이 매우 작으므로 보통 무시하는 것이 일반적이다.

2 선로 정수의 계산

(1) 저항 $R[\Omega]$

  ① 그림과 같은 도체에서 저항 $R[\Omega]$은
  $$R = \rho \frac{l}{S}[\Omega]$$

  ② 위 식에서 ρ는 도체의 고유 저항[$\Omega \cdot \text{m}$]으로서 이는 다음과 같이 나타낸다.
  $$\therefore \rho = \frac{1}{58} \times \frac{100}{C}[\Omega \cdot \text{mm}^2/\text{m}]$$
  (연동선: $C = 100[\%]$, 경동선: $C = 97[\%]$, 알루미늄선: $C = 61[\%]$)

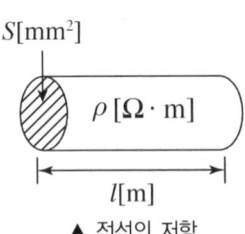

▲ 전선의 저항

기출예제

송전 선로의 저항을 R, 리액턴스를 X라 하면 성립하는 식은?

① $R \geq 2X$ ② $R < X$
③ $R = X$ ④ $R > X$

| 해설 |
송전 선로에서는 $R<L$의 관계가 있으므로 $R < X(=2\pi f L)$의 관계가 성립한다.

답 ②

(2) **인덕턴스 L[H]**: 전선에 전류가 흐르면 자속이 발생하는데, 이로 인해 인덕턴스가 전선에서 하나의 선로 정수로서 존재하게 된다.

(3) **정전 용량 C[F]**: 전선과 전선 간에는 적당한 간격과 단면적이 있으며 그 전선 사이에는 공기의 유전율이 있으므로 이에 상당하는 전선 간의 상호 정전 용량이 존재하게 된다.

- 인덕턴스 $L = 0.05 + 0.4605 \log_{10} \dfrac{D}{r}$ [mH/km]

- 정전 용량 $C = \dfrac{0.02413}{\log_{10} \dfrac{D}{r}}$ [μF/km]

단, D: 전선 간의 이격 거리[m], r: 전선의 반지름[m]

기출예제

일반적으로 전선 1가닥의 단위 길이당 작용 정전 용량이 다음과 같이 표시되는 경우 D가 의미하는 것은?

$$C = \dfrac{0.02413}{\log_{10} \dfrac{D}{r}} [\mu \mathrm{F/km}]$$

① 선간 거리 ② 전선 지름
③ 전선 반지름 ④ 선간 거리 $\times \dfrac{1}{2}$

| 해설 |
D의 의미는 전선 간의 선간 거리[m]를 말한다.

답 ①

독학이 쉬워지는 기초개념

단상 전선로

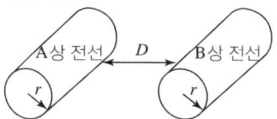

D: 전선 간의 이격 거리[m]
r: 전선의 반지름[m]

독학이 쉬워지는 기초개념

3 등가 선간 거리(D_e)

(1) 3상 선로에서 실제 전선과 전선 간의 이격 거리가 서로 각기 달라 정삼각형 배열로 등가 변환하여 선간 거리를 동일하게 환산한 거리를 말한다.

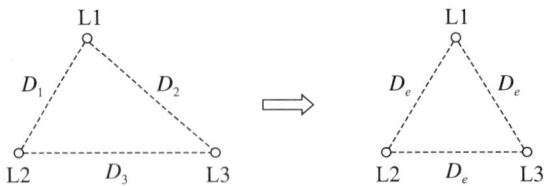

▲ 실제 송전 선로의 배열과 등가 대칭 배열

(2) 등가 선간 거리 공식

$$등가\ 선간\ 거리\ D_e = \sqrt[3]{D_1 \times D_2 \times D_3}\ [\text{m}]$$

단, 세제곱근은 전선 간 이격 거리가 3개임을 의미한다.

기출예제

중요도 그림과 같이 일직선 배치로 완전 연가한 경우의 등가 선간 거리는?

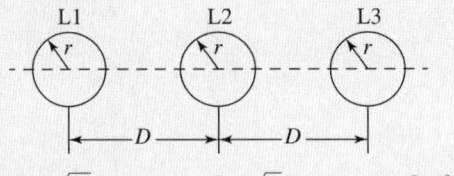

① $\sqrt{D}$ ② $\sqrt{2}\,D$ ③ $\sqrt[3]{2}\,D$ ④ $\sqrt[3]{3}\,D$

| 해설 |
$D_e = \sqrt[3]{D_1 \times D_2 \times D_3} = \sqrt[3]{D \times D \times 2D} = \sqrt[3]{2}\,D$

답 ③

4 복도체(다도체)

(1) 복도체(다도체)의 정의
  ① 단도체: 1상의 전선이 도체 1개로 이루어진 도체
  ② 복도체: 단도체가 적당한 간격을 두고 2가닥으로 이루어진 전선
  ③ 다도체: 단도체의 개수가 3가닥 이상인 전선
(2) 용도: 코로나 방지용으로 많이 사용한다.
(3) 전압별 사용 도체 형식
  ① 154[kV]용: 복도체
  ② 345[kV]용: 4도체
  ③ 765[kV]용: 6도체
(4) 스페이서(Spacer) 역할
  복도체에서 발생하는 흡인력에 의한 소도체 간 충돌 방지용(간격 유지)

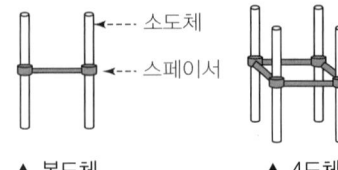

▲ 복도체   ▲ 4도체

(5) 복도체(다도체)의 등가 반지름 구하는 식

$$등가\ 반경\ R_e = \sqrt[n]{r \times S^{n-1}}\,[\text{m}]$$

단, n은 소도체의 개수, S는 소도체간 간격[m]

독학이 쉬워지는 기초개념

복도체 등가 반경

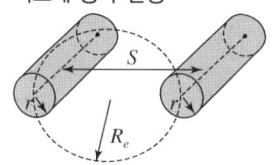

기출예제

중요도 가공 송전 선로에서 총 단면적이 같은 경우 단도체와 비교하여 복도체의 장점이 아닌 것은?

① 안정도를 증대시킬 수 있다.
② 공사비가 저렴하고 시공이 간편하다.
③ 전선 표면 전위 경도를 감소시켜 코로나 임계 전압이 높아진다.
④ 선로의 인덕턴스가 감소되고 정전 용량이 증가해서 송전 용량이 증대된다.

| 해설 |
복도체는 소도체 2개로 만든 전선으로서 공사비가 증가하고, 부속 장치인 스페이서를 부착하므로 공사가 어려워진다.

답 ②

5 다도체에서의 인덕턴스 및 정전 용량 계산식

(1) 다도체의 인덕턴스 및 정전 용량

- 인덕턴스 $L_n = \dfrac{0.05}{n} + 0.4605 \log_{10} \dfrac{D}{\sqrt[n]{rS^{n-1}}}\,[\text{mH/km}]$

- 정전 용량 $C_n = \dfrac{0.02413}{\log_{10} \dfrac{D}{\sqrt[n]{rS^{n-1}}}}\,[\mu\text{F/km}]$

단, n : 다도체를 구성하는 소도체의 개수(복도체: $n=2$, 4도체: $n=4$, 6도체: $n=6$)
　S: 소도체 간 간격[m]

(2) 복도체(다도체) 사용 시 특징

① 인덕턴스 L은 단도체에 비해 감소한다.
② 정전 용량 C는 단도체에 비해 증가한다.
③ 전선이 단도체에 비해 굵어지므로 코로나 발생 임계 전압이 높아져 코로나가 방지된다.
④ 인덕턴스 감소에 따른 리액턴스 감소($X = 2\pi f L\,[\Omega]$)로 송전 용량($P = \dfrac{V_s V_r}{X}\sin\delta\,[\text{MW}]$)이 증가한다.
⑤ 페란티 현상(무부하 또는 경부하시 수전단 전압이 송전단 전압보다 높아지는 현상)이 발생할 우려가 있다.
⑥ 소도체 간 흡입력으로 인해 도체 충돌의 우려가 있다.

Tip 강의 꿀팁

다도체(복도체) 방식을 사용하면 송전 용량이 증대되고, 안정도가 증가해요.

Tip 강의 꿀팁

페란티 현상을 방지하기 위해 분로 리액터를 설치하고, 도체 충돌을 방지하기 위해 스페이서를 설치해요.

독학이 쉬워지는 기초개념

기출예제

복도체 또는 다도체에 대한 설명으로 틀린 것은?

① 복도체는 3상 송전선의 1상의 전선을 2본으로 분할한 것이다.
② 2본 이상으로 분할된 도체를 일반적으로 다도체라고 한다.
③ 복도체 또는 다도체를 사용하는 주 목적은 코로나 방지에 있다.
④ 복도체의 선로 정수는 같은 단면적의 단도체 선로와 비교할 때 변함이 없다.

| 해설 |
복도체(다도체)의 특징
- 인덕턴스가 감소하고 정전 용량이 증가한다.
- 송전 용량이 증가하여 안정도가 향상된다.
- 코로나 임계 전압이 증가하여 코로나 발생이 억제된다.

답 ④

THEME 02 충전 전류 및 충전 용량

1 작용 정전 용량 $C[\mathrm{F}]$

(1) 전선과 전선 사이에 존재하는 상호 정전 용량(C_m)과 각 상의 전선과 대지 사이에 존재하는 대지 정전 용량(C_s)을 모두 합친 전선의 전체 정전 용량을 말한다.

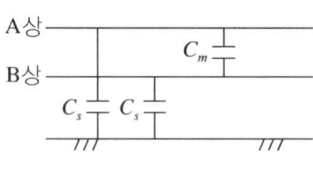

▲ 단상 2선식

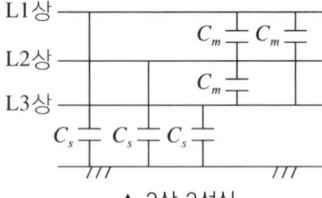

▲ 3상 3선식

(2) 선로의 작용 정전 용량식

- 단상 2선식: $C = C_s + 2C_m[\mathrm{F}]$
- 3상 3선식: $C = C_s + 3C_m[\mathrm{F}]$

단, C_s: 대지 정전 용량, C_m: 상호 정전 용량

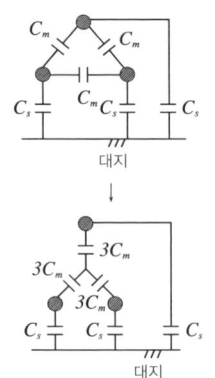

▲ 3상 3선식 작용 정전 용량

2 전선로 1선당 충전 전류 $I_c[\mathrm{A}]$

선로의 정전 용량에 전류가 흐르면 전류는 다음과 같은 진상 전류로서 선로에 충전하여 흐르게 된다.(3상 3선식의 경우)

$$I_c = \frac{E}{X_c} = \frac{E}{\frac{1}{\omega C}} = \omega CE = \omega(C_s + 3C_m)E = \omega(C_s + 3C_m)\frac{V}{\sqrt{3}}[\mathrm{A}]$$

단, E: 대지 전압[V], V: 선간 전압[V]

3 3상 송전 선로에 충전되는 충전 용량 Q_c[VA]

선로의 정전 용량에 충전 전류가 흐르게 되면 3상 송전 선로에는 다음과 같은 값으로 충전 용량이 발생하게 된다.

- $Q_c = 3\omega C E^2 = 3\omega C \left(\dfrac{V}{\sqrt{3}}\right)^2 = \omega C V^2 \text{[VA]}$
- $Q_c = 3\omega(C_s + 3C_m)E^2 = \omega(C_s + 3C_m)V^2 \text{[VA]}$

단, E: 상전압[V], V: 선간 전압[V]

4 송전 선로의 작용 정전 용량을 산출해야 하는 이유

(1) 선로가 가설되면 그 선로에서 발생하는 작용 정전 용량(C)이 정확히 얼마인지를 알아야 그 선로에 흐르는 충전 전류(I_c)를 알 수 있다.
(2) 이렇게 구한 충전 전류를 이용하여 3상 송전 선로 전체에 충전되는 충전 용량(Q_c)을 구할 수 있다.
(3) 보통 장거리 송전 선로에서 페란티 현상을 방지하기 위한 분로 리액터(Sh.R) 용량을 알 수 있게 된다.

기출예제

중요도 전압 66,000[V], 주파수 60[Hz], 길이 15[km], 전선 1선당 작용 정전 용량 0.3587[μF/km]인 한 선당 지중 전선로의 3상 무부하 충전 전류는 약 몇 [A]인가?(단, 정전 용량 이외의 선로 정수는 무시한다.)

① 62.5
② 68.2
③ 73.6
④ 77.3

| 해설 |

$I_c = \omega CE = 2\pi f \times C \times \dfrac{V}{\sqrt{3}} = 2\pi \times 60 \times (0.3587 \times 10^{-6} \times 15) \times \dfrac{66,000}{\sqrt{3}} = 77.3\text{[A]}$

답 ④

THEME 03 코로나(Corona)

1 코로나 현상의 정의

송전 선로에 일정 이상의 계통 전압이 가해졌을 때, 전선 주변의 공기 절연이 부분적으로 파괴되어 빛과 소리를 내며 방전하는 현상이다.

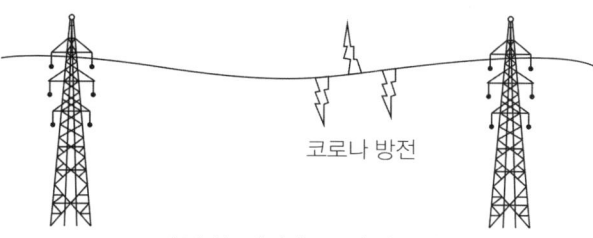

▲ 송전 선로에서의 코로나 방전 현상

독학이 쉬워지는 기초개념

분로(병렬) 리액터
페란티 현상을 방지하기 위해 주요 변전소에 설치

> 독학이 쉬워지는 기초개념

2 파열 극한 전위 경도($E[\text{kV/cm}]$)

(1) 의미: 전선 표면에서 1[cm] 간격에서 공기의 절연이 파괴되기 시작하는 전압이다.
(2) 직류: $30[\text{kV/cm}]$
(3) 교류: $\dfrac{30}{\sqrt{2}}[\text{kV/cm}] \fallingdotseq 21[\text{kV/cm}]$(실효값)

3 코로나 임계 전압($E_0[\text{kV}]$)

코로나 임계 전압은 코로나가 방전을 시작하는 개시 전압을 말한다.

$$E_0 = 24.3 m_0 m_1 \delta d \log_{10} \frac{D}{r} [\text{kV}]$$

단, m_0: 전선의 표면 계수(매끈한 전선 = 1, 거친 전선 = 0.8)
m_1: 날씨 계수(맑은 날 = 1, 비, 눈, 안개 등 악천후 시 = 0.8)
δ: 상대 공기 밀도($\delta = \dfrac{0.386b}{273+t}$, 여기서 b: 기압[mmHg], t: 기온[℃])
d: 전선의 직경
r: 전선의 반지름
D: 선간 거리

> Tip 강의 꿀팁
> 코로나 임계 전압이 높을수록 코로나 발생이 적어요.

4 코로나 방전에 의한 영향

(1) 코로나 전력 손실 발생

$$P = \frac{241}{\delta}(f+25)\sqrt{\frac{d}{2D}}(E-E_0)^2 \times 10^{-5}[\text{kW/km/line}]$$

(2) 고조파 발생
(3) 코로나 전파 장해로 유도 현상 발생
(4) 소호 리액터 접지의 소호 능력의 저하
(5) 전선 부식으로 전선 수명 단축

5 코로나 방지 대책

(1) 굵은 전선 사용
(2) 복도체 사용(코로나 방지가 주된 목적)
(3) 전선 표면을 매끄럽게 유지 및 관리
(4) 가선 금구의 개량

> Tip 강의 꿀팁
> 코로나 방지 대책에 관련된 문제는 중요하므로 주의하여 학습해 주세요.

> **기출예제**
>
> **중요도** 다음 중 코로나 방지 대책으로 적당하지 않은 것은?
> ① 복도체를 사용한다.
> ② 가선 금구를 개량한다.
> ③ 선간 거리를 감소시킨다.
> ④ 가선 시 전선 표면이 금구를 손상하지 않게 한다.
>
> | 해설 |
> 코로나 임계 전압
> $E_0 = 24.3 m_0 m_1 \delta d \log_{10} \dfrac{D}{r} [\text{kV}]$에서 선간 거리($D[\text{m}]$)를 감소시키면 임계 전압이 작아져 코로나 발생이 더 자주 일어난다.
>
> 답 ③

THEME 04 연가(Transposition)

1 연가

3상 송전 선로에서 대지로부터 각 상까지의 전선 높이가 각각 다르고, 전선 상호 간의 선간 거리가 같지 않으면 각 상의 인덕턴스와 정전 용량 등의 불평형이 발생한다. 따라서 선로의 총 길이를 3등분하여 위치를 변경한다.

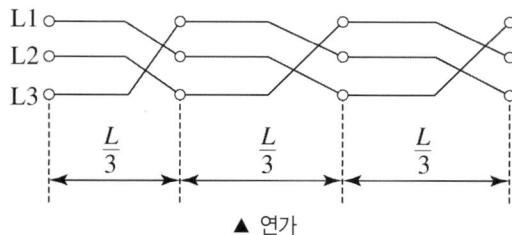

▲ 연가

2 연가의 목적

(1) 선로 정수 평형
(2) 수전단 전압 파형의 일그러짐 방지
(3) 인접 통신선의 유도 장해 방지(정전 유도 장해 방지)
(4) 소호 리액터 접지에서 직렬 공진의 방지

CHAPTER 03 CBT 적중문제

01
가공선 계통을 지중선 계통과 비교할 때 인덕턴스 및 정전 용량은 어떠한가?

① 인덕턴스, 정전 용량이 모두 작다.
② 인덕턴스, 정전 용량이 모두 크다.
③ 인덕턴스는 크고, 정전 용량은 작다.
④ 인덕턴스는 작고, 정전 용량은 크다.

해설 선로의 인덕턴스 및 정전 용량 관계식

- $L = 0.05 + 0.4605 \log_{10} \frac{D}{r}$ [mH/km]
- $C = \dfrac{0.02413}{\log_{10} \frac{D}{r}}$ [μF/km]

가공 선로는 지중 선로에 비해 선간 거리 D[m]가 훨씬 크므로 인덕턴스는 크고, 정전 용량은 작다.

02
선로의 인덕턴스에 대한 설명으로 옳은 것은?

① 선로의 도체 간 거리가 클수록 인덕턴스의 값이 작아진다.
② 선로 도체의 반지름이 클수록 인덕턴스의 값이 커진다.
③ 일반적으로 지중 케이블은 가공 선로에 비해 인덕턴스의 값이 작다.
④ 인덕턴스의 값은 선로의 기하학적 배치와는 전혀 무관하다.

해설 인덕턴스 $L = 0.05 + 0.4605 \log_{10} \frac{D}{r}$ [mH/km]에서 지중선은 가공선에 비해 전선의 간격(D)이 작으므로 지중 케이블이 가공 전선보다 인덕턴스가 작다.

03
선간 거리를 D, 전선의 반지름을 r이라 할 때 송전선의 정전 용량은?

① $\log_{10} \frac{D}{r}$ 에 비례한다.
② $\log_{10} \frac{r}{D}$ 에 비례한다.
③ $\log_{10} \frac{D}{r}$ 에 반비례한다.
④ $\log_{10} \frac{r}{D}$ 에 반비례한다.

해설 송전 선로의 정전 용량 $C = \dfrac{0.02413}{\log_{10} \frac{D}{r}}$ [μF/km]에서 송전 선로의 정전 용량 C는 $\log_{10} \frac{D}{r}$에 반비례한다.

04
정삼각형 배치의 선간 거리가 5[m]이고, 전선의 지름이 1[cm]인 3상 가공 송전선 1선의 정전 용량은 약 몇 [μF/km]인가?

① 0.008
② 0.016
③ 0.024
④ 0.032

해설 전선의 지름이 1[cm]이므로 반지름 $r = 0.5$[cm] $= 0.5 \times 10^{-2}$[m]이다.
1선의 정전 용량 $C = \dfrac{0.02413}{\log_{10} \frac{D}{r}} = \dfrac{0.02413}{\log_{10} \frac{5}{0.5 \times 10^{-2}}}$
$= 8.04 \times 10^{-3}$ [μF/km] $= 0.008$ [μF/km]

| 정답 | 01 ③ 02 ③ 03 ③ 04 ①

05

송전 선로의 정전 용량은 등가 선간 거리 D가 증가하면 어떻게 되는가?

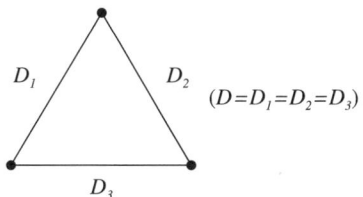

$(D=D_1=D_2=D_3)$

① 증가한다.
② 감소한다.
③ 변하지 않는다.
④ D^2에 반비례하여 감소한다.

해설

송전 선로의 정전 용량 $C = \dfrac{0.02413}{\log_{10}\dfrac{D}{r}}$ $[\mu\text{F/km}]$에서 선간 거리 D가 증가하면 정전 용량 C값은 이에 반비례하여 감소하게 된다.

06

그림과 같은 선로의 등가 선간 거리는 몇 $[\text{m}]$인가?

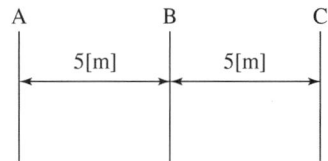

① 5
② $5\sqrt{2}$
③ $5\sqrt[3]{2}$
④ $10\sqrt[3]{2}$

해설

$D_e = \sqrt[3]{D_1 D_2 D_3} = \sqrt[3]{5 \times 5 \times (5 \times 2)} = 5\sqrt[3]{2}\,[\text{m}]$
(여기서 D_3: A와 C 사이의 거리로 $5 \times 2 = 10[\text{m}]$)

07

송전 선로의 인덕턴스와 정전 용량은 등가 선간 거리 D가 증가하면 어떻게 되는가?

① 인덕턴스는 증가하고 정전 용량은 감소한다.
② 인덕턴스는 감소하고 정전 용량은 증가한다.
③ 인덕턴스, 정전 용량이 모두 감소한다.
④ 인덕턴스, 정전 용량이 모두 증가한다.

해설

- 인덕턴스: $L = 0.05 + 0.4605 \log_{10} \dfrac{D}{r}$ $[\text{mH/km}]$ → 증가

- 정전 용량: $C = \dfrac{0.02413}{\log_{10}\dfrac{D}{r}}$ $[\mu\text{F/km}]$ → 감소

08

3상 3선식 송전선에서 바깥지름 $20[\text{mm}]$의 경동 연선을 $2[\text{m}]$ 간격으로 일직선 수평 배치로 하여 연가를 했을 때 인덕턴스는 약 몇 $[\text{mH/km}]$인가?

① 1.16
② 1.32
③ 1.48
④ 1.64

해설

전선의 등가 선간 거리 D_e는
$D_e = \sqrt[3]{2 \times 2 \times (2 \times 2)} = 2\sqrt[3]{2}\,[\text{m}]$
전선의 반지름 r은
$r = \dfrac{d}{2} = \dfrac{20 \times 10^{-3}}{2} = 10 \times 10^{-3}\,[\text{m}]$
따라서 인덕턴스는
$L = 0.05 + 0.4605 \log_{10} \dfrac{D_e}{r} = 0.05 + 0.4605 \log_{10} \dfrac{2\sqrt[3]{2}}{10 \times 10^{-3}}$
$= 1.16[\text{mH/km}]$

| 정답 | 05 ② 06 ③ 07 ① 08 ①

09
송전 선로에 복도체를 사용하는 주된 목적은?

① 인덕턴스를 증가시키기 위하여
② 정전 용량을 감소시키기 위하여
③ 코로나 발생을 감소시키기 위하여
④ 전선 표면의 전위 경도를 증가시키기 위하여

해설 복도체는 단도체에 비해 전선의 굵기가 굵어지는 효과가 있다. 코로나 발생 임계 전압을 증가시켜 코로나 발생을 억제시키는 역할을 한다.

10
3상 3선식 복도체 방식의 송전 선로를 3상 3선식 단도체 방식 송전 선로와 비교한 것으로 알맞은 것은?(단, 단도체의 단면적은 복도체 방식 소선의 단면적 합과 같은 것으로 한다.)

① 전선의 인덕턴스와 정전 용량은 모두 감소한다.
② 전선의 인덕턴스와 정전 용량은 모두 증가한다.
③ 전선의 인덕턴스는 증가하고, 정전 용량은 감소한다.
④ 전선의 인덕턴스는 감소하고, 정전 용량은 증가한다.

해설 단도체와 비교한 복도체(다도체)의 특징
- 인덕턴스가 감소한다.
- 정전 용량이 증가한다.
- 송전 용량이 증가하고 안정도가 향상된다.
- 코로나 임계 전압이 증가하여 코로나 발생이 억제된다.

11
송전선에 복도체를 사용할 때의 설명으로 틀린 것은?

① 코로나 손실이 경감된다.
② 안정도가 상승하고 송전 용량이 증가한다.
③ 정전 반발력에 의한 전선의 진동이 감소된다.
④ 전선의 인덕턴스는 감소하고, 정전 용량이 증가한다.

해설 복도체는 정전 흡인력에 의해 소도체끼리 진동하여 충돌하는 현상이 발생한다.

12
송전선에 복도체를 사용하는 주된 목적은?

① 역률 개선 ② 정전 용량의 감소
③ 인덕턴스의 증가 ④ 코로나 발생의 방지

해설 복도체(다도체)의 특징
- 인덕턴스가 감소한다.
- 정전 용량이 증가한다.
- 송전 용량이 증가하여 안정도가 향상된다.
- 코로나 임계 전압이 증가하여 코로나 발생이 억제된다.

13
반지름 $r[\text{m}]$이고, 소도체 간격 S인 4도체 송전 선로에서 전선 A, B, C가 수평으로 배열되어 있다. 등가 선간 거리가 $D[\text{m}]$로 배치되고 완전 연가된 경우 송전 선로의 인덕턴스는 몇 $[\text{mH/km}]$인가?

① $0.4605\log_{10}\dfrac{D}{\sqrt{rS^2}} + 0.0125$

② $0.4605\log_{10}\dfrac{D}{\sqrt[2]{rS}} + 0.025$

③ $0.4605\log_{10}\dfrac{D}{\sqrt[3]{rS^2}} + 0.0167$

④ $0.4605\log_{10}\dfrac{D}{\sqrt[4]{rS^3}} + 0.0125$

해설
$L_n = \dfrac{0.05}{n} + 0.4605\log_{10}\dfrac{D}{\sqrt[n]{rS^{n-1}}}[\text{mH/km}]$ 에서

4도체이므로 $n=4$

$\therefore L_n = \dfrac{0.05}{4} + 0.4605\log_{10}\dfrac{D}{\sqrt[4]{rS^{4-1}}}$

$= 0.4605\log_{10}\dfrac{D}{\sqrt[4]{rS^3}} + 0.0125[\text{mH/km}]$

| 정답 | 09 ③ 10 ④ 11 ③ 12 ④ 13 ④

14

3상 1회선 전선로의 작용 정전 용량을 C, 선간 정전 용량을 C_1, 대지 정전 용량을 C_2라 할 때 C, C_1, C_2의 관계는?

① $C = C_1 + 3C_2$
② $C = 3C_1 + C_2$
③ $C = C_1 + C_2$
④ $C = 3(C_1 + C_2)$

해설
- 단상 2선식: $C = C_s + 2C_m = C_2 + 2C_1$
- 3상 3선식: $C = C_s + 3C_m = C_2 + 3C_1$

15

3상 3선식 3각형 배치의 송전 선로가 있다. 선로가 연가되어 각 선간의 정전 용량은 $0.007[\mu F/km]$, 각 선의 대지 정전 용량은 $0.002[\mu F/km]$라고 하면 1선의 작용 정전 용량은 몇 $[\mu F/km]$인가?

① 0.03
② 0.023
③ 0.012
④ 0.006

해설
$C_n = C_s + 3C_m = 0.002 + 3 \times 0.007 = 0.023[\mu F/km]$

16

$22[kV]$, $60[Hz]$ 1회선의 3상 송전선에서 무부하 충전 전류는 약 몇 $[A]$인가? (단, 송전선의 길이는 $20[km]$이고, 1선 $1[km]$당 정전 용량은 $0.5[\mu F]$이다.)

① 12
② 24
③ 36
④ 48

해설
$I_c = \omega CE = 2\pi f CE = 2\pi f \times C \times \dfrac{V}{\sqrt{3}}$
$= 2\pi \times 60 \times (0.5 \times 10^{-6} \times 20) \times \dfrac{22,000}{\sqrt{3}} = 47.9[A]$

17

$60[Hz]$, $154[kV]$, 길이 $200[km]$인 3상 송전 선로에서 대지 정전 용량 $C_s = 0.008[\mu F/km]$, 선간 정전 용량 $C_m = 0.0018[\mu F/km]$일 때 1선에 흐르는 충전 전류는 약 몇 $[A]$인가?

① 68.9
② 78.9
③ 89.8
④ 97.6

해설
3상 선로의 전체 작용 정전 용량을 구하면
$C = C_s + 3C_m = 0.008 + 3 \times 0.0018 = 0.0134[\mu F/km]$
따라서 1선에 흐르는 충전 전류는
$I_c = \omega CE = 2\pi f \times C \times \dfrac{V}{\sqrt{3}}$
$= 2\pi \times 60 \times (0.0134 \times 10^{-6} \times 200) \times \dfrac{154,000}{\sqrt{3}} = 89.8[A]$

18

전력용 콘덴서의 사용 전압을 2배로 증가시키고자 한다. 이때 정전 용량을 변화시켜 동일 용량 $[kVar]$으로 유지하려면 승압 전의 정전 용량보다 어떻게 변화하면 되는가?

① 4배로 증가
② 2배로 증가
③ $\dfrac{1}{2}$로 감소
④ $\dfrac{1}{4}$로 감소

해설
$Q_c = 3\omega CE^2 = 3\omega C' \times (2E)^2 \rightarrow C' = \dfrac{1}{4}C$가 되어야 Q_c값이 일정하다.

19
코로나 현상에 대한 설명이 아닌 것은?

① 전선을 부식시킨다.
② 코로나 현상은 전력의 손실을 일으킨다.
③ 코로나 방전에 의하여 전파 장해가 일어난다.
④ 코로나 손실은 전원 주파수의 $\frac{2}{3}$ 제곱에 비례한다.

해설 코로나 손실은 주파수에 비례한다.
$$P = \frac{241}{\delta}(f+25)\sqrt{\frac{d}{2D}}(E-E_0)^2 \times 10^{-5} [\text{kW/km/line}]$$

20
가공 송전선의 코로나를 고려할 때 표준 상태에서 공기의 절연 내력이 파괴되는 최소 전위 경도는 정현파 교류의 실효값으로 약 몇 $[\text{kV/cm}]$ 정도인가?

① 6
② 11
③ 21
④ 31

해설 공기의 파열 극한 전위 경도
- 직류: $30[\text{kV/cm}]$
- 교류: $21[\text{kV/cm}]$ (실효값)

21
다음 사항 중 가공 송전 선로의 코로나 손실과 관계가 없는 사항은?

① 전원 주파수
② 전선의 연가
③ 상대 공기밀도
④ 선간 거리

해설 코로나 손실
$$P = \frac{241}{\delta}(f+25)\sqrt{\frac{d}{2D}}(E-E_0)^2 \times 10^{-5} [\text{kW/km/line}]$$
- δ: 상대 공기 밀도
- f: 주파수
- d: 전선의 직경
- D: 선간 거리
- E: 계통 전압(상전압)
- E_0: 코로나 임계 전압

22
연가를 하는 주된 목적으로 옳은 것은?

① 선로 정수의 평형
② 유도뢰의 방지
③ 계전기의 확실한 동작의 확보
④ 전선의 절약

해설 연가 효과
- 선로 정수의 평형(주된 목적)
- 통신선에 대한 정전 유도 장해 감소
- 중성점 잔류 전압의 감소
- 직렬 공진 방지

| 정답 | 19 ④ 20 ③ 21 ② 22 ①

23
선로 정수를 평형되게 하고, 근접 통신선에 대한 유도 장해를 줄일 수 있는 방법은?

① 연가를 시행한다.
② 전선으로 복도체를 사용한다.
③ 전선로의 이도를 충분하게 한다.
④ 소호 리액터 접지를 하여 중성점 전위를 줄여준다.

해설 연가의 목적
- 선로 정수의 평형($C_a \neq C_b \neq C_c \Rightarrow C_a = C_b = C_c$)
- 전력선 근처에 설치된 통신선에 대한 정전 유도 장해 감소

24
3상 3선식 송전 선로에서 연가의 효과가 아닌 것은?

① 작용 정전 용량의 감소
② 각 상의 임피던스 평형
③ 통신선의 유도 장해 감소
④ 직렬 공진의 방지

해설 연가 효과
- 선로 정수의 평형
- 통신선에 대한 정전 유도 장해 감소
- 중성점 잔류 전압의 감소
- 직렬 공진 방지

송전 특성

1. 송전 선로의 해석
2. 전력 원선도
3. 조상설비
4. 송전 용량
5. 계통 연계
6. 직류 송전

학습 전략

우선 단거리 선로, 중거리 선로(T형 회로, π형 회로), 장거리 선로의 내용을 철저하게 이해하고 관련 공식을 암기해야 합니다. 또한 3상 3선식 선로에서의 주요 공식 역시 중요합니다. 앞의 내용을 완벽히 이해한 후 조상설비의 정의와 종류 및 역할을 학습하는 것이 좋습니다.

CHAPTER 04 | 흐름 미리보기

1. 송전 선로의 해석
- 송전 선로의 송전 거리에 따른 해석
- 단거리 송전 선로
- 중거리 송전 선로
- 장거리 송전 선로

2. 전력 원선도
- 전력 원선도

3. 조상설비
- 조상설비의 정의
- 조상설비의 종류
- 조상설비의 특징
- 페란티 현상

6. 직류 송전
- 직류 송전의 정의
- 직류 송전의 장점
- 직류 송전의 단점

5. 계통 연계
- 전력 계통 연계의 의미
- 전력 계통 연계 시 장점
- 전력 계통 연계 시 단점
- 전력 계통의 전압 및 주파수 제어

4. 송전 용량
- 송전 용량의 정의
- 적정한 송전 용량 결정 조건
- 송전 용량 계산법

NEXT **CHAPTER 05**

CHAPTER 04 송전 특성

독학이 쉬워지는 기초개념

THEME 01 송전 선로의 해석

1 송전 선로의 송전 거리에 따른 해석

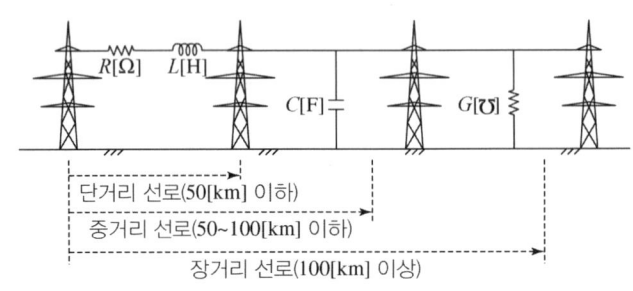

▲ 송전 선로의 구분

(1) 단거리 선로: R과 L 정수가 한군데에 집중되어 있는 집중 정수 회로로 해석
(2) 중거리 선로: R과 L 및 C 정수가 한군데에 집중되어 있는 집중 정수 회로로 해석
(3) 장거리 선로: R, L, C, G의 선로의 4정수가 넓게 분포되어 있는 분포 정수 회로로 해석

집중 정수 회로와 분포 정수 회로

집중 정수 회로	선로 정수가 한곳에 모여 있다고 생각하고 해석하는 방법(단거리, 중거리)
분포 정수 회로	선로 정수가 송전선 전 구간에 고르게 분포되어 있는 회로(장거리)

2 단거리 송전 선로

(1) 단거리 송전 선로는 선로 거리가 50[km] 이하인 선로에 해당하고, 이때 선로 해석 방법은 R과 L만의 집중 정수 회로로 다룬다.
(2) 단거리 송전 선로의 전압 강하식

$$e = V_s - V_r = \sqrt{3}I(R\cos\theta + X\sin\theta) = \frac{P}{V_r \cos\theta}(R\cos\theta + X\sin\theta)[\text{V}]$$

단, V_s: 송전단 전압[V], V_r: 수전단 전압[V]
  I: 선로 전류[A], $\cos\theta$: 역률
  R: 선로 저항[Ω], X: 선로 리액턴스[Ω](여기서, $X = 2\pi fL[\Omega]$)

(3) 3상 3선식 송전 선로에서의 주요 공식 정리

① 전압 강하 $e = V_s - V_r = \sqrt{3}I(R\cos\theta + X\sin\theta)[\text{V}]$
$= \frac{P}{V_r}(R + X\tan\theta)[\text{V}]\left(\therefore e \propto \frac{1}{V}\right)$

Tip 강의 꿀팁

문제에 특별히 상전압, 선간 전압이라는 조건이 없을 때에는 선간 전압이 표준이에요.

② 전압 강하율 $\varepsilon = \dfrac{e}{V_r} \times 100 [\%] = \dfrac{V_s - V_r}{V_r} \times 100 [\%]$

$\qquad = \dfrac{\sqrt{3} I (R\cos\theta + X\sin\theta)}{V_r} \times 100 [\%]$

$\qquad = \dfrac{P}{V_r^2}(R + X\tan\theta) \times 100 [\%] \left(\therefore \varepsilon \propto \dfrac{1}{V^2} \right)$

③ 전압 변동률 $\delta = \dfrac{V_{ro} - V_r}{V_r} \times 100 [\%]$

 (V_{ro}: 무부하 시 수전단 전압, V_r: 전부하 시 수전단 전압)

④ 유효 전력 $P = \sqrt{3} VI\cos\theta [\text{W}]$

⑤ 전력 손실

$P_l = 3I^2 R = 3\left(\dfrac{P}{\sqrt{3} V\cos\theta} \right)^2 R = \dfrac{P^2 R}{V^2 \cos^2 \theta} [\text{W}] \left(\therefore P_l \propto \dfrac{1}{V^2} \right)$

독학이 쉬워지는 기초개념

전압강하 벡터도

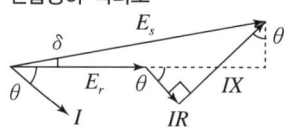

$E_s^2 = (E_r + IR\cos\theta + IX\sin\theta)^2 +$
$\quad (IX\cos\theta - IR\sin\theta)^2$
$E_s \fallingdotseq E_r + IR\cos\theta + IX\sin\theta [\text{V}]$
$\therefore e = E_s - E_r$
$\quad = I(R\cos\theta + X\sin\theta)[\text{V}]$

3 중거리 송전 선로

중거리 선로는 단거리 선로보다 선로의 길이가 더 길어져 정전 용량 $C[\text{F}]$의 영향이 증가하므로 R, L, C 직·병렬 회로의 집중 정수 회로로 다룬다. 또한 해석 방법에 따라 다음과 같은 T형과 π형 등가 회로로 다룬다.

(1) T형 회로에 의한 해석

① 등가 회로

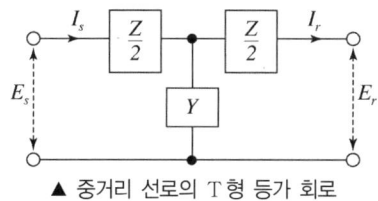

▲ 중거리 선로의 T형 등가 회로

② T형 회로의 송전단 전압, 전류

- 송전단 전압 $E_s = AE_r + BI_r = \left(1 + \dfrac{ZY}{2}\right) E_r + Z\left(1 + \dfrac{ZY}{4}\right) I_r$
- 송전단 전류 $I_s = CE_r + DI_r = YE_r + \left(1 + \dfrac{ZY}{2}\right) I_r$

단, 직렬 임피던스: $Z = R + j\omega L [\Omega]$
  병렬 어드미턴스: $Y = G + j\omega C [\mho]$

T형 등가 회로와 π형 등가 회로

- T형 등가 회로: 선로의 직렬 임피던스를 이등분하는 방법
- π형 등가 회로: 선로의 병렬 어드미턴스를 이등분하는 방법

(2) π형 회로에 의한 해석

① 등가 회로

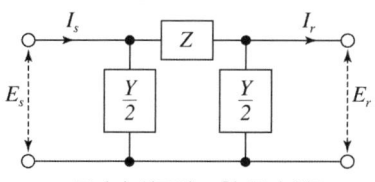

▲ 중거리 선로의 π형 등가 회로

독학이 쉬워지는 기초개념

② π형 회로의 송전단 전압, 전류

- 송전단 전압: $E_s = AE_r + BI_r = \left(1 + \dfrac{ZY}{2}\right)E_r + ZI_r$
- 송전단 전류: $I_s = CE_r + DI_r = Y\left(1 + \dfrac{ZY}{4}\right)E_r + \left(1 + \dfrac{ZY}{2}\right)I_r$

(3) 4단자 정수(A, B, C, D)의 정의

① 송전단 전압(E_s) 및 송전단 전류(I_s)의 표현
  - 송전단 전압·전류는 A, B, C, D 정수를 사용
    - 송전단 전압 $E_s = AE_r + BI_r$
    - 송전단 전류 $I_s = CE_r + DI_r$

② 4단자 정수 A, B, C, D의 물리적 의미
  - $A = \dfrac{E_s}{E_r}$: 수전단 개방 시($I_r = 0$)의 송·수전단 전압비를 의미
  - $B = \dfrac{E_s}{I_r}$: 수전단 단락 시($E_r = 0$)의 송·수전단 전달 임피던스를 의미 $[\Omega]$
  - $C = \dfrac{I_s}{E_r}$: 수전단 개방 시($I_r = 0$)의 송·수전단 전달 어드미턴스를 의미 $[\mho]$
  - $D = \dfrac{I_s}{I_r}$: 수전단 단락 시($E_r = 0$)의 송·수전단 전류비를 의미

③ 행렬식에 의한 4단자 정수의 산출
  - 직렬 임피던스 회로의 행렬식

$\begin{bmatrix} A & B \\ C & D \end{bmatrix} = \begin{bmatrix} 1 & Z \\ 0 & 1 \end{bmatrix}$

  - 병렬 어드미턴스 회로의 행렬식

$\begin{bmatrix} A & B \\ C & D \end{bmatrix} = \begin{bmatrix} 1 & 0 \\ Y & 1 \end{bmatrix}$

> **Tip 강의 꿀팁**
> 4단자 정수 중 A와 D는 단위가 없는 상수예요.

기출예제

4단자 정수가 A, B, C, D인 선로에 임피던스가 Z_T인 변압기를 수전단 측에 접속한 계통의 일반 회로 정수를 A_0, B_0, C_0, D_0라 할 때 D_0는?

① $CZ_T + D$
② $AZ_T + D$
③ $BZ_T + D$
④ D

| 해설 |

$\begin{bmatrix} A_0 & B_0 \\ C_0 & D_0 \end{bmatrix} = \begin{bmatrix} A & B \\ C & D \end{bmatrix}\begin{bmatrix} 1 & Z_T \\ 0 & 1 \end{bmatrix} = \begin{bmatrix} A & AZ_T + B \\ C & CZ_T + D \end{bmatrix}$

답 ①

4 장거리 송전 선로

(1) 장거리 선로는 보통 100[km]가 넘는 선로로, 이때 누설 컨덕턴스 G까지 포함시켜 선로 정수(R, L, G, C)가 균등하게 분포된 분포 정수 회로로 해석한다.

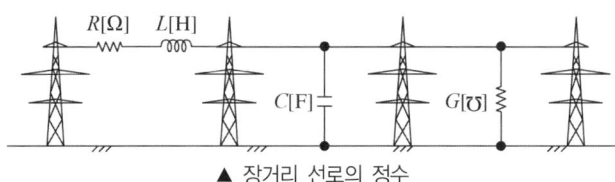

▲ 장거리 선로의 정수

(2) 장거리 선로에서 선로의 직렬 임피던스와 병렬 어드미턴스
① 직렬 임피던스 $Z = R + j\omega L = R + jX [\Omega/\mathrm{km}]$
② 병렬 어드미턴스 $Y = G + j\omega C = G + jB [\mho/\mathrm{km}]$

(3) 장거리 선로의 송전단 전압, 전류식

- 송전단 전압 $E_s = AE_r + BI_r = \cosh\gamma l\, E_r + Z_0 \sinh\gamma l\, I_r$
- 송전단 전류 $I_s = CE_r + DI_r = \dfrac{1}{Z_0}\sinh\gamma l\, E_r + \cosh\gamma l\, I_r$

(4) 특성 임피던스와 전파 정수
① 특성(서지, 파동, 고유) 임피던스
- $Z_o = \sqrt{\dfrac{Z}{Y}} = \sqrt{\dfrac{R+j\omega L}{G+j\omega C}} \fallingdotseq \sqrt{\dfrac{L}{C}}\ [\Omega]$
- 송전선을 이동하는 진행파에 대한 전압과 전류의 비로 그 송전선 고유의 특성을 나타내는 값이 된다.(선로의 길이와 무관)

② 전파 정수
$\gamma = \sqrt{ZY} = \sqrt{(R+j\omega L)(G+j\omega C)} = \alpha + j\beta$
단, α: 감쇠 정수로서 송전단에서 수전단으로 갈수록 전압이 감쇠되는 특성을 나타내는 정수([V/km])
β: 위상 정수로서 송전단에서 수전단으로 갈수록 위상이 지연되는 특성을 나타내는 정수([rad/km])

독학이 쉬워지는 기초개념

Tip 강의 꿀팁
실제 장거리 선로를 해석할 때 누설 컨덕턴스 G는 그 값이 작아 무시하는 것이 일반적이에요.

기출예제

장거리 송전 선로의 특성은 무슨 회로로 다루는 것이 가장 좋은가?

① 특성 임피던스 회로 ② 집중 정수 회로
③ 분포 정수 회로 ④ 분산 분포 회로

| 해설 |
단거리 및 중거리 선로는 집중 정수 회로로 취급한다. 장거리 선로는 저항, 인덕턴스, 누설 컨덕턴스, 정전 용량이 고르게 분포된 회로로 취급한다.

답 ③

독학이 쉬워지는 기초개념

💡 강의 꿀팁

전력 원선도 문제에서 자주 물어보는 내용은 ① 전력 원선도의 가로축과 세로축의 의미, ② 전력 원선도의 반지름 산출식, ③ 전력 원선도 작성 시 필요 사항이에요.

THEME 02 전력 원선도

1 전력 원선도

(1) 정의: 계통의 송·수전 전력을 계산에 의한 방법이 아닌 평면도에 그림을 그려서 해석하는 기법이다.

(2) 전력 원선도 작성 시 필요 사항: $E_s = AE_r + BI_r$, $I_s = CE_r + DI_r$ 의 전력 방정식에서 송·수전단 전압 및 전류, 4단자 정수(A, B, C, D)가 필요하다.

(3) 전력 원선도의 반지름 산출식

$$\rho = \frac{E_s E_r}{B}$$

(단, E_s: 송전단 전압, E_r: 수전단 전압, B: 임피던스 정수)

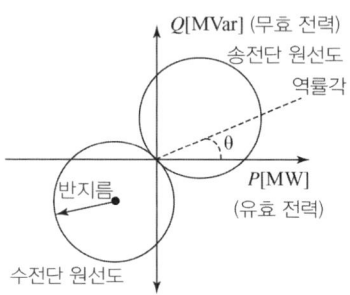

▲ 전력 원선도의 예

(4) 전력 원선도에서 알 수 있는 사항
 ① 송·수전할 수 있는 최대 전력(정태 안정 극한 전력)
 ② 송·수전단 전압 간의 상차각
 ③ 전력 손실과 송전 효율
 ④ 수전단 측의 역률
 ⑤ 전력 계통 전압을 유지하기 위한 조상설비(조상용량)

기출예제

중요도 전력 원선도에서는 알 수 없는 것은?
 ① 송·수전할 수 있는 최대 전력 ② 선로 손실
 ③ 수전단 역률 ④ 코로나손

| 해설 |
전력 원선도에서 알 수 있는 사항
• 송·수전단 유효 전력 및 무효 전력
• 송·수전단 최대 유효 전력 및 최대 무효 전력
• 수전단 역률 및 전력 손실

답 ④

💡 강의 꿀팁

전력 원선도에서는 과도 안정 극한 전력과 코로나 손실은 구할 수 없어요.

THEME 03 조상설비

1 조상설비의 정의
전력 계통의 부하 변동에 대하여 전압을 일정하게 유지하기 위해 필요한 무효 전력을 공급하는 장치이다.

2 조상설비의 종류
(1) 전력용 콘덴서(SC: Static Capacitor)
(2) 분로 리액터(Sh.R: Shunt Reactor)
(3) 동기 조상기
   ① 동기 전동기를 무부하 상태에서 운전하는 것이다.
   ② 계통의 전압과 역률을 조정하는 역할을 한다.

3 조상설비의 특징

구분	전력용 콘덴서	분로 리액터	동기 조상기
역할	진상 무효 전력 공급	지상 무효 전력 공급	진상 및 지상 무효 전력 공급
조정 특성	단계적 조정	단계적 조정	연속적 조정
전력 손실	적다	적다	크다
가격	싸다	싸다	비싸다
사고 시 전압 유지 능력	적다	적다	크다
유지·보수	쉽다	쉽다	어렵다
시송전 여부	불가능	불가능	가능

기출예제

다음 중 동기 조상기에 대한 설명으로 옳은 것은?
① 무부하로 운전되는 동기 발전기로 역률을 개선한다.
② 무부하로 운전되는 동기 전동기로 역률을 개선한다.
③ 전부하로 운전되는 동기 발전기로 위상을 조정한다.
④ 전부하로 운전되는 동기 전동기로 위상을 조정한다.

| 해설 |
동기 조상기는 무부하로 운전(역률 0인 상태)되는 동기 전동기로 진상 운전 및 지상 운전을 자유롭게 조정하여 역률을 개선시킨다.

답 ②

독학이 쉬워지는 기초개념

시송전
처음으로 건설된 신설 송전 선로를 예비 운전하는 것

독학이 쉬워지는 기초개념

Tip 강의 꿀팁

페란티 현상에서 자주 질문하는 사항은 정의, 발생 원인, 방지 대책이에요.

4 페란티 현상(페란티 효과: Ferranti effect)

(1) 정의: 장거리 송전 선로에서 심야 경부하 시나 무부하 시에 송전단 전압(E_s)보다 수전단 전압(E_r)이 높아지는 현상

(2) 중부하 시의 선로 해석

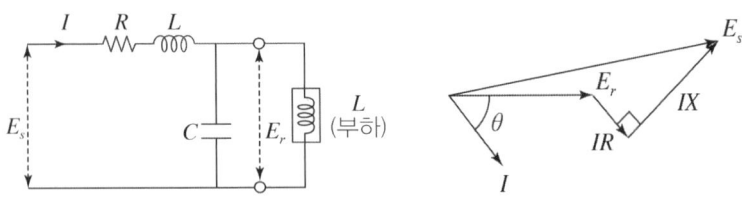

(a) 중부하 송전 선로(지상 전류)   (b) 중부하(지상 전류) 시의 벡터도

▲ 중부하 송전 선로

위 벡터도를 해석하여 송전단 전압을 구해 보면
$E_s = E_r + I(R\cos\theta + X\sin\theta)$로 되어 $E_s > E_r$이 된다.

(3) 무부하(경부하) 시의 선로 해석

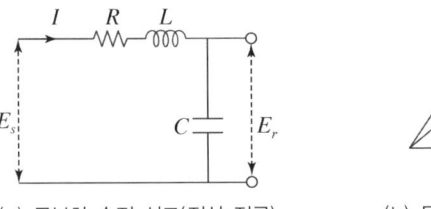

(a) 무부하 송전 선로(진상 전류)   (b) 무부하(진상 전류) 시의 벡터도

▲ 무부하 송전 선로

위 벡터도를 해석하여 송전단 전압을 구해 보면
$E_s = E_r + I(R\cos\theta - X\sin\theta)$로 되어 $E_s < E_r$이 된다.

(4) 페란티 현상의 발생 원인: 송전 선로의 대지 정전 용량에 의한 진상(충전) 전류

(5) **페란티 현상의 방지 대책**

① 변전소에 분로 리액터(Shunt Reactor)를 설치한다.
② 발전소에서 동기 발전기를 부족여자 운전한다.
③ 동기 조상기는 지상(부족여자) 운전한다.
④ 송전 선로는 지중 송전 방식보다 가공 송전 방식을 한다.

리액터의 종류
- 한류 리액터: 단락 전류 제한
- 분로 리액터: 페란티 현상 방지
- 소호 리액터: 지락 사고 시 아크 전류 감소
- 직렬 리액터: 제5고조파 제거

기출예제

초고압 장거리 송전 선로에 접속되는 1차 변전소에 병렬 리액터를 설치하는 목적은?

① 페란티 효과 방지 ② 코로나 손실 경감
③ 전압 강하 경감 ④ 선로 손실 경감

| 해설 |
심야의 경부하 시 장거리 선로에 대지 정전 용량에 의한 충전 전류(진상 전류) 영향으로 페란티 현상이 발생하므로, 변전소에서 분로(병렬) 리액터를 투입하여 지상 무효 전력을 공급한다.

답 ①

THEME 04   송전 용량

1 송전 용량의 정의

송전 선로가 건설되고 나면 그 송전 선로에 송전할 수 있는 공급 가능 전력이다.

2 적정한 송전 용량 결정 조건

(1) 송·수전 전압의 상차각이 적당해야 한다.
(2) 조상설비 용량이 적당해야 한다.
(3) 송전 효율이 적당해야 한다.

3 송전 용량 계산법

(1) 고유 부하법

$$P = \frac{V_r^2}{Z} = \frac{V_r^2}{\sqrt{\frac{L}{C}}} \, [\text{MW}]$$

(2) 송전 용량 계수법

$$P = k\frac{V_r^2}{l} \, [\text{kW}]$$

(단, k: 송전 용량 계수, l: 송전 거리[km], V_r: 수전단 선간 전압[kV])

(3) Alfred-Still 관계식

$$V = 5.5\sqrt{0.6l + \frac{P}{100}} \, [\text{kV}]$$

단, l: 송전 거리[km], P: 송전 용량[kW]
(A-Still식은 경제적인 송전 전압 결정식으로도 사용)

Tip 강의 꿀팁

송전 용량 부분에서 반드시 암기해야 할 공식은 송전 용량 계수법과 A-Still식이에요.

Tip 강의 꿀팁

Still식은 단위에 주의하여 학습하세요.

독학이 쉬워지는 기초개념

계통 연계

(A계통 — B계통 — C계통)

기출예제

154[kV] 송전 선로에서 송전 거리가 154[km]라 할 때 송전 용량 계수법에 의한 송전 용량은 몇 [kW]인가?(단, 송전 용량 계수는 1,200으로 한다.)

① 61,600 ② 92,400 ③ 123,200 ④ 184,800

| 해설 |

$$P = k\frac{V^2}{l} = 1,200 \times \frac{154^2}{154} = 184,800[\text{kW}]$$

답 ④

THEME 05 계통 연계

1 전력 계통 연계의 의미

각각 별도로 운전되고 있는 전력 계통을 송전선으로 연결하여 하나의 대규모 계통으로 운전하는 것이다.

2 전력 계통 연계 시 장점

(1) 계통의 전체 설비 용량이 절감된다.
(2) 경제적인 계통 운용이 가능하다.
(3) 계통의 공급 신뢰도가 좋아진다.
(4) 계통 운전이 안정되고, 주파수를 유지하기 쉽다.

3 전력 계통 연계 시 단점

(1) 어느 한 계통의 사고가 다른 계통으로 확대될 가능성이 크다.
(2) 계통의 리액턴스 감소로 단락 전류가 증가한다.
(3) 계통의 설비 투자비가 증가한다.
(4) 전력선 주변에 있는 통신선에 대한 유도 장해가 증가한다.

기출예제

각 전력 계통을 연계할 경우의 장점으로 틀린 것은?

① 각 전력 계통의 신뢰도가 증가한다.
② 경제 급전이 용이하다.
③ 단락 용량이 작아진다.
④ 주파수의 변화가 작아진다.

| 해설 |
전력 계통 연계 시 장점
• 충분한 전력 공급으로 주파수 변동 감소
• 각 발전소 용량의 축소로 경제적인 급전 가능
• 전체 전력 계통의 공급 신뢰도 증가

답 ③

4 전력 계통의 전압 및 주파수 제어

계통 상태	영향	조치 사항
부하의 소비 전력 증가	계통 주파수 저하	발전소 출력 증가
부하의 소비 전력 감소	계통 주파수 상승	발전소 출력 감소

THEME 06 직류 송전

1 직류 송전의 정의

발전소에서 발전된 교류(AC) 전력을 바로 송전하지 않고 정류기를 활용해 직류(DC) 전력으로 변환시켜 송전한 후, 이를 다시 교류(AC)로 역변환하여 부하에 공급하는 송전 방식이다.

▲ 직류 송전의 구성도

2 직류 송전의 장점

(1) 전력 손실이 적다.
(2) 주파수가 서로 다른 계통 간 연계(비동기 연계)가 가능하다.
(3) 코로나 손실이 적고, 충전 전류의 영향이 없다.
(4) 선로의 리액턴스가 없으므로 계통 안정도가 높다.
(5) 전선의 표피 효과나 근접 효과 영향이 없으므로 저항 증대가 없다.
(6) 전력 기기의 절연을 교류 방식보다 낮게 할 수 있다.(교류 최댓값의 $\frac{1}{\sqrt{2}}$ 정도)

3 직류 송전의 단점

(1) 전압의 승압과 강압이 곤란하다.
(2) 변환 장치(컨버터, 인버터) 설치에 많은 비용이 든다.
(3) 교류에서와 같이 전류의 영점이 없으므로 고장 전류 차단이 어렵다.
(4) 변환 장치에서 발생하는 다량의 고조파를 제거하는 장치가 필요하다.
(5) 회전 자계를 얻지 못한다.

독학이 쉬워지는 기초개념

컨버터와 인버터

컨버터	교류를 직류로 변환
인버터	직류를 교류로 변환

독학이 쉬워지는 기초개념

기출예제

중요도 직류 송전 방식에 관한 설명 중 잘못된 것은?
① 교류보다 실효값이 적어 절연 계급을 낮출 수 있다.
② 교류 방식보다는 안정도가 떨어진다.
③ 직류 계통과 연계 시 교류 계통의 차단 용량이 작아진다.
④ 교류 방식처럼 송전 손실이 없어 송전 효율이 좋아진다.

| 해설 |
직류 송전 방식의 장점
- 기기의 절연을 낮게 할 수 있다.
- 표피 효과와 유전체 손실이 없어 전력 손실이 적고 송전 효율이 좋다.
- 주파수가 0이므로 리액턴스 영향이 없어 안정도가 우수하다.
- 직류로 계통 연계 시 교류 계통의 차단 용량이 작아진다.
- 주파수가 다른 교류 계통 간을 연계할 수 있다.

답 ②

CHAPTER 04 CBT 적중문제

01
중거리 송전 선로의 특성은 무슨 회로로 다루어야 하는가?

① RL 집중 정수 회로
② RLC 집중 정수 회로
③ 분포 정수 회로
④ 특성 임피던스 회로

해설
중거리 송전 선로는 RLC 집중 정수 회로의 T 형과 π 형 회로로 해석한다.

02
송전단 전압이 $66[\text{kV}]$, 수전단 전압이 $60[\text{kV}]$인 송전 선로에서 수전단의 부하를 끊을 경우에 수전단 전압이 $63[\text{kV}]$가 되었다면 전압 변동률은 몇 $[\%]$가 되는가?

① 4.5
② 4.8
③ 5.0
④ 10.0

해설 전압 변동률
$$\delta = \frac{V_{ro} - V_r}{V_r} \times 100 = \frac{63-60}{60} \times 100 = 5[\%]$$

03
3상 3선식에서 일정한 거리에 일정한 전력을 송전할 경우 선로에서의 저항손은?

① 선간 전압에 비례한다.
② 선간 전압에 반비례한다.
③ 선간 전압의 2승에 비례한다.
④ 선간 전압의 2승에 반비례한다.

해설 전력 손실
$$P_l = 3I^2R = 3\left(\frac{P}{\sqrt{3}\,V\cos\theta}\right)^2 R = \frac{P^2 R}{V^2 \cos^2\theta}[\text{W}]$$ 으로

$P_l \propto \dfrac{1}{V^2}$ 의 관계이다.

04
3상 3선식 배전 선로에 역률 0.8, 출력 $120[\text{kW}]$인 3상 평형 유도 부하가 접속되어 있다. 부하단의 수전 전압이 $3,000[\text{V}]$이고 배전선 1선의 저항이 $6[\Omega]$, 리액턴스가 $4[\Omega]$이라면 송전단 전압은 몇 $[\text{V}]$인가?

① 3,120
② 3,240
③ 3,360
④ 3,480

해설 3상 3선식에서의 전압 강하
$$e = V_s - V_r = \sqrt{3}\,I(R\cos\theta + X\sin\theta)[\text{V}]$$
$$V_s = V_r + \sqrt{3}\,I(R\cos\theta + X\sin\theta)$$
$$= V_r + \sqrt{3} \times \frac{P}{\sqrt{3}\,V_r\cos\theta}(R\cos\theta + X\sin\theta)$$
$$= V_r + \frac{P}{V_r}\left(R + X \times \frac{\sin\theta}{\cos\theta}\right)$$
$$= 3,000 + \frac{120 \times 10^3}{3,000}\left(6 + 4 \times \frac{0.6}{0.8}\right)$$
$$= 3,360[\text{V}]$$

| 정답 | 01 ② 02 ③ 03 ④ 04 ③

05

송전단 전압이 $66[\text{kV}]$이고, 수전단 전압이 $62[\text{kV}]$로 송전 중이던 선로에서 부하가 급격히 감소하여 수전단 전압이 $63.5[\text{kV}]$가 되었다. 이때의 전압 강하율은 약 몇 $[\%]$인가?

① 2.28
② 3.94
③ 6.06
④ 6.45

해설 전압 강하율

$$\varepsilon = \frac{V_s - V_r}{V_r} \times 100 = \frac{66 - 63.5}{63.5} \times 100 = 3.94[\%]$$

06

수전단 전압 $66[\text{kV}]$, 전류 $100[\text{A}]$, 선로 저항 $10[\Omega]$, 선로 리액턴스 $15[\Omega]$인 3상 단거리 송전 선로의 전압 강하율은 몇 $[\%]$인가?(단, 수전단의 역률은 0.8이다.)

① 2.57
② 3.25
③ 3.74
④ 4.46

해설 전압 강하율

$$\varepsilon = \frac{V_s - V_r}{V_r} \times 100[\%] = \frac{e}{V_r} \times 100[\%]$$
$$= \frac{\sqrt{3} I (R\cos\theta + X\sin\theta)}{V_r} \times 100[\%]$$
$$= \frac{\sqrt{3} \times 100 \times (10 \times 0.8 + 15 \times 0.6)}{66 \times 10^3} \times 100 = 4.46[\%]$$

07

3상 3선식 가공 송전 선로가 있다. 전선 한 가닥의 저항은 $15[\Omega]$, 리액턴스는 $20[\Omega]$이고 수전단의 선간 전압은 $30[\text{kV}]$, 부하 역률은 0.8(늦음)이다. 전압 강하율을 $5[\%]$로 하면 이 송전 선로로 몇 $[\text{kW}]$까지 수전할 수 있는가?

① 1,000
② 1,500
③ 2,000
④ 2,500

해설

전압 강하율 $5[\%]$에서 송전단 전압을 구하면

$$\varepsilon = \frac{V_s - 30,000}{30,000} \times 100 = 5$$

$$\therefore V_s = \frac{5}{100} \times 30,000 + 30,000 = 31,500[\text{V}]$$

전압 강하에서 수전 전력을 구하면

$$e = V_s - V_r = \sqrt{3} I (R\cos\theta + X\sin\theta)$$
$$= \frac{P_r}{V_r}(R + X\tan\theta) = 31,500 - 30,000 = 1,500[\text{V}]$$

$$\therefore P_r = \frac{1,500 \times V_r}{R + X\tan\theta}[\text{W}]$$
$$= \frac{1,500 \times 30 \times 10^3}{15 + 20 \times \frac{0.6}{0.8}} = 1,500 \times 10^3[\text{W}] = 1,500[\text{kW}]$$

08

송전 선로에서 송전 전력, 거리, 전력 손실률과 전선의 밀도가 일정하다고 할 때, 전선 단면적 $A[\text{mm}^2]$는 전압 $V[\text{V}]$와 어떤 관계에 있는가?

① V에 비례한다.
② V^2에 비례한다.
③ $\frac{1}{V}$에 비례한다.
④ $\frac{1}{V^2}$에 비례한다.

해설

$$P_\ell = 3I^2 R = 3\left(\frac{P}{\sqrt{3} V\cos\theta}\right)^2 R = \frac{P^2 R}{V^2 \cos^2\theta}[\text{W}] \text{에서}$$

전력 손실률 $K = \frac{P_\ell}{P} = \frac{PR}{V^2 \cos^2\theta}$이 일정하므로

$$K = \frac{P}{V^2 \cos^2\theta} \times \rho \frac{\ell}{A}$$

$$\therefore A \propto \frac{1}{V^2}$$

09
다음 송전선의 전압 변동률 식에서 V_{R1}은 무엇을 의미하는가?

$$\delta = \frac{V_{R1} - V_{R2}}{V_{R2}} \times 100\,\%$$

① 부하 시 송전단 전압
② 무부하 시 송전단 전압
③ 전부하 시 수전단 전압
④ 무부하 시 수전단 전압

해설 전압 변동률

$\delta = \dfrac{V_{ro} - V}{V} \times 100[\%] = \dfrac{V_{R1} - V_{R2}}{V_{R2}} \times 100[\%]$

- $V_{ro} = V_{R1}$: 무부하 시 수전단 전압
- $V = V_{R2}$: 전부하 시 수전단 전압

10
3상 송전 계통에서 수전단 전압이 $60,000[\text{V}]$, 전류가 $200[\text{A}]$, 선로의 저항이 $9[\Omega]$, 리액턴스가 $13[\Omega]$일 때, 송전단 전압과 전압 강하율은 약 얼마인가?(단, 수전단 역률은 0.6이라고 한다.)

① 송전단 전압: 65,473[V], 전압 강하율: 9.1[%]
② 송전단 전압: 65,473[V], 전압 강하율: 8.1[%]
③ 송전단 전압: 82,453[V], 전압 강하율: 9.1[%]
④ 송전단 전압: 82,453[V], 전압 강하율: 8.1[%]

해설
3상 전압 강하 식 $e = V_s - V_r = \sqrt{3}\,I(R\cos\theta + X\sin\theta)[\text{V}]$에서
송전단 전압을 구하면
$V_s = V_r + \sqrt{3}\,I(R\cos\theta + X\sin\theta)$
$\quad = 60,000 + \sqrt{3} \times 200 \times (9 \times 0.6 + 13 \times 0.8)$
$\quad = 65,473[\text{V}]$
전압 강하율을 구하면
$\varepsilon = \dfrac{V_s - V_r}{V_r} \times 100$
$\quad = \dfrac{65,473 - 60,000}{60,000} \times 100 = 9.1[\%]$

11
송전 거리, 전력, 손실률 및 역률이 일정하다면 전선의 굵기는?

① 전류에 비례한다.
② 전류에 반비례한다.
③ 전압의 제곱에 비례한다.
④ 전압의 제곱에 반비례한다.

해설 전압과 각 전기 요소의 관계
- 공급 전력: $P \propto V^2$ (공급 전력은 전압의 제곱에 비례한다.)
- 전압 강하: $e \propto \dfrac{1}{V}$ (전압 강하는 전압에 반비례한다.)
- 전압 강하율: $\varepsilon \propto \dfrac{1}{V^2}$ (전압 강하율은 전압의 제곱에 반비례한다.)
- 전력 손실: $P_l \propto \dfrac{1}{V^2}$ (전력 손실은 전압의 제곱에 반비례한다.)
- 전선 굵기: $A \propto \dfrac{1}{V^2}$ (전선의 굵기는 전압의 제곱에 반비례한다.)

12
중거리 송전 선로의 T형 회로에서 송전단 전류 I_s는?(단, Z, Y는 선로의 직렬 임피던스와 병렬 어드미턴스이고, E_r은 수전단 전압, I_r은 수전단 전류이다.)

① $I_r\left(1 + \dfrac{ZY}{2}\right) + E_r Y$
② $E_r\left(1 + \dfrac{ZY}{2}\right) + ZI_r\left(1 + \dfrac{ZY}{4}\right)$
③ $E_r\left(1 + \dfrac{ZY}{2}\right) + ZI_r$
④ $I_r\left(1 + \dfrac{ZY}{2}\right) + E_r Y\left(1 + \dfrac{ZY}{4}\right)$

해설 중거리 T형 회로의 송전단 전압·전류식
- $E_s = \left(1 + \dfrac{ZY}{2}\right)E_r + Z\left(1 + \dfrac{ZY}{4}\right)I_r$
- $I_s = I_r\left(1 + \dfrac{ZY}{2}\right) + E_r Y$

13
선로 임피던스 Z, 송수전단 양쪽에 어드미턴스 Y인 π형 회로의 4단자 정수에서 B의 값은?

① Y
② Z
③ $1 + \dfrac{ZY}{2}$
④ $Y(1 + \dfrac{ZY}{4})$

해설 중거리 π형 회로의 송전단 전압·전류식
$E_s = \left(1 + \dfrac{ZY}{2}\right)E_r + ZI_r$
$I_s = Y\left(1 + \dfrac{ZY}{4}\right)E_r + \left(1 + \dfrac{ZY}{2}\right)I_r$ 에서
B 정수에 해당하는 값은 $B = Z$이다.

14
중거리 송전 선로에서 T형 회로일 경우 4단자 정수 A는?

① $1 + \dfrac{ZY}{2}$
② $1 - \dfrac{ZY}{4}$
③ Z
④ Y

해설 중거리 T형 회로의 송전단 전압·전류식
- $E_s = \left(1 + \dfrac{ZY}{2}\right)E_r + Z\left(1 + \dfrac{ZY}{4}\right)I_r = AE_r + BI_r$
- $I_s = YE_r + \left(1 + \dfrac{ZY}{2}\right)I_r = CE_r + DI_r$

∴ 위 식에서 $A = 1 + \dfrac{ZY}{2}$

15
중거리 송전 선로 π형 회로에서 송전단 전류 I_s는?(단, Z, Y는 선로의 직렬 임피던스와 병렬 어드미턴스이고, E_r, I_r은 수전단 전압과 전류이다.)

① $\left(1 + \dfrac{ZY}{2}\right)E_r + ZI_r$
② $\left(1 + \dfrac{ZY}{2}\right)E_r + Z\left(1 + \dfrac{ZY}{4}\right)I_r$
③ $\left(1 + \dfrac{ZY}{2}\right)I_r + YE_r$
④ $\left(1 + \dfrac{ZY}{2}\right)I_r + Y\left(1 + \dfrac{ZY}{4}\right)E_r$

해설 중거리 π형 회로의 송전단 전압·전류식
- $E_s = \left(1 + \dfrac{ZY}{2}\right)E_r + ZI_r$
- $I_s = \left(1 + \dfrac{ZY}{2}\right)I_r + Y\left(1 + \dfrac{ZY}{4}\right)E_r$

16
그림과 같이 정수가 서로 같은 평행 2회선 송전 선로의 4단자 정수 중 B에 해당되는 것은?

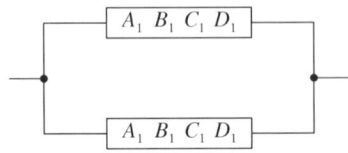

① $4B_1$
② $2B_1$
③ $\dfrac{1}{2}B_1$
④ $\dfrac{1}{4}B_1$

해설
송전 선로의 4단자 정수 중 B(임피던스) 정수는 선로가 병렬 2회선이 되면 그 값이 $\dfrac{1}{2}$로 줄어든다.

별해
4단자 정수가 동일한 병렬 회로이므로 전압은 서로 같고, 전류는 $\dfrac{1}{2}$이다.
$\begin{pmatrix} E_s \\ \dfrac{1}{2}I_s \end{pmatrix} = \begin{bmatrix} A_1 & B_1 \\ C_1 & D_1 \end{bmatrix} \begin{pmatrix} E_r \\ \dfrac{1}{2}I_r \end{pmatrix}$

∴ $\begin{pmatrix} E_s \\ I_s \end{pmatrix} = \begin{bmatrix} A_1 & \dfrac{1}{2}B_1 \\ 2C_1 & D_1 \end{bmatrix} \begin{pmatrix} E_r \\ I_r \end{pmatrix}$

| 정답 | 13 ② 14 ① 15 ④ 16 ③

17
그림과 같은 회로의 합성 4단자 정수에서 B_0의 값은?(단, Z_{tr}은 수전단에 접속된 변압기의 임피던스이다.)

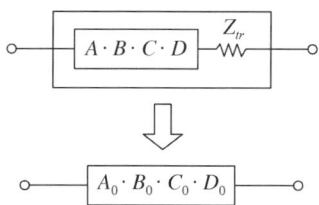

① $B + Z_{tr}$
② $A + B \cdot Z_{tr}$
③ $B + A \cdot Z_{tr}$
④ $C + D \cdot Z_{tr}$

해설

$$\begin{bmatrix} A_0 & B_0 \\ C_0 & D_0 \end{bmatrix} = \begin{bmatrix} A & B \\ C & D \end{bmatrix} \begin{bmatrix} 1 & Z_{tr} \\ 0 & 1 \end{bmatrix} = \begin{bmatrix} A & B+AZ_{tr} \\ C & D+CZ_{tr} \end{bmatrix}$$

18
그림과 같은 회로의 일반 회로 정수가 아닌 것은?

① $B = Z + 1$
② $A = 1$
③ $C = 0$
④ $D = 1$

해설

$$\begin{bmatrix} A & B \\ C & D \end{bmatrix} = \begin{bmatrix} 1 & Z \\ 0 & 1 \end{bmatrix}$$

19
4단자 정수 $A = D = 0.8$, $B = j1.0$인 3상 송전 선로에 송전단 전압 $160[\text{kV}]$를 인가할 때 무부하 시 수전단 전압은 몇 $[\text{kV}]$인가?

① 154
② 164
③ 180
④ 200

해설

$E_s = AE_r + BI_r$ 에서 무부하에서는
$I_r = 0$(수전단 개방)이므로
$E_s = AE_r \Rightarrow E_r = \dfrac{E_s}{A} = \dfrac{160}{0.8} = 200[\text{kV}]$

20
송전 선로의 수전단을 단락한 경우 송전단에서 본 임피던스가 $300[\Omega]$이고 수전단을 개방한 경우에는 $900[\Omega]$일 때 이 선로의 특성 임피던스 $Z_0[\Omega]$는 약 얼마인가?

① 490
② 500
③ 510
④ 520

해설

$Z_0 = \sqrt{\dfrac{Z_s}{Y_f}} = \sqrt{Z_s Z_f} = \sqrt{300 \times 900} = 520[\Omega]$

암기
- 수전단 단락: 두 선간이 폐회로이므로 직렬 임피던스
- 수전단 개방: 두 선간의 병렬 임피던스

21
장거리 송전선에서 단위 길이당 임피던스 $Z = R + j\omega L$ [Ω/km], 어드미턴스 $Y = G + j\omega C$ [℧/km]라 할 때 저항과 누설 컨덕턴스를 무시하는 경우 특성 임피던스 값은?

① $\sqrt{\dfrac{L}{C}}$
② $\sqrt{\dfrac{C}{L}}$
③ $\dfrac{L}{C}$
④ $\dfrac{C}{L}$

해설 특성 임피던스

$Z_0 = \sqrt{\dfrac{Z}{Y}} = \sqrt{\dfrac{R+j\omega L}{G+j\omega C}} = \sqrt{\dfrac{L}{C}}$ [Ω]

22
어떤 가공선의 인덕턴스가 $1.6[\text{mH/km}]$이고 정전 용량이 $0.008[\mu\text{F/km}]$일 때 특성 임피던스는 약 몇 [Ω]인가?

① 128
② 224
③ 345
④ 447

해설

$Z_0 = \sqrt{\dfrac{Z}{Y}} = \sqrt{\dfrac{R+j\omega L}{G+j\omega C}} = \sqrt{\dfrac{L}{C}} = \sqrt{\dfrac{1.6 \times 10^{-3}}{0.008 \times 10^{-6}}}$
$= 447[\Omega]$

23
선로의 특성 임피던스에 대한 설명으로 알맞은 것은?

① 선로의 길이에 비례한다.
② 선로의 길이에 반비례한다.
③ 선로의 길이에 관계없이 일정하다.
④ 선로의 길이보다 부하에 따라 변화한다.

해설

선로의 특성 임피던스 $Z_0 = \sqrt{\dfrac{Z}{Y}} = \sqrt{\dfrac{R+j\omega L}{G+j\omega C}} \fallingdotseq \sqrt{\dfrac{L}{C}}$ [Ω]으로 선로 길이에 무관하다.

24
장거리 송전 선로의 수전단을 개방할 경우 송전단 전류 I_s를 나타내는 식은?(단, 송전단 전압을 V_s, 선로의 임피던스를 Z, 선로의 어드미턴스를 Y라 한다.)

① $I_s = \sqrt{\dfrac{Y}{Z}} \tanh \sqrt{ZY}\, V_s$
② $I_s = \sqrt{\dfrac{Z}{Y}} \tanh \sqrt{ZY}\, V_s$
③ $I_s = \sqrt{\dfrac{Y}{Z}} \coth \sqrt{ZY}\, V_s$
④ $I_s = \sqrt{\dfrac{Z}{Y}} \coth \sqrt{ZY}\, V_s$

해설

- $V_s = \cosh\gamma l\, V_r + Z_0 \sinh\gamma l\, I_r$
- $I_s = \dfrac{1}{Z_0} \sinh\gamma l\, V_r + \cosh\gamma l\, I_r$

장거리 선로의 송전단 전압, 전류식에서 무부하(개방) 시에는 $I_r = 0$이므로

- $V_s = \cosh\gamma l\, V_r$
- $I_s = \dfrac{1}{Z_0} \sinh\gamma l\, V_r$

위의 두 식을 I_s에 대해 정리하면

$I_s = \dfrac{1}{Z_0} \sinh\gamma l\, V_r = \dfrac{1}{Z_0} \sinh\gamma l \times \dfrac{V_s}{\cosh\gamma l} = \dfrac{1}{Z_0} \tanh\gamma l\, V_s$

따라서 위 식에 특성 임피던스 $Z_0 = \sqrt{\dfrac{Z}{Y}}$ 와 전파 정수 $\gamma l = \sqrt{ZY}$ 를 대입하여 정리하면

$\therefore I_s = \dfrac{1}{\sqrt{\dfrac{Z}{Y}}} \tanh \sqrt{ZY}\, V_s = \sqrt{\dfrac{Y}{Z}} \tanh \sqrt{ZY}\, V_s$

| 정답 | 21 ① 22 ④ 23 ③ 24 ①

25

수전단의 전력원 방정식이 $P_r^2 + (Q_r + 400)^2 = 250,000$으로 표현되는 전력 계통에서 가능한 최대로 공급할 수 있는 부하 전력(P_r)과 이때 전압을 일정하게 유지하는 데 필요한 무효 전력(Q_r)은 각각 얼마인가?

① $P_r = 500$, $Q_r = -400$
② $P_r = 400$, $Q_r = 500$
③ $P_r = 300$, $Q_r = 100$
④ $P_r = 200$, $Q_r = -300$

해설

유효 전력을 최대로 공급하기 위해서는 무효 전력이 0[Var]이어야 하므로
$Q_r = -400\,[\text{Var}]$이고, 이때 최대 유효 전력은
$P_r^2 = 250,000 \rightarrow P_r = \sqrt{250,000} = 500\,[\text{W}]$

26

그림과 같은 수전단 전력 원선도가 있다. 부하 직선을 참고하여 전압 조정을 위한 조상설비가 없어도 정전압 운전이 가능한 부하 전력은 대략 어느 정도일 때인가?

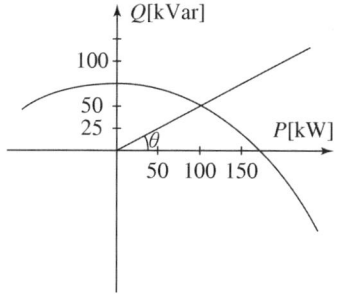

① 무부하일 때
② 50[kW]일 때
③ 100[kW]일 때
④ 150[kW]일 때

해설

주어진 원선도에서 100[kW] 부하에서 역률 직선과 원선도가 일치하는 위치이다. 이 지점에서는 조상설비가 필요없다.

27

전력 원선도의 가로축(㉠)과 세로축(㉡)이 나타내는 것은?

① ㉠ 최대 전력, ㉡ 피상 전력
② ㉠ 유효 전력, ㉡ 무효 전력
③ ㉠ 조상 용량, ㉡ 송전 손실
④ ㉠ 송전 효율, ㉡ 코로나 손실

해설

전력 원선도에서
㉠ 가로축: 유효 전력(P)
㉡ 세로축: 무효 전력(Q)

28

조상설비가 아닌 것은?

① 단권 변압기
② 분로 리액터
③ 동기 조상기
④ 전력용 콘덴서

해설 조상설비의 종류
- 전력용 콘덴서: 진상 무효 전력 공급
- 분로 리액터: 지상 무효 전력 공급
- 동기 조상기: 진상 및 지상 무효 전력 공급

29

전력용 콘덴서와 비교할 때 동기 조상기의 특징에 해당되는 것은?

① 전력 손실이 적다.
② 진상 전류 이외에 지상 전류도 취할 수 있다.
③ 단락 고장이 발생하여도 고장 전류를 공급하지 않는다.
④ 필요에 따라 용량을 계단적으로 변경할 수 있다.

해설 동기 조상기의 특징
- 진상과 지상 무효 전력을 모두 공급할 수 있다.
- 무효 전력 조정 방법이 연속적이다.
- 선로의 시충전이 가능하다.
- 전력용 콘덴서나 분로 리액터에 비해 전력 손실이 크다.
- 가격이 비싸고, 소음이 크며 유지 보수가 어렵다.

30
조상설비가 있는 1차 변전소에서 주변압기로 주로 사용되는 변압기는?

① 승압용 변압기　② 단권 변압기
③ 단상 변압기　④ 3권선 변압기

해설
조상설비가 있는 변전소에서는 Y－Y－△ 결선 형태의 3권선 변압기를 사용한다. 3차 측(△ 결선 측)에 조상설비를 설치해 제3고조파를 제거, 소내용 전원을 공급한다.

31
전력 계통에서 무효 전력을 조정하는 조상설비 중 전력용 콘덴서를 동기 조상기와 비교할 때 옳은 것은?

① 전력 손실이 크다.
② 지상 무효 전력분을 공급할 수 있다.
③ 전압 조정을 계단적으로 밖에 못한다.
④ 송전 선로를 시송전할 때 선로를 충전할 수 있다.

해설 전력용 콘덴서
- 계통의 전압 저하 시 진상 무효 전력을 공급하여 전압을 올리는 역할을 한다.
- 가격이 싸고, 구조가 간단하다.
- 전력 손실이 적다.
- 계단식 조정밖에 안 된다.
- 시충전(시송전)을 할 수 없다.

32
동기 조상기(A)와 전력용 콘덴서(B)를 비교한 것으로 옳은 것은?

① 시충전: (A) 불가능, (B) 가능
② 전력 손실: (A) 작다, (B) 크다
③ 무효 전력 조정: (A) 계단적, (B) 연속적
④ 무효 전력: (A) 진상·지상용, (B) 진상용

해설

구분	동기 조상기(A)	전력용 콘덴서(B)
시충전	가능	불가능
전력 손실	크다	작다
전력 조정	연속적	계단적
무효 전력	진상·지상용	진상용

33
송전 선로에 충전 전류가 흐르면 수전단 전압이 송전단 전압보다 높아지는 현상과 이 현상의 발생 원인으로 가장 옳은 것은?

① 페란티 효과, 선로의 인덕턴스 때문
② 페란티 효과, 선로의 정전 용량 때문
③ 근접 효과, 선로의 인덕턴스 때문
④ 근접 효과, 선로의 정전 용량 때문

해설
- 페란티 현상: 무부하 선로에서 대지 정전 용량에 흐르는 충전 전류(진상 전류)의 영향으로 수전단 전압이 송전단 전압보다 높아지는 현상
- 대책: 분로 리액터 설치로 지상 무효 전력 공급

34
다음 중 페란티 현상의 방지 대책으로 적합하지 않은 것은?

① 선로 전류를 지상이 되도록 한다.
② 수전단에 분로 리액터를 설치한다.
③ 동기 조상기를 부족 여자로 운전한다.
④ 부하를 차단하여 무부하가 되도록 한다.

해설 페란티 현상
- 정의: 무부하 시에 수전단 전압이 송전단 전압보다 높아지는 현상
- 발생 원인: 송전 선로의 대지 정전 용량에 의한 진상(충전) 전류
- 방지 대책
  - 분로 리액터(Sh.R)를 투입한다.
  - 동기 조상기의 부족 여자(저여자) 운전을 실시한다.
  - 선로 전류를 지상이 되도록 한다.

35
전력 계통을 연계시켜서 얻는 이득이 아닌 것은?

① 배후 전력이 커져서 단락 용량이 작아진다.
② 부하 증가 시 종합 첨두 부하가 저감된다.
③ 공급 예비력이 절감된다.
④ 공급 신뢰도가 향상된다.

해설 전력 계통을 연계하였을 경우의 특징
- 전체적인 전력 계통의 규모가 커져 공급 신뢰도가 향상된다.
- 공급 예비력이 절감되고 부하 증가 시 종합 첨두 부하가 줄어든다.
- 계통이 병렬식으로 연결되므로 합성 임피던스가 작아져 단락 용량은 증가한다.

36
직류 송전 방식이 교류 송전 방식에 비하여 유리한 점이 아닌 것은?

① 선로의 절연이 용이하다.
② 통신선에 대한 유도 잡음이 적다.
③ 표피 효과에 의한 송전 손실이 적다.
④ 정류가 필요 없고 승압 및 강압이 쉽다.

해설
직류 송전 방식
- 장점
  - 교류 송전에 비해 절연이 쉽다.
  - 전력선 주변의 통신선에 대한 유도 장해가 적다.
  - 전선의 표피 효과가 없어 전력 손실이 적다.

직류 송전 방식
- 단점
  - 승압 및 강압이 어렵다.
  - 교류 송전에 비해 고장 전류 차단이 어렵다.

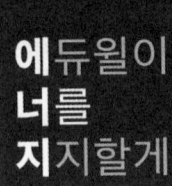

ENERGY

사람이 먼 곳을 향하는 생각이 없다면
큰 일을 이루기 어렵다.

– 안중근

안정도 및 고장 계산

1. 안정도
2. 3상 단락 고장 계산(평형 고장)
3. 대칭 좌표법(불평형 고장 계산 방법)

학습 전략

계통의 안정도의 종류 및 안정도 향상 대책에 대해 정확하게 알아 두어야 합니다. 특히, 안정도 향상 대책 방법은 최소 10가지를 학습하고, 계통의 고장 계산에 대한 해석 방법 및 고장 계산에 필요한 연산 능력 향상에 집중해야 합니다. 고장 계산에 대한 계통의 해석 방법은 2차 실기 시험에서도 필요한 부분이므로 완벽한 학습이 필요합니다.

CHAPTER 05 | 흐름 미리보기

1. 안정도
- 안정도의 정의
- 안정도의 종류
- 전력 계통의 안정도 산출식
- 안정도 향상 대책

2. 3상 단락 고장 계산(평형 고장)
- 3상 단락의 고장 계산 방법

3. 대칭 좌표법(불평형 고장 계산 방법)
- 대칭 좌표법의 정의
- 3상의 대칭분 표현식 및 대칭 성분
- 대칭 좌표법에 의한 고장 계산 흐름도
- 대칭분 전류의 의미와 역할

NEXT **CHAPTER 06**

CHAPTER 05 안정도 및 고장 계산

THEME 01 안정도

1 안정도의 정의
전력 계통의 어떠한 운전 조건하에서도 아무 이상 없이 부하에 전력을 계속 공급하여 계통 운전에 아무 지장이 없는 정도를 말한다.

2 안정도의 종류

(1) 정태 안정도: 계통이 정상 운전 상태에서 완만한 부하 변화 시의 안정도
(2) 과도 안정도: 계통에서 사고가 발생하거나 급격한 부하 변화가 발생했을 때의 안정도
(3) 동태 안정도: 발전기에 자동 전압 조정 장치(AVR)와 전기식 고성능 조속기를 부착하여 발전기 성능을 향상시킨 안정도

> **강의 꿀팁**
> 정태 안정 상태에서의 극한 전력을 정태 안정 극한 전력, 과도 안정 상태에서의 극한 전력을 과도 안정 극한 전력이라고 해요.

3 전력 계통의 안정도 산출식

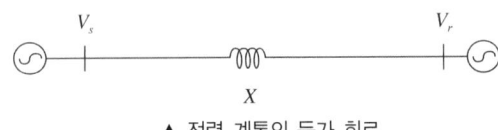

▲ 전력 계통의 등가 회로

$$P = \frac{V_s V_r}{X} \sin\delta \, [\text{MW}]$$

단, P: 계통의 공급 전력[MW], V_s: 송전단 전압[kV], V_r: 수전단 전압[kV], X: 송·수전단 간의 전달 리액턴스[Ω], δ: 송수전단 간의 위상차 각[°]

> **강의 꿀팁**
> $\delta = 90°$일때 계통의 공급 전력이 최대가 돼요.

4 안정도 향상 대책
계통의 안정도를 향상시키는 방법은 위 안정도 식에서 전압(V)을 크게 하거나 발전단과 부하 간의 위상차 각(δ)을 증가시키거나 계통의 전달 리액턴스(X)를 감소시키는 것이다.
(1) 전력 계통의 승압
(2) 속응 여자 방식의 채용
(3) 계통 연계

> **강의 꿀팁**
> 계통 전압을 1단계 승압할 때마다 송전 용량은 5배씩 증가해요.

(4) 발전기나 변압기의 리액턴스 감소
(5) 직렬 콘덴서 설치
(6) 선로에 복도체 방식 채용
(7) 고속 차단 및 재폐로 방식 채용
(8) 단락비가 큰 발전기 사용
(9) 계통의 접지 방식을 고저항 접지 및 소호 리액터 접지 방식으로 채용
(10) 중간 조상 방식의 채용
(11) 제동 저항기 설치
(12) 선로의 병렬 회선수 증가

기출예제

송전선에서 재폐로 방식을 사용하는 목적은?
① 역률 개선   ② 안정도 증진
③ 유도 장해의 경감   ④ 코로나 발생 방지

| 해설 |
재폐로 방식은 사고 발생 시 차단기를 즉시 개방시키고 사고 제거 후 다시 투입하는 동작을 자동적으로 행하는 방식이다. 정전 시간을 최소화하여 계통의 안정도를 증대시키는 효과가 있다.

답 ②

THEME 02 3상 단락 고장 계산(평형 고장)

1 3상 단락의 고장 계산 방법

(1) 옴(Ω)법: 계통의 전압이나 전류 등 모든 요소를 원래의 단위 그대로 적용하고 옴의 법칙을 이용하여 고장 계산하는 방법이다.

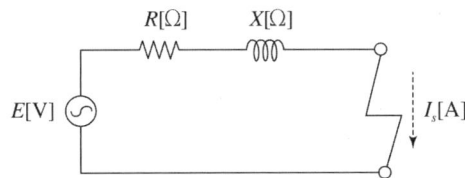

▲ 옴법에 의한 단락 고장 계산 개념도

① 단락 전류 $I_s = \dfrac{E}{Z} = \dfrac{E}{\sqrt{R^2+X^2}}$ [A]

② 3상 단락 용량 $P_s = \sqrt{3}\, V I_s$ [kVA]

  단, V: 단락점의 선간 전압[kV]
  Z: 단락 지점에서 전원 측을 본 계통 임피던스[Ω]

(2) %임피던스(%Z)법: 계통의 모든 요소를 %값으로 환산하여 고장 계산하는 방법이다.

독학이 쉬워지는 기초개념

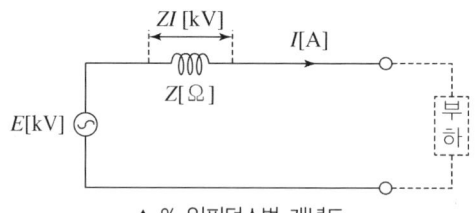

▲ % 임피던스법 개념도

① %임피던스 환산 공식: $\%Z = \dfrac{P_n Z}{10 V^2}[\%]$

② 단락 전류 $I_s = \dfrac{100}{\%Z} I_n = \dfrac{100}{\%Z} \times \dfrac{P_n}{\sqrt{3}\,V}[A]$

③ 3상 단락 용량 $P_s = \dfrac{100}{\%Z} P_n [\text{kVA}]$

단, P_n: 기준 용량[kVA], V: 선간 전압[kV], I_n: 정격 전류[A]

> **Tip 강의 꿀팁**
> %임피던스 환산 공식에서는 단위($P[\text{kVA}]$, $V[\text{kV}]$, $Z[\Omega]$)에 주의해야 해요.

기출예제

기준 선간 전압 $23[\text{kV}]$, 기준 3상 용량 $5,000[\text{kVA}]$, 1선의 유도 리액턴스가 $15[\Omega]$일 때 %리액턴스는?

① 28.36[%] ② 14.18[%]
③ 7.09[%]   ④ 3.55[%]

| 해설 |
$\%X = \dfrac{PX}{10 V^2} = \dfrac{5,000 \times 15}{10 \times 23^2} = 14.18[\%]$

답 ②

THEME 03 대칭 좌표법(불평형 고장 계산 방법)

1 대칭 좌표법의 정의

(1) 의미: 불평형 고장(1선 지락, 선간 단락 사고 등)을 대칭 성분으로 분해하여 쉽게 고장 계산하는 방법이다.

(2) 대칭분의 종류
① 영상분(V_0, I_0)
② 정상분(V_1, I_1)
③ 역상분(V_2, I_2)

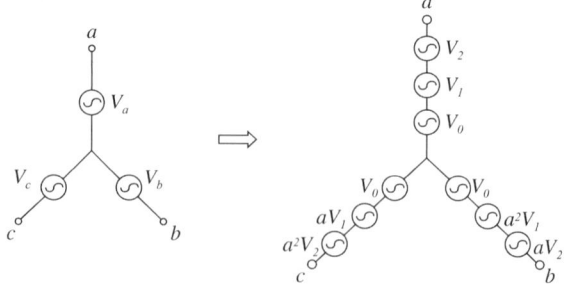

▲ 3상 교류 전원   ▲ 3상 전원의 대칭분 표현

2 3상의 대칭분 표현식 및 대칭 성분

(1) 3상 전원의 대칭분 표현

$$\begin{cases} V_a = V_0 + V_1 + V_2 [\text{V}] \\ V_b = V_0 + a^2 V_1 + a V_2 [\text{V}] \\ V_c = V_0 + a V_1 + a^2 V_2 [\text{V}] \end{cases}$$

(2) 대칭분 표현

$$\begin{cases} \text{영상 전압: } V_0 = \frac{1}{3}(V_a + V_b + V_c)[\text{V}] \\ \text{정상 전압: } V_1 = \frac{1}{3}(V_a + a V_b + a^2 V_c)[\text{V}] \\ \text{역상 전압: } V_2 = \frac{1}{3}(V_a + a^2 V_b + a V_c)[\text{V}] \end{cases}$$

> **독학이 쉬워지는 기초개념**
>
> **Tip 강의 꿀팁**
>
> 대칭분 표현에서 벡터 연산자
> $a = 1 \angle 120°$
> $= \cos 120° + j \sin 120°$
> $= -\frac{1}{2} + j\frac{\sqrt{3}}{2}$
> $a^2 = 1 \angle 240° = 1 \angle -120°$
> $= -\frac{1}{2} - j\frac{\sqrt{3}}{2}$
> $a^3 = 1$

기출예제

A, B 및 C상 전류를 각각 I_a, I_b, I_c라고 할 때 $I_x = \frac{1}{3}(I_a + a^2 I_b + a I_c)$, $a = -\frac{1}{2} + j\frac{\sqrt{3}}{2}$으로 표시되는 I_x는 어떤 전류를 의미하는가?

① 정상 전류
② 역상 전류
③ 영상 전류
④ 역상 전류와 영상 전류의 합계

| 해설 |
대칭분 전류
역상 전류 $I_2 = \frac{1}{3}(I_a + a^2 I_b + a I_c)[\text{A}]$

답 ②

3 대칭 좌표법에 의한 고장 계산 흐름도

(1) 사고 종류에서 기지값과 미지값을 구한다.
(2) 기지값에서 대칭분 전압(V_0, V_1, V_2) 및 대칭분 전류(I_0, I_1, I_2)를 분해한다.
(3) 대칭분 전압 및 전류를 발전기 기본식에 대입하여 실제의 불평형 전압, 전류값을 구한다.

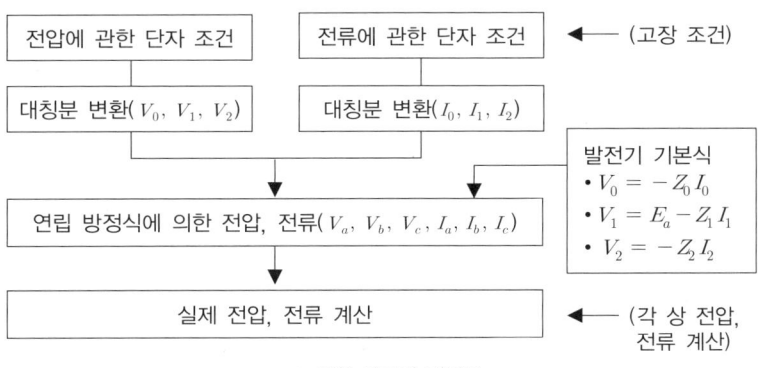

▲ 대칭 좌표법 개념도

독학이 쉬워지는 기초개념

(4) 발전기 기본식: 불평형 고장 계산에서 대칭 좌표법을 적용하는 데 필요한 동기 발전기의 영상 전압, 정상 전압, 역상 전압 성분을 말한다.

① 영상 전압: $V_0 = -Z_0 I_0 [\text{V}]$
② 정상 전압: $V_1 = E_a - Z_1 I_1 [\text{V}]$
③ 역상 전압: $V_2 = -Z_2 I_2 [\text{V}]$

기출예제

중요도 Y 결선된 발전기에서 3상 단락 사고가 발생한 경우 전류에 관한 식 중 옳은 것은?(단, Z_0, Z_1, Z_2는 영상, 정상, 역상 임피던스이다.)

① $I_a + I_b + I_c = I_0$
② $I_a = \dfrac{E_a}{Z_0}$
③ $I_b = \dfrac{a^2 E_a}{Z_1}$
④ $I_c = \dfrac{a E_a}{Z_2}$

| 해설 |

3상 단락 사고 시 $V_a = V_b = V_c = 0$
대칭분 전압은

- $V_0 = \dfrac{1}{3}(V_a + V_b + V_c) = 0$
- $V_1 = \dfrac{1}{3}(V_a + aV_b + a^2 V_c) = 0$
- $V_2 = \dfrac{1}{3}(V_a + a^2 V_b + a V_c) = 0$

따라서 발전기 기본식에 의해

- $V_0 = -Z_0 I_0 = 0 \Rightarrow I_0 = 0$
- $V_1 = E_a - Z_1 I_1 = 0 \Rightarrow I_1 = \dfrac{E_a}{Z_1}$
- $V_2 = -Z_2 I_2 = 0 \Rightarrow I_2 = 0$

따라서 각 상의 전류를 구하면

- $I_a = I_0 + I_1 + I_2 = \dfrac{E_a}{Z_1}$
- $I_b = I_0 + a^2 I_1 + a I_2 = \dfrac{a^2 E_a}{Z_1}$
- $I_c = I_0 + a I_1 + a^2 I_2 = \dfrac{a E_a}{Z_1}$

답 ③

4 대칭분 전류의 의미와 역할

(1) 정상 전류 I_1
  ① 평형 3상 교류로 전원과 동일한 상회전 방향으로 전동기에 이 전류가 흐르면 전동기에 정상 토크를 일으키는 전류이다.
  ② 평상시나 고장 시나 항상 존재하는 성분이다.

(2) 영상 전류 I_0
  ① 크기가 같고 위상차가 없는 단상 전류로 지락 사고 시 지락(접지) 계전기를 동작시킨다. 또한, 통신선에 전자 유도 장해를 일으키는 전류이다.
  ② 지락 사고(1선 지락, 2선 지락) 시 존재하는 성분이다.

(3) 역상 전류 I_2
  ① 평형 3상 교류로 전원과 반대의 상회전 방향으로 전동기에 역상 토크를 일으켜 전동기에 이 전류가 흐르면 전동기의 제동력을 일으키는 전류이다.
  ② 불평형 사고(1선 지락, 2선 지락, 선간 단락) 시 존재하는 성분이다.

(4) **사고 종류에 따른 대칭분의 종류**
  ① 1선 지락 사고: 영상분, 정상분, 역상분
  ② 선간 단락 사고: 정상분, 역상분
  ③ 3상 단락 사고: 정상분

독학이 쉬워지는 기초개념

Tip 강의 꿀팁

영상 전류는 접지선에 흐르고, 비접지의 경우에는 흐르지 않아요.

기출예제

송전 선로의 고장 전류 계산에 영상 임피던스가 필요한 경우는?

① 1선 지락 ② 3상 단락
③ 3선 단선 ④ 선간 단락

| 해설 |
- 1선 지락 사고: 영상, 정상, 역상 임피던스가 모두 필요
- 선간 단락 사고: 정상, 역상 임피던스가 필요
- 3상 단락 사고: 정상 임피던스가 필요

답 ①

CHAPTER 05 CBT 적중문제

01
전력 계통 안정도는 외란(Disturbance)의 종류에 따라 구분되는데, 송전 선로에서의 고장, 발전기 탈락과 같은 큰 외란에 대한 전력 계통의 동기 운전 가능 여부로 판정되는 안정도는?

① 동태 안정도(Dynamic stability)
② 정태 안정도(Steady-state stability)
③ 전압 안정도(Voltage stability)
④ 과도 안정도(Transient stability)

해설
- 정태 안정도: 계통이 정상 운전 상태에서 완만한 부하 변화에 대한 안정도
- 과도 안정도: 계통에서 사고가 발생한 상태에서 급격한 부하 변화에 대한 안정도
- 동태 안정도: 발전기에 자동 전압 조정 장치(AVR)와 전기식 고성능 조속기를 설치하였을 때의 안정도

02
무손실 송전 선로에서 송전할 수 있는 송전 용량은?(단, E_S: 송전단 전압, E_R: 수전단 전압, δ: 부하각, X: 송전 선로의 리액턴스, R: 송전 선로의 저항, Y: 송전 선로의 어드미턴스이다.)

① $\dfrac{E_S E_R}{X}\sin\delta$
② $\dfrac{E_S E_R}{R}\sin\delta$
③ $\dfrac{E_S E_R}{Y}\cos\delta$
④ $\dfrac{E_S E_R}{X}\cos\delta$

해설
송전 용량 계산식은 $P = \dfrac{E_S E_R}{X}\sin\delta\,[\text{MW}]$이다.

03
송전단 전압 $161[\text{kV}]$, 수전단 전압 $154[\text{kV}]$, 상차각 $45°$, 리액턴스 $14.14[\Omega]$일 때 선로 손실을 무시하면 전송 전력은 약 몇 $[\text{MW}]$인가?

① 1,753
② 1,518
③ 1,240
④ 877

해설
$$P = \frac{V_s V_r}{X}\sin\delta = \frac{161 \times 154}{14.14} \times \sin45° = 1{,}240[\text{MW}]$$

04
송전 계통의 안정도 증진 방법으로 틀린 것은?

① 직렬 리액턴스를 작게 한다.
② 중간 조상 방식을 채용한다.
③ 계통을 연계한다.
④ 원동기의 조속기 작동을 느리게 한다.

해설 안정도 향상 대책
- 리액턴스를 적게 한다.
  - 복도체 또는 다도체 채용
  - 직렬 콘덴서 설치
  - 발전기나 변압기의 리액턴스 감소
  - 선로의 병렬 회선 수 증가
- 전압 변동을 적게 한다.
  - 중간 조상 방식 채용
  - 고장 구간을 신속히 차단
  - 고속도 계전기, 고속도 차단기 설치
  - 속응 여자 방식 채용
- 계통에 충격을 주지 말아야 한다.
  - 제동 저항기 설치
  - 단락비를 크게 함

조속기의 작동을 신속히 해야 안정도를 증진시킬 수 있다.

| 정답 | 01 ④ 02 ① 03 ③ 04 ④

05
송전 계통의 안정도 향상 대책이 아닌 것은?

① 전압 변동을 적게 한다.
② 고속도 재폐로 방식을 채용한다.
③ 고장 시간, 고장 전류를 적게 한다.
④ 계통의 직렬 리액턴스를 증가시킨다.

해설 안정도 향상 대책
- 리액턴스를 적게 한다.
  - 복도체 또는 다도체 채용
  - 직렬 콘덴서 설치
  - 발전기나 변압기의 리액턴스 감소
  - 선로의 병렬 회선 수 증가
- 전압 변동을 적게 한다.
  - 중간 조상 방식 채용
  - 고장 구간을 신속히 차단
  - 고속도 계전기, 고속도 차단기 설치
  - 속응 여자 방식 채용
- 계통에 충격을 주지 말아야 한다.
  - 제동 저항기 설치
  - 단락비를 크게 함

계통의 직렬 리액턴스를 감소시켜야 안정도를 향상시킬 수 있다.

06
송전 계통에서 안정도 증진과 관계없는 것은?

① 차폐선의 채용
② 고속 재폐로 방식의 채용
③ 계통의 전달 리액턴스 감소
④ 발전기 속응 여자 방식의 채용

해설 안정도 향상 대책
- 리액턴스를 적게 한다.
  - 복도체 또는 다도체 채용
  - 직렬 콘덴서 설치
  - 발전기나 변압기의 리액턴스 감소
  - 선로의 병렬 회선 수 증가
- 전압 변동을 적게 한다.
  - 중간 조상 방식 채용
  - 고장 구간을 신속히 차단
  - 고속도 계전기, 고속도 차단기 설치
  - 속응 여자 방식 채용
- 계통에 충격을 주지 말아야 한다.
  - 제동 저항기 설치
  - 단락비를 크게 함

차폐선의 채용은 전자 유도 장해의 저감 대책이다.

07
차단기에서 고속도 재폐로의 목적은?

① 안정도를 향상한다.
② 발전기를 보호한다.
③ 변압기를 보호한다.
④ 고장 전류를 억제한다.

해설 고속도 재폐로 방식
- 순간적인 사고 시 계통을 개방하고 사고 제거 후 즉시 투입 동작을 자동으로 실시한다.
- 정전 시간을 단축하여 계통의 안정도를 향상시킨다.

08
송전 계통에서 자동 재폐로 방식의 장점이 아닌 것은?

① 신뢰도 향상
② 공급 지장 시간의 단축
③ 보호 계전 방식의 단순화
④ 고장상의 고속도 차단, 고속도 재투입

해설
자동 재폐로 방식은 순간적인 고장 발생 시 계통을 차단기로 개방한 후 고장 소멸 즉시 차단기를 자동 투입한다. 정전 시간의 단축으로 계통 안정도 향상, 신뢰도 향상을 위해 실시하는 자동 차단기 투입 방식이다. 보호 계전 방식은 고도화된다.

| 정답 | 05 ④ 06 ① 07 ① 08 ③

09

전원 전압 $6,600[\text{V}]$, 1선의 저항 $3[\Omega]$, 리액턴스 $4[\Omega]$의 단상 2선식 전선로의 중간 지점에서 단락한 경우, 단락 용량은 약 몇 $[\text{MVA}]$인가?(단, 전원 임피던스는 무시한다.)

① 6.4
② 6.7
③ 7.4
④ 8.7

해설

단락 전류
$$I_s = \frac{E}{Z} = \frac{6,600}{2\times(1.5+j2)} = \frac{6,600}{3+j4} = \frac{6,600}{\sqrt{3^2+4^2}}$$
$$= 1,320[\text{A}]$$
단락 용량
$$P_s = EI_s = 6,600 \times 1,320 \times 10^{-6} = 8.7[\text{MVA}]$$

10

단락 용량 $5,000[\text{MVA}]$인 모선의 전압이 $154[\text{kV}]$라면 등가 모선 임피던스는 약 몇 $[\Omega]$인가?

① 2.54
② 4.74
③ 6.34
④ 8.24

해설

$P_s = \dfrac{V^2}{Z}$에서 $Z = \dfrac{V^2}{P_s} = \dfrac{(154\times 10^3)^2}{5,000\times 10^6} = 4.74[\Omega]$

11

%임피던스에 대한 설명으로 틀린 것은?

① 단위를 갖지 않는다.
② 절대량이 아닌 기준량에 대한 비를 나타낸 것이다.
③ 기기 용량의 크기와 관계없이 일정한 범위의 값을 갖는다.
④ 변압기나 동기기의 내부 임피던스에만 사용할 수 있다.

해설

%임피던스는 변압기 및 동기기뿐만 아니라 송전 선로, 배전 선로, 조상설비 등 모든 전력 기기에 적용이 가능하다.

별해

① $\%Z = \dfrac{IZ}{E}\times 100$에서 %임피던스의 값은 크기의 비율이 있을 뿐, 전기적 의미로서의 단위는 갖지 않는다.

12

3상 $66[\text{kV}]$의 1회선 송전 선로의 1선 리액턴스가 $11[\Omega]$, 정격 전류가 $600[\text{A}]$일 때 리액턴스$[\%]$는?

① $\dfrac{10}{\sqrt{3}}$
② $\dfrac{100}{\sqrt{3}}$
③ $10\sqrt{3}$
④ $100\sqrt{3}$

해설

$\%X = \dfrac{IX}{E}\times 100[\%] = \dfrac{600\times 11}{\dfrac{66\times 10^3}{\sqrt{3}}}\times 100 = 10\sqrt{3}[\%]$

| 정답 | 09 ④ 10 ② 11 ④ 12 ③

13

그림과 같은 3상 송전 계통에 송전단 전압은 $3,300[V]$이다. 점 P에서 3상 단락 사고가 발생했다면 발전기에 흐르는 단락 전류는 약 몇 $[A]$인가?

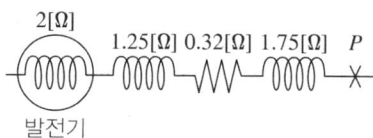

① 320 ② 330 ③ 380 ④ 410

해설

P점까지의 총 임피던스는
$Z = R + jX = j2 + j1.25 + 0.32 + j1.75 = 0.32 + j5[\Omega]$
따라서 P점에서의 3상 단락 전류는
$I_s = \dfrac{E}{|Z|} = \dfrac{\dfrac{3,300}{\sqrt{3}}}{\sqrt{0.32^2 + 5^2}} = 380[A]$

14

그림의 F점에서 3상 단락 고장이 생겼다. 발전기 쪽에서 본 3상 단락 전류는 몇 $[kA]$가 되는가?(단, $154[kV]$ 송전선의 리액턴스는 $1,000[MVA]$를 기준으로 하여 $2[\%/km]$이다.)

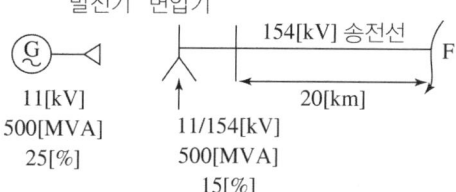

① 43.7 ② 47.7 ③ 53.7 ④ 59.7

해설

기준 용량을 $1,000[MVA]$로 하여 합성 %임피던스를 구해 보면
$\%Z_l = 2 \times 20 = 40[\%]$
$\%Z_G = 25 \times \dfrac{1,000}{500} = 50[\%]$
$\%Z_T = 15 \times \dfrac{1,000}{500} = 30[\%]$
$\%Z = \%Z_G + \%Z_T + \%Z_l = 50 + 30 + 40 = 120[\%]$
따라서 발전기 쪽에서 본 3상 단락 전류는
$I_s = \dfrac{100}{\%Z} I_n = \dfrac{100}{\%Z} \times \dfrac{P_n}{\sqrt{3} V_n} = \dfrac{100}{120} \times \dfrac{1,000 \times 10^3}{\sqrt{3} \times 11}$
$= 43.7[kA]$

15

그림과 같은 $22[kV]$ 3상 3선식 전선로의 P점에 단락이 발생하였다면 3상 단락 전류는 약 몇 $[A]$인가?(단, % 리액턴스는 $8[\%]$이며 저항분은 무시한다.)

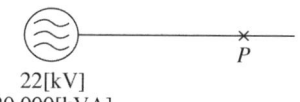

① 6,561 ② 8,560
③ 11,364 ④ 12,684

해설

$I_s = \dfrac{100}{\%Z} I_n = \dfrac{100}{\%Z} \times \dfrac{P_n}{\sqrt{3} V_n} = \dfrac{100}{8} \times \dfrac{20,000}{\sqrt{3} \times 22} = 6,561[A]$

16

전력 계통에서의 단락 용량 증대가 문제가 되고 있다. 이러한 단락 용량을 경감하는 대책이 아닌 것은?

① 사고 시 모선을 통합한다.
② 상위 전압 계통을 구성한다.
③ 모선 간에 한류 리액터를 삽입한다.
④ 발전기와 변압기의 임피던스를 크게 한다.

해설

단락 용량(단락 전류)을 감소시키기 위해서는 단락 전류 $I_s = \dfrac{100}{\%Z} I_n = \dfrac{100}{\%Z} \times \dfrac{P_n}{\sqrt{3} V_n} [A]$에서 사고 시 계통의 모선을 분리하여 %Z값을 증가시켜야 한다.

17
한류 리액터를 사용하는 가장 큰 목적은?

① 충전 전류의 제한
② 접지 전류의 제한
③ 누설 전류의 제한
④ 단락 전류의 제한

해설

한류 리액터는 계통에 직렬로 설치되는 리액터로서 $I_s = \dfrac{100}{\%Z}I_n[\text{A}]$에서 분모의 %임피던스 값을 증가시켜 단락 전류를 감소시키는 역할을 한다.

18
그림과 같은 전선로의 단락 용량은 약 몇 [MVA]인가? (단, 그림의 수치는 10,000[kVA]를 기준으로 한 % 리액턴스를 나타낸다.)

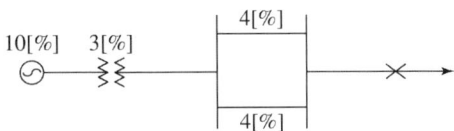

① 33.7
② 66.7
③ 99.7
④ 132.7

해설

계통의 전체 %리액턴스를 구하면
$\%X = 10 + 3 + \dfrac{4 \times 4}{4+4} = 15[\%]$

고장점의 단락 용량 $P_s = \dfrac{100}{\%X}P_n = \dfrac{100}{15} \times 10{,}000 = 66{,}667[\text{kVA}]$
$= 66.7[\text{MVA}]$

19
그림과 같은 전력 계통에서 A점에 설치된 차단기의 단락 용량은 몇 [MVA]인가? (단, 각 기기의 리액턴스는 발전기 $G_1 = G_2 = 15[\%]$ (정격 용량 15[MVA] 기준), 변압기 8[%] (정격 용량 20[MVA] 기준), 송전선 11[%] (정격 용량 10[MVA] 기준)이며, 기타 다른 정수는 무시한다.)

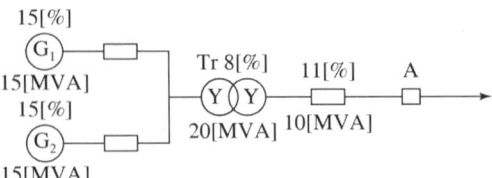

① 20
② 30
③ 40
④ 50

해설

기준 용량을 15[MVA](발전기 용량)로 한 각각의 %임피던스는
$\%Z_{G_1} = \%Z_{G_2} = 15[\%]$

$\%Z_{Tr} = 8 \times \dfrac{15}{20} = 6[\%]$

$\%Z_L = 11 \times \dfrac{15}{10} = 16.5[\%]$

고장점 A에서의 합성 %임피던스는
$\%Z = \dfrac{15 \times 15}{15 + 15} + 6 + 16.5 = 30[\%]$

∴ 단락 용량 $P_s = \dfrac{100}{\%Z}P_n = \dfrac{100}{30} \times 15 = 50[\text{MVA}]$

20
66[kV] 송전 선로에서 3상 단락 고장이 발생하였을 경우 고장점에서 본 등가 정상 임피던스가 자기 용량 40[MVA] 기준으로 20[%]일 경우 고장 전류는 정격 전류의 몇 배가 되는가?

① 2
② 4
③ 5
④ 8

해설

$I_s = \dfrac{100}{\%Z}I_n = \dfrac{100}{20}I_n = 5I_n[\text{A}]$

21

전압 $V_1[\text{kV}]$에 대한 % 리액턴스 값이 X_{p1}이고, 전압 $V_2[\text{kV}]$에 대한 % 리액턴스 값이 X_{p2}일 때 이들 사이의 관계로 옳은 것은?

① $X_{p1} = \dfrac{V_1^2}{V_2} X_{p2}$ ② $X_{p1} = \dfrac{V_2}{V_1^2} X_{p2}$

③ $X_{p1} = \dfrac{V_2^2}{V_1^2} X_{p2}$ ④ $X_{p1} = \dfrac{V_1^2}{V_2^2} X_{p2}$

해설

$\%Z = \dfrac{PZ}{10V^2}[\%]$ 에서

$\%Z \propto \dfrac{1}{V^2}$ 의 관계에 의해 $\dfrac{X_{p1}}{X_{p2}} = \dfrac{V_2^2}{V_1^2}$

$\therefore X_{p1} = \dfrac{V_2^2}{V_1^2} X_{p2}[\%]$

22

정격 전압 $154[\text{kV}]$, 1선의 유도 리액턴스가 $20[\Omega]$인 3상 3선식 송전 선로에서 $154[\text{kV}]$, $100[\text{MVA}]$ 기준으로 환산한 이 선로의 %리액턴스는 약 몇 $[\%]$인가?

① 1.4   ② 2.2
③ 4.2   ④ 8.4

해설 %리액턴스

$\%X = \dfrac{PX}{10V^2} = \dfrac{100 \times 10^3 \times 20}{10 \times 154^2} = 8.4[\%]$

23

3상 송전 선로에서 선간 단락이 발생하였을 때 다음 중 옳은 설명은?

① 역상 전류만 흐른다.
② 정상 전류와 역상 전류가 흐른다.
③ 역상 전류와 영상 전류가 흐른다.
④ 정상 전류와 영상 전류가 흐른다.

해설 사고 종류에 따른 대칭분 존재 여부
- 1선 지락 사고: 영상분, 정상분, 역상분
- 선간 단락 사고: 정상분, 역상분
- 3상 단락 사고: 정상분

24

송전 계통의 한 부분이 그림과 같이 3상 변압기로 1차 측은 Δ로, 2차 측은 Y로 중성점이 접지되어 있을 경우, 1차 측에 흐르는 영상 전류는?

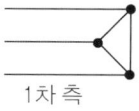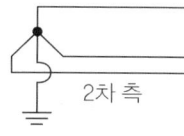

① 1차 측 선로에서 ∞이다.
② 1차 측 선로에서 반드시 0이다.
③ 1차 측 변압기 내부에서는 반드시 0이다.
④ 1차 측 변압기 내부와 1차 측 선로에서 반드시 0이다.

해설
1차 측의 변압기 결선이 Δ이므로 영상 전류는 Δ 결선 내부에서 순환하여 소멸한다. 따라서 1차 측 선로의 영상 전류는 반드시 0이 될 수밖에 없다.

25

그림과 같은 회로의 영상, 정상, 역상 임피던스 Z_0, Z_1, Z_2 는?

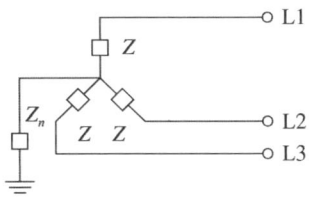

① $Z_0 = Z + 3Z_n, Z_1 = Z_2 = Z$
② $Z_0 = 3Z_n, Z_1 = Z, Z_2 = 3Z$
③ $Z_0 = 3Z + Z_n, Z_1 = 3Z, Z_2 = Z$
④ $Z_0 = Z + Z_n, Z_1 = Z_2 = Z + 3Z_n$

해설

- 영상 임피던스(접지 회로 포함) $Z_0 = Z + 3Z_n$(접지 임피던스×3배)
- 정상(역상) 임피던스(접지 회로 제외) $Z_1 = Z_2 = Z$

26

중성점 저항 접지방식에서 1선 지락 시의 영상 전류를 I_0 라고 할 때, 접지 저항으로 흐르는 전류는?

① $\frac{1}{3}I_0$ ② $\sqrt{3}I_0$
③ $3I_0$ ④ $6I_0$

해설

선로의 각 상에 흐르는 전류
$I_a = I_0 + I_1 + I_2 [\mathrm{A}]$
$I_b = I_0 + a^2 I_1 + a I_2 [\mathrm{A}]$
$I_c = I_0 + a I_1 + a^2 I_2 [\mathrm{A}]$

접지 저항을 통해 흐르는 전류
$I_g = I_a + I_b + I_c$
$\quad = (I_0 + I_1 + I_2) + (I_0 + a^2 I_1 + a I_2) + (I_0 + a I_1 + a^2 I_2)$
$\quad = 3I_0 + I_1(1 + a^2 + a) + I_2(1 + a + a^2) = 3I_0 [\mathrm{A}]$

27

그림과 같은 전력 계통의 $154[\mathrm{kV}]$ 송전 선로에서 고장 지락 임피던스 Z_{gf} 를 통해서 1선 지락 고장이 발생되었을 때 고장점에서 본 영상 % 임피던스는?(단, 그림에 표시한 임피던스는 모두 동일 용량, $100[\mathrm{MVA}]$ 기준으로 환산한 % 임피던스이다.)

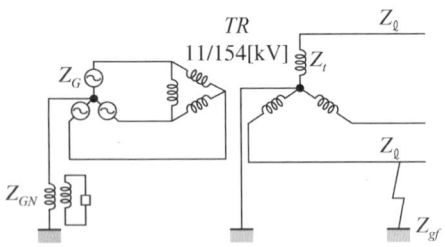

① $Z_0 = Z_\ell + Z_t + Z_G$
② $Z_0 = Z_\ell + Z_t + Z_{gf}$
③ $Z_0 = Z_\ell + Z_t + 3Z_{gf}$
④ $Z_0 = Z_\ell + Z_t + Z_{gf} + Z_G + Z_{GN}$

해설

- 영상 전류의 특성
  - 변압기 Δ 결선에서 순환하여 소멸(발전기 임피던스 Z_G 제외)
  - 접지 임피던스는 3배의 전류가 흐름(접지 임피던스 $Z_{gf} \times 3$)
- 위 문제에서 영상 %임피던스를 구하면
  $Z_0 = Z_\ell + Z_t + 3Z_{gf}$

28

A, B 및 C상 전류를 각각 I_a, I_b 및 I_c라 할 때 $I_x = \frac{1}{3}(I_a + a^2 I_b + a I_c)$, $a = -\frac{1}{2} + j\frac{\sqrt{3}}{2}$ 으로 표시되는 I_x는 어떤 전류인가?

① 정상 전류
② 역상 전류
③ 영상 전류
④ 역상 전류와 영상 전류의 합

해설 대칭분 전류

- 영상 전류: $I_0 = \frac{1}{3}(I_a + I_b + I_c)[A]$
- 정상 전류: $I_1 = \frac{1}{3}(I_a + aI_b + a^2 I_c)[A]$
- 역상 전류: $I_2 = \frac{1}{3}(I_a + a^2 I_b + a I_c)[A]$

29

그림과 같은 3상 무부하 교류 발전기에서 a상이 지락된 경우 지락 전류는 어떻게 나타내는가?

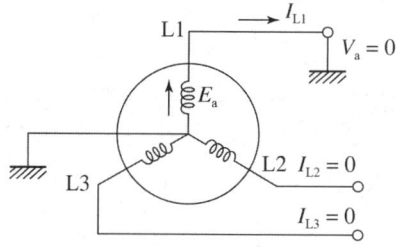

① $\dfrac{E_a}{Z_0 + Z_1 + Z_2}$
② $\dfrac{2E_a}{Z_0 + Z_1 + Z_2}$
③ $\dfrac{3E_a}{Z_0 + Z_1 + Z_2}$
④ $\dfrac{\sqrt{3}\,E_a}{Z_0 + Z_1 + Z_2}$

해설

1선 지락 시 대칭분 전류는

$I_0 = I_1 = I_2 = \dfrac{E_a}{Z_0 + Z_1 + Z_2}[A]$

∴ 지락 전류 $I_a = I_0 + I_1 + I_2 = 3I_0 = \dfrac{3E_a}{Z_0 + Z_1 + Z_2}[A]$

30

송전 선로의 정상 임피던스를 Z_1, 역상 임피던스를 Z_2, 영상 임피던스를 Z_0라 할 때 옳은 것은?

① $Z_1 = Z_2 = Z_0$
② $Z_1 = Z_2 < Z_0$
③ $Z_1 > Z_2 = Z_0$
④ $Z_1 < Z_2 = Z_0$

해설

- 송전 선로: $Z_1 = Z_2 < Z_0$
- 변압기: $Z_1 = Z_2 = Z_0$

중성점 접지방식과 유도 장해

1. 중성점 접지방식
2. 중성점 잔류 전압
3. 유도 장해

학습 전략

직접 접지방식을 우선하여 학습하고 소호 리액터 접지, 비접지 순서로 공부하는 것이 좋습니다. 주요 3가지 접지방식의 학습이 끝난 후에는 정전 유도 장해 및 전자 유도 장해의 발생 원인, 유도 장해 방지 대책에 대해 차례대로 학습하는 것이 좋습니다.

CHAPTER 06 | 흐름 미리보기

1. 중성점 접지방식
- 임피던스 종류에 따른 중성점 접지방식
- 직접 접지방식(초고압 장거리)
- 비접지방식(저전압 단거리)
- 소호 리액터 접지방식(66[kV], 중거리)
- 유효 접지방식

2. 중성점 잔류 전압
- 중성점 잔류 전압의 정의
- 중성점 잔류 전압의 발생 원인
- 중성점 잔류 전압의 크기
- 중성점 잔류 전압 감소 대책

3. 유도 장해
- 유도 장해의 의미와 종류
- 정전 유도 장해
- 전자 유도 장해

NEXT **CHAPTER 07**

CHAPTER 06 중성점 접지방식과 유도 장해

독학이 쉬워지는 기초개념

THEME 01 중성점 접지방식

1 임피던스 종류에 따른 중성점 접지방식

(1) 직접 접지: 임피던스를 작게 접지($Z_n = 0$)
(2) 비접지: 임피던스를 매우 크게 접지($Z_n = \infty$)
(3) 저항 접지: 저항을 통해 접지($Z_n = R$)
(4) 소호 리액터 접지: 인덕턴스로 접지($Z_n = jX_L$)

2 직접 접지방식(초고압 장거리)

(1) 변압기를 Y 결선한 후 변압기 중성점과 대지 사이를 도선으로 직접 접지하는 방식이다.
(2) 지락 전류가 크다.
(3) 지락 사고 시 건전상 전위 상승이 매우 작다.
(4) 기기의 단절연, 저감 절연이 가능하다.
(5) 보호 계전기 동작이 가장 확실하다.
(6) 보호 계전기 동작이 빈번하므로 과도 안정도가 나쁘다.
(7) 통신선에 대한 유도 장해가 가장 크다.
(8) 지락 전류가 크므로 기기에 미치는 충격이 크다.

▲ 직접 접지방식의 계통도

> **Tip 강의 꿀팁**
> 직접 접지방식은 우리나라에서 많이 채용되는 방식으로, 접지방식 중 시험에 가장 많이 출제되는 내용이에요.

기출예제

■ 중성점 직접 접지방식의 특징 중 틀린 것은?

① 과도 안정도가 좋다.
② 변압기의 단절연이 가능하다.
③ 절연 레벨을 저하시킬 수 있다.
④ 정격 전압이 낮은 피뢰기를 사용할 수 있다.

| 해설 |
중성점 직접 접지방식
• 변압기 중성점과 대지 사이를 전선으로 직접 접지시키는 방식이다.
• 지락 전류가 매우 크다.
• 지락 전류가 크기 때문에 차단기 동작 횟수가 많아져 정전이 많이 발생하게 되므로 계통의 안정도가 나빠진다.
• 기기의 단절연, 저감 절연이 가능하다.

| 답 | ①

3 비접지방식(저전압 단거리)

(1) 변압기를 Δ 결선한 후 변압기와 대지 사이를 고임피던스($Z_n = 大$), 즉 접지선을 연결하지 않는 방식이다.

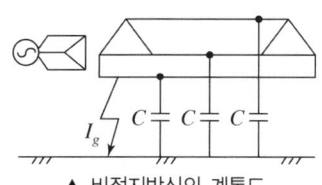

▲ 비접지방식의 계통도

(2) **지락 전류 크기**: $I_g = j3\omega CE[\text{A}] = j\sqrt{3}\omega CV[\text{A}]$
(3) 지락 전류가 작아 순간적인 지락 사고 시에도 계속 송전이 가능하다.
(4) 전력선 주변의 통신선에 대한 유도 장해가 적다.
(5) 변압기 1대 고장 시 나머지 2대로 V 결선하여 송전이 가능하다.
(6) 지락 사고 시 이상 전압이 크다.(약 $\sqrt{3}$ 배)
(7) 접지(지락) 계전기 동작이 곤란하다.
(8) 주로 저전압, 단거리 계통에 한해 적용된다.

> **기출예제**
>
> 비접지식 송전 선로에서 1선 지락 고장이 생겼을 경우 지락점에 흐르는 전류는?
> ① 직선성을 가진 직류이다.
> ② 고장상의 전압과 동상의 전류이다.
> ③ 고장상의 전압보다 90° 늦은 전류이다.
> ④ 고장상의 전압보다 90° 빠른 전류이다.
>
> | 해설 |
> • 비접지방식에서 선간 단락 전류: 변압기와 선로를 통해 흐르는 지상 전류
> • 비접지방식에서 1선 지락 전류: 대지 정전 용량을 통해 흐르는 진상 전류
>
> 답 ④

4 소호 리액터 접지방식($66[\text{kV}]$, 중거리)

(1) 전선의 대지 정전 용량과 병렬 공진할 수 있는 소호 리액터를 변압기 중성점과 대지 사이를 연결하여 지락 전류를 완전히 소멸시키는 접지방식이다.
(2) 소호 리액터의 크기

$$\omega L = \frac{1}{3\omega C}[\Omega]$$

(3) L과 C의 병렬 공진을 이용한다.
(4) 지락 전류가 작아 지락 사고 시에도 계속 송전이 가능하다.
(5) 전력선 주변의 통신선에 대한 유도 장해가 매우 적다.
(6) 과도 안정도가 우수하다.

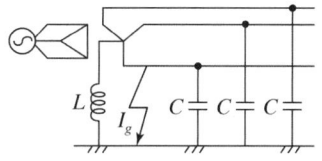

▲ 소호 리액터 접지방식의 계통도

독학이 쉬워지는 기초개념

Tip 강의 꿀팁

비접지방식에 $E = \frac{V}{\sqrt{3}}$ 로서 상전압이 선간 전압의 $\frac{1}{\sqrt{3}}$ 인 이유는 대지 정전 용량이 Y 결선이기 때문이에요.

Tip 강의 꿀팁

소호 리액터를 페터슨 코일이라고도 불러요.

> 독학이 쉬워지는 기초개념

(7) 보호 계전기 동작이 불확실하다.
(8) 지락 사고 시 이상 전압이 최대가 된다. ($\sqrt{3}$ 배 이상)
(9) 단선 사고 시 이상 전압이 가장 큰 단점이 있다.

기출예제

중성점 접지방식 중 1선 지락 고장일 때 선로의 전압 상승이 최대이고, 통신 장해가 최소인 것은?

① 비접지방식
② 직접 접지방식
③ 저항 접지방식
④ 소호 리액터 접지방식

| 해설 |
소호 리액터 접지방식은 지락 전류를 최소화하여 전력선 주변의 통신선에 대한 유도 장해를 억제시킨 접지방식이다.

답 ④

5 유효 접지방식

(1) 지락 사고 시 건전상의 전압 상승이 어떠한 경우라도 평상시 대지 전압의 1.3배 이하가 되도록 한 직접 접지방식의 일종이다.
(2) 전력 계통에서 발생할 수 있는 어떤 조건하에서도 이상 전압이 평상시 전압의 1.3배 이하가 되도록 중성점 접지 임피던스를 삽입한 접지방식이다.
(3) 유효 접지 조건

$$\frac{R_0}{X_1} \leq 1, \quad 0 \leq \frac{X_0}{X_1} \leq 3$$

단, R_0: 영상 저항[Ω], X_0: 영상 리액턴스[Ω], X_1: 정상 리액턴스[Ω]

> **Tip 강의 꿀팁**
>
> 이상 전압이 평상시 전압의 1.3배 이하가 되려면 유효 접지 조건을 만족해야 해요.

기출예제

다음 중 송전 계통의 중성점 접지방식에서 유효 접지는 무엇인가?

① 저항 접지 및 직접 접지
② 1선 지락 사고 시 건전상의 전위가 사용 전압의 1.3배 이하가 되도록 중성점 임피던스를 억제한 중성점 접지방식
③ 저항 접지
④ 리액터 접지방식 이외의 접지방식

| 해설 |
유효 접지는 전력 계통의 1선 지락 사고 시 건전상의 전압 상승이 어떠한 경우라도 평상시 대지 전압의 1.3배 이하가 되도록 중성점 임피던스를 조절한 접지방식이다.

답 ②

THEME 02   중성점 잔류 전압

1 중성점 잔류 전압의 정의

보통 운전 상태에서 중성점을 접지하지 않을 경우 중성점에 나타나는 중성점과 대지 사이의 전압을 말한다.

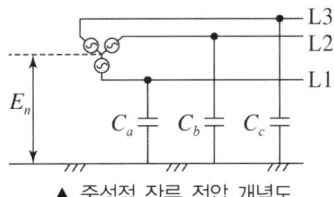

▲ 중성점 잔류 전압 개념도

2 중성점 잔류 전압의 발생 원인

(1) 송전선의 3상 각 상의 대지 정전 용량이 같지 않아 불평형에 의해 발생된다.
(2) 차단기 개폐가 동시에 이루어지지 않을 경우 발생한다.
(3) 지락 사고 등 계통의 각종 사고에 의해 발생한다.

3 중성점 잔류 전압의 크기

$$E_n = \frac{\sqrt{C_a(C_a - C_b) + C_b(C_b - C_c) + C_c(C_c - C_a)}}{C_a + C_b + C_c} \times \frac{V}{\sqrt{3}}\,[\mathrm{V}]$$

단, V: 선간 전압으로 $V = \sqrt{3}\,E\,[\mathrm{V}]$

4 중성점 잔류 전압 감소 대책

송전 선로의 충분한 연가(Transposition) 실시

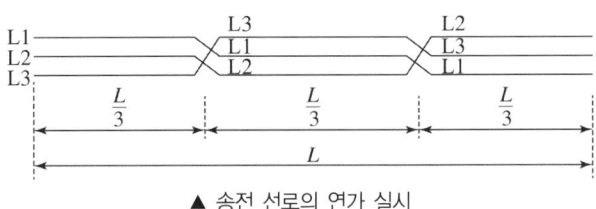

▲ 송전 선로의 연가 실시

연가
각 상의 선로 정수를 평형이 되도록 3상 3선식 선로를 3등분하여 선로의 위치를 바꾸어 주는 것

THEME 03   유도 장해

1 유도 장해의 의미와 종류

(1) **의미**: 전력선에서 발생하는 전계 및 자속이 근처에 가설된 통신 선로에 영향을 미치는 현상이다.
(2) **정전 유도 장해**: 전력선과 통신선과의 상호 정전 용량(C_m)과 영상 전압(V_0)이 주원인이다.
(3) **전자 유도 장해**: 전력선과 통신선과의 상호 인덕턴스(M)와 영상 전류(I_0)가 주원인이다.

강의 꿀팁
유도 장해의 종류에는 고조파에 의해 발생하는 고조파 유도 장해도 있어요.

독학이 쉬워지는 기초개념

2 정전 유도 장해

(1) 송전선의 영상 전압과 통신선의 상호 정전 용량의 불평형에 의해 통신선에 유도되는 전압이다.

(2) 정전 유도 장해가 발생하면 영상 전압(V_0)이 통신선에 유도된다.

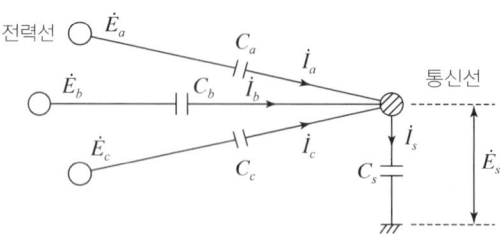

▲ 전력선과 통신선 간의 정전 유도 장해

(3) **정전 유도 전압의 크기**

$$E_s = \frac{\sqrt{C_a(C_a - C_b) + C_b(C_b - C_c) + C_c(C_c - C_a)}}{C_a + C_b + C_c + C_s} \times \frac{V}{\sqrt{3}}[\text{V}]$$

단, V는 선간 전압으로 $V = \sqrt{3}\,E[\text{V}]$

(4) 정전 유도 장해 경감 대책: 송전 선로를 연가하여 선로 정수를 평형화시킨다.

3 전자 유도 장해

(1) 전력선과 통신선의 상호 인덕턴스(M)에 의해 유도되는 현상이다.

(2) 전자 유도 전압

$E_m = -j\omega Ml\,(I_a + I_b + I_c) = -j\omega Ml \times 3I_0[\text{V}]$ (I_0: 영상 전류)

(3) 전자 유도 장해는 지락 사고 시 지락 전류($I_g = 3I_0$)에 발생하는 유도 장해 현상이다. (즉, 영상 전류(I_0)를 유기)

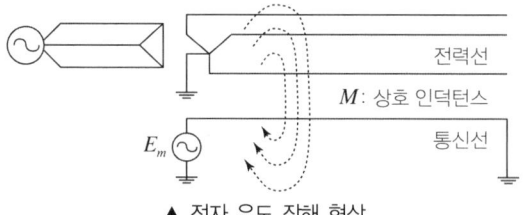

▲ 전자 유도 장해 현상

전자 유도 전압의 크기 $|E_m| = \omega Ml \times 3I_0[\text{V}]$

(4) 전자 유도 장해 저감 대책
  ① 전력선 측
   • 통신선과의 이격 거리 증대
   • 연가를 충분히 한다.
   • 전력 케이블 사용
   • 소호 리액터 접지방식 채용
   • 고속도 재폐로 차단 방식 채용

Tip 강의 꿀팁
전자 유도 장해 저감 대책은 2차 실기 시험에서 단답 문제로도 출제돼요.

- 송전 선로를 Δ 결선한다.
- 통신선과 수직 교차한다.
- 차폐선을 시설한다.
② 통신선 측
- 통신선로 도중에 절연 변압기 설치
- 특성이 양호한 피뢰기(LA) 설치
- 연피 통신 케이블 사용
- 전력선과 수직 교차
- 통신선 측의 절연 증대
- 배류 코일 사용

기출예제

전력선에 의한 통신 선로의 전자 유도 장해의 주된 발생 요인은?

① 영상 전류가 흐르기 때문에
② 전력선의 연가가 충분하기 때문에
③ 전력선의 전압이 통신 선로보다 높기 때문에
④ 전력선과 통신 선로 사이의 차폐 효과가 충분하기 때문에

| 해설 |
- 전자 유도 장해: 전력선과 통신선 간의 상호 인덕턴스 때문에 발생하는 영상 전류
- 정전 유도 장해: 전력선과 통신선 간의 상호 정전 용량 때문에 발생하는 영상 전압

답 ①

독학이 쉬워지는 기초개념

Tip 강의 꿀팁

차폐선을 설치할 경우 유도 장해가 30~50[%] 경감돼요.

CHAPTER 06 CBT 적중문제

01
중성점 직접 접지방식의 장점이 아닌 것은?

① 다른 접지방식에 비하여 개폐 이상 전압이 낮다.
② 1선 지락 시 건전상의 대지 전압이 거의 상승하지 않는다.
③ 1선 지락 전류가 작으므로 차단기가 처리해야 할 전류가 작다.
④ 중성점 전압이 항상 0이므로 변압기의 가격과 중량을 줄일 수 있다.

해설 중성점 직접 접지방식
- 변압기 중성점과 대지 사이를 전선으로 직접 접지시키는 방식이다.
- 지락 전류가 매우 크다.
- 지락 전류가 크기 때문에 차단기 동작 횟수가 많아져 정전이 많이 발생하게 되므로 계통의 안정도가 나빠진다.
- 기기의 단절연, 저감 절연이 가능하다.
- 1선 지락 시 건전상 대지 전압의 상승이 최소이다.

02
송전 선로에서 지락 보호 계전기의 동작이 가장 확실한 접지방식은?

① 직접 접지식
② 저항 접지식
③ 소호 리액터 접지식
④ 리액터 접지식

해설
직접 접지방식은 지락 사고 시 지락 전류가 커 지락 계전기의 동작이 가장 확실하다.

03
송전 계통의 중성점을 직접 접지하는 목적과 관계없는 것은?

① 고장 전류 크기의 억제
② 이상 전압 발생의 방지
③ 보호 계전기의 신속 정확한 동작
④ 전선로 및 기기의 절연 레벨을 경감

해설 직접 접지방식의 특징
- 1선 지락 전류가 커 보호 계전기의 동작이 확실하다.
- 이상 전압이 낮아 변압기의 단절연과 계통의 저감 절연이 가능하다.
- 지락 전류가 커 통신선에 대한 유도 장해가 증대된다.
- 보호 계전기 동작이 빈번하여 차단기 동작 횟수의 증가로 안정도가 저하된다.

04
중성점 직접 접지방식에 대한 설명으로 틀린 것은?

① 계통의 과도 안정도가 나쁘다.
② 변압기의 단절연(段絶緣)이 가능하다.
③ 1선 지락 시 건전상의 전압은 거의 상승하지 않는다.
④ 1선 지락 전류가 적어 차단기의 차단 능력이 감소된다.

해설 중성점 직접 접지방식
- 지락 사고 시 지락 전류가 커 지락 계전기의 동작이 확실하다.
- 이상 전압이 낮아 변압기의 단절연 및 저감 절연이 가능하다.
- 차단기 동작이 빈번하여 차단기 수명이 단축되고, 안정도가 나빠진다.
- 1선 지락 시 건전상의 대지 전위 상승이 최소이다.

| 정답 | 01 ③ 02 ① 03 ① 04 ④

05

송전 계통에서 1선 지락 고장 시 인접 통신선의 유도 장해가 가장 큰 중성점 접지방식은?

① 비접지방식
② 고저항 접지방식
③ 직접 접지방식
④ 소호 리액터 접지방식

해설 직접 접지방식
- 지락 사고 시 지락 전류가 커 보호 계전기 동작이 확실
- 지락 사고 시 건전상의 이상 전압이 낮아 단절연 및 저감 절연이 가능
- 지락 전류가 커서 차단기 동작이 빈번하여 과도 안정도 저하
- 지락 전류가 커서 전력선 근처의 통신선 유도 장해 증가

06

송전 계통의 중성점을 직접 접지할 경우 관계가 없는 것은?

① 과도 안정도 증진
② 계전기 동작 확실
③ 기기의 절연 수준 저감
④ 단절연 변압기 사용 가능

해설 직접 접지방식
- 지락 사고 시 지락 전류가 커 보호 계전기 동작이 확실하다.
- 지락 사고 시 건전상의 이상 전압이 낮아 단절연 및 저감 절연이 가능하다.
- 지락 전류가 커서 정전 횟수가 많아 과도 안정도가 나쁘다.
- 지락 전류가 커서 전력선 근처의 통신선에 유도 장해가 심하다.

07

송전 선로의 중성점 접지의 주된 목적은?

① 단락 전류의 제한
② 송전 용량의 극대화
③ 전압 강하의 극소화
④ 이상 전압의 발생 방지

해설
송전 선로의 중성점 접지의 주된 목적은 이상 전압의 발생을 방지하기 위함이다.

08

전력 계통의 중성점 다중 접지방식의 특성으로 옳은 것은?

① 통신선의 유도 장해가 적다.
② 합성 접지 저항이 매우 높다.
③ 건전상의 전위 상승이 매우 높다.
④ 지락 보호 계전기의 동작이 확실하다.

해설 중성점 다중 접지방식
- 지락 사고 시 지락 전류가 커 지락 계전기 동작이 확실하다.
- 지락 전류가 커서 전력선 주변 통신선에 유도 장해가 크다.
- 사고 시 건전상의 전위 상승이 낮다.
- 접지 개소가 많아 합성 접지 저항값이 작다.

09
중성점 비접지방식을 이용하는 것이 적당한 것은?

① 고전압 장거리
② 고전압 단거리
③ 저전압 장거리
④ 저전압 단거리

해설
비접지방식은 1선 지락 고장 시 지락 전류가 작은 특성을 이용한 접지방식이다. 지락 전류가 작은 조건인 저전압 계통의 단거리 선로에만 한정되어 적용해야 한다.

10
일반적인 비접지 3상 송전 선로의 1선 지락 고장 발생 시 각 상의 전압은 어떻게 되는가?

① 고장상의 전압은 떨어지고, 나머지 두 상의 전압은 변동되지 않는다.
② 고장상의 전압은 떨어지고, 나머지 두 상의 전압은 상승한다.
③ 고장상의 전압은 떨어지고, 나머지 상의 전압도 떨어진다.
④ 고장상의 전압이 상승한다.

해설 **비접지방식에서 1선 지락 사고 발생**
- 고장상의 전압은 0[V]로 떨어진다.
- 건전상의 전압은 평상시의 대지 전압보다 $\sqrt{3}$ 배로 증가한다.

11
송전 계통에서 1선 지락 시 유도 장해가 가장 적은 중성점 접지방식은?

① 비접지방식
② 저항 접지방식
③ 직접 접지방식
④ 소호 리액터 접지방식

해설
소호 리액터 접지방식
1선 지락 시 지락 전류를 감소시키기 위해 대지 정전 용량과 병렬 공진하는 유도성 리액터로 접지하여 통신선의 전자 유도 장해를 최소화하는 접지방식이다.

12
소호 리액터 접지에 대한 설명으로 틀린 것은?

① 지락 전류가 작다.
② 과도 안정도가 좋다.
③ 전자 유도 장해가 경감된다.
④ 선택 지락 계전기의 작동이 쉽다.

해설 **소호 리액터 접지방식**
- 1선 지락 전류가 매우 작아 계속 송전이 가능하여 계통 안정도가 좋다.
- 1선 지락 전류가 작아 전력선 근처에 설치된 통신선에 대한 유도 장해가 작다.
- 1선 지락 전류가 작아 지락 계전기(접지 계전기)의 동작이 어렵다.

13

소호 리액터를 송전 계통에 사용하면 리액터의 인덕턴스와 선로의 정전 용량이 어떤 상태로 되어 지락 전류를 소멸시키는가?

① 병렬 공진 ② 직렬 공진
③ 고임피던스 ④ 저임피던스

해설 소호 리액터
- 병렬 공진을 이용하여 지락 전류를 소멸시킨다.
- 대지 정전 용량과 공진을 일으키는 유도성 리액터로 접지하는 방식이다.
- 지락 전류가 최소가 되어 통신선에 대한 유도 장해가 줄어든다.

14

송전 계통의 중성점 접지용 소호 리액터의 인덕턴스 L은? (단, 선로 한 선의 대지 정전 용량을 C라 한다.)

① $L = \dfrac{1}{C}$ ② $L = \dfrac{C}{2\pi f}$

③ $L = \dfrac{1}{2\pi fC}$ ④ $L = \dfrac{1}{3(2\pi f)^2 C}$

해설
$\omega L = \dfrac{1}{3\omega C}[\Omega]$에서

$L = \dfrac{1}{3\omega^2 C} = \dfrac{1}{3(2\pi f)^2 C}[\text{H}]$

15

3상 송전 선로의 각 상의 대지 정전 용량을 C_a, C_b 및 C_c라 할 때 중성점 비접지 시의 중성점과 대지 간의 전압은? (단, E는 상전압이다.)

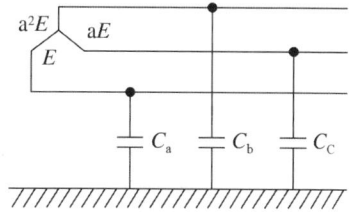

① $(C_a + C_b + C_c)E$

② $\dfrac{\sqrt{C_aC_b + C_bC_a + C_cC_a}}{C_a + C_b + C_c}E$

③ $\dfrac{\sqrt{C_a(C_a - C_b) + C_b(C_b - C_c) + C_c(C_c - C_a)}}{C_a + C_b + C_c}E$

④ $\dfrac{\sqrt{C_a(C_b - C_c) + C_b(C_c - C_a) + C_c(C_a - C_b)}}{C_a + C_b + C_c}E$

해설
중성점 잔류 전압은 대지 정전 용량의 차이($C_a \neq C_b \neq C_c$)로 인해서 변압기 중성점과 대지 간에 발생하는 전압이다.

$E_n = \dfrac{\sqrt{C_a(C_a - C_b) + C_b(C_b - C_c) + C_c(C_c - C_a)}}{C_a + C_b + C_c} E[\text{V}]$

16

송전 선로에 근접한 통신선에 유도 장해가 발생하였다. 전자 유도의 원인은?

① 역상 전압 ② 정상 전압
③ 정상 전류 ④ 영상 전류

해설
- 전자 유도 장해: 전력선과 통신선 간의 상호 인덕턴스 때문에 발생하는 영상 전류
  - 전자 유도 전압 $E_m = -j\omega Ml(3I_0)[\text{V}]$ (여기서, I_0: 영상 전류)
- 정전 유도 장해: 전력선과 통신선 간의 상호 정전 용량 때문에 발생하는 영상 전압

| 정답 | 13 ① | 14 ④ | 15 ③ | 16 ④ |

17
전력선에 영상 전류가 흐를 때 통신 선로에 발생되는 유도 장해는?

① 고조파 유도 장해 ② 전력 유도 장해
③ 전자 유도 장해 ④ 정전 유도 장해

해설
전자 유도 장해: 전력선과 통신선 간의 상호 인덕턴스에 의한 영상 전류가 원인

18
전력선과 통신선과의 상호 인덕턴스에 의하여 발생되는 유도 장해는?

① 정전 유도 장해 ② 전자 유도 장해
③ 고조파 유도 장해 ④ 전자파 유도 장해

해설 유도 장해의 종류 및 발생 원인
- 전자 유도 장해: 전력선과 통신선 간의 상호 인덕턴스에 의한 영상 전류가 발생 원인
  - 전자 유도 전압 $E_m = -j\omega Ml(3I_0)[V]$ (여기서, M: 상호 인덕턴스)
- 정전 유도 장해: 전력선과 통신선 간의 상호 정전 용량에 의한 영상 전압이 발생 원인

19
전력선에 의한 통신 선로의 전자 유도 장해 발생 요인은 주로 무엇 때문인가?

① 지락 사고 시 영상 전류가 커지기 때문에
② 전력선의 전압이 통신 선로보다 높기 때문에
③ 통신선에 피뢰기를 설치하였기 때문에
④ 전력선과 통신 선로 사이의 상호 인덕턴스가 감소하였기 때문에

해설
- 전자 유도 장해: 전력선과 통신선 간의 상호 인덕턴스가 원인(영상 전류 발생)
- 정전 유도 장해: 전력선과 통신선 간의 상호 정전 용량이 원인(영상 전압 발생)

20
통신선과 평행인 주파수 $60[Hz]$의 3상 1회선 송전선이 있다. 1선 지락 때문에 영상 전류가 $100[A]$ 흐르고 있다면 통신선에 유도되는 전자 유도 전압은 약 몇 $[V]$인가?(단, 영상 전류는 전 전선에 걸쳐서 같으며, 송전선과 통신선과의 상호 인덕턴스는 $0.06[mH/km]$, 그 평행 길이는 $40[km]$이다.)

① 156.6 ② 162.8
③ 230.2 ④ 271.4

해설 전자 유도 전압
$E = -j\omega Ml \times 3I_0 = -j2\pi fMl \times 3I_0$
$= -j2\pi \times 60 \times 0.06 \times 10^{-3} \times 40 \times 3 \times 100$
$= -j271.4[V]$
$\therefore |E| = 271.4[V]$

21
유도 장해를 경감시키기 위한 전력선 측의 대책으로 틀린 것은?

① 고저항 접지방식을 채용한다.
② 송전선과 통신선 사이에 차폐선을 설치한다.
③ 고속도 차단 방식을 채택한다.
④ 중성점 전압을 상승시킨다.

해설 유도 장해를 경감시키기 위한 전력선 측의 대책
- 직접 접지방식 대신에 고저항 접지나 소호 리액터 접지방식을 채용
- 차폐선 설치
- 고속도 차단 방식 채용
- 중성점 전압을 가능한 낮게 유지

| 정답 | 17 ③ 18 ② 19 ① 20 ④ 21 ④

에듀윌이
너를
지지할게
ENERGY

장애나 고뇌는 나를 굴복시킬 수 없다.
이 모든 것은 분투와 노력에 의해 타파된다.

– 레오나르도 다빈치(Leonardo da Vinci)

전력 계통 이상 전압

1. 계통에서 발생하는 이상 전압의 분류
2. 진행파의 반사 현상과 투과 현상
3. 이상 전압 방지 대책
4. 개폐기

학습 전략

외부 이상 전압과 내부 이상 전압이 무엇인지를 구분하여 학습하고, 실제 이상 전압으로부터 계통을 보호하는 방법이 무엇인지에 중점을 두어 학습해야 합니다. 특히, 피뢰기에 관한 내용은 철저하게 학습해 두어야 필기 시험과 실기 시험에서 유리합니다. 외부 이상 전압에 대한 내용인 가공 지선과 매설 지선 부분도 시험에 자주 출제되는 내용이므로 주의하여 학습해 두도록 합니다.

CHAPTER 07 | 흐름 미리보기

1. 계통에서 발생하는 이상 전압의 분류
- 외부 이상 전압
- 내부 이상 전압
- 표준 충격파형

2. 진행파의 반사 현상과 투과 현상
- 진행파의 해석

4. 개폐기
- 차단기(CB)
- 단로기(DS)
- 전력 퓨즈(PF)
- 절연 협조

3. 이상 전압 방지 대책
- 방지 대책
- 피뢰기(LA)
- 섬락 및 역섬락
- 가공 지선의 역할
- 가공 지선의 차폐각

NEXT **CHAPTER 08**

CHAPTER 07 전력 계통 이상 전압

독학이 쉬워지는 기초개념

직격뢰와 유도뢰

▲ 직격뢰   ▲ 유도뢰

THEME 01 계통에서 발생하는 이상 전압의 분류

1 외부 이상 전압

(1) 직격뢰에 의한 이상 전압: 뇌가 직접적으로 송전선이나 가공 지선을 직격할 때 발생하는 이상 전압이다.

(2) 유도뢰에 의한 이상 전압: 송전선에 유도된 전하가 뇌운과 대지 간 방전을 통해 자유 전하로 되어 송전 선로 위에서 진행파로 전파되면서 계통에 미치는 이상 전압이다.

2 내부 이상 전압

(1) 계통 조작 시에 나타나는 개폐 서지로 내부 이상 전압 또는 내뢰라고도 한다.

(2) 내부 이상 전압 중 무부하 송전 선로를 개방할 때 발생하는 개방 서지가 가장 크다.

기출예제

> 전력 계통에서 내부 이상 전압의 크기가 가장 큰 경우는?
> ① 유도성 소전류 차단 시
> ② 수차 발전기의 부하 차단 시
> ③ 무부하 선로 충전 전류 차단 시
> ④ 송전 선로의 부하 차단기 투입 시
>
> | 해설 |
> 전력 계통에서 이상 전압이 가장 큰 경우는 무부하 송전 선로의 부하가 없는 상태이다. 이때 계통에는 대지 정전 용량에 의한 진상 전류의 영향으로 내부 이상 전압이 가장 크게 된다.
>
> 답 ③

3 표준 충격파형

(1) 표준 충격파의 정의: 계통에서 발생하는 서지 이상 전압을 고려한 절연 설계를 하기 위해 표준으로 정한 충격파이다.

(2) 규약 표준 충격파형
 ① T_f: 파두장(1.2[μsec])
 ② T_t: 파미장(50[μsec])

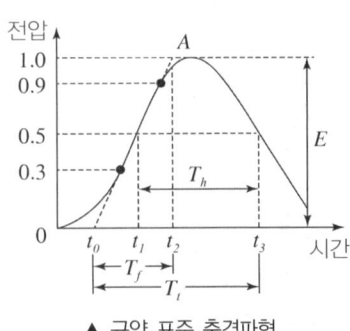

▲ 규약 표준 충격파형

기출예제

뇌서지와 개폐 서지의 파두장과 파미장에 대한 설명으로 옳은 것은?

① 파두장과 파미장이 모두 같다. ② 파두장은 같고 파미장이 다르다.
③ 파두장이 다르고 파미장은 같다. ④ 파두장과 파미장이 모두 다르다.

| 해설 |
뇌서지는 직격뢰에 의한 이상 전압이고, 개폐 서지는 차단기 개폐 시 발생하는 이상 전압이다. 두 서지파는 파두장과 파미장이 모두 다른 파형이 된다.

답 ④

THEME 02 진행파의 반사 현상과 투과 현상

1 진행파의 해석

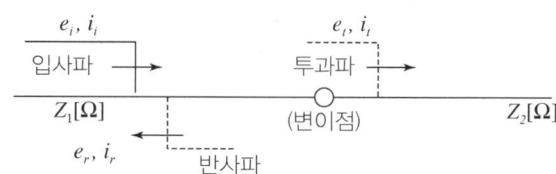

▲ 변이점에서의 반사 및 투과 현상

(1) 계통 내 임피던스가 다른 변이점에서 서지파의 일부는 투과되고 나머지는 반사되는 현상이 발생한다.

(2) 변이점에서의 반사 계수 및 투과 계수

- 반사 계수 $\beta = \dfrac{Z_2 - Z_1}{Z_2 + Z_1} = \dfrac{e_r}{e_i}$
- 투과 계수 $\alpha = \dfrac{2Z_2}{Z_2 + Z_1} = \dfrac{e_t}{e_i}$

단, Z_1: 전원 측 임피던스[Ω], Z_2: 부하 측 임피던스[Ω]

독학이 쉬워지는 기초개념

무반사 조건
$\beta = 0$, 즉 $Z_1 = Z_2$

기출예제

서지파가 파동 임피던스 Z_1의 선로 측에서 파동 임피던스 Z_2의 선로 측으로 진행할 때 반사 계수 β는?

① $\beta = \dfrac{Z_2 - Z_1}{Z_1 + Z_2}$ ② $\beta = \dfrac{2Z_2}{Z_1 + Z_2}$

③ $\beta = \dfrac{Z_2 - Z_1}{Z_1 - Z_2}$ ④ $\beta = \dfrac{2Z_1}{Z_1 + Z_2}$

| 해설 |
반사 계수: $\beta = \dfrac{Z_2 - Z_1}{Z_2 + Z_1}$

답 ①

독학이 쉬워지는 기초개념

송전용 피뢰기

THEME 03 이상 전압 방지 대책

1 방지 대책

(1) 가공 지선을 철탑 상부에 설치한다.
(2) 매설 지선을 설치하여 철탑의 접지 저항을 저감한다.
(3) 건축물 최상부에 피뢰침을 설치한다.
(4) 송전용 피뢰기 및 아킹혼을 설치한다.
(5) 변전소 내부에 피뢰기를 설치한다.
(6) 적당한 절연 협조를 설계한다.
(7) 서지 흡수기를 설치한다.

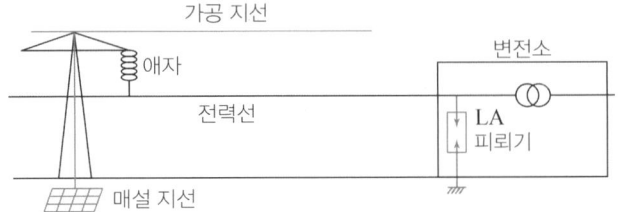

▲ 전력 계통의 이상 전압 방호 장치 설치 개념도

기출예제

이상 전압에 대한 방호 장치가 아닌 것은?

① 피뢰기　　② 가공 지선
③ 방전 코일　④ 서지 흡수기

| 해설 |
이상 전압 방지 장치에는 가공 지선, 매설 지선, 피뢰기, 서지 흡수기가 있다. 방전 코일은 콘덴서 개방 시 잔류 전하를 방전하기 위한 장치이다.

답 ③

2 피뢰기(LA)

(1) 피뢰기의 구조 및 역할
　① 직렬갭: 이상 전압이 침입하면 즉시 방전을 개시해 전압 상승을 억제하고, 속류를 차단한다.
　② 특성 요소: 이상 전압 방전 후 일정 값 이하가 되면 즉시 방전을 정지하여 원래 송전 상태로 복귀한다.

(2) **피뢰기 구비 조건**
　① 충격 방전 개시 전압이 낮을 것
　② 상용 주파 방전 개시 전압이 높을 것
　③ 속류 차단 능력이 충분할 것
　④ 방전 내량이 크면서 제한 전압이 낮을 것

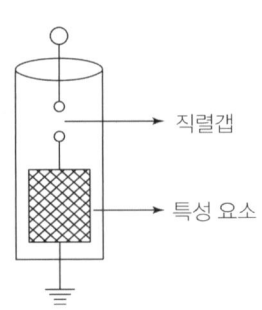

▲ 피뢰기의 구성 요소

충격 방전 개시 전압
피뢰기 단자 간에 충격 전압이 인가될 때 방전을 개시하는 전압(최댓값)

(3) 피뢰기의 정격 전압과 제한 전압
   ① 정격 전압: 피뢰기에서 속류를 차단할 수 있는 최고 상용 주파수 교류 전압의 실효값
   ② $E_R = \alpha \times \beta \times V_m$
   E_R: 피뢰기 정격 전압
   α: 접지 계수(유효 접지 계통: 1.1~1.3)
   β: 여유도(1.15)
   V_m: 계통의 최고 선간 전압
   ③ 제한 전압: 피뢰기의 동작으로 내습한 충격파 전압이 방전으로 저하되어 피뢰기의 단자 간에 남는 충격 전압

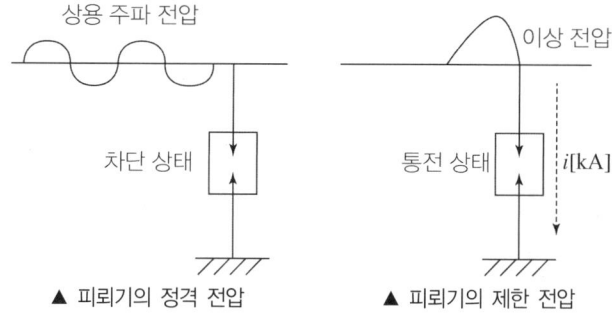

▲ 피뢰기의 정격 전압   ▲ 피뢰기의 제한 전압

   ④ 절연 협조는 피뢰기에서의 제한 전압에 따라 달라져서 피뢰기의 설치 목적은 변압기를 보호하기 위함이다.
   ⑤ 기준 충격 절연 강도(BIL): 기기의 절연을 표준화하고 통일된 절연 체계를 구성하기 위해 각각의 절연 계급에 대하여 기준 충격 절연강도(BIL)가 정해져 있다.
   $BIL = 5 \times E + 50 [\text{kV}]$ (E: 절연 계급)

3 섬락 및 역섬락

(1) 섬락(Flashover)
   ① 의미: 직격뢰에 의한 전압 진행파가 선로상을 전파하여 철탑에 설치된 애자를 통해 불꽃 방전을 일으키는 것이다.
   ② 방지 대책: 가공 지선의 차폐각을 작게 한다.
(2) 역섬락(Back-flashover)
   ① 의미: 철탑의 접지 저항이 높아 철탑 전위의 파고값(E)이 상승하여 애자를 통하여 송전 선로로 방전하는 것이다.
   ② 방지 대책: 매설 지선 설치로 탑각 접지 저항을 감소 시킨다.

독학이 쉬워지는 기초개념

철탑의 섬락 사고

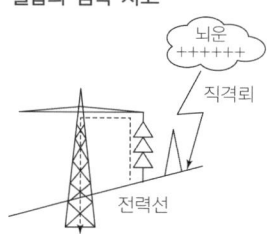

철탑의 역섬락 사고

독학이 쉬워지는 기초개념

기출예제

접지봉으로 탑각의 접지 저항값을 희망하는 접지 저항값까지 줄일 수 없을 때 사용하는 것은?

① 가공 지선 ② 매설 지선 ③ 크로스 본드선 ④ 차폐선

| 해설 |
매설 지선은 가공 지선의 접지 저항값을 작게 하여 역섬락 사고를 방지한다.

답 ②

4 가공 지선의 역할

(1) 직격뢰에 대한 직격 차폐
(2) 유도뢰에 의한 정전 차폐
(3) 전자 유도 장해 경감(차폐선 역할)

5 가공 지선의 차폐각

(1) 가공 지선의 차폐각은 최대한 작게 해야 섬락 사고를 방지한다.
(2) 가공 지선을 2조로 하면 차폐각이 더욱 작아져 차폐 효과가 향상된다.(765[kV] 계통에 적용)
(3) 일반적으로 가공 지선은 송전 선로와 같은 ACSR을 사용한다.

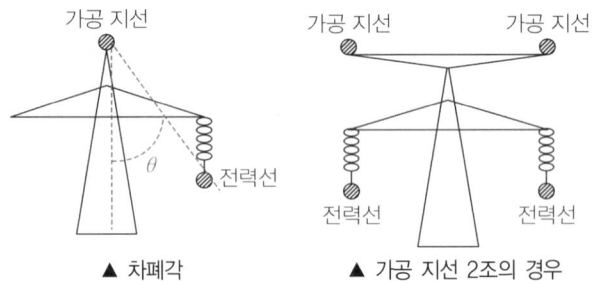

▲ 차폐각   ▲ 가공 지선 2조의 경우

> **(Tip) 강의 꿀팁**
> 차폐각이 작을수록 보호율이 높고 건설비가 비싸다는 것을 알아 두세요.(일반적으로 차폐각은 30°~45°로 사용)

기출예제

가공 지선에 대한 설명으로 틀린 것은?

① 직격뢰에 대해서는 특히 유효하며 전선 상부에 시설하므로 뇌는 주로 가공 지선에 내습한다.
② 가공 지선은 강연선, ACSR 등이 사용된다.
③ 차폐 효과를 높이기 위해 도전성이 좋은 전선을 사용한다.
④ 가공 지선은 전선의 차폐와 진행파의 파고값을 증폭시키기 위해서이다.

| 해설 |
가공 지선
• 철탑의 최상부에 설치되어 직격뢰로부터 전력선을 보호
• 가공 지선은 보통 ACSR 전선이나 강연선을 사용
• 가공 지선의 차폐각이 작을수록 차폐 효율이 향상

답 ④

THEME 04 개폐기

1 차단기(CB)

(1) 차단기는 평상 시 부하 전류를 개폐하고, 고장 시 발생하는 대전류를 빠르게 차단하여 고장 구간을 신속히 분리하는 개폐기이다.

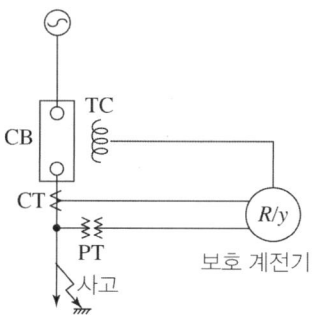

▲ 차단기의 개념도

(2) 소호 원리에 따른 고압용 차단기 종류

종류	소호 원리
유입 차단기(OCB)	소호실에서 아크의 열에 의한 절연유 분해에 따른 가스 소호력을 이용
공기 차단기(ABB)	압축 공기의 강한 소호력 이용(소음이 크다.)
진공 차단기(VCB)	진공 상태에서의 아크의 급속한 확산 효과를 이용하여 소호
자기 차단기(MBB)	자기 회로에서의 자기력에 의해 아크를 끌어당겨 소호
가스 차단기(GCB)	절연 특성이 매우 뛰어난 SF_6 가스의 강력한 소호 작용 이용

기출예제

중요도 배전 계통에서 사용하는 고압용 차단기의 종류가 아닌 것은?

① 기중 차단기(ACB) ② 공기 차단기(ABB)
③ 진공 차단기(VCB) ④ 유입 차단기(OCB)

| 해설 |
기중 차단기(ACB)는 소호 매질을 일반 대기 상태에서 자연 소호 원리를 적용하므로 고압에서는 소호 능력이 작아 사용하지 못하고, 주로 저압용으로 사용되는 차단기이다.
- 고압용 차단기의 종류
  - VCB(진공 차단기)
  - MBB(자기 차단기)
  - ABB(공기 차단기)
  - OCB(유입 차단기)
  - GCB(가스 차단기)

답 ①

독학이 쉬워지는 기초개념

TC(Trip Coil: 트립 코일)
보호 계전기 동작 신호에 의해 여자되어 차단기를 개로시키는 장치

Tip 강의 꿀팁
저압용 차단기로는 기중 차단기(ACB)가 있어요.

SF_6 가스의 특징
- 무독, 무취, 무색 가스이고 유독 가스를 발생하지 않는다.
- 보수·점검이 쉽다.
- 난연성, 불활성 가스이다.
- 소호 능력이 공기의 100~200배이다.
- 절연 내력이 공기의 2~3배이다.

독학이 쉬워지는 기초개념

(3) 차단기의 정격 차단 용량

$$P_s = \sqrt{3}\, VI_s [\text{MVA}]$$

단, V: 정격 전압[kV]($=$ 공칭 전압$\times \frac{1.2}{1.1}$)

I_s: 정격 차단 전류[kA]

(4) **차단기의 차단 시간**: 정격 차단 시간 = 개극 시간과 아크 소호 시간을 합친 시간이다.(보통 3~8[Cycle])

(5) **차단기의 정격 투입 전류**: 차단기 투입 전류의 최초 주파수의 최대값으로 표시되며, 크기는 정격 차단 전류(실효값)의 2.5배를 표준으로 한다.

(6) **차단기의 표준 동작 책무**
  차단기의 일정 시간 간격을 두고 행해지는 동작을 규정한 것이다.
  ① 일반용(갑호): O-1분-CO-3분-CO
  ② 일반용(을호): CO-15초-CO
  ③ 고속도 재투입용: O-t(임의의 시간)-CO-1분-CO
   (여기서, O: Open(차단), CO: Close 후 Open(투입 후 차단))

(7) **차단기 트립 방식**
  ① DC 전압 방식(직류 전원 투입 방식)
  ② CTD 방식(콘덴서 트립 방식)
  ③ CT 2차 전류 트립 방식
  ④ 부족 전압 트립 방식

2 단로기(DS)

(1) 단로기는 선로로부터 기기를 분리, 구분, 변경할 때 사용되는 개폐 장치이다.
(2) 단로기는 차단기와 달리 내부에 소호 장치가 없으므로 고장 전류나 부하 전류를 차단할 수 없으며 무부하 상태에서만 회로를 개폐할 수 있다.
(3) **차단기와 단로기 조작 순서**(인터록 장치)
  ① 투입 시: 단로기(DS) 투입 → 차단기(CB) 투입
  ② 차단 시: 차단기(CB) 개방 → 단로기(DS) 개방

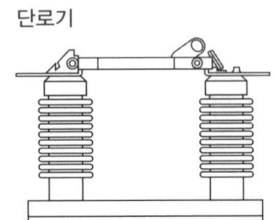
단로기

기출예제

부하 전류의 차단 능력이 없는 것은?

① DS ② NFB
③ OCB ④ VCB

| 해설 |
- 단로기(DS): 소호 장치가 없으므로 무부하 상태에서만 개폐가 가능하다.(부하 전류 및 고장 전류는 차단 불가)
- 차단기(CB): 소호 장치가 있으므로 부하 전류, 과전류 및 고장 전류 차단이 가능하다.
  - OCB(유입 차단기)
  - VCB(진공 차단기)
  - NFB(배선용 차단기): No Fuse Breaker(MCCB)

| 답 | ①

3 전력 퓨즈(PF)

(1) 전력 퓨즈는 주로 단락 전류를 차단하기 위한 보호 장치이다.

(2) 전력 퓨즈의 역할

① 부하 전류는 안전하게 통전시킨다.

② 이상 전류는 즉시 차단시킨다.

(3) 전력 퓨즈의 장·단점

장점	단점
• 소형으로 큰 차단 용량을 갖는다. • 고속도 차단할 수 있다. • 현저한 한류 특성을 갖는다. • 한류형은 차단 시 무소음, 무방출이다.	• 재투입이 불가능하다.(최대 단점) • 과전류에 용단되기 쉽고 결상을 일으킬 우려가 있다. • 한류형 퓨즈는 용단되어도 차단되지 않는 범위가 있다.(비보호 영역이 있다.)

(4) 전력 퓨즈 선정 시 고려 사항

① 과부하 전류에 동작하지 않을 것

② 변압기 여자 돌입 전류에 동작하지 않을 것

③ 전동기 기동 전류에 동작하지 않을 것

④ 타 기기와 보호 협조를 가질 것

(5) 퓨즈의 특성

① 용단 특성

② 단시간 허용 특성

③ 전차단 특성

독학이 쉬워지는 기초개념

전력 퓨즈(PF)

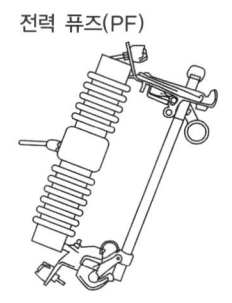

기출예제

전력용 퓨즈에 대한 설명 중 틀린 것은?

① 정전 용량이 크다.

② 차단 용량이 크다.

③ 보수가 간단하다.

④ 가격이 저렴하다.

| 해설 |

전력 퓨즈(PF)

• 소형으로서 차단 용량이 크다.

• 구조가 간단하고 보수도 용이하다.

• 구조가 간단하여 가격이 저렴하다.

• 일시적인 과전류나 과도 전류에 퓨즈가 용단되는 단점이 있다.

답 ①

독학이 쉬워지는 기초개념

강의 꿀팁

GIS(가스 절연 개폐 장치)의 구성품
- 차단기(CB)
- 단로기(DS)
- 계기용 변압기(PT)
- 변류기(CT)

4 절연 협조

(1) 계통 내의 각 기기, 기구 및 애자 등의 상호 간에 적정한 절연 강도를 지니게 함으로써 계통 설계를 합리적, 경제적으로 할 수 있게 한 것을 말한다.

(2) 절연 협조의 기준: 피뢰기의 제한 전압

(3) 154[kV] 계통의 절연 협조

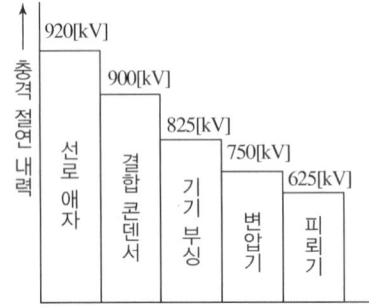

▲ 154[kV] 송전 계통 절연 협조

CHAPTER 07 CBT 적중문제

01
송배전 계통에 발생하는 이상 전압의 내부적 원인이 아닌 것은?

① 선로의 개폐 ② 직격뢰
③ 아크 접지 ④ 선로의 이상 상태

해설
외부 이상 전압: 직격뢰와 유도뢰

02
뇌해 방지와 관계가 없는 것은?

① 매설 지선 ② 가공 지선
③ 소호각 ④ 댐퍼

해설 직격뢰로부터 전력선을 보호하는 뇌해 방지 장치
- 가공 지선
- 매설 지선
- 소호각

댐퍼는 전선의 진동 방지 장치이다.

03
파동 임피던스 $Z_1 = 500[\Omega]$, $Z_2 = 300[\Omega]$인 두 무손실 선로 사이에 그림과 같이 저항 R을 접속하였다. 제1선로에서 구형파가 진행하여 왔을 때 무반사로 하기 위한 R의 값은 몇 $[\Omega]$인가?

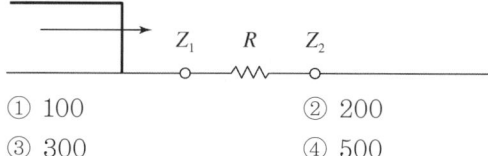

① 100 ② 200
③ 300 ④ 500

해설
반사 계수는 $\beta = \dfrac{Z_L - Z_0}{Z_L + Z_0}$이며 무반사가 되기 위해서는 $\beta = 0$, 즉 $Z_L = Z_0$이면 된다. 따라서 $500 = 300 + R$에서 $R = 200[\Omega]$이다.

04
임피던스 Z_1, Z_2 및 Z_3를 그림과 같이 접속한 선로의 A쪽에서 전압파 E가 진행해 왔을 때 접속점 B에서 무반사로 되기 위한 조건은?

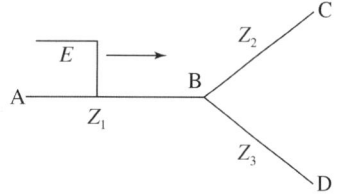

① $Z_1 = Z_2 + Z_3$ ② $\dfrac{1}{Z_3} = \dfrac{1}{Z_1} + \dfrac{1}{Z_2}$
③ $\dfrac{1}{Z_1} = \dfrac{1}{Z_2} + \dfrac{1}{Z_3}$ ④ $\dfrac{1}{Z_2} = \dfrac{1}{Z_1} + \dfrac{1}{Z_3}$

해설
무반사 조건: 전선 접속점의 좌측과 우측 전선의 임피던스가 같아야 한다.
Z_2와 Z_3는 병렬 연결되어 있으므로
$$Z_1 = \dfrac{Z_2 Z_3}{Z_2 + Z_3}$$
위 식의 역수를 취하면
$$\dfrac{1}{Z_1} = \dfrac{Z_2 + Z_3}{Z_2 Z_3} = \dfrac{1}{Z_2} + \dfrac{1}{Z_3}$$

05
송전 선로에 가공 지선을 설치하는 목적은?

① 코로나 방지 ② 뇌에 대한 차폐
③ 선로 정수의 평형 ④ 철탑 지지

해설 가공 지선
- 직격뢰 차폐
- 유도뢰 차폐
- 통신선의 전자 유도 장해 경감

| 정답 | 01 ② 02 ④ 03 ② 04 ③ 05 ②

06
직격뢰에 대한 방호 설비로 가장 적당한 것은 어느 것인가?

① 복도체
② 가공 지선
③ 서지 흡수기
④ 정전 방전기

해설
- 가공 지선: 직격뢰 및 유도뢰로부터 전력선 보호
- 매설 지선: 가공 지선의 접지 저항 감소로 역섬락 방지

07
송전선에의 뇌격에 대한 차폐 등으로 가선하는 가공 지선에 대한 설명 중 옳은 것은?

① 차폐각은 보통 15°~30° 정도로 하고 있다.
② 차폐각이 클수록 벼락에 대한 차폐 효과가 크다.
③ 가공 지선을 2선으로 하면 차폐각이 적어진다.
④ 가공 지선으로는 연동선을 주로 사용한다.

해설 가공 지선
- 직격뢰나 유도뢰로부터 송전선의 보호 역할
- 가공 지선의 차폐각을 작게 하려면 2조를 설치
- 차폐각은 보통 30°~45° 정도로 설계
- 가공 지선은 전력선과 같은 ACSR을 사용
- 차폐각이 작을수록 차폐 효과 우수

08
송전 선로의 절연 설계에 있어서 주된 결정 사항으로 옳지 않은 것은?

① 애자련의 개수
② 전선과 지지물과의 이격거리
③ 전선 굵기
④ 가공 지선의 차폐 각도

해설 송전 선로의 절연 설계 시 고려 사항
- 적정한 송전 선로용 현수 애자의 개수를 선정한다.
- 전선과 철탑 암 간의 이격거리를 크게 한다.
- 가공 지선의 차폐 각도를 좁게 한다.
- 매설 지선의 설치로 철탑의 접지 저항을 감소시킨다.

09
송전 선로에서 매설 지선을 사용하는 주된 목적은?

① 코로나 전압을 저감시키기 위하여
② 뇌해를 방지하기 위하여
③ 탑각 접지 저항을 줄여서 역섬락을 방지하기 위하여
④ 인축의 감전 사고를 막기 위하여

해설
매설 지선은 탑각 접지 저항값을 작게 하여 역섬락 사고를 방지한다.

10
피뢰기의 구조는 어떻게 구성되는가?

① 특성 요소와 소호 리액터
② 특성 요소와 콘덴서
③ 소호 리액터와 콘덴서
④ 특성 요소와 직렬갭

해설 피뢰기
특성 요소(SiC)와 직렬갭으로 구성

11
피뢰기의 직렬갭(Gap)의 작용으로 가장 옳은 것은?

① 이상 전압의 진행파를 증가시킨다.
② 상용 주파수의 전류를 방전시킨다.
③ 이상 전압이 내습하면 뇌전류를 방전하고, 상용 주파수의 속류를 차단하는 역할을 한다.
④ 뇌전류 방전 시의 전위 상승을 억제하여 절연 파괴를 방지한다.

해설
피뢰기 직렬갭의 역할은 이상 전압 침입(내습) 시 신속히 방전시키고 속류를 차단하는 것이다.

12
피뢰기가 그 역할을 잘 하기 위하여 구비되어야 할 조건으로 틀린 것은?

① 속류를 차단할 것
② 내구력이 높을 것
③ 충격 방전 개시 전압이 낮을 것
④ 제한 전압은 피뢰기의 정격 전압과 같게 할 것

해설 피뢰기 구비 조건
- 충격 방전 개시 전압이 낮을 것
- 상용 주파 방전 개시 전압이 높을 것
- 방전 내량이 크고, 제한 전압이 낮을 것
- 속류의 차단 능력이 충분할 것

13
유효 접지 계통에서 피뢰기의 정격 전압을 결정하는 데 가장 중요한 요소는?

① 선로 애자련의 충격 섬락 전압
② 내부 이상 전압 중 과도 이상 전압의 크기
③ 유도뢰의 전압의 크기
④ 1선 지락 고장 시 건전상의 대지 전위

해설
피뢰기의 정격 전압은 피뢰기가 동작하지 않는 상태에서 피뢰기 양단 간의 전압이다. 1선 지락 고장 시 건전상의 대지 전위가 어느 정도 되는지를 파악하여 결정해야 한다.

14
변전소, 발전소 등에 설치하는 피뢰기에 대한 설명 중 틀린 것은?

① 정격 전압은 상용 주파 정현파 전압의 최고 한도를 규정한 순시값이다.
② 피뢰기의 직렬갭은 일반적으로 저항으로 되어 있다.
③ 방전 전류는 뇌충격 전류의 파고값으로 표시한다.
④ 속류란 방전 현상이 실질적으로 끝난 후에도 전력 계통에서 피뢰기에 공급되어 흐르는 전류를 말한다.

해설
피뢰기의 정격 전압은 속류를 차단할 수 있는 최고의 교류 전압을 말한다.

15
이상 전압의 파고값을 저감시켜 전력 사용 설비를 보호하기 위하여 설치하는 것은?

① 피뢰기　　② 초호환
③ 계전기　　④ 접지봉

해설
피뢰기는 이상 전압 침입 시 파고치를 저감시켜 전력 설비를 보호하는 장치이다.

16
피뢰기의 제한 전압이란?

① 상용 주파 전압에 대한 피뢰기의 충격 방전 개시 전압
② 충격파 침입 시 피뢰기의 충격 방전 개시 전압
③ 피뢰기가 충격파 방전 종료 후 언제나 속류를 확실히 차단할 수 있는 상용 주파 최대 전압
④ 충격파 전류가 흐르고 있을 때의 피뢰기 단자 전압

해설
피뢰기의 제한 전압은 피뢰기가 동작 중 충격파 전류가 흐르고 있을 때의 피뢰기의 단자 전압을 의미한다.

17
$154[\text{kV}]$ 송전 선로의 철탑에 $90[\text{kA}]$의 직격 전류가 흐를 때 역섬락을 일으키지 않을 탑각 접지 저항으로 적합한 것은?(단, $154[\text{kV}]$의 송전선에서 1련의 애자수는 9개를 사용하였고, 이때 애자의 섬락 전압은 $860[\text{kV}]$이다.)

① 9　　② 14
③ 17　　④ 21

해설
역섬락은 탑각 접지 저항에 의한 전압 강하가 애자의 섬락 전압보다 클 때 애자를 통해 철탑에서 전선 쪽으로 발생한다. 따라서 역섬락을 일으키지 않으려면 탑각 접지 저항(R)에 의한 전압 강하를 애자의 섬락 전압보다 작게 해야 한다.
$90[\text{kA}] \times R < 860[\text{kV}]$에서 $R < \dfrac{860}{90} = 9.56[\Omega]$이므로 보기 중 탑각 접지 저항으로 적합한 것은 ① $9[\Omega]$이다.

18
차단기의 정격 투입 전류란 투입되는 전류의 최초 주파수의 어느 값을 말하는가?

① 평균값　　② 최댓값
③ 실효값　　④ 직류값

해설
차단기의 투입 전류의 최초 주파수의 최댓값으로 표시되며 크기는 정격 차단 전류(실효값)의 2.5배를 표준으로 한다.

19
진공 차단기의 특징에 적합하지 않은 것은?

① 화재 위험이 거의 없다.
② 소형 경량이고 조작 기구가 간단하다.
③ 동작 시 소음이 크지만 소호실의 보수가 거의 필요하지 않다.
④ 차단 시간이 짧고 차단 성능이 회로 주파수의 영향을 받지 않는다.

해설 진공 차단기(VCB)
- 고진공 상태에서의 낮은 압력에서 아크가 확산, 소호되는 원리를 이용한 차단기이다.
- 소호실이 진공 상태의 밀폐 구조이므로 소음이 작다.
- 차단 능력이 우수하고 가격이 싸다.
- 화재 위험이 적다.
- 소형, 경량이다.

20
차단기가 전류를 차단할 때 재점호가 일어나기 쉬운 차단 전류는?

① 동상 전류　　② 지상 전류
③ 진상 전류　　④ 단락 전류

해설
계통이 무부하 시 진상 전류(충전 전류)가 흐르게 되므로 이때 차단기의 재점호가 많이 발생한다.

21
차단기의 정격 차단 시간은?

① 고장 발생부터 소호까지의 시간
② 가동 접촉자 시동부터 소호까지의 시간
③ 트립 코일 여자부터 소호까지의 시간
④ 가동 접촉자 개구부터 소호까지의 시간

해설
차단기의 정격 차단 시간은 차단기의 트립 코일 여자 순간부터 아크의 완전 소호까지의 시간(보통 3~8 사이클)이다.

22
3상 차단기의 정격 차단 용량을 나타낸 것은?

① $\sqrt{3} \times$ 정격 전압 $\times$ 정격 전류
② $\frac{1}{\sqrt{3}} \times$ 정격 전압 $\times$ 정격 전류
③ $\sqrt{3} \times$ 정격 전압 $\times$ 정격 차단 전류
④ $\frac{1}{\sqrt{3}} \times$ 정격 전압 $\times$ 정격 차단 전류

해설 3상 차단기의 정격 차단 용량
$P_s = \sqrt{3}\,VI_s\,[\text{MVA}]$ (V: 정격 전압[kV], I_s: 정격 차단 전류[kA])

23
3상용 차단기의 정격 전압은 $170[\text{kV}]$이고 정격 차단 전류가 $50[\text{kA}]$일 때 차단기의 정격 차단 용량은 약 몇 $[\text{MVA}]$인가?

① 5,000
② 10,000
③ 15,000
④ 2,000

해설 3상용 차단기의 정격 차단 용량
$P_s = \sqrt{3}\,VI_s = \sqrt{3}\times 170\times 50 = 14{,}722[\text{MVA}]$
(여기서, V: 정격 전압[kV], I_s: 정격 차단 전류[kA])

24
자가용 변전소의 1차 측 차단기의 용량을 결정할 때 가장 밀접한 관계가 있는 것은?

① 부하 설비 용량
② 공급 측의 단락 용량
③ 부하의 부하율
④ 수전 계약 용량

해설 자가용 변전소의 1차 측 차단기의 용량은 공급 측 단락 용량 이상의 값으로 정해진다.

25
초고압용 차단기에 사용되는 개폐 저항기의 목적은?

① 차단 속도 증진
② 차단 전류 감소
③ 차단 전류의 역률 개선
④ 개폐 서지 이상 전압 억제

해설 개폐 저항기는 차단기와 병렬로 설치되는 것(개폐기+저항)으로서 차단기 차단 시 발생하는 개폐 서지(이상 전압)를 억제한다.

26
다음 중 SF_6 가스 차단기의 특징이 아닌 것은?

① 밀폐 구조로 소음이 작다.
② 근거리 고장 등 가혹한 재기 전압에 대해서도 우수하다.
③ 아크에 의해 SF_6 가스가 분해되며 유독 가스를 발생시킨다.
④ SF_6 가스의 소호 능력은 공기의 100~200배이다.

해설 SF_6 가스의 특징
- 소호 능력이 공기에 비해 매우 크다.(약 100~200배)
- 가스의 절연 성능이 우수하여 전력 기기를 밀폐 구조로 소형화할 수 있다.
- 무색·무취·무독성 가스이다.
- 가혹한 아크 사고 등에도 절연 성능 저하가 적다.

27
차단기와 차단기의 소호 매질이 틀리게 연결된 것은?

① 공기 차단기 – 압축 공기
② 가스 차단기 – SF_6
③ 자기 차단기 – 진공
④ 유입 차단기 – 절연유

해설 고압 차단기와 소호 매질
- 공기 차단기(ABB): 압축 공기
- 가스 차단기(GCB): SF_6 가스
- 자기 차단기(MBB): 전자력
- 유입 차단기(OCB): 절연유
- 진공 차단기(VCB): 고진공

28
다음 중 부하 전류의 차단 능력이 없는 전력 개폐 장치는?

① 단로기   ② 가스 차단기
③ 유입 개폐기   ④ 진공 차단기

해설
단로기(DS)는 내부에 소호 장치가 없으므로 무부하 상태에서만 개폐가 가능하다.

29
그림과 같은 배전 선로에서 부하의 급전 시와 차단 시의 조작 방법 중 옳은 것은?

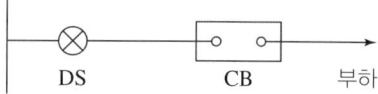

① 급전 시는 DS, CB 순이고, 차단 시는 CB, DS 순이다.
② 급전 시는 CB, DS 순이고, 차단 시는 DS, CB 순이다.
③ 급전 및 차단 시 모두 DS, CB 순이다.
④ 급전 및 차단 시 모두 CB, DS 순이다.

해설
단로기의 인터록 동작: 단로기 내부에 소호 장치가 없으므로 차단기가 반드시 열려 있어야만 단로기를 조작할 수 있도록 한 안전 장치이다.
- 급전(투입) 시 단로기(DS), 차단기(CB) 순으로 조작한다.
- 차단(점검) 시 차단기(CB), 단로기(DS) 순으로 조작한다.

30
전력 계통에서 인터록(Interlock)의 설명으로 적합한 것은?

① 차단기와 단로기는 각각 열리고 닫힌다.
② 차단기가 열려 있어야만 단로기를 닫을 수 있다.
③ 차단기가 닫혀 있어야만 단로기를 닫을 수 있다.
④ 차단기의 접점과 단로기의 접점이 동시에 투입될 수 있다.

해설
- 차단기: 내부에 소호 장치가 있어 고장 전류 및 부하 전류를 차단시킬 수 있다.
- 단로기: 내부에 소호 장치가 없으므로 무부하 상태에서만 회로를 개폐할 수 있다.
- 인터록: 차단기가 개방되어 있는(열려 있는) 무부하 상태에서만 단로기를 작동시킬(닫을) 수 있도록 한 안전 장치이다.

31
단로기에 대한 설명으로 틀린 것은?

① 소호 장치가 있어 아크를 소멸시킨다.
② 무부하 및 여자 전류의 개폐에 사용된다.
③ 배전용 단로기는 보통 디스커넥팅바로 개폐한다.
④ 회로의 분리 또는 계통의 접속 변경 시 사용한다.

해설
단로기(DS)는 내부에 소호 장치가 없으므로 무부하 상태에서만 개폐가 가능하다. 회로의 분리 또는 계통의 접속 변경 시 사용한다.

32
전력 퓨즈(Power Fuse)는 고압, 특고압 기기의 주로 어떤 전류의 차단을 목적으로 설치하는가?

① 충전 전류   ② 부하 전류
③ 단락 전류   ④ 영상 전류

해설
전력 퓨즈(PF)는 계통의 단락 사고 시 퓨즈가 녹아 끊어지면서(용단) 단락 전류를 차단하는 보호 장치이다.

33
$345[kV]$ 송전 계통의 절연 협조에서 충격 절연 내력의 크기 순으로 나열한 것은?

① 선로 애자 > 차단기 > 변압기 > 피뢰기
② 선로 애자 > 변압기 > 차단기 > 피뢰기
③ 변압기 > 차단기 > 선로 애자 > 피뢰기
④ 변압기 > 선로 애자 > 차단기 > 피뢰기

해설
절연 내력이 큰 순서는 '선로 애자 > 차단기, 단로기 > 변압기 > 피뢰기의 제한 전압'이다.

34
송전 계통에서 절연 협조의 기본이 되는 것은?

① 애자의 섬락 전압
② 권선의 절연 내력
③ 피뢰기의 제한 전압
④ 변압기 부싱의 섬락 전압

해설
계통의 절연 레벨이 큰 순서를 열거하면 '송전 애자 > 차단기, 단로기 > 변압기 > 피뢰기(제한 전압)'이다.

35
계통 내의 각 기기, 기구 및 애자 등의 상호 간에 적정한 절연 강도를 지니게 함으로써 계통 설계를 합리적으로 하는 것은?

① 기준 충격 절연 강도
② 절연 협조
③ 절연 계급 선정
④ 보호 계전 방식

해설
절연 협조는 계통에서 발생하는 이상 전압으로부터 각 전력 기기를 보호하기 위해 계통 내의 전력 기기의 절연을 합리적·경제적으로 설계하는 것이다.

36
최근에 우리나라에서 많이 채용되고 있는 가스 절연 개폐 설비(GIS)의 특징으로 틀린 것은?

① 대기 절연을 이용한 것에 비해 현저하게 소형화할 수 있으나 비교적 고가이다.
② 소음이 적고 충전부가 완전한 밀폐형으로 되어 있기 때문에 안정성이 높다.
③ 가스 압력에 대한 엄중 감시가 필요하며, 내부 점검 및 부품 교환이 번거롭다.
④ 한랭지, 산악 지방에서도 액화 방지 및 산화 방지 대책이 필요 없다.

해설
가스 절연 개폐 설비(GIS)에서 사용하는 SF_6 가스는 한랭지에서 날씨가 추워지면 기체가 액체 상태로 액화되므로 액화 방지용 히터 장치가 필요하다.

37
가스 절연 개폐 장치(GIS)의 내장 기기가 아닌 것은?

① 차단기
② 단로기
③ 주변압기
④ 계기용 변압기

해설 가스 절연 개폐 장치(GIS)의 내장 기기
- 차단기(CB)
- 단로기(DS)
- 계기용 변압기(PT)

주변압기는 그 크기가 커서 가스 절연 개폐 장치 내에 넣기 어렵다.

| 정답 | 34 ③ 35 ② 36 ④ 37 ③

보호 계전기

1. 보호 계전 시스템
2. 보호 계전기의 종류
3. 비율 차동 계전기 및 거리 계전기
4. 송전 선로의 단락 사고 보호
5. 표시선 보호 계전 방식
6. 계기용 변성기

학습 전략

기본적인 내용을 학습하는 데 중점을 두어야 합니다. 각 발전기, 변압기, 송전 선로, 모선 등 대표적인 전력 설비에 대한 적용 보호 계전기가 무엇인지를 파악해 두는 것이 중요합니다. 또한 보호 계전기의 구비 조건 및 보호 계전기의 동작 시간에 따른 특성 분류에 대해서도 정리하고 송전 선로의 종류에 따른 단락 사고 보호 방식이 어떻게 적용되는지 알아 두어야 합니다.

CHAPTER 08 | 흐름 미리보기

1. 보호 계전 시스템
- 보호 계전 시스템의 정의
- 보호 계전기의 구비 요건

2. 보호 계전기의 종류
- 동작 시간에 따른 보호 계전기의 종류
- 용도에 따른 보호 계전기의 종류

3. 비율 차동 계전기 및 거리 계전기
- 비율 차동 계전기의 용도
- 비율 차동 계전기의 구조 및 결선도
- 거리 계전기

6. 계기용 변성기
- PT와 CT의 비교
- 정격 부담(Burden)
- MOF(Metering Out Fit, 전력 수급용 계기용 변성기, PCT)
- 변류비 선정

5. 표시선 보호 계전 방식
- 표시선 보호 시스템의 용도
- 표시선 계전 방식의 종류
- 전력선 반송 보호 계전 시스템

4. 송전 선로의 단락 사고 보호
- 전원이 1단에만 있는 방사상 선로의 보호
- 전원이 양단에 있는 방사상 선로의 보호
- 전원이 1단에만 있는 환상 선로의 보호
- 전원이 2개소 이상에 있는 환상 선로의 보호

NEXT **CHAPTER 09**

CHAPTER 08 보호 계전기

독학이 쉬워지는 기초개념

TC: Trip Coil(트립 코일)
보호 계전기로부터 동작 신호를 받아 여자되어 차단기의 가동 접점을 개방시키는 기구

THEME 01 보호 계전 시스템

1 보호 계전 시스템의 정의

전력 계통의 운전 상태를 계기용 변압기와 변류기를 통해 확인한 후 동작 신호를 트립 코일에 보내어 차단기를 동작시켜 전력 계통을 보호하는 것을 말한다.

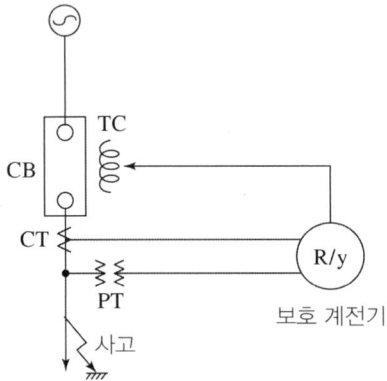

▲ 보호 계전 시스템 개념도

2 보호 계전기의 구비 요건

(1) 보호 계전기 동작이 정확하고 신속할 것(감도가 예민할 것)
(2) 오래 사용해도 특성 변화가 없을 것
(3) 고장 정도 및 위치를 정확히 파악할 것
(4) 소비 전력이 적고 경제적일 것
(5) 후비 보호 능력이 있을 것
(6) 열적, 기계적으로 견고할 것

THEME 02 보호 계전기의 종류

1 동작 시간에 따른 보호 계전기의 종류

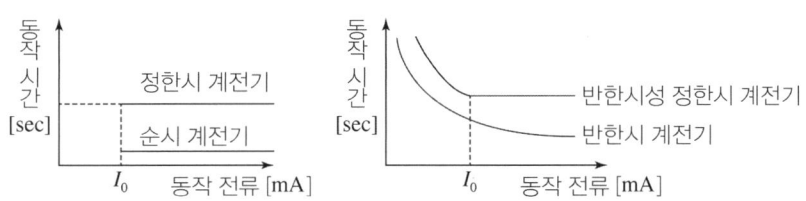

▲ 동작 시간에 따른 보호 계전기의 종류

(1) 순시(순한시) 계전기: 동작 전류 이상에서 즉시 동작하는 계전기
(2) 정한시 계전기: 동작 전류 이상에서 일정 시간 경과 후 동작하는 계전기
(3) 반한시 계전기: 동작 전류가 작을 때에는 늦게 동작하고, 동작 전류가 클 때에는 빨리 동작하는 계전기
(4) 반한시성 정한시 계전기: 동작 전류가 적은 동안 반한시 특성을 갖고, 그 이상에서는 정한시 특성을 갖는 계전기

기출예제

고장 즉시 동작하는 특성을 갖는 계전기는?

① 순시 계전기
② 정한시 계전기
③ 반한시 계전기
④ 반한시성 정한시 계전기

| 해설 |
보호 계전기의 동작 시간에 따른 종류
- 순시 계전기: 최소 동작 전류 이상이 흐르면 전류의 크기에 관계없이 즉시 동작하는 것
- 정한시 계전기: 최소 동작 전류 이상이 흐르면 전류의 크기에 관계없이 일정한 시간이 지난 후 동작하는 것
- 반한시 계전기: 동작 시간이 전류값의 크기에 따라 변하는 것으로 전류값이 클수록 빠르게 동작하고, 반대로 전류값이 작아질수록 느리게 동작하는 것
- 반한시성 정한시 계전기: 위의 반한시 계전기와 정한시 계전기를 조합한 것으로 어느 전류값까지는 반한시성이지만 그 이상이 되면 정한시로 동작하는 것

답 ①

2 용도에 따른 보호 계전기의 종류

(1) 과전류 계전기(OCR): 일정 값 이상의 전류가 흐를 때 동작하는 계전기
(2) 과전압 계전기(OVR): 전압이 일정 값 이상이 되었을 때 동작하는 계전기
(3) 부족 전압 계전기(UVR): 전압이 일정 값 이하가 되었을 때 동작하는 계전기
(4) 지락(접지) 계전기(GR): 지락 사고 시 발생하는 지락 전류에 동작하는 계전기 (ZCT에 의해 검출된 영상 전류로 동작하며 지락 보호 용도로도 사용된다.)
(5) 선택 지락 계전기(SGR): 병행 2회선 송전 선로에서 지락 사고 시 지락이 발생한 회선만 검출하여 선택, 차단하는 지락 계전기

독학이 쉬워지는 기초개념

Tip 강의 꿀팁
동작 시간으로 분류한 보호 계전기의 종류는 자주 출제되므로 꼭 알아 두세요.

병행 2회선
철탑 좌우 양측에 설치된 3상 선로 1회선당 3상 선로 전선 3가닥 × 2회선 = 전선 6가닥

독학이 쉬워지는 기초개념

기출예제

영상 변류기를 사용하는 계전기는?

① 차동 계전기   ② 접지 계전기
③ 과전압 계전기   ④ 과전류 계전기

| 해설 |
영상 변류기(ZCT)는 지락 사고 시 지락 전류(영상 전류)를 검출하여 지락(접지) 계전기를 동작시킨다.

답 ②

THEME 03 비율 차동 계전기 및 거리 계전기

1 비율 차동 계전기의 용도

비율 차동 계전기(87: RDR)는 변류기를 통한 차동 회로에 억제 코일과 동작 코일의 차전류를 이용하여 주로 발전기, 변압기 및 모선(BUS)을 보호하는 보호 계전기이다. (차동 계전기라고도 한다.)

(1) OC: 동작 코일
(2) RC: 억제 코일
(3) 동작 비율: 10 ~ 30[%]

2 비율 차동 계전기의 구조 및 결선도

변압기(TR) 결선	변류기(CT) 결선
△-Y	Y-△
Y-△	△-Y

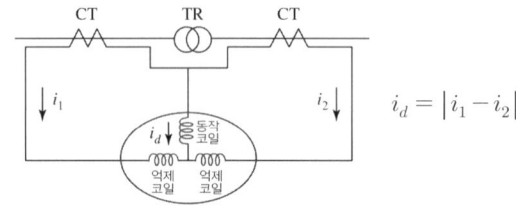

$i_d = |i_1 - i_2|$

▲ 비율 차동 계전기 결선도

기출예제

변압기의 보호 방식에서 차동 계전기는 무엇에 의하여 동작하는가?

① 정상 전류와 역상 전류의 차로 동작한다.
② 정상 전류와 영상 전류의 차로 동작한다.
③ 전압과 전류의 배수의 차로 동작한다.
④ 1차·2차 전류의 차로 동작한다.

| 해설 |
비율 차동 계전기는 변압기의 1차와 2차에 차동 회로를 구성, 계전기를 설치한 보호 계전 방식으로 변압기 1차, 2차의 차전류에 동작한다.

답 ④

3 거리 계전기

(1) 거리 계전기(임피던스 계전기)의 용도
  ① 주로 송전 선로 보호용으로 사용되는 보호 계전기이다.
  ② 계전기 설치점에서 고장점까지의 전기적 거리를 전압, 전류의 크기 및 위상차로 판별하여 동작하는 계전기이다.

(2) 동작 원리
  ① 계전기 설치점의 전압과 전류비로 고장점까지의 거리를 측정한다.
  ② 계전기 정정 임피던스 $Z_s = Z_p \times \dfrac{CT 비}{PT 비}[\Omega]$ (단, Z_p: 선로 임피던스[Ω])
  - $Z_s > Z_F$이면 내부 고장으로 계전기 동작
  - $Z_s < Z_F$이면 외부 고장으로 계전기 부동작
    (단, Z_F: 고장 지점의 임피던스[Ω])

THEME 04 송전 선로의 단락 사고 보호

1 전원이 1단에만 있는 방사상 선로의 보호

(1) 전원이 1단에만 있는 방사상 선로의 특징: 고장 전류는 모두 발전소로부터 방사상으로 흐른다.
(2) 적용되는 계전기: OCR(과전류 계전기)

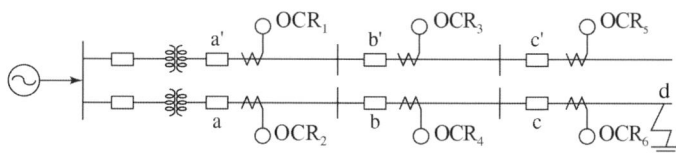

▲ 전원이 1개인 방사상 선로의 단락 보호

2 전원이 양단에 있는 방사상 선로의 보호

(1) 전원이 양단에 있는 경우 단락 전류가 양측에서 흘러 들어가므로 과전류 계전기만으로는 고장 구간을 선택하여 차단할 수 없다.
(2) 이 경우 그림과 같이 단락 방향 계전기(DSR)와 과전류 계전기(OCR)를 조합시켜 보호한다.

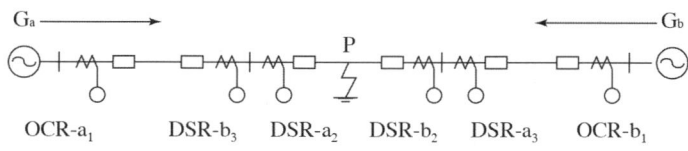

▲ 전원이 2개인 방사상 선로의 단락 보호

독학이 쉬워지는 기초개념

단락 방향 계전기
(방향 단락 계전기)
일정 방향으로 일정 값 이상의 단락 전류가 흐르면 동작한다.

3 전원이 1단에만 있는 환상 선로의 보호

적용 계전기는 단락 방향 계전기(DSR)이다.

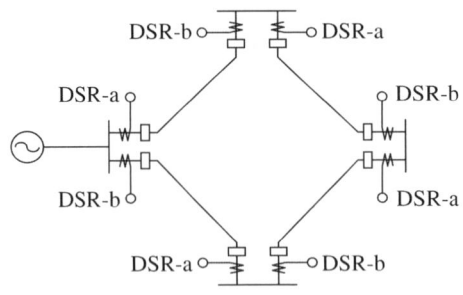

▲ 전원이 1개인 환상 선로의 단락 보호

4 전원이 2개소 이상에 있는 환상 선로의 보호

적용 계전기는 방향 거리 계전기(DZR)이다.

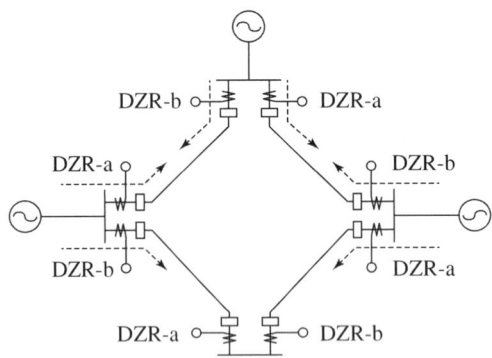

▲ 전원이 2개소 이상인 환상 선로의 단락 보호

기출예제

■■■ 다음 중 환상 선로의 단락 보호에 주로 사용하는 계전 방식은?
① 비율 차동 계전 방식
② 방향 거리 계전 방식
③ 과전류 계전 방식
④ 선택 접지 계전 방식

| 해설 |
환상 선로의 단락 사고 보호 방식
- 방향 단락 계전 방식: 전원이 1개소에 있는 환상 선로
- 방향 거리 계전 방식: 전원이 2개소 이상에 있는 환상 선로

답 ②

THEME 05 표시선 보호 계전 방식

1 표시선 보호 시스템의 용도
(1) 보통 거리 계전기를 이용하여 송전 선로를 보호하지만 거리 계전기는 고장점 위치를 전기적 요소로 추정하여 검출하므로 정확도에 한계가 있다.
(2) 이를 보완한 보호 계전 방식이 표시선 보호 계전 시스템이다.

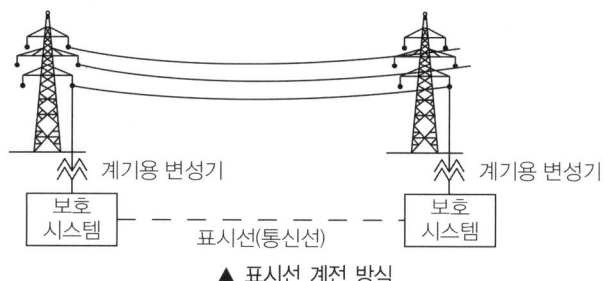

▲ 표시선 계전 방식

2 표시선 계전 방식의 종류
(1) 전류 순환 방식
(2) 전압 반향 방식
(3) 방향 비교 방식

3 전력선 반송 보호 계전 시스템
(1) 의미: 표시선 계전 방식의 표시선(통신 선로)을 없앤 것으로 전력선을 통해 통신 신호를 송·수신한다.
(2) 종류
 ① 방향 비교 방식
 ② 위상 비교 방식
 ③ 고속도 거리 계전기와 조합하는 방식

독학이 쉬워지는 기초개념

결합 콘덴서
전력선 반송 방식에서 전력선의 대전류가 보호 시스템으로 유입되지 않도록 하는 필수적인 선로 결합용 콘덴서

기출예제

보호 계전기의 보호 방식 중 표시선 계전 방식이 아닌 것은?
① 방향 비교 방식
② 위상 비교 방식
③ 전압 반향 방식
④ 전류 순환 방식

| 해설 |
표시선 계전 방식의 종류
• 전류 순환 방식
• 전압 반향 방식
• 방향 비교 방식

답 ②

THEME 06 계기용 변성기

1 PT와 CT의 비교

항목	PT(계기용 변압기)	CT(변류기)
목적	고전압을 저전압으로 변압하여 계기나 계전기에 공급	대전류를 소전류로 변류하여 계기나 계전기에 공급
접속	주회로에 병렬 연결	주회로에 직렬 연결
2차 접속 부하	전압계, 계전기의 전압 코일, 역률계, 임피던스가 큰 부하	전류계, 전원 릴레이의 전류 코일, 차단기의 트립 코일, 전원 임피던스가 작은 부하
2차 정격	정격 전압: 110[V]	정격 전류: 5[A]
점검 시 유의점	2차 측 개방	2차 측 단락
심벌	≩≩	∧∧

기출예제

중요도 22.9[kV], Y 결선된 자가용 수전 설비의 계기용 변압기의 2차 측 정격 전압은 몇 [V]인가?

① 110
② 220
③ $110\sqrt{3}$
④ $220\sqrt{3}$

| 해설 |
- PT(계기용 변압기)의 2차 측 정격 전압: 110[V]
- CT(변류기)의 2차 측 정격 전류: 5[A]

답 ①

2 정격 부담(Burden)

(1) PT와 CT의 2차 측 단자 간 접속되는 부하 한도로, 'VA'로 표시한다.
(2) 부담 임피던스: 부담을 옴(Ohm)으로 표시한 것

$$VA(I) = I^2Z, \quad VA(V) = \frac{V^2}{Z}$$

- $Z[\Omega]$: 특히 명시하지 않는 한 최대 조건하의 부담
- VA(I): 전류 계전기의 VA
- VA(V): 전압 계전기의 VA

3 MOF(Metering Out Fit, 전력 수급용 계기용 변성기, PCT)

(1) 의미: PT와 CT를 하나의 함 내에 설치하여 고전압을 저전압으로, 대전류를 소전류로 변성하여 전력량계에 전원을 공급하는 기기이다.

(2) 전력 수급용 계기용 변성기

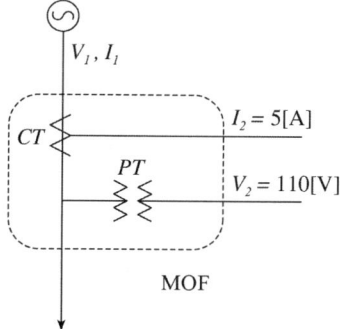

▲ 전력 수급용 계기용 변성기(MOF)

4 변류비 선정

(1) 변압기, 수전 회로

$$변류비 = \frac{최대\ 부하\ 전류}{5} \times (1.25 \sim 1.5)[A]$$

(여기서 $k = 1.25 \sim 1.5$: 변압기의 여자 돌입 전류를 감안한 여유도)

(2) 전동기 회로

$$변류비 = \frac{최대\ 부하\ 전류}{5} \times (2.0 \sim 2.5)[A]$$

(여기서 $k = 2.0 \sim 2.5$: 전동기의 기동 전류를 감안한 여유도)

(3) 전력 수급용 계기용 변성기(MOF)

$$변류비 = \frac{최대\ 부하\ 전류}{5}[A]$$

(∵ MOF에서는 이미 충분한 절연 설계가 되어 있어 여유를 두지 않는다.)

CHAPTER 08 CBT 적중문제

01
보호 계전기에서 요구되는 특성이 아닌 것은?

① 동작이 예민하고 오동작이 없을 것
② 고장 개소를 정확히 선택할 수 있을 것
③ 고장 상태를 식별하여 정도를 파악할 수 있을 것
④ 동작을 느리게 하여 다른 건전부의 송전을 막을 것

해설
보호 계전기의 역할을 수행하기 위해서는 가능한 한 보호 계전기의 동작 속도가 빨라 사고가 다른 건전한 선로나 전력 기기에 대한 영향이 최소화되어야 한다.

02
보호 계전기의 기본 기능이 아닌 것은?

① 확실성   ② 선택성
③ 유동성   ④ 신속성

해설 보호 계전기의 구비 조건
- 동작이 확실하고 신속 정확할 것
- 보호 구간을 정확하게 선택 차단할 것
- 경제적이고 수명이 길 것
- 동작할 때 소비 전력이 적을 것

03
디지털형 계전기의 설명 중 틀린 것은?

① 가동 부분이 없으므로 보수가 용이하다.
② 동작이 고속이고 정정치(Setting value) 부근에서도 그 값이 변하지 않는다.
③ 접점 손상의 문제가 없다.
④ CT의 부담은 크나 PT의 부담이 작으므로 PT의 오차가 낮게 된다.

해설 디지털 계전기
- 가동 부분이 없어 보수가 쉽고 고장이 적다.
- 동작이 고속이고 하나의 계전기로서 여러 기능을 수행할 수 있다.
- 전자파나 노이즈 같은 외부 서지에 약하다.
- CT 및 PT의 부담이 모두 작은 편이다.

04
동작 전류의 크기가 커질수록 동작 시간이 짧게 되는 특성을 가진 계전기는?

① 순한시 계전기
② 정한시 계전기
③ 반한시 계전기
④ 반한시 정한시 계전기

해설
- 순한시 계전기: 최소 동작 전류가 흐르면 즉시 동작하는 계전기
- 정한시 계전기: 최소 동작 전류가 흐르면 일정한 시간이 지난 후 동작하는 계전기
- 반한시 계전기: 동작 전류가 작을 때에는 느리게 동작하고, 동작 전류가 커질수록 빨리 동작하는 계전기

| 정답 | 01 ④ 02 ③ 03 ④ 04 ③

05

최소 동작 전류 이상의 전류가 흐르면 한도를 넘는 양과는 상관없이 즉시 동작하는 계전기는 어느 것인가?

① 순한시 계전기
② 반한시 계전기
③ 정한시 계전기
④ 반한시 정한시 계전기

해설
순한시 계전기는 설정한 최소 동작 전류 이상이 보호 계전기에 흐르면 그 이상이 되는 전류 값과는 상관없이 즉시 동작하는 계전기이다.

06

정정된 값 이상의 전류가 흘렀을 때 동작 전류의 크기와 상관없이 항상 정해진 시간이 경과한 후에 동작하는 보호 계전기는?

① 순시 계전기
② 정한시 계전기
③ 반한시 계전기
④ 반한시성 정한시 계전기

해설
정한시 계전기는 최소 동작 전류가 흐르면 일정한 시간이 지난 후 동작하는 계전기이다.

07

보호 계전기의 반한시성 정한시 특성은?

① 동작 전류가 커질수록 동작 시간이 짧게 되는 특성
② 최소 동작 전류 이상의 전류가 흐르면 즉시 동작하는 특성
③ 동작 전류의 크기에 관계없이 일정한 시간에 동작하는 특성
④ 동작 전류가 적은 동안에는 동작 전류가 커질수록 동작 시간이 짧아지고 어떤 전류 이상이 되면 동작 전류의 크기에 관계없이 일정한 시간에서 동작하는 특성

해설 반한시성 정한시 계전기
동작 전류가 적은 동안에는 동작 전류가 커질수록 동작 시간이 짧아지고 어떤 전류 이상이 되면 동작 전류의 크기에 관계없이 일정한 시간에서 동작하는 특성

08

보호 계전기 동작 속도에 관한 사항으로 한시 특성 중 반한시형을 바르게 설명한 것은?

① 입력 크기에 관계없이 정해진 한시에 동작하는 것
② 입력이 커질수록 짧은 한시에 동작하는 것
③ 일정 입력(200[%])에서 0.2초 이내로 동작하는 것
④ 일정 입력(200[%])에서 0.04초 이내로 동작하는 것

해설 보호 계전기의 동작 시간에 따른 종류
- 순시(순한시) 계전기: 최소 동작 전류 이상이 흐르면 전류의 크기에 관계없이 즉시 동작하는 것
- 정한시 계전기: 최소 동작 전류 이상이 흐르면 전류의 크기에 관계없이 일정한 시간이 지난 후 동작하는 것
- 반한시 계전기: 동작 시간이 전류값의 크기에 따라 변하는 것으로 전류값이 클수록 빠르게 동작하고 반대로 전류값이 작아질수록 느리게 동작하는 것
- 반한시성 정한시 계전기: 반한시 계전기와 정한시 계전기를 조합한 것으로 어느 전류값까지는 반한시성이지만 그 이상이 되면 정한시로 동작하는 것

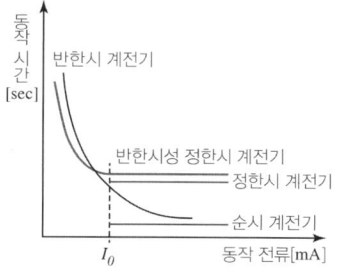

09

보호 계전기와 그 사용 목적이 잘못된 것은?

① 비율 차동 계전기: 발전기 내부 단락 검출용
② 전압 평형 계전기: 발전기 출력 측 PT 퓨즈 단선에 의한 오작동 방지
③ 역상 과전류 계전기: 발전기 부하 불평형 회전자 과열 소손
④ 과전압 계전기: 과부하 단락 사고

해설
- 과전류 계전기(OCR): 과부하 및 단락 사고 보호
- 과전압 계전기(OVR): 과전압에 대한 전력 회로 보호

10
어느 일정한 방향으로 일정한 크기 이상의 단락 전류가 흘렀을 때 동작하는 보호 계전기의 약어는?

① ZR
② UFR
③ OVR
④ DOCR

해설
DOCR(방향 과전류 계전기)은 어느 일정한 방향으로 일정한 크기 이상의 단락 전류가 흘렀을 때 동작하는 계전기이다.

11
과전류 계전기의 탭 값은 무엇으로 표시되는가?

① 변류기의 권수비
② 계전기의 동작 시한
③ 계전기의 최대 부하 전류
④ 계전기의 최소 동작 전류

해설
과전류 계전기는 고장 발생 시 신속하게 동작해야 하므로 최소 동작 전류에 탭 값을 조정한다.

12
전압이 일정 값 이하로 되었을 때 동작하는 것으로서 단락 시 고장 검출용으로도 사용되는 계전기는?

① OVR
② OVGR
③ NSR
④ UVR

해설
부족 전압 계전기(UVR)는 전압이 정해 놓은 일정 값 이하로 저하하였을 경우에 동작하는 계전기이다.

13
송배전 선로에서 선택 지락 계전기(SGR)의 용도는?

① 다회선에서 접지 고장 회선의 선택
② 단일 회선에서 접지 전류의 대소 선택
③ 단일 회선에서 접지 전류의 방향 선택
④ 단일 회선에서 접지 사고의 지속 시간

해설
선택 지락 계전기(SGR)는 2회선 이상의 다회선 선로의 지락 사고를 선택하여 차단시킬 수 있다.

14
변전소에서 지락 사고의 경우 사용되는 계전기에 영상 전류를 공급하기 위하여 설치하는 것은?

① PT
② ZCT
③ GPT
④ CT

해설
- ZCT(영상 변류기): 영상 전류(I_0)를 검출
- GPT(접지형 계기용 변압기): 영상 전압(V_0)을 검출

15
영상 변류기와 가장 관계가 깊은 계전기는?

① 차동 계전기
② 과전류 계전기
③ 과전압 계전기
④ 선택 접지 계전기

해설
전력 계통에서 1선 지락 사고를 차단하기 위해서는 영상 변류기(ZCT)를 통해 지락 전류(영상 전류)를 검출하여 지락(접지) 계전기(GR) 또는 선택 접지 계전기(SGR)를 동작시킨다.

| 정답 | 10 ④ 11 ④ 12 ④ 13 ① 14 ② 15 ④

16
송전 계통에서 발생한 고장 때문에 일부 계통의 위상각이 커져서 동기를 벗어나려고 할 경우 이것을 검출하고 계통을 분리하기 위해서 차단하지 않으면 안 될 경우에 사용되는 계전기는?

① 한시 계전기
② 선택 단락 계전기
③ 탈조 보호 계전기
④ 방향 거리 계전기

해설
전력 계통에서 갑작스런 사고 발생 시 동기 발전기와 부하 간의 위상각이 크게 벌어지게 되면 발전기가 계통으로부터 분리되어 탈조 현상이 발생한다. 이를 방지하기 위해서 설치하는 계전기가 탈조 보호 계전기이다.

17
동일 모선에 2개 이상의 급전선(Feeder)을 가진 비접지 배전 계통에서 지락 사고에 대한 보호 계전기는?

① OCR
② OVR
③ SGR
④ DFR

해설
선택 지락 계전기(SGR)는 2회선 이상의 선로에서 지락 사고상을 선택하여 차단하는 보호 계전기이다.

18
선택 지락 계전기의 용도를 옳게 설명한 것은?

① 단일 회선에서 지락 고장 회선의 선택 차단
② 단일 회선에서 지락 전류의 방향 선택 차단
③ 병행 2회선에서 지락 고장 회선의 선택 차단
④ 병행 2회선에서 지락 고장의 지속 시간 선택 차단

해설
선택 지락 계전기(SGR)는 병행 2회선 선로에서 지락 사고를 선택 차단한다.

19
발전기 또는 주변압기의 내부 고장 보호용으로 가장 널리 쓰이는 것은?

① 거리 계전기
② 과전류 계전기
③ 비율 차동 계전기
④ 방향 단락 계전기

해설
비율 차동 계전기(87)는 억제 코일과 동작 코일의 차전류를 이용하여 발전기 또는 주변압기의 내부 고장 보호용으로 쓰인다.

20
변압기 등 전력 설비 내부 고장 시 변류기에 유입하는 전류와 유출하는 전류의 차로 동작하는 보호 계전기는?

① 차동 계전기
② 지락 계전기
③ 과전류 계전기
④ 역상 전류 계전기

해설
비율 차동 계전기(차동 계전기)는 변류기를 통한 차동 회로에 억제 코일과 동작 코일의 차전류를 이용하여 변압기, 발전기의 내부 고장을 보호하는 계전기이다.

| 정답 | 16 ③ 17 ③ 18 ③ 19 ③ 20 ①

21
변압기의 기계적 보호 계전기인 부흐홀츠 계전기의 설치 위치로 알맞은 것은?

① 콘서베이터 내부
② 유면 위의 탱크 내
③ 변압기의 고압 측 부싱
④ 주탱크와 콘서베이터를 연결하는 파이프의 관 도중

해설
부흐홀츠 계전기는 변압기를 보호하기 위해 변압기의 탱크와 콘서베이터를 연결하는 관 내에 설치하는 기계식 보호 계전기이다.

22
3상 결선 변압기의 단상 운전에 의한 소손 방지 목적으로 설치하는 계전기는?

① 차동 계전기
② 역상 계전기
③ 단락 계전기
④ 과전류 계전기

해설
3상 변압기에서 1상이 결상되어 단상 운전이 되면 불평형이 발생하고 불평형에서는 역상 전류가 유기되므로 역상(결상) 계전기를 적용하여 보호한다.

23
방향성을 갖지 않는 계전기는?

① 전력 계전기
② 과전류 계전기
③ 비율 차동 계전기
④ 선택 지락 계전기

해설 방향성을 갖는 계전기
- 선택 지락 계전기
- 전력 계전기
- 비율 차동 계전기

24
영상 변류기를 사용하는 계전기는?

① 과전류 계전기
② 과전압 계전기
③ 부족 전압 계전기
④ 선택 지락 계전기

해설
영상 변류기(ZCT)는 영상 전류를 검출하여 지락 계전기(GR) 또는 선택 지락 계전기(SGR)를 동작시킨다.

25
여러 회선인 비접지 3상 3선식 배전 선로에 지락 방향 계전기를 사용하여 선택 지락을 보호하려고 한다. 필요한 것은?

① CT와 OCR
② CT와 PT
③ 접지 변압기와 ZCT
④ 접지 변압기와 ZPT

해설
비접지 배전 계통에서는 영상분을 검출하는 접지 회로가 없으므로 영상 전압과 영상 전류를 검출하는 접지형 계기용 변압기(GPT)와 영상 변류기(ZCT)가 반드시 필요하다.

26
발전소와 변전소에서 사용되는 상분리 모선(Isolated phase bus)의 특징이 아닌 것은?

① 절연 열화가 적고 선간 단락이 거의 없다.
② 다도체로 대전류를 흘릴 수 있다.
③ 기계적 강도가 크고 보수하기 쉽다.
④ 폐쇄되어 있으므로 안정도가 크고 외부로부터 손상을 받지 않는다.

해설
상분리 모선은 발전소와 같이 중요한 모선에서 3상의 모선 도체를 각각 철제 케이스 안에 수납하여 완전 밀봉 구조로 하고 그 안에 SF_6 가스로 절연한 특수 구조의 모선으로 단도체 구조이다.

27
변류기 수리 시 2차 측을 단락시키는 이유는?

① 1차 측 과전류 방지
② 2차 측 과전류 방지
③ 1차 측 과전압 방지
④ 2차 측 과전압 방지

해설
변류기 2차 측을 개방하면 1차 전류가 모두 여자 전류가 되어 2차 권선에 매우 높은 유기 전압이 유기되고 절연은 파괴되어 소손될 우려가 있다. 즉, 2차 측 과전압을 방지하기 위해 CT 2차 측을 단락시킨다.

28
콘덴서형 계기용 변압기의 특징으로 틀린 것은?

① 권선형에 비해 오차가 적고 특성이 좋다.
② 절연의 신뢰도가 권선형에 비해 크다.
③ 전력선 반송용 결합 콘덴서와 공용할 수 있다.
④ 고압 회로용의 경우는 권선형에 비해 소형 경량이다.

해설 콘덴서형 계기용 변압기(CPD)
- 일반 권선형 PT 대신 2개의 결합 콘덴서로 만든 계기용 변압기이다.
- 절연의 신뢰도가 높아 구조적으로 튼튼하다.
- 전력선 반송 장치의 결합 콘덴서로도 공용할 수 있다.
- 권선형에 비해 오차가 크고 주파수 특성이 나쁘다.

29
3상으로 표준 전압 $3[kV]$, $800[kW]$를 역률 0.9로 수전하는 공장의 수전 회로에 시설할 계기용 변류기의 변류비로 적당한 것은?(단, 변류기의 2차 전류는 $5[A]$이며, 여유율은 1.2로 한다.)

① 10   ② 20
③ 30   ④ 40

해설
$$I_1 = \frac{P}{\sqrt{3}\,V\cos\theta} \times k = \frac{800}{\sqrt{3}\times 3\times 0.9}\times 1.2 = 205.28[A]$$
변류기 정격 1차 전류에서 $I_1 = 200[A]$, $I_2 = 5[A]$이므로
$$a = \frac{I_1}{I_2} = \frac{200}{5} = 40$$

| 정답 | 26 ② 27 ④ 28 ① 29 ④

30
선로의 단락 보호용으로 사용되는 계전기는?

① 접지 계전기
② 역상 계전기
③ 재폐로 계전기
④ 거리 계전기

해설
거리 계전기는 주로 송전 선로의 단락 사고나 지락 사고 보호용 계전기이다.

31
거리 계전기의 종류가 아닌 것은?

① 모우(Mho)형
② 임피던스(Impedance)형
③ 리액턴스(Reactance)형
④ 정전 용량(Capacitance)형

해설 거리 계전기의 종류
- 임피던스형
- 옴(Ohm)형
- 모우(Mho)형
- 오프셋 모우(Off-set Mho)형
- 리액턴스(Reactance)형

32
전원이 양단에 있는 방사상 송전 선로에서 과전류 계전기와 조합하여 단락 보호에 사용하는 계전기는?

① 선택 지락 계전기
② 방향 단락 계전기
③ 과전압 계전기
④ 부족 전류 계전기

해설
- 전원이 1단에만 있는 방사상 선로의 단락 보호: 과전류 계전기(OCR)
- 전원이 양단에 있는 방사상 선로의 단락 보호: 과전류 계전기(OCR) + 방향 단락 계전기

33
모선 보호에 사용되는 계전 방식이 아닌 것은?

① 위상 비교 방식
② 선택 접지 계전 방식
③ 방향 거리 계전 방식
④ 전류 차동 보호 방식

해설 모선(Bus) 보호 방식
- 전압 차동 방식
- 전류 차동 방식
- 위상 비교 방식
- 거리 계전 방식

| 정답 | 30 ④ 31 ④ 32 ② 33 ②

34
송전 선로의 단락 보호 계전 방식이 아닌 것은?

① 과전류 계전 방식
② 방향 단락 계전 방식
③ 거리 계전 방식
④ 과전압 계전 방식

해설 송전 선로의 단락 사고 보호 방식
- 과전류 계전 방식
- 거리 계전 방식
- 방향 단락 계전 방식

배전 선로

1. 저압 배전 선로의 구성 방식
2. 배전 선로의 전기 방식의 종류
3. 전압 강하 및 전력 손실
4. 변압기 효율 계산
5. 변압기의 결선
6. 최대 전력 산출
7. 전력 품질
8. 배전 계통의 손실 감소 대책
9. 역률 개선 방법
10. 배전 선로 보호 방식
11. 배전 선로의 전압 조정 장치

학습 전략

배전 선로의 구성 방식을 이해한 후 배전 선로 방식별 전기적 특성을 중점적으로 학습해야 합니다. 또한 배전 선로에서 발생하는 현상인 고조파, 플리커, 전압 강하, 전력 손실 등을 학습하면 배전 선로 챕터에 대한 준비가 가능합니다.

CHAPTER 09 | 흐름 미리보기

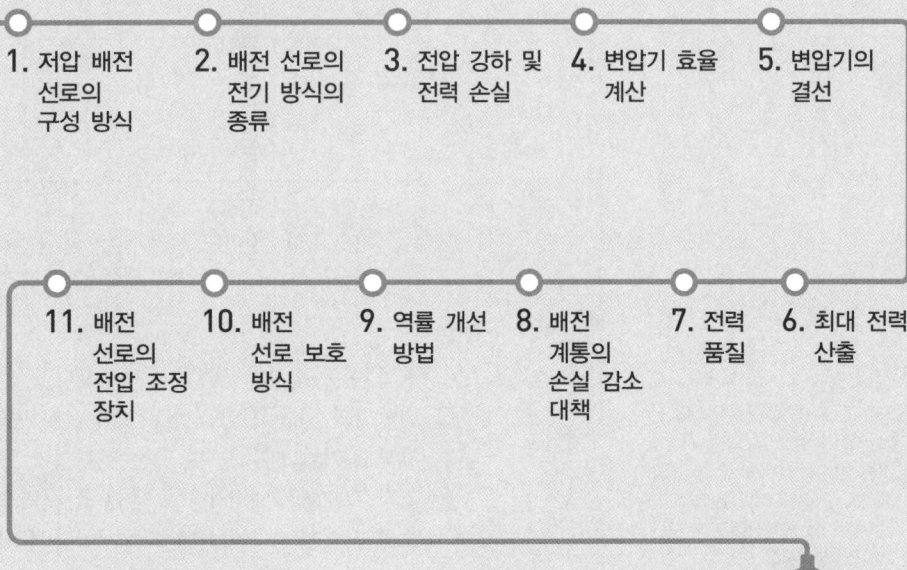

1. 저압 배전 선로의 구성 방식
2. 배전 선로의 전기 방식의 종류
3. 전압 강하 및 전력 손실
4. 변압기 효율 계산
5. 변압기의 결선
6. 최대 전력 산출
7. 전력 품질
8. 배전 계통의 손실 감소 대책
9. 역률 개선 방법
10. 배전 선로 보호 방식
11. 배전 선로의 전압 조정 장치

NEXT **CHAPTER 10**

CHAPTER 09 배전 선로

THEME 01 저압 배전 선로의 구성 방식

1 방사상 방식

(1) 정의: 배전 선로를 부하 증설에 따라 간선이나 분기선을 추가로 인출하여 구성하는 배전 방식이다.

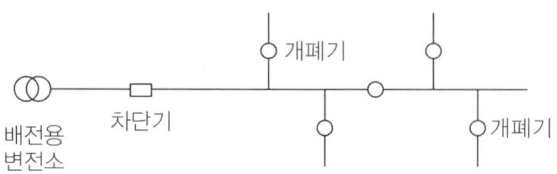

▲ 방사상 배전 방식

(2) 특징
① 배전 선로가 간단하고 건설비가 싸다.(경제적이다.)
② 사고에 의한 정전 범위가 커서 공급 신뢰도가 떨어진다.
③ 전압 강하 및 전력 손실이 크다.
④ 부하 증설이 용이하다.

2 저압 뱅킹 방식

(1) 정의: 고압 배전 선로에 접속되어 있는 2대 이상의 배전용 변압기를 경유해 저압 측 간선을 공통으로 운전하는 방식이다.

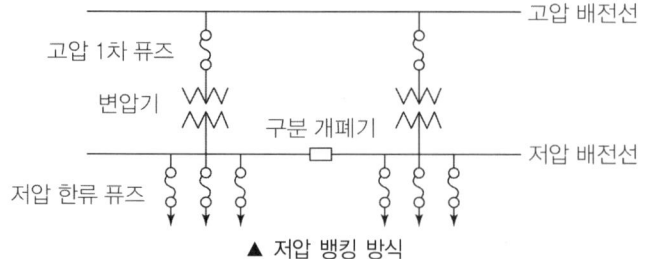

▲ 저압 뱅킹 방식

(2) 특징
① 전압 변동 및 전력 손실이 경감된다.
② 변압기의 공급 전력을 서로 융통시켜 변압기 용량을 저감할 수 있다.
③ 부하 증가에 대응할 수 있는 탄력성이 향상된다.
④ 고장 보호 방식이 적당할 때 공급 신뢰도가 향상된다.
⑤ 보호 장치가 부적합하면 캐스케이딩 장해를 일으킨다.

독학이 쉬워지는 기초개념

방사상
나뭇가지 모양으로 넓게 펴져나가는 것

Tip 강의 꿀팁
방사상 방식(가지식)은 농어촌 지역 등 부하가 적은 지역에 주로 채용해요.

Tip 강의 꿀팁
뱅킹 방식은 주로 부하가 밀집된 시가지에 채용해요.

캐스케이딩
• 고장 전류가 건전한 변압기나 선로에 파급되는 고장 확대 현상
• 이를 방지하기 위해 인접 변압기 중간에 구분 퓨즈, 구분 개폐기 또는 차단기를 삽입하여 고장 구간으로부터 분리한다.

3 저압 네트워크 방식

(1) 정의: 배전 변전소의 동일 모선으로부터 2회선 이상의 급전선으로 전력을 공급하는 방식이다.

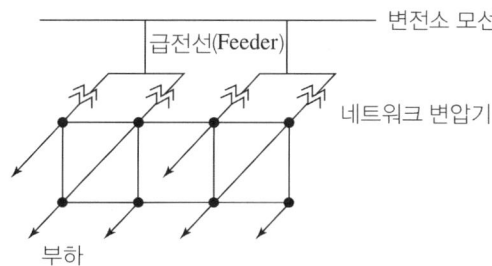

▲ 저압 네트워크 방식

(2) 특징
① 무정전 공급이 가능하여 공급 신뢰도가 가장 우수하다.
② 플리커, 전압 변동률, 전력 손실이 감소된다.
③ 부하 증가에 대한 적응성이 우수하다.
④ 공사비가 많이 들고 특별한 보호 장치(네트워크 프로텍터)가 필요하다.

기출예제

저압 뱅킹 배전 방식으로 운전 중 변압기 또는 선로 사고에 의하여 뱅킹 내의 건전한 변압기의 일부 또는 전부가 연쇄적으로 회로로부터 차단되는 현상은?

① 아킹(Arcing)   ② 댐핑(Damping)
③ 플리커(Flicker) ④ 캐스케이딩(Cascading)

| 해설 |
저압 뱅킹 방식은 보호 방법이 적당할 경우 공급 신뢰도가 우수한 배전 방식이다. 보호 방법이 적당하지 못하게 되면 저압 뱅킹 방식의 어느 한 곳에서 발생한 사고로 인해 다른 건전한 변압기나 선로에 사고를 확대시키는 캐스케이딩 장해가 발생하는 단점이 있다.

답 ④

THEME 02 배전 선로의 전기 방식의 종류

1 전기 방식의 종류

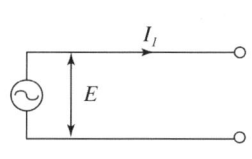

▲ 단상 2선식

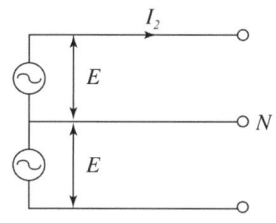

▲ 단상 3선식

독학이 쉬워지는 기초개념

네트워크 프로텍터의 구성 요소
- 저압용 차단기
- 전력 방향 계전기
- 퓨즈

독학이 쉬워지는 기초개념

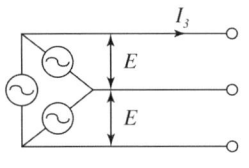

▲ 3상 3선식

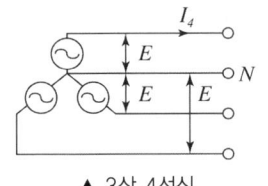

▲ 3상 4선식

2 각 방식별 전기적 특성 비교

전기 방식의 전기적 특성 비교표

종류	총 공급 전력	1선당 전력	소요 전선비
$1\phi 2W$	$P = EI$	$P_{12} = \dfrac{1}{2} EI = 100[\%]\,(\therefore EI = 2P_{12})$	W_1 (100[%]기준)
$1\phi 3W$	$P = 2EI$	$P_{13} = \dfrac{2}{3} EI = \dfrac{2}{3} \cdot 2P_{12} = 133[\%]$	$\dfrac{W_2}{W_1} = \dfrac{3}{8}\,(37.5[\%])$
$3\phi 3W$	$P = \sqrt{3}\, EI$	$P_{33} = \dfrac{\sqrt{3}}{3} EI = \dfrac{\sqrt{3}}{3} \cdot 2P_{12} = 115[\%]$	$\dfrac{W_3}{W_1} = \dfrac{3}{4}\,(75[\%])$
$3\phi 4W$	$P = 3EI$	$P_{34} = \dfrac{3}{4} EI = \dfrac{3}{4} \cdot 2P_{12} = 150[\%]$	$\dfrac{W_4}{W_1} = \dfrac{1}{3}\,(33.3[\%])$

> **Tip 강의 꿀팁**
> 소요 전선비 값은 자주 출제되므로 중점적으로 암기해야 해요.

기출예제

중요도 단상 2선식 배전선의 전선 총량을 $100[\%]$라 할 때 3상 3선식과 단상 3선식의 전선의 총량은 각각 몇 $[\%]$인가? (단, 선간 전압, 공급 전력, 전력 손실 및 배전 거리는 같으며, 중성선의 굵기는 외선과 같다고 한다.)

① 3상 3선식: 37.5[%], 단상 3선식: 75[%]
② 3상 3선식: 50[%], 단상 3선식: 75[%]
③ 3상 3선식: 75[%], 단상 3선식: 37.5[%]
④ 3상 3선식: 100[%], 단상 3선식: 37.5[%]

| 해설 |
단상 2선식을 기준(100[%])으로 하였을 때 나머지 배전 방식의 전선 소요량 비

- 단상 3선식: $\dfrac{3}{8}\,(37.5[\%])$
- 3상 3선식: $\dfrac{3}{4}\,(75[\%])$
- 3상 4선식: $\dfrac{1}{3}\,(33.3[\%])$

답 ③

THEME 03 전압 강하 및 전력 손실

1 전압 강하율

(1) 배전 선로에 부하가 접속되면 수전단 전압은 송전단 전압보다 낮아진다. 이는 선로에서 발생하는 전압 강하 때문이다.

(2) 전압 강하율[%] 관계식

전압 강하율[%] $\varepsilon = \dfrac{e}{V_r} \times 100 = \dfrac{V_s - V_r}{V_r} \times 100 [\%]$

(여기서 e: 전압 강하[V], V_s: 송전단 전압[V], V_r: 수전단 전압[V])

2 전압 변동률

(1) 전압 변동률은 임의 기간 내의 부하 변동에 따라 전압 변동 폭의 변동 범위를 나타낸 것이다. (송전단 전압과는 무관)

(2) 전압 변동률 관계식

전압 변동률[%] $\delta = \dfrac{V_{ro} - V_r}{V_r} \times 100 [\%]$

(여기서 V_{ro}: 무부하 시 수전단 전압[V], V_r: 전부하 시 수전단 전압[V])

3 전력 손실 관련 계수

부하율과 손실 계수의 관계

(1) 손실 계수(H)는 일정 기간 최대 전류에 대한 평균 전류비로 표시되는 부하율(F)과 다른 것이다.

$F = \dfrac{평균 전력}{최대 전력}$, $H = \dfrac{평균 전력 손실}{최대 전력 손실}$

(2) 관계식: $0 \leq F^2 \leq H \leq F \leq 1$

부하율 F와 손실 계수 H와의 관계식
$H = \alpha F + (1-\alpha) F^2$
$\alpha: 0.1 \sim 0.4$

4 부하 형태별 전압 강하 및 전력 손실(말단 집중 부하와 비교)

부하 형태	모양	전압 강하(e)	전력 손실(P_l)
평등 부하		$\dfrac{1}{2}e$	$\dfrac{1}{3}P_l$
송전단일수록 커지는 부하		$\dfrac{1}{3}e$	$\dfrac{1}{5}P_l$

(여기서, e: 말단 집중 부하 시 전압 강하, P_l: 말단 집중 부하 시 전력 손실)

기출예제

그림과 같이 부하가 균일한 밀도로 도중에서 분기되어 선로 전류가 송전단에 이를수록 직선적으로 증가할 경우 선로의 전압 강하는 이 송전단 전류와 같은 전류의 부하가 선로의 말단에만 집중되어 있을 경우의 전압 강하보다 어떻게 되는가?(단, 부하 역률은 모두 같다고 한다.)

① $\dfrac{1}{3}$ ② $\dfrac{1}{2}$
③ 1   ④ 2

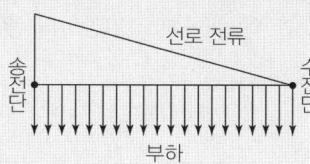

| 해설 |
말단 집중 부하에 비해 균등 부하의 전압 강하 및 전력 손실비는
- $e = \dfrac{1}{2}IR[\text{V}]$ • $P_l = \dfrac{1}{3}I^2R[\text{W}]$

답 ②

독학이 쉬워지는 기초개념

Tip 강의 꿀팁

실제 효율 활용에서 실측 효율은 입력이나 출력을 측정하기 곤란한 경우가 많아(전동기의 출력 측정이 불편) 규약 효율을 많이 활용해요.

THEME 04 변압기 효율 계산

1 실측 효율

(1) 변압기의 입력과 출력의 실측값을 직접 측정하여 효율을 구하는 것이다.
(2) 실측 효율 관계식

$$\text{실측 효율} = \frac{\text{출력 측정값[kW]}}{\text{입력 측정값[kW]}} \times 100[\%]$$

2 규약 효율

(1) 일정 규약에 따라 결정한 손실분을 기준으로 효율을 구하는 것이다.
(2) 규약 효율 관계식

$$\text{규약 효율} = \frac{\text{출력[kW]}}{\text{출력[kW]} + \text{손실[kW]}} \times 100[\%]$$

3 전일 효율

(1) 부하가 변할 경우 효율을 종합적으로 판정하기 위해서는 다음에서 정의하는 전일 효율을 사용해야 한다.
(2) 전일 효율 관계식

$$\text{전일 효율} = \frac{1\text{일간 출력 전력량[kWh]}}{1\text{일간 출력 전력량[kWh]} + 1\text{일간 손실 전력량[kWh]}} \times 100[\%]$$

4 최고 효율

(1) 변압기에서는 운전 도중 반드시 철손(무부하손)과 동손(부하손)이 발생한다.
(2) 변압기의 최고 효율은 부하의 운전 상태에 따라 정해진다. 하루 동안 부하 변동이 심할 경우 동손이 적게 운전해야 하며 하루 동안 무부하 운전 시간이 많은 경우 철손이 적어야 한다.
(3) 변압기의 최고 효율은 보통 철손과 동손이 같은 조건에서 이루어진다.

$$P_i = a^2 P_c$$

단, P_i: 철손[W], a: 부하율, P_c: 전부하 시 동손[W]

기출예제

변압기의 손실 중 철손의 감소 대책이 아닌 것은?

① 자속 밀도의 감소 ② 고배향성 규소 강판 사용
③ 아몰퍼스 변압기의 채용 ④ 권선의 단면적 증가

| 해설 |
변압기의 철손 감소 대책
- 고배향성 규소 강판을 사용하여 철손을 감소시킨다.
- 아몰퍼스 변압기를 채용한다.
권선의 단면적 증가는 동손 감소 대책이다.

답 ④

THEME 05   변압기의 결선

1 $\Delta-\Delta$ 결선법

(1) 장점

① 제3고조파 전류가 Δ 결선 내를 순환하여, 파형이 왜곡되지 않는다.

② 1상분이 고장나면 나머지 2대로 V 결선 운전이 가능하다.

③ 각 변압기의 상전류가 선전류의 $\frac{1}{\sqrt{3}}$ 이 되어 대전류에 적합하다.

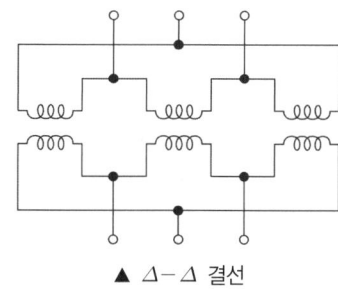

▲ $\Delta-\Delta$ 결선

(2) 단점

① 중성점을 접지할 수 없으므로 지락 사고의 검출이 곤란하다.
② 권수비가 다른 변압기를 결선하면 순환 전류가 흐른다.
③ 각 상의 임피던스가 다른 경우, 부하 전류는 불평형이 된다.

2 $Y-Y$ 결선법

(1) 장점

① 1차 전압, 2차 전압 사이에 위상차가 없다.

② 1차, 2차 모두 중성점을 접지할 수 있으며, 이상 전압을 감소시킬 수 있다.

③ 상전압이 선간 전압의 $\frac{1}{\sqrt{3}}$ 이므로 절연이 용이하여 고전압에 유리하다.

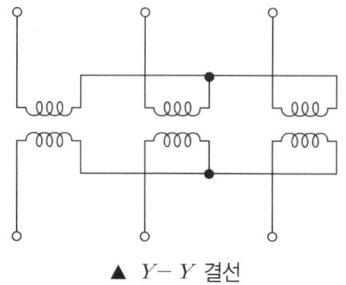

▲ $Y-Y$ 결선

(2) 단점

① 기전력의 파형이 제3고조파를 포함한 왜형파가 된다.
② 중성점을 접지하면 제3고조파 전류가 흘러 통신선에 유도장해를 일으킨다.

3 $\Delta-Y$ 또는 $Y-\Delta$ 결선법

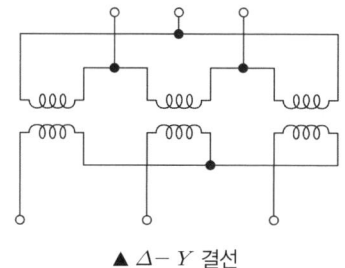

▲ $\Delta-Y$ 결선

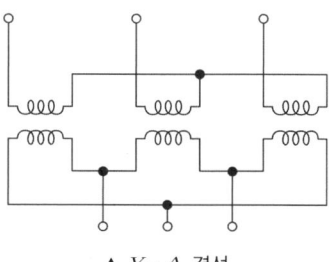

▲ $Y-\Delta$ 결선

(1) 장점

① 한 쪽 Y 결선의 중성점을 접지할 수 있다.

② Y 결선의 상전압은 선간 전압의 $\frac{1}{\sqrt{3}}$ 이므로 절연이 용이하다.

③ 1, 2차 중에 Δ 결선이 있어 제3고조파의 장해가 적다.

(2) 단점
① 1, 2차 선간 전압 사이에 30°의 위상차가 있다.
② 1상에 고장이 생기면 전원 공급이 불가능해진다.
③ 중성점 접지로 인한 유도장해를 초래한다.

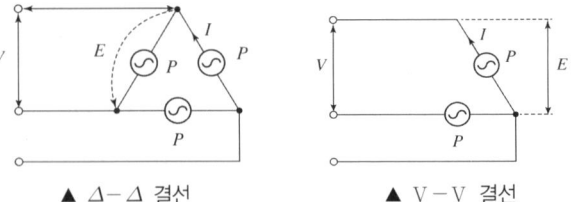

▲ $\Delta-\Delta$ 결선   ▲ $V-V$ 결선

4 $V-V$ 결선법

(1) $\Delta-\Delta$ 결선의 출력
$$P_\Delta = 3 \times EI = 3P [\text{kVA}]$$

(2) $V-V$ 결선의 출력
$$P_V = \sqrt{3}\,P [\text{kVA}]$$

(3) 출력비
$$\text{출력비} = \frac{\text{고장 후 출력}(P_V)}{\text{고장 전 출력}(P_\Delta)} = \frac{\sqrt{3}\,P}{3P} = \frac{1}{\sqrt{3}} = 0.577 \ (\therefore 57.7[\%])$$

(4) 이용률
$$\text{이용률} = \frac{\text{실제출력}(P_V)}{\text{이론출력}(P_V')} = \frac{\sqrt{3}\,P}{2P} = \frac{\sqrt{3}}{2} = 0.866 \ (\therefore 86.6[\%])$$

5 3권선 변압기

(1) 3권선 변압기는 1, 2차 권선에 3차 권선을 설치한 변압기로 권수비에 따라 1조의 변압기로 두 종류의 전압과 용량을 얻을 수 있다.

(2) 송배전에 적용되고 있는 $Y-Y-\Delta$ 결선 방식은 $Y-Y$ 결선의 장점에 $\Delta-\Delta$ 결선의 장점을 이용한 것으로 3상 결선에서 가장 많이 사용되는 결선 방식이다.

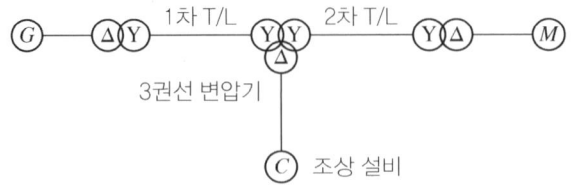

▲ 3권선 변압기 적용 예

THEME 06 최대 전력 산출

1 수용률(Demand factor)
(1) 전력 소비 기기(부하)가 동시에 사용되는 정도를 나타내는 지표이다.
(2) 수용률 = $\dfrac{\text{최대 수용 전력[kW]}}{\text{설비 용량[kW]}} \times 100\,[\%]$

2 부하율(Load factor)
(1) 일정 기간 부하 변동 정도를 나타내는 지표이다.
(2) 부하율 = $\dfrac{\text{평균 수용 전력[kW]}}{\text{최대 수용 전력[kW]}} \times 100\,[\%]$

3 부등률(Diversity factor)
(1) 최대 수용 전력의 발생 시각이나 발생 시기의 분산을 나타내는 지표이다.
(2) 부등률 = $\dfrac{\text{개별 수용가 최대 수용 전력의 합[kW]}}{\text{합성 최대 수용 전력[kW]}} \geq 1$

기출예제

중요도 일반적으로 수용가 상호 간, 배전 변압기 상호 간, 급전선 상호 간 또는 변전소 상호 간에서 각각의 최대 부하는 그 발생 시각이 약간씩 다르다. 따라서 각각의 최대 수요 전력의 합계는 그 군의 종합 최대 수요 전력보다도 큰 것이 보통이다. 이 최대 전력의 발생 시각 또는 발생 시기의 분산을 나타내는 지표는?

① 전일 효율 ② 부등률 ③ 부하율 ④ 수용률

| 해설 |
부등률$\left(=\dfrac{\text{개별 수용가 최대 수용 전력의 합}}{\text{합성 최대 수용 전력}}\right)$은 최대 전력의 발생 시각 또는 발생 시기의 분산을 나타내는 지표로 사용된다.

답 ②

THEME 07 전력 품질

1 플리커(Flicker)
(1) 플리커의 정의
  ① 부하에 따라서 전압이 변동하고 그에 의해 조명이 깜박거리는 현상이다.
  ② 플리커가 심하게 되면 사람의 눈에 상당한 피로감을 주게 된다.
(2) **플리커 경감 대책**
  ① 전용선으로 공급   ② 직렬 콘덴서 설치
  ③ 굵은 배전선 사용   ④ 배전 전압 승압 실시
  ⑤ 루프 배전 방식 채택 ⑥ 승압기(Booster) 사용

독학이 쉬워지는 기초개념

Tip 강의 꿀팁
부등률은 항상 1 이상의 값을 갖는 계수예요.

Tip 강의 꿀팁
사람의 눈에 피로감을 가장 많이 주는 전압 변동 주파수는 20[Hz]예요.

| 독학이 쉬워지는 기초개념 |

기출예제

플리커 경감을 위한 전력 공급 측의 방안이 아닌 것은?
① 공급 전압을 낮춘다.
② 전용 변압기로 공급한다.
③ 단독 공급 계통을 구성한다.
④ 단락 용량이 큰 계통에서 공급한다.

| 해설 |
플리커 경감 대책
• 공급 전압을 높인다.(전압 강하 감소)
• 플리커 발생 부하를 전용 변압기로 공급한다.
• 플리커 발생 부하를 단독 계통으로 공급한다.
• 전원 용량을 단락 용량이 큰 계통으로 구성한다.

답 ①

고조파
기본 정현파에 비해 주파수가 n배가 되는 일그러진 파형

2 고조파(Harmonics)

(1) 정의: 변압기 철심의 자기 포화나 비선형 부하(전력 변환 장치)의 영향으로 정현파 교류 파형이 왜곡되어 왜형파가 되는 것이다.

(2) 전력 계통에서의 고조파 발생원
  ① 전력 변환 장치(인버터, 컨버터 등)
  ② 형광등, 회전 기기, 변압기
  ③ 아크로, 전기로 등

(3) 고조파 억제 방법
  ① 전원의 단락 용량 증대
  ② 공급 배전선의 전용 배선
  ③ 고조파 부하를 일반 부하와 분리
  ④ 고조파 제거 필터 채용
  ⑤ 변환 장치의 다펄스 변환기 사용
  ⑥ 변압기의 Δ 결선 채용하여 제3고조파 제거
  ⑦ 무효 전력 보상 장치 채용

직렬 리액터
• 변압기 등에서 발생하는 제5고조파 제거
• 제5고조파 제거를 위한 직렬 리액터 용량
  – 이론상 콘덴서 용량의 4[%] 설치
  – 실제 콘덴서 용량의 6[%] 설치 (여유를 두어)

기출예제

제5고조파 전류의 억제를 위해 전력용 콘덴서에 직렬로 삽입하는 유도 리액턴스값으로 적당한 것은?
① 전력용 콘덴서 용량의 약 6[%] 정도
② 전력용 콘덴서 용량의 약 12[%] 정도
③ 전력용 콘덴서 용량의 약 18[%] 정도
④ 전력용 콘덴서 용량의 약 24[%] 정도

| 해설 |
직렬 리액터 용량
• 이론상: 전력용 콘덴서 용량의 4[%]
• 실제: 전력용 콘덴서 용량의 5~6[%]

답 ①

THEME 08 배전 계통의 손실 감소 대책

1 개요
배전 선로의 손실에는 배전 선로에서 발생하는 저항 손실과 배전용 변압기에서 발생하는 철손 및 동손이 대부분이다.

2 배전 계통의 손실 경감 대책
(1) 배전 전압의 승압: 전력 손실은 공급 전압의 제곱에 반비례한다.
(2) 역률 개선: 전력 손실은 역률 제곱에 반비례한다.
(3) 변전소 및 변압기의 적정 배치: 변압기 배치를 수시로 검토하여 적정한 배치를 고려한다.
(4) 변압기 손실의 경감
　① 동손 감소 대책: 변압기의 권선수 저감, 권선의 단면적 증가
　② 철손 감소 대책: 고배향성 규소 강판 사용 및 저손실 철심 재료의 사용
(5) 적정 배전 방식 채택: 방사상 방식보다 네트워크 배전 방식을 채용·운전한다.

> **독학이 쉬워지는 기초개념**
>
> 전력 손실
> $$P_l = 3I^2R = \frac{P^2R}{V^2\cos^2\theta}[\text{W}]$$
> - $P_l \propto \dfrac{1}{V^2}$
> - $P_l \propto \dfrac{1}{\cos^2\theta}$

기출예제

배전 선로의 손실을 경감하기 위한 대책으로 적절하지 않은 것은?
① 누전 차단기 설치
② 배전 전압의 승압
③ 전력용 콘덴서 설치
④ 전류 밀도의 감소와 평형

| 해설 |
전력 손실 감소 대책
- 전력용 콘덴서를 설치하여 역률 개선
- 배전 전압의 승압
- 부하의 전류 밀도 감소 및 평형 운전

답 ①

3 승압
(1) 승압 효과
　① 공급 용량이 증가한다.
　② 전력 손실이 감소한다.
　③ 전압 강하율이 감소한다.
　④ 지중 배전 방식을 채용하기가 용이하다.
　⑤ 고압 배전 선로의 연장이 감소된다.
　⑥ 대용량 전기 기기를 사용하기가 쉽다.
(2) 승압에 따른 안전 대책
　① 누전 차단기를 설치한다.(수용가 의무 사항)
　② 기기 외함 접지를 설치한다.

> **강의 꿀팁**
>
> 배전 사용 전압을 220[V]로 승압하면서 안전상 반드시 누전 차단기 설치를 의무화하였어요.

독학이 쉬워지는 기초개념

기출예제

중요도 ▰▰▱ 3,300[V] 배전 선로의 전압을 6,600[V]로 승압하고 같은 손실률로 송전하는 경우 송전 전력은 승압 전의 몇 배인가?

① $\sqrt{3}$ ② 2   ③ 3   ④ 4

| 해설 |

$$\frac{P_2}{P_1} = \left(\frac{V_2}{V_1}\right)^2 = \left(\frac{6,600}{3,300}\right)^2 = 4$$

$$\therefore P_2 = 4P_1[\text{W}]$$

답 ④

THEME 09 역률 개선 방법

1. 역률 개선 방법

(1) 역률은 주로 지상 부하에 의한 지상 무효 전력 때문에 저하되므로 부하와 병렬로 역률 개선용 콘덴서를 연결하여 진상 전류를 공급한다.

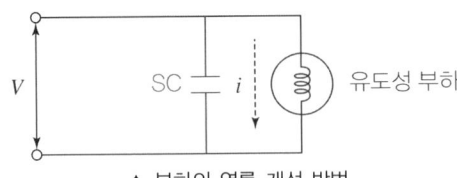

▲ 부하의 역률 개선 방법

> **Tip 강의 꿀팁**
> 전력용 콘덴서(SC)와 역률 개선용 콘덴서는 같은 용어예요.

(2) 역률 개선용 콘덴서 용량 계산식

$$Q_c = P(\tan\theta_1 - \tan\theta_2) = P\left(\frac{\sin\theta_1}{\cos\theta_1} - \frac{\sin\theta_2}{\cos\theta_2}\right)$$

$$= P\left(\frac{\sqrt{1-\cos^2\theta_1}}{\cos\theta_1} - \frac{\sqrt{1-\cos^2\theta_2}}{\cos\theta_2}\right)[\text{kVA}]$$

단, P: 유효 전력[kW], $\cos\theta_1$: 개선 전 역률, $\cos\theta_2$: 개선 후 역률

2. 역률 개선 효과

(1) 배전 계통의 전력 손실 감소(가장 큰 효과)
(2) 전압 강하 및 전압 변동률 감소
(3) 설비 용량 여유 증대
(4) 수용가의 전기 요금 절감

기출예제

배전 선로의 역률 개선에 따른 효과로 적합하지 않은 것은?

① 전원 측 설비의 이용률 향상 ② 선로 절연에 요하는 비용 절감
③ 전압 강하 감소 ④ 선로의 전력 손실 경감

| 해설 |
역률 개선 시 효과
• 전력 손실 감소 • 전압 강하, 전압 변동률 감소
• 설비 이용률 향상 • 전기 요금 절감

답 ②

THEME 10 배전 선로 보호 방식

1 보호 장치의 종류

22.9[kV-Y] 다중 접지 계통에서는 선로의 적절한 위치에 사고를 구분, 차단할 수 있는 리클로저(Recloser)-섹셔널라이저(Sectionalizer)-라인 퓨즈(Line Fuse)의 선로 보호 장치를 설치하며 이들과 변전소 차단기 간에 보호 협조가 이루어져야 한다.

▲ 배전 선로 보호 장치

2 배전 선로 보호 장치의 배열 순서

리클로저(R/C) - 섹셔널라이저(S/E) - 라인 퓨즈(F)

3 리클로저

차단기가 내장되어 고장 전류 차단 능력이 있는 자동 재폐로 차단기를 말한다.

4 섹셔널라이저

고장 전류 차단 능력이 없는 개폐 장치로, 직렬로 리클로저와 함께 사용해야 한다.

> **Tip 강의 꿀팁**
> 섹셔널라이저는 리클로저의 차단 횟수를 기억했다가 미리 설정된 횟수에 이르면 선로의 무전압 상태에서 선로를 개방하여 고장 구간을 분리시켜요.

기출예제

배전 선로 개폐기 중 반드시 차단 기능이 있는 후비 보호 장치와 직렬로 설치하여 고장 구간을 분리시키는 개폐기는?

① 컷아웃 스위치 ② 부하 개폐기
③ 리클로저 ④ 섹셔널라이저

| 해설 |
배전 선로 보호 장치 설치 순서는 '리클로저 → 섹셔널라이저(차단 기능이 없으므로 반드시 리클로저와 직렬로 설치) → 라인 퓨즈'이다.

답 ④

> 독학이 쉬워지는 기초개념

THEME 11 배전 선로의 전압 조정 장치

1 모선 전압 조정 장치

(1) 유도 전압 조정기(IR: Induction Regulator)를 설치한다.
(2) 부하 시 탭 절환 변압기를 채용한다.

2 선로 전압 조정 장치

(1) 선로 전압 강하 보상 장치(LDC: Line Drop Compensator): 배전 선로에서 발생하는 전압 강하를 고려하여 모선 전압을 조정하는 장치이다.
(2) 직렬 콘덴서 설치
(3) 승압기(Booster) 사용

① 2차 승압 전압: $E_2 = E_1\left(1 + \dfrac{e_2}{e_1}\right)$ [V]

② 승압기 용량: $W = e_2 I_2$ [VA]

③ 부하 용량: $W_L = E_2 I_2$ [VA]

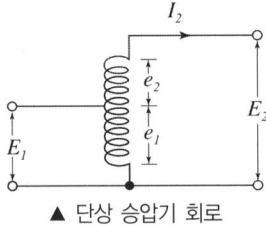

▲ 단상 승압기 회로

기출예제

고압 배전 선로의 중간에 승압기를 설치하는 주 목적은?

① 역률 개선
② 전력 손실의 감소
③ 전압 변동률의 감소
④ 말단의 전압 강하의 방지

| 해설 |
배전 선로 길이가 길게 되면 배전 선로 말단에서의 전압이 많이 저하되므로 승압기를 설치하여 전압을 높여 준다.

답 ④

CHAPTER 09 CBT 적중문제

01
저압 뱅킹 배전 방식에서 캐스케이딩(Cascading) 현상이란?

① 전압 동요가 적은 현상
② 변압기의 부하 분배가 균일하지 못한 현상
③ 저압선의 고장에 의해 건전한 변압기의 일부 또는 전부가 차단되는 현상
④ 저압선이나 변압기에 고장이 생기면 자동적으로 고장이 제거되는 현상

해설
캐스케이딩은 어느 한 곳의 사고로 인해 다른 건전한 변압기나 배전선로에 사고가 확대되는 현상이다.

02
망상(Network) 배전 방식의 장점이 아닌 것은?

① 전압 변동이 적다.
② 인축의 접지 사고가 적어진다.
③ 부하의 증가에 대한 융통성이 크다.
④ 무정전 공급이 가능하다.

해설 망상(네트워크) 배전 방식
- 무정전 공급이 가능하여 공급 신뢰도가 우수
- 부하 증가 시 적응성이 우수
- 전력 손실 및 전압 변동 감소
- 구성이 복잡하여 인축에 대한 접촉 사고 가능성 증가

03
배전 방식으로 저압 네트워크 방식이 적당한 경우는?

① 부하가 밀집되어 있는 시가지
② 바람이 많은 어촌 지역
③ 농촌 지역
④ 화학 공장

해설 저압 네트워크 배전 방식
- 공급 신뢰도가 우수하여 정전이 적다.
- 공급 신뢰도를 중요하게 요구하는 부하 밀집 지역인 대도시(시가지)에 주로 적용된다.

04
교류 저압 배전 방식에서 밸런서를 필요로 하는 방식은?

① 단상 2선식 ② 단상 3선식
③ 3상 3선식 ④ 3상 4선식

해설
밸런서는 단상 3선식에서 중성선의 단선 시 전압 불평형을 방지하기 위해 설치한다.

05
저압 배전 선로에 대한 설명으로 틀린 것은?

① 저압 뱅킹 방식은 전압 변동을 경감할 수 있다.
② 밸런서(Balancer)는 단상 2선식에 필요하다.
③ 배전 선로의 부하율이 F일 때 손실 계수는 F와 F^2의 중간값이다.
④ 수용률이란 최대 수용 전력을 설비 용량으로 나눈 값을 퍼센트로 나타낸 것이다.

해설
① 저압 뱅킹 방식은 전압 변동 및 전력 손실이 경감된다.
② 밸런서는 단상 3선식 배전 선로에서 부하의 불평형에 의한 배전 말단의 전압 불균형을 줄이기 위해 설치한다.
③ $0 \leq F^2 \leq H \leq F \leq 1$
④ 수용률 = $\dfrac{\text{최대 수용 전력}}{\text{설비 용량}} \times 100[\%]$

| 정답 | 01 ③ 02 ② 03 ① 04 ② 05 ②

06

우리나라에서 현재 가장 많이 사용되고 있는 배전 방식은?

① 3상 3선식
② 3상 4선식
③ 단상 2선식
④ 단상 3선식

해설

- 송전 선로: 3상 3선식
- 배전 선로: 3상 4선식

07

3상 3선식의 전선 소요량에 대한 3상 4선식의 전선 소요량의 비는 얼마인가?(단, 배전 거리, 배전 전력 및 전력 손실은 같고 4선식의 중성선의 굵기는 외선의 굵기와 같으며, 외선과 중성선 간의 전압은 3선식의 선간 전압과 같다.)

① $\dfrac{4}{9}$ ② $\dfrac{2}{3}$
③ $\dfrac{3}{4}$ ④ $\dfrac{1}{3}$

해설 전기 방식의 전기적 특성 비교표

종류	총 공급 전력	1선당 전력		소요 전선비
$1\phi 2W$	$P = EI$	$P_{12} = \dfrac{1}{2}EI = 100[\%]$	$(\because EI = 2P_{12})$	W_1 (100[%]기준)
$1\phi 3W$	$P = 2EI$	$P_{13} = \dfrac{2}{3}EI = \dfrac{2}{3} \cdot 2P_{12} = 133[\%]$		$\dfrac{W_2}{W_1} = \dfrac{3}{8}(37.5[\%])$
$3\phi 3W$	$P = \sqrt{3}EI$	$P_{33} = \dfrac{\sqrt{3}}{3}EI = \dfrac{\sqrt{3}}{3} \cdot 2P_{12} = 115[\%]$		$\dfrac{W_3}{W_1} = \dfrac{3}{4}(75[\%])$
$3\phi 4W$	$P = 3EI$	$P_{34} = \dfrac{3}{4}EI = \dfrac{3}{4} \cdot 2P_{12} = 150[\%]$		$\dfrac{W_4}{W_1} = \dfrac{1}{3}(33.3[\%])$

3상 3선식과 3상 4선식의 소요 전선비로 계산해 보면

$$\dfrac{3\phi 4W}{3\phi 3W} = \dfrac{\dfrac{W_4}{W_1}}{\dfrac{W_3}{W_1}} = \dfrac{\dfrac{1}{3}}{\dfrac{3}{4}} = \dfrac{4}{9}$$

08

배전 선로의 전압 강하의 정도를 나타내는 식이 아닌 것은? (단, E_S는 송전단 전압, E_R은 수전단 전압이다.)

① $\dfrac{I}{E_R}(R\cos\theta + X\sin\theta) \times 100[\%]$

② $\dfrac{\sqrt{3}I}{E_R}(R\cos\theta + X\sin\theta) \times 100[\%]$

③ $\dfrac{E_S - E_R}{E_R} \times 100[\%]$

④ $\dfrac{E_S + E_R}{E_R} \times 100[\%]$

해설

전압 강하율 $\varepsilon = \dfrac{E_S - E_R}{E_R} \times 100[\%] = \dfrac{e}{E_R} \times 100[\%]$ 에서

- 단상 2선식 전압 강하율
$\varepsilon = \dfrac{E_S - E_R}{E_R} \times 100[\%] = \dfrac{I(R\cos\theta + X\sin\theta)}{E_R} \times 100[\%]$

- 3상 3선식 전압 강하율
$\varepsilon = \dfrac{E_S - E_R}{E_R} \times 100[\%]$
$= \dfrac{\sqrt{3}I(R\cos\theta + X\sin\theta)}{E_R} \times 100[\%]$

09

다음 중 배전 선로의 부하율이 F일 때 손실 계수 H와의 관계로 옳은 것은?

① $H = F$
② $H = \dfrac{1}{F}$
③ $H = F^2$
④ $0 \leq F^2 \leq H \leq F \leq 1$

해설 부하율(F)과 손실계수(H)와의 관계

- $0 \leq F^2 \leq H \leq F \leq 1$
- 손실계수 $H = \alpha F + (1-\alpha)F^2$, α: 0.1~0.4

| 정답 | 06 ② 07 ① 08 ④ 09 ④

10
선로를 따라 균일하게 부하가 분포된 선로의 전력 손실은 이들 부하가 선로의 말단에 집중적으로 접속되어 있을 때보다 어떻게 되는가?

① 2배로 된다.
② 3배로 된다.
③ $\frac{1}{2}$로 된다.
④ $\frac{1}{3}$로 된다.

해설

말단 집중 부하의 전압 강하($e = IR[\text{V}]$) 및 전력 손실($P_l = I^2R[\text{W}]$)과 비교했을 때 균등 부하의 전압 강하 및 전력 손실비는 다음과 같다.

- $e' = \frac{1}{2}IR[\text{V}]$
- $P_l' = \frac{1}{3}I^2R[\text{W}]$

11
전선의 굵기가 균일하고 부하가 송전단에서 말단까지 균일하게 분포되어 있을 때 배전선 말단에서 전압 강하는?(단, 배전선 전체 저항 R, 송전단의 부하 전류는 I이다.)

① $\frac{1}{2}RI$
② $\frac{1}{\sqrt{2}}RI$
③ $\frac{1}{\sqrt{3}}RI$
④ $\frac{1}{3}RI$

해설

말단 집중 부하의 전압 강하($e = IR[\text{V}]$) 및 전력 손실($P_l = I^2R[\text{W}]$)과 비교했을 때 균등 부하의 전압 강하 및 전력 손실비는 다음과 같다.

- $e' = \frac{1}{2}IR[\text{V}]$
- $P_l' = \frac{1}{3}I^2R[\text{W}]$

12
전력 설비의 수용률을 나타낸 것으로 옳은 것은?

① 수용률 = $\frac{\text{평균 전력[kW]}}{\text{부하 설비 용량[kW]}} \times 100[\%]$

② 수용률 = $\frac{\text{부하 설비 용량[kW]}}{\text{평균 전력[kW]}} \times 100[\%]$

③ 수용률 = $\frac{\text{최대 수용 전력[kW]}}{\text{부하 설비 용량[kW]}} \times 100[\%]$

④ 수용률 = $\frac{\text{부하 설비 용량[kW]}}{\text{최대 수용 전력[kW]}} \times 100[\%]$

해설

수용률 = $\frac{\text{최대 수용 전력[kW]}}{\text{부하 설비 용량[kW]}} \times 100[\%]$

13
연간 전력량이 $E[\text{kWh}]$이고, 연간 최대 전력이 $W[\text{kW}]$인 연 부하율은 몇 $[\%]$인가?

① $\frac{E}{W} \times 100$

② $\frac{\sqrt{3}W}{E} \times 100$

③ $\frac{8,760W}{E} \times 100$

④ $\frac{E}{8,760W} \times 100$

해설

연 부하율 = $\frac{\text{평균 전력}}{\text{최대 전력}} \times 100 = \frac{\frac{E}{365 \times 24}}{W} \times 100$

$= \frac{E}{8,760W} \times 100[\%]$

14

$200[\text{V}]$, $10[\text{kVA}]$인 3상 유도 전동기가 있다. 어느 날의 부하 실적은 1일의 사용 전력량이 $72[\text{kWh}]$, 1일의 최대 전력이 $9[\text{kW}]$, 최대 부하일 때의 전류가 $35[\text{A}]$였다. 1일의 부하율과 최대 공급 전력일 때의 역률은 약 몇 $[\%]$인가?

① 부하율: $31.3[\%]$, 역률: $74.2[\%]$
② 부하율: $31.3[\%]$, 역률: $82.5[\%]$
③ 부하율: $33.3[\%]$, 역률: $74.2[\%]$
④ 부하율: $33.3[\%]$, 역률: $82.5[\%]$

해설

- 일 부하율 $= \dfrac{1일\ 평균\ 전력[\text{kW}]}{최대\ 전력[\text{kW}]} \times 100$

  $= \dfrac{72[\text{kWh}]/24[\text{h}]}{9[\text{kW}]} \times 100 = 33.3[\%]$

- 3상 최대 공급 전력 $P_m = \sqrt{3}\,VI\cos\theta_m = 9 \times 10^3 [\text{W}]$

  $\therefore$ 최대 공급 전력일 때의 역률

  $\cos\theta_m = \dfrac{P_m}{\sqrt{3}\,VI} \times 100 = \dfrac{9 \times 10^3}{\sqrt{3} \times 200 \times 35} \times 100 = 74.2[\%]$

15

배전 계통에서 부등률이란?

① $\dfrac{최대\ 수용\ 전력}{부하\ 설비\ 용량}$

② $\dfrac{부하의\ 평균\ 전력의\ 합}{부하\ 설비의\ 최대\ 전력}$

③ $\dfrac{최대\ 부하\ 시의\ 설비\ 용량}{정격\ 용량}$

④ $\dfrac{각\ 수용가의\ 최대\ 수용\ 전력의\ 합}{합성\ 최대\ 수용\ 전력}$

해설

부등률 $= \dfrac{각\ 수용가의\ 최대\ 수용\ 전력의\ 합}{합성\ 최대\ 수용\ 전력} \geq 1$

16

각 수용가의 수용률 및 수용가 사이의 부등률이 변화할 때 수용가군 총합의 부하율에 대한 설명으로 옳은 것은?

① 수용률에 비례하고 부등률에 반비례한다.
② 부등률에 비례하고 수용률에 반비례한다.
③ 부등률과 수용률에 모두 반비례한다.
④ 부등률과 수용률에 모두 비례한다.

해설

- 수용률 $= \dfrac{최대\ 전력}{설비\ 용량}$

- 부하율 $= \dfrac{평균\ 전력}{최대\ 전력}$

- 부등률 $= \dfrac{각\ 부하의\ 최대\ 전력의\ 합}{합성\ 최대\ 전력}$

따라서 이를 부하율에 대해 정리하면

- 부하율 $= \dfrac{평균\ 전력}{최대\ 전력} = \dfrac{평균\ 전력}{수용률 \times 설비\ 용량}$

  ($\therefore$ 부하율과 수용률은 반비례)

- 부하율 $= \dfrac{평균\ 전력}{최대\ 전력} = \dfrac{평균\ 전력}{\dfrac{각\ 부하의\ 최대\ 전력의\ 합}{부등률}}$

  $= \dfrac{평균\ 전력}{각\ 부하의\ 최대\ 전력의\ 합} \times 부등률$

  ($\therefore$ 부하율과 부등률은 비례)

즉, 부하율은 부등률에 비례하고 수용률에 반비례한다.

17

어떤 건물에서 총 설비 부하 용량이 $850[\text{kW}]$, 수용률이 $60[\%]$이면 변압기 용량은 최소 몇 $[\text{kVA}]$로 하여야 하는가?(단, 설비 부하의 종합 역률은 0.75이다.)

① 740
② 680
③ 650
④ 500

해설

변압기 용량$[\text{kVA}] = \dfrac{설비\ 용량 \times 수용률}{부등률 \times 역률}$에서

$P_a = \dfrac{850 \times 0.6}{1 \times 0.75} = 680[\text{kVA}]$

18

부하 설비 용량 $600[\text{kW}]$, 부등률 1.2, 수용률 $60[\%]$일 때의 합성 최대 수용 전력은 몇 $[\text{kW}]$인가?

① 240
② 300
③ 432
④ 833

해설

합성 최대 수용 전력$[\text{kW}] = \dfrac{\text{설비 용량} \times \text{수용률}}{\text{부등률}}$ 에서

$P = \dfrac{600 \times 0.6}{1.2} = 300[\text{kW}]$

19

최대 전력의 발생 시각 또는 발생 시기의 분산을 나타내는 지표는?

① 부등률
② 부하율
③ 수용률
④ 전일 효율

해설

부등률 $= \dfrac{\text{각 부하의 최대 수용 전력의 합계}}{\text{합성 최대 수용 전력}} \geq 1$ 로서

부등률은 최대 전력의 발생 시각 또는 발생 시기의 분산을 나타낸다.

20

설비 A가 $150[\text{kW}]$, 수용률 0.5, 설비 B가 $250[\text{kW}]$, 수용률 0.8일 때 합성 최대 전력이 $235[\text{kW}]$이면 부등률은 약 얼마인가?

① 1.10
② 1.13
③ 1.17
④ 1.22

해설

부등률 $= \dfrac{\text{각 수용가의 최대 수용 전력의 합}}{\text{합성 최대 수용 전력}}$ 에서

부등률 $= \dfrac{150 \times 0.5 + 250 \times 0.8}{235} = 1.17$

21

각 수용가의 수용 설비 용량이 $50[\text{kW}]$, $100[\text{kW}]$, $80[\text{kW}]$, $60[\text{kW}]$, $150[\text{kW}]$이며, 각각의 수용률이 0.6, 0.6, 0.5, 0.5, 0.4일 때 부하의 부등률이 1.3이라면 변압기 용량은 약 몇 $[\text{kVA}]$가 필요한가?(단, 평균 부하 역률은 $80[\%]$라고 한다.)

① 142
② 165
③ 183
④ 212

해설

$P = \dfrac{50 \times 0.6 + 100 \times 0.6 + 80 \times 0.5 + 60 \times 0.5 + 150 \times 0.4}{1.3}$
$= 169.23[\text{kW}]$

$P_a = \dfrac{169.23[\text{kW}]}{0.8} = 211.54[\text{kVA}]$

22

송전 선로에서 고조파 제거 방법이 아닌 것은?

① 변압기를 Δ 결선한다.
② 유도 전압 조정 장치를 설치한다.
③ 무효 전력 보상 장치를 설치한다.
④ 능동형 필터를 설치한다.

해설 고조파 억제 대책

- 고조파 필터(수동 필터, 능동 필터) 설치
- 변압기를 Δ 결선 및 직렬 리액터 설치
- 무효 전력 보상 장치 설치

| 정답 | 18 ② 19 ① 20 ③ 21 ④ 22 ②

23
송전 계통의 전력용 콘덴서와 직렬로 연결하는 직렬 리액터로 제거되는 고조파는?

① 제2고조파
② 제3고조파
③ 제5고조파
④ 제7고조파

해설
직렬 리액터: 제5고조파 제거 목적
- 이론상: 콘덴서 용량의 4[%]
- 실제상: 콘덴서 용량의 5~6[%]

24
송전 선로에서 변압기의 유기 기전력에 의해 발생하는 고조파 중 제3고조파를 제거하기 위한 방법으로 가장 적당한 것은?

① 변압기를 Δ 결선한다.
② 동기 조상기를 설치한다.
③ 직렬 리액터를 설치한다.
④ 전력용 콘덴서를 설치한다.

해설
- 변압기를 Δ 결선: 제3고조파 제거
- 직렬 리액터 설치: 제5고조파 제거

25
전력용 콘덴서를 변전소에 설치할 때 직렬 리액터를 설치하고자 한다. 직렬 리액터의 용량을 결정하는 식은?(단, f_0는 전원의 기본 주파수, C는 역률 개선용 콘덴서의 용량, L은 직렬 리액터의 용량이다.)

① $2\pi f_0 L = \dfrac{1}{2\pi f_0 C}$

② $2\pi (3f_0) L = \dfrac{1}{2\pi (3f_0) C}$

③ $2\pi (5f_0) L = \dfrac{1}{2\pi (5f_0) C}$

④ $2\pi (7f_0) L = \dfrac{1}{2\pi (7f_0) C}$

해설
제5고조파 제거용 직렬 리액터 용량 결정 조건식은
$5\omega L = \dfrac{1}{5\omega C}$ 에서
$5 \times 2\pi f_0 L = \dfrac{1}{5 \times 2\pi f_0 C}$ → $2\pi (5f_0) L = \dfrac{1}{2\pi (5f_0) C}$

26
1대의 주상 변압기에 부하 1과 부하 2가 병렬로 접속되어 있을 경우 주상 변압기에 걸리는 피상 전력[kVA]은?

부하 1	유효 전력 P_1[kW], 역률(늦음) $\cos\theta_1$
부하 2	유효 전력 P_2[kW], 역률(늦음) $\cos\theta_2$

① $\dfrac{P_1}{\cos\theta_1} + \dfrac{P_2}{\cos\theta_2}$

② $\sqrt{\left(\dfrac{P_1}{\cos\theta_1}\right)^2 + \left(\dfrac{P_2}{\cos\theta_2}\right)^2}$

③ $\sqrt{(P_1+P_2)^2 + (P_1\tan\theta_1 + P_2\tan\theta_2)^2}$

④ $\sqrt{\left(\dfrac{P_1}{\sin\theta_1}\right) + \left(\dfrac{P_2}{\sin\theta_2}\right)}$

해설
$P_a = \sqrt{P^2+Q^2} = \sqrt{(P_1+P_2)^2 + (Q_1+Q_2)^2}$
$= \sqrt{(P_1+P_2)^2 + (P_1\tan\theta_1 + P_2\tan\theta_2)^2}$ [kVA]

27
배전선의 전력 손실 경감 대책이 아닌 것은 어느 것인가?

① 피더(Feeder) 수를 늘린다.
② 역률을 개선한다.
③ 배전 전압을 높인다.
④ 부하의 불평형을 방지한다.

해설 배전 선로 전력 손실 경감 대책
- 역률을 개선한다.
- 배전 전압을 높인다.
- 부하의 불평형을 방지한다.(부하의 평형 운전)
- 네트워크 배전 방식을 채택한다.

28
부하 역률이 $\cos\theta$인 배전 선로의 저항 손실은 같은 크기의 부하 전력에서 역률 1일 때 저항 손실의 몇 배인가?

① $\cos^2\theta$
② $\cos\theta$
③ $\dfrac{1}{\cos\theta}$
④ $\dfrac{1}{\cos^2\theta}$

해설
전력 손실은
$$P_l = 3I^2 R = 3\left(\frac{P}{\sqrt{3}\,V\cos\theta}\right)^2 R = \frac{P^2 R}{V^2 \cos^2\theta}\,[\text{W}]$$
으로 $P_l \propto \dfrac{1}{\cos^2\theta}$ 의 관계가 있으므로 이를 적용하면
$$\frac{P_{l2}}{P_{l1}} = \left(\frac{\cos\theta_1}{\cos\theta_2}\right)^2 = \left(\frac{1}{\cos\theta}\right)^2 = \frac{1}{\cos^2\theta}$$

29
동일한 부하 전력에 대하여 전압을 2배로 승압하면 전압 강하, 전압 강하율, 전력 손실률은 각각 어떻게 되는지 순서대로 나열한 것은?

① $\dfrac{1}{2},\ \dfrac{1}{2},\ \dfrac{1}{2}$
② $\dfrac{1}{2},\ \dfrac{1}{2},\ \dfrac{1}{4}$
③ $\dfrac{1}{2},\ \dfrac{1}{4},\ \dfrac{1}{4}$
④ $\dfrac{1}{4},\ \dfrac{1}{4},\ \dfrac{1}{4}$

해설 전압과 각 전기 요소의 관계
- 공급 전력: $P \propto V^2$ (전압을 2배로 하면 공급 전력은 4배로 증가)
- 전압 강하: $e \propto \dfrac{1}{V}$ (전압을 2배로 하면 전압 강하는 $\dfrac{1}{2}$ 배로 감소)
- 전압 강하율: $\varepsilon \propto \dfrac{1}{V^2}$ (전압을 2배로 하면 전압 강하율은 $\dfrac{1}{4}$ 배로 감소)
- 전력 손실(률): $P_l \propto \dfrac{1}{V^2}$ (전압을 2배로 하면 전력 손실(률)은 $\dfrac{1}{4}$ 배로 감소)
- 전선 굵기: $A \propto \dfrac{1}{V^2}$ (전압을 2배로 하면 전선의 굵기는 $\dfrac{1}{4}$ 배로 감소)

30
부하 역률이 0.8인 선로의 저항 손실은 역률이 0.9인 선로의 저항 손실에 비해서 약 몇 배 정도 되는가?

① 0.97
② 1.1
③ 1.27
④ 1.5

해설
$P_l \propto \dfrac{1}{\cos^2\theta}$ 의 관계를 이용하여
$$\frac{P_{l1}}{P_{l2}} = \left(\frac{\cos\theta_2}{\cos\theta_1}\right)^2 = \left(\frac{0.9}{0.8}\right)^2 = 1.27$$

31

그림과 같은 단거리 배전 선로의 송전단 전압 $6,600[\text{V}]$, 역률은 0.9이고, 수전단 전압 $6,100[\text{V}]$, 역률 0.8일 때 회로에 흐르는 전류 $I[\text{A}]$는?(단, E_s 및 E_r은 송·수전단 대지 전압이며, $r = 20[\Omega]$, $x = 10[\Omega]$이다.)

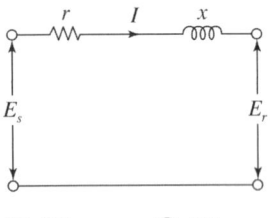

① 20 ② 35 ③ 53 ④ 65

해설

전력 손실은 송전 전력과 수전 전력의 차이이므로
$P_l = P_s - P_r = E_s I \cos\theta_s - E_r I \cos\theta_r = I^2 R$ 에서
$I = \dfrac{E_s \cos\theta_s - E_r \cos\theta_r}{R} = \dfrac{6,600 \times 0.9 - 6,100 \times 0.8}{20}$
$= 53[\text{A}]$

32

단상 변압기 3대에 의한 Δ 결선에서 1대를 제거하고 동일 전력을 V 결선으로 보낸다면 동손은 약 몇 배가 되는가?

① 0.67 ② 2.0
③ 2.7 ④ 3.0

해설

• Δ 결선

$P_\Delta = 3P = 3VI$ 에서 $I = \dfrac{P_\Delta}{3V}[\text{A}]$ 이므로

Δ 결선에서의 전력 손실은

$P_l = 3I^2 R = 3\left(\dfrac{P_\Delta}{3V}\right)^2 R = \dfrac{P_\Delta^2 R}{3V^2}[\text{W}]$

• V 결선

$P_V = \sqrt{3}P = \sqrt{3}VI$ 에서 $I = \dfrac{P_V}{\sqrt{3}V}[\text{A}]$

조건에서 Δ 결선과 동일 전력을 V 결선으로 보낸다 하였으므로

$P_V = P_\Delta$ 이다. 즉, $I = \dfrac{P_V}{\sqrt{3}V} = \dfrac{P_\Delta}{\sqrt{3}V}[\text{A}]$

∴ V 결선에서의 전력 손실은

$P_l' = 2I^2 R = 2\left(\dfrac{P_\Delta}{\sqrt{3}V}\right)^2 R = 2 \times \dfrac{P_\Delta^2 R}{3V^2} = 2P_l[\text{W}]$ 로서

Δ 결선에 비해 2배가 된다.

33

전력용 콘덴서 회로에 방전 코일을 설치하는 주된 목적은?

① 합성 역률의 개선
② 전압의 파형 개선
③ 콘덴서의 등가 용량 증대
④ 전원 개방 시 잔류 전하를 방전시켜 인체의 위험 방지

해설

방전 코일은 전력용 콘덴서에 충전되어 있는 잔류 전하를 신속하게 방전시켜 작업자들의 감전 사고를 방지하는 역할을 한다.

34

$3,000[\text{kW}]$, 역률 $75[\%]$(늦음)의 부하에 전력을 공급하고 있는 변전소에 콘덴서를 설치하여 역률을 $93[\%]$로 향상시키고자 한다. 필요한 전력용 콘덴서의 용량은 약 몇 $[\text{kVA}]$인가?

① 1,460 ② 1,540
③ 1,620 ④ 1,730

해설

$Q_c = P(\tan\theta_1 - \tan\theta_2) = P\left(\dfrac{\sin\theta_1}{\cos\theta_1} - \dfrac{\sin\theta_2}{\cos\theta_2}\right)$
$= 3,000 \times \left(\dfrac{\sqrt{1-0.75^2}}{0.75} - \dfrac{\sqrt{1-0.93^2}}{0.93}\right)$
$= 1,460[\text{kVA}]$

35

선간 전압 $3,300[\text{V}]$, 피상 전력 $330[\text{kVA}]$, 역률 0.7인 3상 부하가 있다. 부하의 역률을 0.85로 개선하는 데 필요한 전력용 콘덴서의 용량은 약 몇 $[\text{kVA}]$인가?

① 63
② 73
③ 83
④ 93

해설

$$Q_c = P(\tan\theta_1 - \tan\theta_2) = P\left(\frac{\sin\theta_1}{\cos\theta_1} - \frac{\sin\theta_2}{\cos\theta_2}\right)$$

(여기서, P: 유효 전력[kW])

$$Q_c = (330 \times 0.7) \times \left(\frac{\sqrt{1-0.7^2}}{0.7} - \frac{\sqrt{1-0.85^2}}{0.85}\right)$$

$$= 92.51[\text{kVA}] \fallingdotseq 93[\text{kVA}]$$

36

3상 배전 선로의 말단에 지상 역률 $80[\%]$, $160[\text{kW}]$인 평형 3상 부하가 있다. 부하점에 전력용 콘덴서를 접속하여 선로 손실을 최소가 되게 하려면 전력용 콘덴서의 필요한 용량 $[\text{kVA}]$은?(단, 부하단 전압은 변하지 않는 것으로 한다.)

① 100
② 120
③ 160
④ 200

해설

선로 손실이 최소가 된다는 것은 개선 후의 역률이 100[%]임을 의미한다. 따라서 역률 개선용 전력용 콘덴서 용량은

$$Q_c = P(\tan\theta_1 - \tan\theta_2) = P\left(\frac{\sin\theta_1}{\cos\theta_1} - \frac{\sin\theta_2}{\cos\theta_2}\right)$$

$$= 160 \times \left(\frac{0.6}{0.8} - \frac{0}{1}\right) = 120[\text{kVA}]$$

37

배전 선로에서 고장 전류를 차단할 수 있는 장치는?

① 단로기
② 리클로저
③ 선로 개폐기
④ 구분 개폐기

해설

리클로저는 배전 선로에 사용하는 차단기로 고장 발생 시 회로를 개방시키고 재투입 동작을 자동적으로 실시하는 자동 개폐 장치이다.

38

주상 변압기의 고압 측 및 저압 측에 설치되는 보호 장치가 아닌 것은?

① 피뢰기
② 1차 컷아웃 스위치
③ 캐치 홀더
④ 케이블 헤드

해설 주상 변압기의 보호 장치

- 고압 측(1차 측): 컷아웃 스위치(COS) 및 피뢰기
- 저압 측(2차 측): 캐치 홀더(Catch holder)

39

부하에 따라 전압 변동이 심한 급전선을 가진 배전 변전소에서 가장 많이 사용되는 전압 조정 장치는?

① 유도 전압 조정기
② 직렬 리액터
③ 계기용 변압기
④ 전력용 콘덴서

해설 전압 조정 장치

- 유도 전압 조정기(IR): 부하 변화가 심한 배전선의 전압 조정에 사용
- 부하 시 탭 절환 변압기: 부하 변동이 적은 배전 선로에 사용

| 정답 | 35 ④ 36 ② 37 ② 38 ④ 39 ①

40
배전 선로의 배전 변압기 탭을 선정함에 있어 틀린 설명은 어느 것인가?

① 중부하 시 탭 변경점 직전의 저압선 말단 수용가의 전압을 허용 전압 변동의 하한보다 저하시키지 않아야 한다.
② 중부하 시 탭 변경점 직후 변압기에 접속된 수용가 전압을 허용 전압 변동의 상한보다 초과시키지 않아야 한다.
③ 경부하 시 변전소 송전 전압을 저하 시 최초의 탭 변경점 직전의 저압선 말단 수용가의 전압을 허용 전압 변동의 하한보다 저하시키지 않아야 한다.
④ 경부하 시 탭 변경점 직후의 변압기에 접속된 전압을 허용 전압 변동의 하한보다 초과하지 않아야 한다.

해설
- 중부하 시 배전 변압기 탭 선정
  - 탭 변경 직후: 상한보다 초과시키지 말 것
- 경부하 시 배전 변압기 탭 선정
  - 탭 변경 직후: 하한보다 감소시키지 말 것

41
선로 전압 강하 보상기(LDC)에 대한 설명으로 옳은 것은?

① 승압기로 저하된 전압을 보상하는 것
② 분로 리액터로 전압 상승을 억제하는 것
③ 선로의 전압 강하를 보상하여 모선 전압을 조정하는 것
④ 직렬 콘덴서로 선로의 리액턴스를 보상하는 것

해설
선로 전압 강하 보상기(LDC)는 배전 선로에서 발생하는 전압 강하를 보상하여 변전소의 모선 전압을 제어하는 것이다.

42
단상 승압기 1대를 사용하여 승압할 경우 승압 전의 전압을 E_1이라 하면 승압 후의 전압 E_2는 어떻게 되는가?(단, 승압기의 변압비는 $\dfrac{\text{전원 측 전압}}{\text{부하 측 전압}} = \dfrac{e_1}{e_2}$이다.)

① $E_2 = E_1 + e_1$
② $E_2 = E_1 + e_2$
③ $E_2 = E_1 + \dfrac{e_2}{e_1} E_1$
④ $E_2 = E_1 + \dfrac{e_1}{e_2} E_1$

해설 승압기(Booster)
- 2차 승압 전압: $E_2 = E_1\left(1 + \dfrac{e_2}{e_1}\right) = E_1 + \dfrac{e_2}{e_1} E_1 \,[\text{V}]$
- 승압기 용량: $W = e_2 I_2 \,[\text{VA}]$
- 부하 용량: $W_L = E_2 I_2 \,[\text{VA}]$

43
배전선의 전압 조정 장치가 아닌 것은?

① 승압기
② 리클로저
③ 유도 전압 조정기
④ 주상 변압기 탭 절환 장치

해설 배전선의 전압 조정 장치
- 승압기
- 유도 전압 조정기
- 주상 변압기 탭 절환 장치

리클로저는 배전 선로에서 사고 발생 시 즉시 동작하여 고장 구간을 차단하고 그 후에 다시 투입시키는 동작을 반복적으로 하는 자동 재폐로 차단기로서 배전선 보호 장치이다.

| 정답 | 40 ④ 41 ③ 42 ③ 43 ②

에듀윌이 너를 지지할게
ENERGY

절대 어제를 후회하지 마라.
인생은 오늘의 나 안에 있고
내일은 스스로 만드는 것이다.

– L. 론 허바드(L. Ron Hubbard)

수력 발전

1. 수력학
2. 수력 발전소의 출력
3. 수차(Turbine)
4. 조압 수조(Surge Tank)
5. 캐비테이션(Cavitation)
6. 수차의 특유 속도(N_s, 비속도: Specific Speed)
7. 양수 발전소

학습 전략

수력 발전은 수력학에 대한 간단한 이론을 학습한 후 수차에 관련된 내용 위주로 학습하는 것이 효율적입니다. 수차의 종류, 캐비테이션, 특유 속도, 양수 발전소 위주로 학습하고, 유량도, 조압 수조 등의 내용은 시간적 여유가 있을 때 기본적인 내용만 알아 두어도 충분합니다.

CHAPTER 10 | 흐름 미리보기

1. 수력학
- 연속의 원리
- 베르누이의 정리
- 토리첼리의 정리

2. 수력 발전소의 출력
- 수력 발전소 각 부분의 출력
- 수력 발전소 건설을 위한 유량 자료

3. 수차(Turbine)
- 수차의 정의
- 수차의 종류별 적용 낙차 범위
- 수차의 종류별 특성

4. 조압 수조 (Surge Tank)
- 조압 수조의 정의와 기능
- 조압 수조의 종류

5. 캐비테이션(Cavitation)
- 캐비테이션의 정의
- 캐비테이션의 영향
- 캐비테이션 방지 대책

6. 수차의 특유 속도 (N_s, 비속도: Specific Speed)
- 특유 속도의 정의

7. 양수 발전소
- 양수 발전소의 정의

NEXT **CHAPTER 11**

CHAPTER 10 수력 발전

THEME 01 수력학

독학이 쉬워지는 기초개념

원의 면적 계산 공식
$$A = \pi r^2 = \frac{\pi}{4} d^2 \,[\text{m}^2]$$
(여기서 r: 반지름[m], d: 지름[m])

1 연속의 원리

(1) 정의
① 유체에 대한 질량 보존의 법칙이 성립한다는 가장 기본적인 수력학이다.

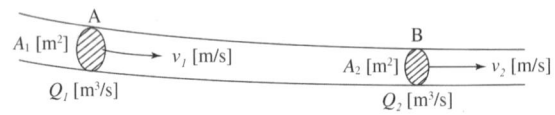

▲ 수압 철관 내의 유수의 흐름

② 그림에서 A, B 두 지점에 통과하는 물의 양은 항상 보존되어 같아야 한다.
$Q_1 = Q_2$ (Q: 물의 유량[m³/s])

(2) 내용
① A, B 두 지점에서의 유량(Q)은 다음과 같고 이를 연속의 원리라고 한다.
$Q_1 = A_1 v_1 \,[\text{m}^3/\text{s}]$
$Q_2 = A_2 v_2 \,[\text{m}^3/\text{s}]$
∴ $Q_1 = Q_2$

② 위 ① 식에서 $Q = Av$를 적용하여
$Q_1 = Q_2 \rightarrow A_1 v_1 = A_2 v_2$ 가 성립하게 된다.

기출예제

그림과 같이 '수류가 고체에 둘러싸여 있고 A로부터 유입되는 수량과 B로부터 유출되는 수량이 같다.'고 하는 이론은?

① 수두 이론
② 연속의 원리
③ 베르누이의 정리
④ 토리첼리의 정리

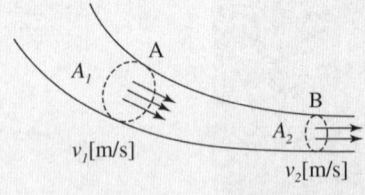

| 해설 |
연속의 원리는 '완전히 밀폐된 수관의 어느 임의의 두 지점에 통과한 물의 유량은 서로 같다.'는 법칙이다.

답 ②

2 베르누이의 정리

(1) 정의
① 유체에 대한 에너지 보존의 법칙이 성립한다는 법칙이다.
② 유체가 가지고 있는 위치 에너지, 압력 에너지, 속도 에너지의 합은 일정하다는 수력학 법칙이다.

(2) 수식

$$h + \frac{p}{\omega} + \frac{v^2}{2g} = H[\text{m}]$$

(단, h = 위치 에너지[m], $\frac{p}{\omega}$ = 압력 에너지[m], $\frac{v^2}{2g}$ = 속도 에너지[m])

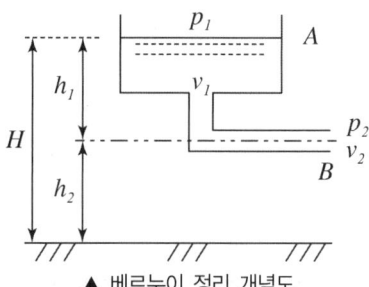

▲ 베르누이 정리 개념도

기출예제

유수(流水)가 갖는 에너지가 아닌 것은?

① 위치 에너지 ② 수력 에너지
③ 속도 에너지 ④ 압력 에너지

| 해설 |
유수 에너지의 종류
• 위치 에너지: $h[\text{m}]$
• 압력 에너지: $\frac{p}{\omega}[\text{m}]$
• 속도 에너지: $\frac{v^2}{2g}[\text{m}]$

답 ②

독학이 쉬워지는 기초개념

물의 성질
• ω: 물의 체적당 중량 $(= 1,000[\text{kg/m}^3])$
• g: 중력 가속도$(= 9.8[\text{m/s}^2])$

수두
물이 가지는 중량[kg]당 에너지량
• 위치 수두: $H[\text{m}]$으로 표시
• 압력 수두
$$H_p = \frac{p}{w}[\text{m}] = \frac{p}{1,000}[\text{m}]$$
• 속도 수두: $H_v = \frac{v^2}{2g}[\text{m}]$
• 총 수두 $= H + H_p + H_v$
$$= H + \frac{p}{1,000} + \frac{v^2}{2g}[\text{m}]$$

독학이 쉬워지는 기초개념

3 토리첼리의 정리

(1) 정의: 수력 발전소에서 분출되는 물의 속도를 구할 경우에 사용되는 법칙이다.

(2) 내용

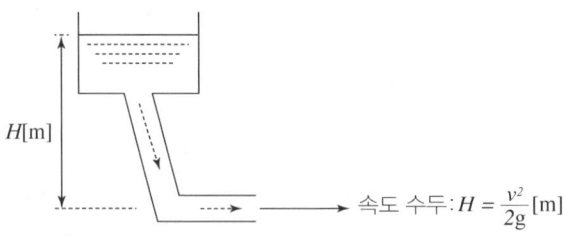

▲ 속도 수두 개념도

① 이론적인 유속 계산식: $v = \sqrt{2gH}\,[\text{m/s}]$
② 실제 유속 계산식: $v = k\sqrt{2gH}\,[\text{m/s}]$
(단, k: 유속 계수, g: 중력 가속도($9.8[\text{m/s}^2]$), H: 유효 낙차[m])

기출예제

유효 낙차 $400[\text{m}]$의 수력 발전소가 있다. 펠턴 수차의 노즐에서 분출하는 물의 속도를 구하면 몇 $[\text{m/s}]$인가?

① 55.5 ② 65.5
③ 75.5 ④ 88.5

| 해설 |
$v = \sqrt{2gH} = \sqrt{2 \times 9.8 \times 400} = 88.5[\text{m/s}]$

답 ④

THEME 02 수력 발전소의 출력

1 수력 발전소 각 부분의 출력

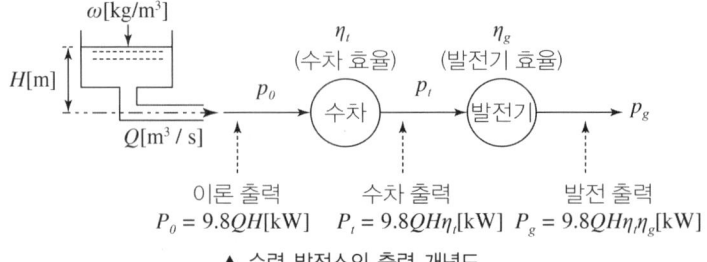

▲ 수력 발전소의 출력 개념도

기출예제

어떤 발전소의 유효 낙차가 $100[\text{m}]$이고, 최대 사용 수량이 $10[\text{m}^3/\text{s}]$일 경우 이 발전소의 이론적인 출력은 몇 $[\text{kW}]$인가?

① 4,900
② 9,800
③ 10,000
④ 14,700

| 해설 |
$P = 9.8QH = 9.8 \times 10 \times 100 = 9,800[\text{kW}]$

답 ②

2 수력 발전소 건설을 위한 유량 자료

(1) 유량도: 가로축에 1년(365일)을, 세로축에 매일의 하천 유량을 기입한 것
(2) 유황 곡선: 유량도 작성 후 이 유량도를 사용하여 가로축에 1년의 일수를, 세로축에 유량을 취하여 매일의 유량 중 큰 것부터 1년분을 배열한 곡선
   ① 갈수량: 1년 365일 중 355일은 이것보다 내려가지 않는 유량
   ② 저수량: 1년 365일 중 275일은 이것보다 내려가지 않는 유량
   ③ 평수량: 1년 365일 중 185일은 이것보다 내려가지 않는 유량
   ④ 풍수량: 1년 365일 중 95일은 이것보다 내려가지 않는 유량
(3) 적산 유량 곡선: 매일 수량을 차례로 적산하여 가로축에 일수를, 세로축에 적산 수량을 그린 곡선

유황 곡선
연간 발전 계획의 기초 자료

연 평균 유량식
$Q = \dfrac{A \times 10^{-3} \times w \times 10^6 \times k}{365 \times 24 \times 60 \times 60}[\text{m}^3/\text{sec}]$
A: 연 강수량[mm]
w: 유역 면적[km²]
k: 유출 계수

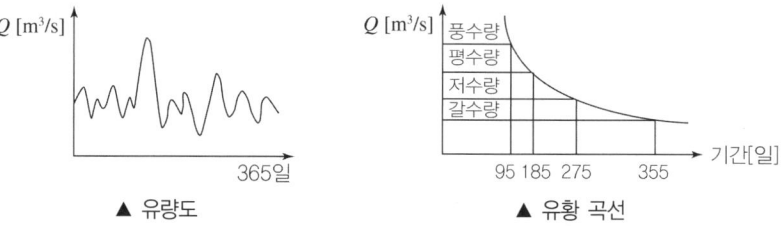

▲ 유량도   ▲ 유황 곡선

THEME 03 수차(Turbine)

1 수차의 정의

수차는 물이 가지고 있는 에너지를 이용하여 회전 운동 에너지로 변환하는 장치이다.

2 수차의 종류별 적용 낙차 범위

종류	유효 낙차[m]	형식
펠턴 수차	300~1,800	충동
프란시스 수차	50~500	반동
사류 수차	50~150	반동
카플란, 프로펠러 수차	10~50	반동

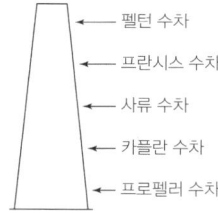

▲ 수차 종류별 유효 낙차 범위

강의 꿀팁

낙차가 높은 수차 순서를 암기할 때는 수차 명칭의 앞 글자만 따서 '펠프사카프'라고 외워 두세요.

독학이 쉬워지는 기초개념

펠턴 수차
흡출관이 필요 없는 수차

흡출관(Draft Tube)
반동 수차의 러너부터 방수로 수면까지 연결한 관으로 흡출 수두(러너 출구와 방수면과의 높이 차)를 유효 낙차로 이용하고, 러너로부터 유출된 물의 속도 수두를 회수하여 수차의 효율을 증가시킴

3 수차의 종류별 특성

(1) 펠턴 수차(충동 수차)
① 원리: 노즐에서 분사된 물을 러너 주변에 부착한 버킷(Bucket)에 작용시켜 그 충격력으로 회전력을 얻는 수차이다.
② 비속도가 낮아 고낙차용으로 적합하다.
③ 마모 부분의 교체가 용이하다.
④ 사용 노즐 개수, 니들 밸브 조정으로 고효율 운전이 가능하다.

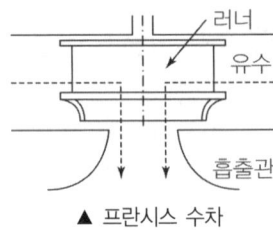
▲ 펠턴 수차

(2) 프란시스 수차(반동 수차)
① 원리: 수압관에서 유입된 고압의 물이 안내날개를 통해 러너의 반지름 방향으로 들어와 속도를 올린다. 그 후 축 방향으로 방향을 바꿔 유출될 때까지 반동력으로 회전력을 얻는 수차이다.
② 적용 낙차 범위가 넓다.
③ 구조가 간단하여 가격이 싸다.
④ 고낙차 영역에서 펠턴 수차보다 소형으로 제작이 가능하다.

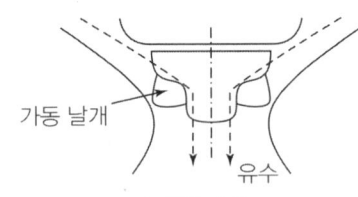
▲ 프란시스 수차

(3) 사류 수차(반동 수차)
① 원리: 유수가 러너의 45° 경사로 통과하는 구조의 수차이다.
② 고낙차에 따른 러너 날개에 작용하는 하중이 최소이다.
③ 변동 낙차에 대해 가동형 날개 조정으로 고효율 운전이 가능하다.

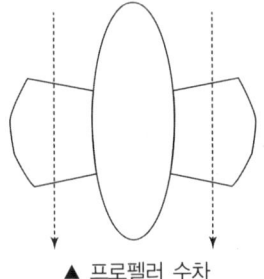
▲ 사류 수차

(4) 프로펠러 수차(반동 수차)
① 비속도가 높아 저낙차용이다.
② 날개 분해가 가능하여 제작, 수송이 편리하다.

▲ 프로펠러 수차

THEME 04 　 조압 수조(Surge Tank)

1 조압 수조의 정의와 기능

(1) 정의: 압력 수로와 수압관을 접속하는 장소에 자연 수면을 가진 일종의 물탱크(Tank)이다.

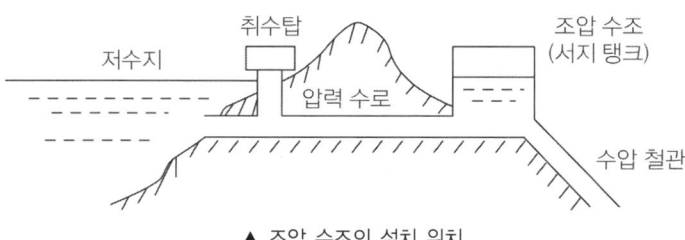

▲ 조압 수조의 설치 위치

(2) 기능
① 수압관 내에서 발생하는 수격압을 흡수한다.(수격 작용 완화)
② 수압관을 보호한다.

2 조압 수조의 종류

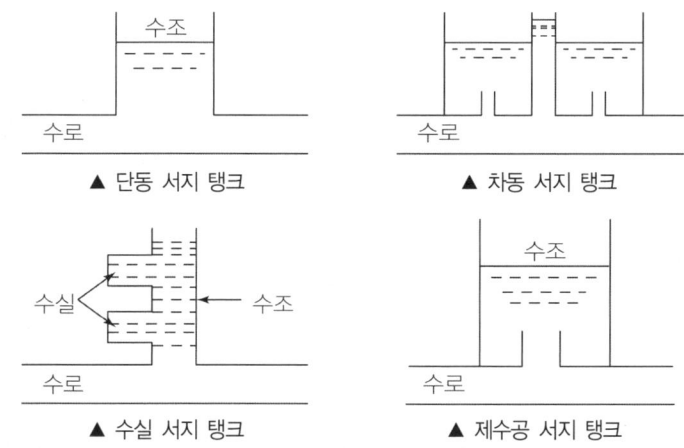

▲ 단동 서지 탱크　　▲ 차동 서지 탱크

▲ 수실 서지 탱크　　▲ 제수공 서지 탱크

기출예제

수력 발전 설비에 이용되는 차동 조압 수조의 특징으로 옳은 것은?

① 수조에 수실을 설치하여 서징의 주기를 빠르게 한다.
② 수압 변동을 생기게 하는 에너지를 흡수하며 탱크를 소형으로 할 수 있다.
③ 수조에 제수공이 설치되어 있으므로 수로 내의 유수의 속도 변화가 없다.
④ 수압관 내의 압력의 변동을 크게 하고 수격 작용을 완화시키는 효과가 있다.

| 해설 |
차동 조압 수조는 단동 조압 수조보다 탱크 크기를 작게 하여 서징 주기를 빠르게 한 수조이다.

답 ②

독학이 쉬워지는 기초개념

댐의 부속설비
- 취수구
- 수조
- 수로

Tip 강의 꿀팁

수실 조압 수조는 발전소 이용 수심이 깊을 경우 사용해요.

독학이 쉬워지는 기초개념

조속기
수차의 속도를 균일하게 유지하면서 유량을 자동적으로 가감하는 장치 동작 순서는
평속기 → 배압 밸브 → 서브모터 전동기 → 복원기구
- 평속기: 수차의 속도 편차 검출
- 배압 밸브: 유압 조정
- 서브모터 전동기: 니들 밸브 또는 안내날개 On, Off
- 복원기구: 니들 밸브 또는 안내날개 진동 방지

THEME 05 캐비테이션(Cavitation)

1 캐비테이션의 정의
수압관 내의 흐르는 물에 부하의 급격한 변화로 기포가 생기고, 이 기포가 압력이 높은 곳에 도달하면 갑자기 터져 수차에 큰 충격을 주는 현상을 말한다.

2 캐비테이션의 영향
(1) 수차의 수명을 단축시킨다.
(2) 수차에 진동 및 난조를 발생시킨다.
(3) 수차와 발전기 효율을 저하시킨다.

3 캐비테이션 방지 대책
(1) 수차의 특유 속도(N_s)를 너무 크게 하지 않는다.
(2) 흡출관의 높이를 너무 높게 취하지 않는다.
(3) 수차 러너를 침식에 강한 스테인레스강, 특수강으로 제작한다.
(4) 러너의 표면을 매끄럽게 가공한다.
(5) 수차의 과도한 부분 부하, 과부하 운전을 피한다.

기출예제

캐비테이션으로 인한 수력 발전소의 악영향이 아닌 것은?
① 수차의 부식으로 수명 단축
② 수차의 진동 및 난조 발생
③ 수차의 효율 감소
④ 수압관의 보호

| 해설 |
수격압을 흡수하여 수압관을 보호하는 장치는 조압 수조이다.

답 ④

THEME 06 수차의 특유 속도(N_s, 비속도: Specific Speed)

1 특유 속도의 정의
(1) 실제 수차와 기하학적으로 닮은 모형 수차를 1[m] 낙차에서 1[kW] 출력을 발생시키는 데 필요한 1분간의 회전수[rpm]를 의미하는 가상의 회전 속도이다.
(2) 특유 속도가 크다는 것은 유수에 대한 수차 러너의 상대 속도가 빠르다는 것을 말한다.

$$\text{특유 속도 } N_s = N \times \frac{P^{\frac{1}{2}}}{H^{\frac{5}{4}}} \text{[rpm]}$$

N: 실제 수차 회전수[rpm], P: 출력[kW], H: 유효 낙차[m]

기출예제

[중요도] 수차의 특유 속도 크기를 바르게 나열한 것은?

① 펠턴 수차 < 카플란 수차 < 프란시스 수차
② 펠턴 수차 < 프란시스 수차 < 카플란 수차
③ 프란시스 수차 < 카플란 수차 < 펠턴 수차
④ 카플란 수차 < 펠턴 수차 < 프란시스 수차

| 해설 |

특유 속도 $N_s = N \times \dfrac{P^{\frac{1}{2}}}{H^{\frac{5}{4}}}$ 에서 특유 속도는 유효 낙차와 반비례하므로 낙차가 낮은 수차일수록 특유 속도가 크다. 이를 열거하면 '펠턴 수차 < 프란시스 수차 < 카플란 수차 < 프로펠러 수차'이다.

답 ②

독학이 쉬워지는 기초개념

수차의 낙차 변화 특성

- 회전수 $\dfrac{N_2}{N_1} = \left(\dfrac{H_2}{H_1}\right)^{\frac{1}{2}}$
- 유량 $\dfrac{Q_2}{Q_1} = \left(\dfrac{H_2}{H_1}\right)^{\frac{1}{2}}$
- 출력 $\dfrac{P_2}{P_1} = \left(\dfrac{H_2}{H_1}\right)^{\frac{3}{2}}$

THEME 07 양수 발전소

1 양수 발전소의 정의

양수 발전소는 심야 경부하 시 잉여 전력을 이용하여 상부 저수지에 양수하였다가 한낮의 최대 전력이 필요한 시간에 발전하는 첨두(Peak) 부하용 발전소이다.

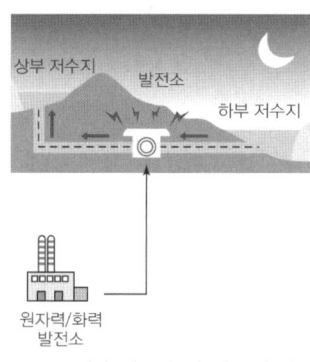
▲ 심야 경부하 시 양수 운전

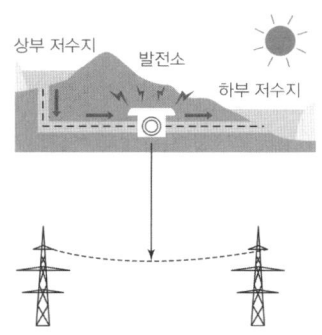
▲ 주간 피크 시 발전 운전

첨두(피크) 부하
하루 중에서 가장 전기를 많이 쓰는 소비 전력이 최대인 시간대의 부하

기출예제

[중요도] 전력 계통의 경부하 시 또는 다른 발전소의 발전 전력에 여유가 있을 때 이 잉여 전력을 이용해서 전동기로 펌프를 돌려 물을 상부의 저수지에 저장하였다가 필요에 따라 이 물을 이용해서 발전하는 발전소의 형식은?

① 조류 발전소
② 수로식 발전소
③ 유역 변경식 발전소
④ 양수식 발전소

| 해설 |

양수 발전은 전력이 남을 때 전기 에너지를 물의 위치 에너지로 저장한 후 이를 다시 필요할 때 발전하여 전기를 생산하는 형식의 발전소이다.

답 ④

CHAPTER 10 CBT 적중문제

01
수압 철관의 안지름이 $4[\text{m}]$인 곳에서의 유속이 $4[\text{m/s}]$이었다. 안지름이 $3.5[\text{m}]$인 곳에서의 유속은 약 몇 $[\text{m/s}]$인가?

① 4.2
② 5.2
③ 6.2
④ 7.2

해설
연속의 원리에 의해
$Q_1 = Q_2 \Rightarrow A_1 v_1 = A_2 v_2$

$v_2 = v_1 \times \dfrac{A_1}{A_2} = 4 \times \dfrac{\frac{\pi}{4} \times 4^2}{\frac{\pi}{4} \times 3.5^2} = 5.22[\text{m/s}]$

02
유효 낙차 $400[\text{m}]$의 수력 발전소에서 펠턴 수차의 노즐에서 분출하는 물의 속도를 이론값의 0.95배로 한다면 물의 분출 속도는 약 몇 $[\text{m/s}]$인가?

① 42.3
② 59.5
③ 62.6
④ 84.1

해설
$v = k\sqrt{2gH} = 0.95 \times \sqrt{2 \times 9.8 \times 400} = 84.1[\text{m/s}]$

03
발전 용량 $9,800[\text{kW}]$의 수력 발전소 최대 사용 수량이 $10[\text{m}^3/\text{s}]$일 때 유효 낙차는 몇 $[\text{m}]$인가?

① 100
② 125
③ 150
④ 175

해설
수력 발전소의 출력 $P = 9.8QH[\text{kW}]$에서 유효 낙차는
$H = \dfrac{P}{9.8Q} = \dfrac{9,800}{9.8 \times 10} = 100[\text{m}]$

04
유효 낙차 $30[\text{m}]$, 출력 $2,000[\text{kW}]$의 수차 발전기를 전부하로 운전하는 경우 1시간당 사용 수량은 약 몇 $[\text{m}^3]$인가? (단, 수차 및 발전기의 효율은 각각 $95[\%]$, $82[\%]$로 한다.)

① 15,500
② 22,500
③ 25,500
④ 31,500

해설
$P = 9.8QH\eta[\text{kW}]$에서
$Q = \dfrac{P}{9.8H\eta} = \dfrac{2,000}{9.8 \times 30 \times 0.95 \times 0.82} = 8.73[\text{m}^3/\text{sec}]$
$\therefore Q[\text{m}^3/\text{h}] = 8.73 \times 60 \times 60 = 31,428[\text{m}^3/\text{h}]$

05
유효 낙차 $75[\text{m}]$, 최대 사용 수량 $200[\text{m}^3/\text{s}]$, 수차 및 발전기의 합성 효율이 $70[\%]$인 수력 발전소의 최대 출력은 약 몇 $[\text{MW}]$인가?

① 102.9
② 157.3
③ 167.5
④ 177.8

해설
$P = 9.8QH\eta[\text{kW}] = 9.8 \times 200 \times 75 \times 0.7$
$= 102,900[\text{kW}] = 102.9[\text{MW}]$

| 정답 | 01 ② 02 ④ 03 ① 04 ④ 05 ①

06

유역 면적 $80[\text{km}^2]$, 유효 낙차 $30[\text{m}]$, 연간 강우량 $1,500[\text{mm}]$의 수력 발전소에서 그 강우량의 $70[\%]$만 이용하면 연간 발전 전력량은 몇 $[\text{kWh}]$인가?(단, 종합 효율은 $80[\%]$이다.)

① 5.49×10^7 ② 1.98×10^7
③ 5.49×10^6 ④ 1.98×10^6

해설

$W = 9.8 QH\eta \times t$
$= 9.8 \times \left(\dfrac{80 \times 10^6 \times 1,500 \times 10^{-3}}{365 \times 24 \times 60 \times 60} \times 0.7\right) \times 30 \times 0.8 \times 365 \times 24$
$= 5.49 \times 10^6 [\text{kWh}]$

07

수력 발전소를 건설할 때 낙차를 취하는 방법으로 적합하지 않은 것은?

① 수로식   ② 댐식
③ 유역 변경식   ④ 역조정지식

해설 낙차를 취하는 방법에 의한 수력 발전소의 종류
- 수로식
- 댐식
- 댐수로식
- 유역 변경식

암기
유량 방식에 따른 수력 발전소의 종류
- 저수지식
- 조정지식
- 양수식
- 조력식

08

유량의 크기를 구분할 때 갈수량이란?

① 하천의 수위 중에서 1년을 통하여 355일간 이보다 내려가지 않는 수위
② 하천의 수위 중에서 1년을 통하여 275일간 이보다 내려가지 않는 수위
③ 하천의 수위 중에서 1년을 통하여 185일간 이보다 내려가지 않는 수위
④ 하천의 수위 중에서 1년을 통하여 95일간 이보다 내려가지 않는 수위

해설

갈수량: 1년(365일) 중 355일은 이 유량보다 내려가지 않는 유량

09

1년 365일 중 185일은 이 양 이하로 내려가지 않는 유량은?

① 평수량   ② 풍수량
③ 고수량   ④ 저수량

해설

평수량: 1년(365일) 중 185일은 이 유량 이하로 내려가지 않는 유량

10

저수량이란 어떤 유량을 말하는가?

① 1년 365일 중 95일간은 이보다 낮아지지 않는 유량
② 1년 365일 중 185일간은 이보다 낮아지지 않는 유량
③ 1년 365일 중 275일간은 이보다 낮아지지 않는 유량
④ 1년 365일 중 355일간은 이보다 낮아지지 않는 유량

해설

저수량이란 1년(365일) 중 275일간은 충분히 확보될 수 있는 하천의 유량이다.

11
수력 발전소의 저수지 용량 등을 결정하는 데 사용되는 것으로 가장 적합한 것은?

① 유량도
② 유황 곡선
③ 수위 유량 곡선
④ 적산 유량 곡선

해설
적산 유량 곡선은 어느 하천에 비가 내려 누적된 양을 기록한 유량 곡선이며, 이를 토대로 수력 발전소의 규모(저수지 용량 등)를 결정하게 된다.

12
수력 발전소에서 사용되는 수차 중 15[m] 이하의 저낙차에 적합하여 조력 발전용으로 알맞은 수차는?

① 카플란 수차
② 펠턴 수차
③ 프란시스 수차
④ 튜블러 수차

해설
튜블러 수차는 저낙차용(20[m] 이하)에 적합하도록 설계된 수차로, 주로 조력 발전소에서 채용된다.

13
취수구에 제수문을 설치하는 목적은?

① 유량을 조정한다.
② 모래를 배제한다.
③ 낙차를 높인다.
④ 홍수위를 낮춘다.

해설
제수문은 수력 발전소의 수로의 맨 앞단에 설치하여 유량을 조정한다.

14
댐의 부속 설비가 아닌 것은?

① 수로
② 수조
③ 취수구
④ 흡출관

해설 댐의 부속 설비
- 수로
- 수조
- 취수구

흡출관은 수차 밑에 설치한 수압관으로 유효 낙차를 늘린다.

15
조압 수조의 설치 목적은?

① 조속기의 보호
② 수차의 보호
③ 여수의 처리
④ 수압관의 보호

해설 조압 수조의 설치 목적
- 서징 작용 흡수
- 수격압으로부터 수압관의 보호

16
수력 발전소에서 흡출관을 사용하는 목적은?

① 압력을 줄인다.
② 유효 낙차를 늘린다.
③ 속도 변동률을 작게 한다.
④ 물의 유선을 일정하게 한다.

해설
흡출관은 펠턴 수차를 제외한 반동 수차에 수차 출구와 방수면 사이에 설치한 수압관으로, 유효 낙차를 증가시키는 효과가 있다.

| 정답 | 11 ④ 12 ④ 13 ① 14 ④ 15 ④ 16 ②

17
수차 발전기에 제동 권선을 설치하는 주된 목적은?

① 정지 시간 단축
② 회전력의 증가
③ 과부하 내량의 증대
④ 발전기 안정도의 증진

해설
제동 권선은 발전기의 난조 현상을 방지하여 계통의 안정도 향상 목적으로 설치한다.

18
조속기의 폐쇄 시간이 짧을수록 옳은 것은?

① 수격 작용은 작아진다.
② 발전기의 전압 상승률은 커진다.
③ 수차의 속도 변동률은 작아진다.
④ 수압관 내의 수압 상승률은 작아진다.

해설
조속기의 폐쇄 시간이 짧게 되면 그만큼 조속기의 동작이 예민하게 되므로 수차의 속도 상승이 적게 되어 속도 변동률이 작아진다.

19
수차 발전기가 난조를 일으키는 원인은?

① 수차의 조속기가 예민하다.
② 수차의 속도 변동률이 적다.
③ 발전기의 관성 모멘트가 크다.
④ 발전기의 자극에 제동권선이 있다.

해설
발전소에서 조속기의 동작이 너무 예민하면 속도의 조정 빈도수가 빈번해지므로 수차 및 발전기의 속도가 너무 자주 변동하여 결국 발전기 난조의 원인이 된다.

20
유효 낙차가 $40[\%]$ 저하되면 수차의 효율이 $20[\%]$ 저하된다고 할 경우 이때의 출력은 원래의 약 몇 $[\%]$ 인가? (단, 안내 날개의 열림은 불변인 것으로 한다.)

① 37.2   ② 48.0
③ 52.7   ④ 63.7

해설 수차의 낙차 변화 특성

출력 $\dfrac{P_2}{P_1} = \left(\dfrac{H_2}{H_1}\right)^{\frac{3}{2}}$ 에서

$P_2 = P_1 \times \left(\dfrac{H_2}{H_1}\right)^{\frac{3}{2}} \times 0.8 = P_1 \times \left(\dfrac{0.6 H_1}{H_1}\right)^{\frac{3}{2}} \times 0.8 = 0.372 P_1$

($\therefore 37.2[\%]$)

21
수차의 특유 속도를 나타내는 계산식으로 옳은 것은?(단, 유효 낙차: $H[\mathrm{m}]$, 수차의 출력: $P[\mathrm{kW}]$, 수차의 정격 회전수: $N[\mathrm{rpm}]$이라 한다.)

① $N_s = \dfrac{NP^{\frac{1}{2}}}{H^{\frac{5}{4}}}$ ② $N_s = \dfrac{H^{\frac{5}{4}}}{NP^{\frac{1}{2}}}$

③ $N_s = \dfrac{HP^{\frac{1}{4}}}{N^{\frac{5}{4}}}$ ④ $N_s = \dfrac{NP^2}{H^{\frac{5}{4}}}$

해설 수차의 특유 속도(비속도) 산출식

$N_s = N\dfrac{P^{\frac{1}{2}}}{H^{\frac{5}{4}}}\,[\mathrm{rpm}]$

22
수차에 있어서 비속도가 높다는 의미는?

① 속도 변동률이 높다는 것이다.
② 유수의 유속이 빠르다는 것이다.
③ 수차의 실제의 회전수가 높다는 것이다.
④ 유수에 대한 수차 러너의 상대 속도가 빠르다는 것이다.

해설
비속도는 실제 수차와 가상의 모형 수차의 속도비로서 유수에 대해 수차의 상대적인 속도의 비를 말하며, 비속도가 크면 이 상대 속도가 빠르다.

$N_s = N\dfrac{P^{\frac{1}{2}}}{H^{\frac{5}{4}}}\,[\mathrm{rpm}]$

23
특유 속도가 가장 낮은 수차는?

① 펠턴 수차
② 사류 수차
③ 프로펠러 수차
④ 프란시스 수차

해설

특유 속도는 $N_s = N\dfrac{P^{\frac{1}{2}}}{H^{\frac{5}{4}}}$ 이므로 가장 고낙차에 적용하는 펠턴 수차(300~1,800[m])의 특유 속도가 가장 낮다.

24
낙차 350[m], 회전수 600[rpm]인 수차를 325[m]의 낙차에서 사용할 때의 회전수는 약 몇 [rpm]인가?

① 500 ② 560
③ 580 ④ 600

해설 낙차 변화에 따른 수력 발전소 특성 변화

- 회전수: $\dfrac{N_2}{N_1} = \left(\dfrac{H_2}{H_1}\right)^{\frac{1}{2}}$

- 유량: $\dfrac{Q_2}{Q_1} = \left(\dfrac{H_2}{H_1}\right)^{\frac{1}{2}}$

- 출력: $\dfrac{P_2}{P_1} = \left(\dfrac{H_2}{H_1}\right)^{\frac{3}{2}}$

따라서 조건을 대입하면 회전수 변화는

$N_2 = N_1 \left(\dfrac{H_2}{H_1}\right)^{\frac{1}{2}} = 600 \times \left(\dfrac{325}{350}\right)^{\frac{1}{2}} = 578[\mathrm{rpm}]$

25

양수량 $Q[\mathrm{m}^3/\mathrm{s}]$, 총 양정 $H[\mathrm{m}]$, 펌프 효율 η인 경우 양수 펌프용 전동기의 출력 $P[\mathrm{kW}]$는?(단, k는 상수이다.)

① $k\dfrac{Q^2H^2}{\eta}$ ② $k\dfrac{Q^2H}{\eta}$

③ $k\dfrac{QH^2}{\eta}$ ④ $k\dfrac{QH}{\eta}$

해설

- 수력 발전소의 출력 $P = 9.8QH\eta = kQH\eta[\mathrm{kW}]$
- 양수 펌프의 전동기 출력 $P = \dfrac{9.8QH}{\eta}[\mathrm{kW}] = k\dfrac{QH}{\eta}$

  단, $k = 9.8$인 상수이다.

CHAPTER 11
화력 발전

1. 열역학 이론
2. 화력 발전소의 열 사이클 종류
3. 화력 발전소의 열효율 계산
4. 화력 발전소용 보일러의 원리
5. 전기식 집진기 및 조속기

학습 전략

화력 발전에서 가장 중요하게 출제되는 부분은 화력 발전의 열효율을 계산하는 내용입니다. 반드시 열효율 공식의 의미와 계산 방법에 대해 정확하게 알아 두어야 합니다. 열효율은 2차 실기 시험에서도 활용합니다. 이후 열효율과 열 사이클, 보일러의 순서대로 학습한다면 효율적으로 시간을 활용할 수 있습니다.

CHAPTER 11 | 흐름 미리보기

1. 열역학 이론
- 열역학 제1법칙
- 열역학 제2법칙

2. 화력 발전소의 열 사이클 종류
- 화력 발전소의 열 사이클
- 카르노 사이클
- 랭킨 사이클
- 재생 사이클
- 재열 사이클
- 재생 재열 사이클

3. 화력 발전소의 열효율 계산
- 화력 발전소의 열효율 계산식
- 화력 발전소의 열효율 향상 대책

5. 전기식 집진기 및 조속기
- 집진기의 역할
- 전기식 집진기(코트렐 집진기)
- 조속기

4. 화력 발전소용 보일러의 원리
- 자연 순환식 보일러
- 강제 순환식 보일러
- 관류식 보일러

NEXT **CHAPTER 12**

CHAPTER 11 화력 발전

독학이 쉬워지는 기초개념

THEME 01 열역학 이론

1 열역학 제1법칙

(1) 에너지 보존 법칙을 설명하는 열역학 법칙이다.
(2) 에너지의 형태인 열·화학·전자·원자핵 에너지 등을 포함해서 물체가 운동할 때, 시스템이 일을 할 때 에너지의 형태는 바뀌지만 에너지의 양은 불변이다.
(3) 전력량과 열량의 관계
$1[\text{kWh}] = 1,000 \times 60 \times 60 [\text{W} \cdot \text{sec}] = 3,600,000 \times 0.24 = 860[\text{kcal}]$

2 열역학 제2법칙

(1) 열역학을 이용하면서 나온 경험 법칙으로 열의 이동을 설명하는 법칙이다.
(2) 자연 상태에서 열은 고온의 물체로부터 저온의 물체로의 이동이 가능하지만 반대로 저온에서 고온으로의 열이동은 불가능하다는 것이다.

> **Tip 강의 꿀팁**
> 1[J] = 0.24[cal]예요.

기출예제

중요도 전력량 1[kWh]를 열량으로 환산하면 약 몇 [kcal]인가?

① 800 ② 250 ③ 539 ④ 860

| 해설 |
$1[\text{kWh}] = 1,000 \times 60 \times 60 [\text{W} \cdot \text{sec}] = 36 \times 10^5 [\text{J}]$
$= 36 \times 10^5 \times 0.24 [\text{cal}] = 864,000 [\text{cal}] = 860 [\text{kcal}]$

답 ④

THEME 02 화력 발전소의 열 사이클 종류

1 화력 발전소의 열 사이클

(1) 화력 발전은 연료의 소비로 발생되는 증기를 발전기의 기계적 에너지로 변환하여 발전하는 것이다.
(2) 화력 발전소의 열 사이클 경로
① 보일러에서 물 → 습증기
② 과열기에서 습증기 → 과열 증기
③ 터빈에서 과열 증기 → 습증기
④ 복수기에서 습증기 → 급수

습증기(포화 증기)
물에서 금방 증기로 바뀐 덜 뜨거운 증기

과열 증기
수분이 완전히 빠져 나간 매우 뜨거운 증기

⑤ 복수기에서 나온 물은 급수 펌프를 거쳐 보일러로 다시 보내진다.

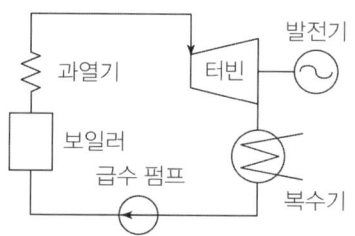

▲ 화력 발전의 기본 장치

기출예제

중요도 화력 발전소에서 증기 및 급수가 흐르는 순서는?

① 보일러 → 과열기 → 절탄기 → 터빈 → 복수기
② 보일러 → 절탄기 → 과열기 → 터빈 → 복수기
③ 절탄기 → 보일러 → 과열기 → 터빈 → 복수기
④ 절탄기 → 과열기 → 보일러 → 터빈 → 복수기

| 해설 |
화력 발전소에서 물과 증기의 흐름은 '급수가 보일러로 보급 → 보일러(물 → 습증기 변환) → 과열기(습증기 → 과열 증기 변환) → 터빈(과열 증기 → 습증기 변환) → 복수기(습증기 → 급수 변환)'이다.

답 ③

2 카르노 사이클

(1) 정의
  ① 열역학 사이클 중 최고 효율을 나타내는 이상적인 가역 사이클이다.
  ② 고온 열원과 저온 열원의 온도차에 의해 발생되는 열 이동에 의해 열을 일로 바꾸는 이상적인 사이클이다.

(2) 카르노 사이클의 $T-S$ 선도

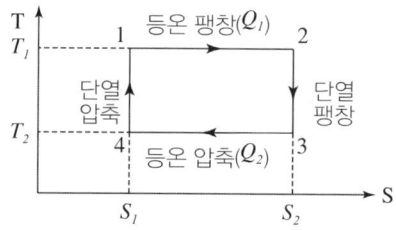

▲ 카르노 사이클의 $T-S$ 선도

3 랭킨 사이클

(1) 정의
  ① 증기를 작업 유체로 하여 카르노 사이클의 등온 과정을 등압 과정으로 바꾼 가장 기본적인 사이클이다.
  ② 카르노 사이클을 증기 원동기에 적합하도록 개량한 것이다.
  ③ 화력 발전소 열 사이클 중 열효율이 최저이다.

독학이 쉬워지는 기초개념

절탄기
급수를 예열

카르노 사이클
• 가로축 이동: 등온 과정
• 세로축 이동: 단열 과정

독학이 쉬워지는 기초개념

(2) 장치 선도와 $T-S$ 선도

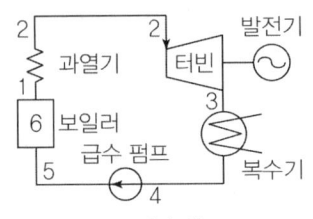

▲ 장치 선도   ▲ $T-S$ 선도

(3) 행정
① 1→2: 과열기(등압 가열)
② 2→3: 증기 터빈(단열 팽창)
③ 3→4: 복수기(등압 방열)
④ 4→5: 급수 펌프(단열 압축)
⑤ 5→6: 보일러(등압 가열)
⑥ 6→1: 보일러(등압 팽창)

기출예제

> **중요도**
> 기력 발전소에서 채용하는 가장 기본적인 사이클 방식은?
> ① 랭킨 사이클   ② 카르노 사이클
> ③ 재열 사이클   ④ 재생 사이클
>
> | 해설 |
> 랭킨 사이클은 카르노 사이클을 실제로 실현한 기력 발전소의 가장 기본적인 사이클이다.
>
> 답 ①

4 재생 사이클

(1) 정의
① 재생 사이클은 증기 터빈의 팽창 중인 증기를 일부 추기하고 그 열로 보일러에 공급되는 급수를 가열하여 열효율을 높인 사이클이다.
② 기본 사이클인 랭킨 사이클은 복수기에서 버려지는 열량이 크다.

추기(Blow out)
터빈에서 팽창 중인 증기를 일부 빼내는 것

(2) 장치 선도와 $T-S$ 선도

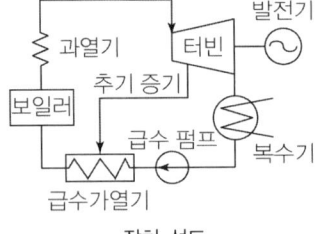 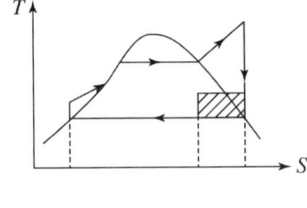

장치 선도 $T-S$ 선도

▲ 재생 사이클의 장치 선도 및 $T-S$ 선도

기출예제

그림과 같은 열 사이클은?

① 재생 사이클
② 재열 사이클
③ 카르노 사이클
④ 재생 재열 사이클

| 해설 |
재생 사이클은 터빈에서 증기를 일부 추출하여 보일러용 급수를 미리 예열시키는 열 사이클 방식이다.

답 ①

5 재열 사이클

(1) 정의
① 어느 압력까지 팽창한 증기를 보일러로 되돌려 보내 재열기로 재가열시킨 후 다시 터빈에 보내어 팽창시키는 것이다.
② 재열 증기는 온도가 높기 때문에 재열 사이클을 채용하면 사이클의 열효율을 향상시킬 수 있다.

(2) 장치 선도와 $T-S$ 선도

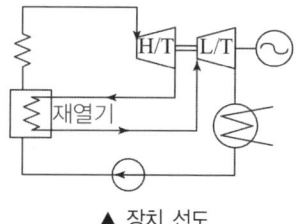

▲ 장치 선도

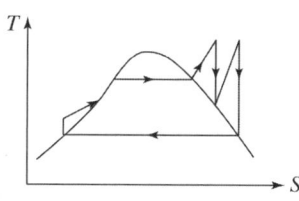

▲ $T-S$ 선도

기출예제

화력 발전소에서 재열기의 사용 목적은?

① 증기를 가열한다.
② 공기를 가열한다.
③ 급수를 가열한다.
④ 석탄을 건조한다.

| 해설 |
재열기는 보일러에서 발생시킨 과열 증기가 1차적으로 고압 터빈을 돌리고 온도가 내려간 포화 증기를 다시 보일러 내에 보내어 과열 증기를 만든 후 저압 터빈에 보내어 2차적으로 터빈을 돌리는 역할을 한다.

답 ①

6 재생 재열 사이클

(1) 재생 사이클과 재열 사이클 모두를 채용한 사이클이다.
(2) 화력 발전소에서 실현할 수 있는 가장 효율이 좋은 사이클이다.

Tip 강의 꿀팁

현재 우리나라 화력 발전 형식은 모두 재생 재열 사이클로 운전 중이에요.

독학이 쉬워지는 기초개념

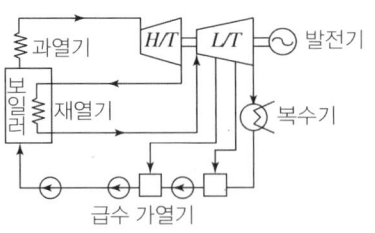

▲ 재생 재열 사이클의 장치 선도

기출예제

일반적으로 화력 발전소에서 적용하고 있는 열 사이클 중 가장 열효율이 좋은 것은?

① 재생 사이클 ② 랭킨 사이클
③ 재열 사이클 ④ 재생 재열 사이클

| 해설 |
재생 재열 사이클
• 열 사이클이 가장 우수한 사이클이다.
• 재생 사이클과 재열 사이클을 모두 채용한 방식이다.

답 ④

THEME 03 화력 발전소의 열효율 계산

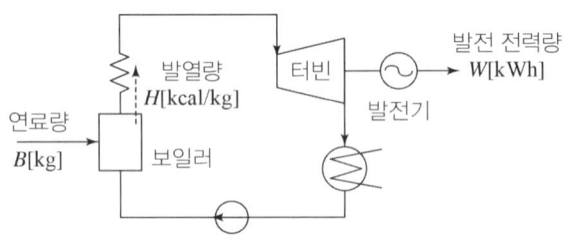

▲ 화력 발전소의 입력 연료량과 출력 전력량 개념도

강의 꿀팁
열효율 계산식은 화력 발전 계산 문제에서 자주 물어보는 공식이므로 주의해서 외워 두세요!

1 화력 발전소의 열효율 계산식

$$\eta = \frac{860W}{BH} \times 100 = \frac{860Pt}{BH} \times 100 [\%]$$

단, W: 발전 전력량[kWh], P: 발전 전력[kW], t: 시간[h]
B: 연료량[kg], H: 연료 발열량[kcal/kg]

기출예제

화력 발전소에서 석탄 $1[\text{kg}]$으로 발생할 수 있는 전력량은 약 몇 $[\text{kWh}]$인가?
(단, 석탄의 발열량은 $5,000[\text{kcal/kg}]$, 발전소의 효율은 $40[\%]$이다.)

① 2.0 ② 2.3 ③ 4.7 ④ 5.8

| 해설 |

$$\eta = \frac{860W}{BH} \rightarrow W = \frac{\eta \times BH}{860} = \frac{0.4 \times 1 \times 5,000}{860} = 2.33[\text{kWh}]$$

답 ②

2 화력 발전소의 열효율 향상 대책

(1) 복수기의 진공도를 높인다.
(2) 고압, 고온의 증기를 사용한다.
(3) 재열 재생 사이클을 채용한다.
(4) 연소 가스의 열손실 감소 장치 설치
    ① 절탄기: 배기가스의 여열을 이용하여 보일러 급수를 예열
    ② 공기 예열기: 배기가스의 여열로 연소용 공기를 예열
    ③ 급수 가열기: 터빈의 도중에서 증기를 일부 빼내어 보일러의 급수를 가열

기출예제

공기 예열기를 설치하는 효과로 볼 수 없는 것은?

① 화로의 온도가 높아져 보일러의 증발량이 증가한다.
② 매연의 발생이 적어진다.
③ 보일러 효율이 높아진다.
④ 연소율이 감소한다.

| 해설 |
공기 예열기는 보일러에서 배출된 배기가스의 열을 이용하여 보일러 연소용 공기를 가열시키는 장치이다. 공기 연소가 잘 되므로 매연의 발생이 감소하고, 예열기는 완전 연소되므로 보일러 효율이 향상되며 보일러 화로의 온도가 높아져 증기 증발량이 증가한다.

답 ④

THEME 04 화력 발전소용 보일러의 원리

1 자연 순환식 보일러

보일러수가 가열되면 부분적으로 비중차가 생기고 그 비중차에 의해 순환력을 일으키는 것을 이용한 보일러이다.

2 강제 순환식 보일러

고압 보일러에서는 포화수와 포화 증기의 밀도차가 적어 자연 순환력으로는 부족하므로 순환 계통에 펌프를 설치하여 강제적으로 충분한 순환력을 얻는 보일러이다.

> **강의 꿀팁**
> 자연(강제) 순환식은 드럼이 있고, 관류식은 드럼이 없는 보일러예요.

3 관류식 보일러

(1) 증기가 임계 압력 이상이 되면 물은 증발 과정 없이 증기로 직접 변환한다.
(2) 보일러 드럼(Drum)이 필요 없다.
(3) 급수가 보일러 수관을 통과하는 사이에 열을 흡수해서 직접 과열 증기를 발생시킨다.

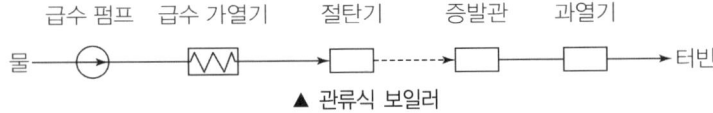

▲ 관류식 보일러

절탄기
배기가스의 여열을 재사용하여 보일러 급수의 온도를 올리는 남은 열을 회수하는 장치(열에너지 절약)

기출예제

다음 중 보일러에서 흡수 열량이 가장 큰 것은?
① 수냉벽　　② 과열기
③ 절탄기　　④ 공기 예열기

| 해설 |
흡수 열량이 가장 큰 장치는 보일러 내의 수냉벽이다.

답 ①

THEME 05 전기식 집진기 및 조속기

1 집진기의 역할

화력 발전소에서는 석탄을 연료로 사용하기 때문에 배출 가스에서 환경 저해 물질이 방출되는데, 이러한 분진을 포집하기 위해 집진기를 설치한다.

2 전기식 집진기(코트렐 집진기)

코로나 방전을 이용하여 분진을 포집한다.(직류 40[kV] 이상 공급하여 코로나 방전)

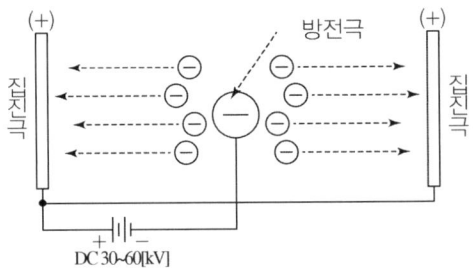

▲ 전기식 집진기

강의 꿀팁
전기식 집진기는 분진 포집 효율이 95~98[%] 정도로 고성능이에요.

기출예제

석탄 연소 화력 발전소에서 사용되는 집진 장치의 효율이 가장 큰 것은?

① 전기식 집진 장치
② 수세식 집진 장치
③ 원심력식 집진 장치
④ 직렬 결합식 집진 장치

| 해설 |
집진기는 화력 발전소에서 연소한 후 배출되는 배기가스에 있는 매연을 포집하는 장치로, 전기식 집진기가 가장 집진 효율이 우수하다.

답 ①

3 조속기

(1) **조속기의 역할**: 발전소에서 터빈과 발전기의 속도를 자동으로 조절하는 장치이다.

(2) **기계식 조속기의 구성**

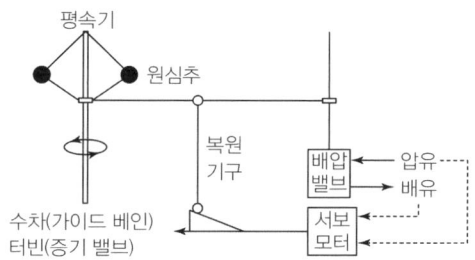

▲ 기계식 조속기의 구조

기출예제

화력 발전소에서 회전 속도의 변화에 따라서 자동적으로 유량을 가감하는 역할을 하는 기계 장치는?

① 과열기
② 공기 예열기
③ 절탄기
④ 조속기

| 해설 |
조속기는 발전소에서 터빈과 발전기의 속도를 자동으로 조정하는 장치이다.

답 ④

복원 기구의 역할
조속기의 관성에 의한 지나친 이동을 방지하여 조속기의 오차를 줄인다.
(난조 방지)

CHAPTER 11 CBT 적중문제

01
어떤 화력 발전소에서 과열기 출구의 증기압이 $169[\text{kg/cm}^2]$이다. 이것은 약 몇 [atm]인가?

① 127.1
② 163.6
③ 1,650
④ 12,850

해설
$1[\text{kg/cm}^2] = 0.968[\text{atm}]$
$\therefore 169 \times 0.968 = 163.6[\text{atm}]$

02
증기의 엔탈피란?

① 증기 1[kg]의 잠열
② 증기 1[kg]의 현열
③ 증기 1[kg]의 보유 열량
④ 증기 1[kg]의 증발열을 그 온도로 나눈 것

해설
증기의 엔탈피는 증기 1[kg]이 보유한 열량[kcal/kg]을 의미한다.

03
기력 발전소의 열 사이클 과정 중 단열 팽창 과정에서 물 또는 증기 상태 변화로 옳은 것은?

① 습증기 → 포화액
② 포화액 → 압축액
③ 과열 증기 → 습증기
④ 압축액 → 포화액 → 포화 증기

해설
기력 발전소의 열 사이클 과정에서 단열 팽창은 증기 터빈에서 발생하며, 이 과정을 거치면서 과열 증기가 습증기로 변환되면서 열량을 소비한다.

04
어떤 화력 발전소의 증기 조건이 고온원 $540[℃]$, 저온원 $30[℃]$일 때 이 온도 간에서 움직이는 카르노 사이클의 이론 열효율[%]은?

① 85.2
② 80.5
③ 75.3
④ 62.7

해설 카르노 사이클의 열효율
$\eta = 1 - \dfrac{T_C}{T_H}$ (T_C = 저온 절대 온도[K], T_H = 고온 절대 온도[K])
$\eta = 1 - \dfrac{273+30}{273+540} = 0.627(62.7[\%])$

05
발전 전력량 $E[\text{kWh}]$, 연료 소비량 $W[\text{kg}]$, 연료의 발열량 $C[\text{kcal/kg}]$인 화력 발전소의 열효율 $\eta[\%]$는?

① $\dfrac{860E}{WC} \times 100$
② $\dfrac{E}{WC} \times 100$
③ $\dfrac{E}{860WC} \times 100$
④ $\dfrac{9.8E}{WC} \times 100$

해설 화력 발전소의 열효율 계산식
$\eta = \dfrac{860E}{WC} \times 100[\%]$
단, E: 발전 전력량[kWh], W: 연료 소비량[kg], C: 연료 발열량[kcal/kg]

| 정답 | 01 ② 02 ③ 03 ③ 04 ④ 05 ①

06

화력 발전소의 보일러 손실이 보일러 입력의 20[%]이고, 터빈 출력이 터빈 입력의 50[%]일 때, 화력 발전소의 열 소비율은 몇 [kcal/kWh]인가?

① 1,850
② 1,950
③ 2,050
④ 2,150

해설

- 보일러 효율 $\eta_b = \dfrac{입력-손실}{입력} = \dfrac{1-0.2}{1} = 0.8$

- 터빈 효율 $\eta_t = \dfrac{출력}{입력} = \dfrac{0.5}{1} = 0.5$

- 화력 발전소의 열 소비율
$H = \dfrac{860}{\eta_b \times \eta_t} = \dfrac{860}{0.8 \times 0.5} = 2,150 [\text{kcal/kWh}]$

07

어떤 발전소에서 발열량 5,500[kcal/kg]의 석탄 12[t]을 사용하여 25,000[kWh]의 전력을 발생하였을 경우 이 발전소의 열효율은 약 몇 [%]인가?

① 22.5
② 32.6
③ 34.4
④ 35.3

해설

$\eta = \dfrac{860W}{mH} \times 100[\%] = \dfrac{860 \times 25,000}{12 \times 10^3 \times 5,500} \times 100 = 32.6[\%]$

08

출력 185,000[kW]의 화력 발전소에 매시간 140[t]의 석탄을 사용한다고 한다. 이 발전소의 열효율은 약 몇 [%]인가? (단, 사용하는 석탄의 발열량은 4,000[kcal/kg]이다.)

① 28.4
② 30.7
③ 32.6
④ 34.5

해설

$\eta = \dfrac{860W}{mH} \times 100[\%] = \dfrac{860 \times 185,000 \times 1}{140 \times 10^3 \times 4,000} \times 100 = 28.4[\%]$

09

증기 터빈 출력을 $P[\text{kW}]$, 증기량을 $W[\text{t/h}]$, 초압 및 배기의 증기 엔탈피를 각각 i_0, $i_1[\text{kcal/kg}]$이라 하면 터빈의 효율 $\eta_T[\%]$는?

① $\dfrac{860P \times 10^3}{W(i_0 - i_1)} \times 100$

② $\dfrac{860P \times 10^3}{W(i_1 - i_0)} \times 100$

③ $\dfrac{860P}{W(i_0 - i_1) \times 10^3} \times 100$

④ $\dfrac{860P}{W(i_1 - i_0) \times 10^3} \times 100$

해설 증기 터빈 효율

$\eta_T = \dfrac{출력}{입력} \times 100[\%] = \dfrac{860P}{W \times 10^3 \times (i_0 - i_1)} \times 100[\%]$

$= \dfrac{860P}{W(i_0 - i_1) \times 10^3} \times 100[\%]$

| 정답 | 06 ④ 07 ② 08 ① 09 ③

10
화력 발전소에서 열 사이클의 효율 향상을 위한 방법이 아닌 것은?

① 조속기의 설치
② 재생, 재열 사이클의 채용
③ 절탄기, 공기 예열기의 설치
④ 고압, 고온 증기의 채용과 과열기의 설치

해설
조속기는 발전기 및 수차(터빈)의 회전수를 자동으로 조정해 주는 속도 조정 장치이다.

11
화력 발전소에서 가장 큰 손실은?

① 소내용 동력
② 복수기의 방열손
③ 연돌 배출 가스 손실
④ 터빈 및 발전기의 손실

해설
화력 발전소에서 가장 열손실이 큰 장치는 복수기로, 화력 발전 전체 열손실의 50[%] 정도를 차지한다.

12
보일러 급수 중에 포함되어 있는 산소 등에 의한 보일러 배관의 부식을 방지할 목적으로 사용되는 장치는?

① 공기 예열기
② 탈기기
③ 급수 가열기
④ 수위 경보기

해설
보일러 급수 중에 산소가 섞여 있으면 보일러 배관을 부식시키게 된다. 탈기기는 이를 방지하기 위해 급수 중에 섞여 있는 산소를 제거하는 장치이다.

13
화력 발전소에서 연도의 맨 끝에 설치하는 장치는?

① 절탄기
② 온수기
③ 공기 예열기
④ 터빈

해설
공기 예열기는 굴뚝으로 배출되는 배기가스의 남아 있는 열을 이용하여 보일러 연소용 공기를 예열시키는 장치로 연도(굴뚝)의 맨 끝에 설치한다.

14
터빈 발전기의 냉각 방식에 있어서 수소 냉각 방식을 채택하는 이유가 아닌 것은?

① 코로나에 의한 손실이 적다.
② 수소 압력의 변화로 출력을 변화시킬 수 있다.
③ 수소의 열전도율이 커서 발전기 내 온도 상승이 저하한다.
④ 수소 부족 시 공기와 혼합 사용이 가능하므로 경제적이다.

해설 **수소 냉각 방식**
- 열전도율이 커 냉각 효과가 우수하다.
- 풍손이 감소한다.
- 코로나 발생이 적다.
- 공기 냉각식에 비해 출력이 크다.
- 냉각수가 다량 소모된다.
- 공기 혼입 시 폭발 우려가 있다.

15
화력 발전소의 위치를 선정할 때 고려하지 않아도 되는 것은?

① 전력 수요지에 가까울 것
② 바람이 불지 않도록 산으로 둘러싸여 있을 것
③ 값이 싸고 풍부한 용수와 냉각수를 얻을 수 있을 것
④ 연료의 운반과 저장이 편리하며 지반이 견고할 것

해설 화력 발전소 위치 선정 시 고려 사항
- 전력 수요지에 가까울 것
- 값이 싸고 풍부한 용수와 냉각수를 얻을 수 있을 것
- 연료의 운반과 저장이 편리하며 지반이 견고할 것
- 화력 발전은 많은 양의 냉각수 공급이 필요하므로 주로 하천 근처나 바닷가 근처에 위치해야 할 것

16
가스 터빈 발전의 장점은?

① 효율이 가장 높은 발전 방식이다.
② 기동 시간이 짧아 첨두 부하용으로 사용하기 쉽다.
③ 어떤 종류의 가스라도 연료로 사용이 가능하다.
④ 장기간 운전해도 고장이 적으며 발전 효율이 높다.

해설 가스 터빈 발전
- 구조가 간단하여 설치비가 싸다.
- 기동 및 정지가 신속하여 첨두 부하용 발전에 적합하다.
- 효율은 낮은 편이다.
- 주로 단시간 운전에 적합하며 장시간 운전 시 고장이 많다.

17
우리나라의 화력 발전소에서 가장 많이 사용되고 있는 복수기는?

① 분사 복수기   ② 방사 복수기
③ 표면 복수기   ④ 증발 복수기

해설
우리나라에서 가장 널리 쓰이는 복수기는 표면 복수기이다. 증기관을 설치하고 이 증기관에 냉각수를 접촉시켜 복수시키는 방식이다. 냉각수를 다량으로 얻을 수 있는 해안가 근처에 발전소를 건설하여 바닷물을 냉각수로 사용한다.

18
발전기의 회전수가 높을 때의 설명으로 옳은 것은?

① 원심력이 작아진다.
② 수소 냉각이 공기 냉각식보다 유리하다.
③ 극수가 많아져서 권선 간의 절연이 쉽게 된다.
④ 축장이 짧아져서 공기의 순환이 원활하게 이루어진다.

해설
- 발전기의 회전수가 빠른 고속기일수록 발전기에서 열이 많이 발생하므로 공기보다 냉각 효과가 우수한 수소로 냉각을 시키는 것이 유리하다.
- $N_s = \dfrac{120f}{p}$ [rpm]에서 고속기는 극수(p)가 적다.

19
보일러에서 흡수 열량이 가장 큰 것은?

① 수냉벽
② 과열기
③ 절탄기
④ 공기 예열기

해설
보일러는 급수에 열량을 가하여 증기로 만드는 장치이다. 보일러에서 흡수 열량이 가장 큰 것은 수냉벽으로 가장 많은 열량을 흡수한다.

| 정답 | 15 ② 16 ② 17 ③ 18 ② 19 ①

CHAPTER 12

원자력 발전

1. 원자력 발전의 기본 원리
2. 열중성자 원자로
3. 원자로의 종류

학습 전략

원자력 발전은 특수한 내용이기 때문에 최소한으로 학습하는 것이 좋습니다. 원자로를 구성하는 감속재, 제어봉, 냉각재의 재료 및 각각의 역할과 구비 조건에 대해서는 신경 써서 학습해 두도록 합니다.

CHAPTER 12 | 흐름 미리보기

1. 원자력 발전의 기본 원리
- 원자력 발전의 원리
- 원자력 발전의 특징

2. 열중성자 원자로
- 열중성자 원자로의 구성 요소
- 각 구성 요소의 기능

3. 원자로의 종류
- 비등수형 원자로(BWR)
- 가압수형 경수로(PWR)

합격!

CHAPTER 12 원자력 발전

독학이 쉬워지는 기초개념

THEME 01 원자력 발전의 기본 원리

1 원자력 발전의 원리

(1) 원자력 발전은 화력 발전과 같이 급수를 가열하여 증기를 만든 후 그 증기를 이용하여 터빈을 돌려서 발전하는 방식이다.

(2) 증기를 사용하여 발전하는 원리는 화력 발전과 유사하나, 화력 발전의 보일러를 원자로로 바꾸고 석탄 대신 우라늄을 연료로 사용한다는 점이 다르다.

2 원자력 발전의 특징

(1) 장점
① 연료비가 훨씬 적게 들기 때문에 전체적인 발전 원가 면에서 유리하다.
② 분진, 유황 등으로 인한 대기나 수질, 토양 오염이 없는 깨끗한 에너지원이다.
③ 원자력 발전소의 설계, 건설, 운전은 국내 관련 산업 발달을 크게 촉진시킨다.

(2) 단점
① 방사능의 피해가 엄청나므로 방사능 누출에 대한 안전 대책이 중요해진다.
② 화력 발전소보다 건설비가 비싸다.
③ 안전 문제로 포화 증기를 사용하여 증기 조건이 나쁘므로 열효율이 저하된다.

> **Tip 강의 꿀팁**
> 우라늄 1[g]에서 핵반응이 일어나면 석탄 3[t]을 한꺼번에 태우는 열량과 같은 막대한 열이 발생해요.

기출예제

원자력 발전의 특징이 아닌 것은?
① 건설비와 연료비가 높다.
② 설비는 국내 관련 사업을 발전시킨다.
③ 수송 및 저장이 용이하여 비용이 절감된다.
④ 방사선 측정기, 폐기물 처리 장치 등이 필요하다.

| 해설 |
원자력 발전은 화력 발전소에 비해 건설비는 비싸지만, 우라늄 연료가 석탄이나 중유 연료보다 더 저렴하여 연료비가 싸다.

답 ①

THEME 02 열중성자 원자로

1 열중성자 원자로의 구성 요소

원자로는 핵연료, 감속재, 냉각재, 반사재, 제어봉, 차폐재로 구성되어 있다.

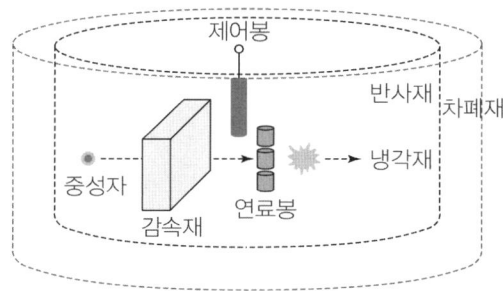

▲ 열중성자 원자로의 구조

2 각 구성 요소의 기능

(1) 감속재
  ① 역할: 핵분열에 의해 발생된 고속 중성자($2[MeV]$)를 열중성자($0.025[eV]$)까지 속도를 낮추는 역할
  ② 재료: 경수(H_2O), 중수(D_2O), 흑연, 산화베릴륨(BeO) 등

(2) 냉각재
  ① 역할: 원자로 내에서 발생한 열에너지를 외부로 끄집어 내는 역할
  ② 재료: 가압경수로(PWR) - 경수(H_2O), 가압중수로(PHWR) - 중수(D_2O)

(3) 제어봉(제어재)
  ① 역할: 원자로 내에서 핵연료와의 위치를 변화시켜 원자로 내의 중성자를 적당히 흡수하여 열중성자가 연료에 흡수되는 비율을 제어하는 역할
  ② 재료: 중성자 흡수가 큰 물질(카드뮴, 붕소, 하프늄 등)

(4) 반사재
  ① 역할: 핵분열로 발생한 중성자가 외부에 누출되는 것을 방지하는 역할
  ② 재료: 경수, 중수, 흑연, 산화베릴륨 등

(5) 차폐재
  ① 역할: 원자로 내부의 방사선이 외부에 누출되는 것을 방지하기 위한 벽의 역할
  ② 재료: 콘크리트, 물, 납 등

독학이 쉬워지는 기초개념

Tip 강의 꿀팁
감속재는 중성자 흡수가 적고 탄성 산란에 의해 감속되는 정도가 큰 것을 사용해요.

독학이 쉬워지는 기초개념

기출예제

원자로 내에서 발생한 열에너지를 외부로 끄집어 내기 위한 열매체를 무엇이라고 하는가?

① 반사재 ② 감속재
③ 냉각재 ④ 제어봉

| 해설 |
냉각재는 원자로에서 핵분열 결과 발생한 막대한 열에너지를 외부로 끄집어 내기 위한 열전달 매체로, 주로 경수(H_2O)나 중수(D_2O)를 사용한다.

답 ③

THEME 03 원자로의 종류

1 비등수형 원자로(BWR: Boiling Water Reactor)

(1) 원자로에서 발생한 열로 증기를 만들어 직접 터빈에 보내는 방식이다.
(2) 방사능 누출에 대한 문제가 있는 원자로 형식이다. (우리나라에서는 채용되지 않는 원자로)
(3) 직접 열전달 방식이므로 증기 발생기가 필요 없다.
(4) 가압수형(PWR)에 비해 노심의 출력밀도가 낮아 같은 출력일 경우 노심 및 압력 용기가 커진다.

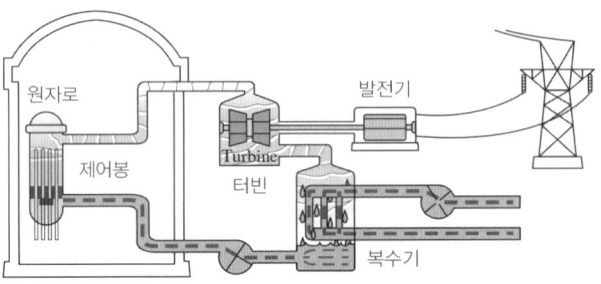

▲ 비등수형 원자로(BWR)

2 가압수형 경수로(PWR: Pressurized Water Reactor)

(1) 원자로에서 발생한 열을 열교환기에 보내 증기를 만든 후 터빈에 보내는 방식이다.
(2) 방사능 누출에 대한 문제가 없다. (우리나라에서 대부분 채용되는 원자로)
(3) 반드시 가압기와 증기 발생기가 필수적이다.

Tip 강의 꿀팁

PWR과 BWR의 중요한 차이점은 가압기와 증기 발생기예요.

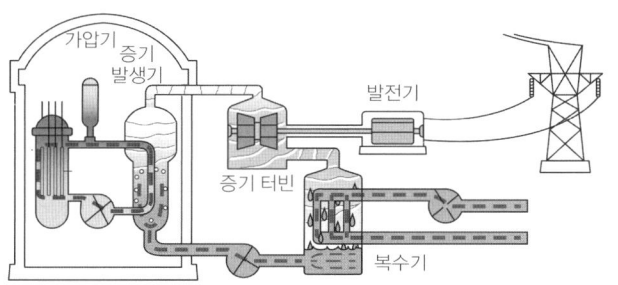

▲ 가압수형 경수로(PWR)

구분		연료	냉각재	감속재
경수로	가압수형(PWR)	농축우라늄	경수	경수
	비등수형(BWR)	농축우라늄	경수	경수
중수로(CANDU)		천연우라늄	중수	중수
고속증식로(FBR)		농축우라늄, 플루토늄	나트륨	–
가스냉각로(GCR)		천연우라늄	이산화탄소, 헬륨	흑연

기출예제

비등수형 원자로의 특성이 아닌 것은?

① 열 교환기가 필요하다.
② 기포에 의한 자기 제어성이 있다.
③ 방사능 때문에 증기는 완전히 기수 분리를 해야 한다.
④ 순환 펌프로서는 급수 펌프뿐이므로 펌프 동력이 작다.

| 해설 |
비등수형 원자로(BWR)는 직접 열 사이클 방식으로서 열 교환기가 필요 없다.

답 ①

독학이 쉬워지는 기초개념

CHAPTER 12 CBT 적중문제

01
원자력 발전소와 화력 발전소의 특성을 비교한 것 중 틀린 것은?

① 원자력 발전소는 화력 발전소의 보일러 대신 원자로와 열 교환기를 사용한다.
② 원자력 발전소의 건설비는 화력 발전소에 비해 싸다.
③ 동일 출력일 경우 원자력 발전소의 터빈이나 복수기가 화력 발전소에 비하여 대형이다.
④ 원자력 발전소는 방사능에 대한 차폐 시설물의 투자가 필요하다.

해설 원자력 발전소
- 화력 발전소의 보일러 대신 원자로를 설치하여 연료로 우라늄을 사용한다.
- 화력 발전소의 공사비보다 훨씬 많은 공사 비용이 필요하다.
- 같은 발전 출력에서 화력 발전소보다 터빈이나 복수기 등의 설비가 더 크기가 크다.
- 방사능에 대한 철저한 차폐가 중요해진다.

02
다음 (㉮), (㉯), (㉰)에 들어갈 내용으로 옳은 것은?

> 원자력이란 일반적으로 무거운 원자핵이 핵분열하여 가벼운 핵으로 바뀌면서 발생하는 핵분열 에너지를 이용하는 것이고, (㉮) 발전은 가벼운 원자핵을 (㉯)하여 무거운 핵으로 바꾸면서 (㉰) 전후의 질량 결손에 해당하는 방출 에너지를 이용하는 방식이다.

① ㉮ 원자핵 융합 ㉯ 융합 ㉰ 결합
② ㉮ 핵결합 ㉯ 반응 ㉰ 융합
③ ㉮ 핵융합 ㉯ 융합 ㉰ 핵반응
④ ㉮ 핵반응 ㉯ 반응 ㉰ 결합

해설 핵융합 발전
- 중수소를 결합하여 헬륨으로 바뀌면서 열에너지를 방출한다.
- 핵융합 발전은 가벼운 원자핵을 융합하여 무거운 핵으로 바꾸면서 핵반응 전후의 질량 결손에 해당하는 방출 에너지를 이용한다.

03
원자력 발전에서 제어 재료로 사용하는 것은?

① 하프늄   ② 스테인리스강
③ 나트륨   ④ 경수

해설 제어봉으로서는 카드뮴, 하프늄, 붕소를 사용한다.

04
원자로의 감속재에 대한 설명으로 틀린 것은?

① 감속 능력이 클 것
② 원자 질량이 클 것
③ 사용 재료로 경수를 사용
④ 고속 중성자를 열중성자로 바꾸는 작용

해설
원자로의 감속재는 고속 중성자를 열중성자까지 속도 에너지를 감소시켜야 하므로 감속 능력이 뛰어나고 원자 질량이 비교적 작은 경수(H_2O)나 중수(D_2O)를 주로 사용한다.

05
고속 증식 원자로의 구성재로 사용되지 않는 것은?

① 제어재   ② 감속재
③ 냉각재   ④ 반사재

해설 고속 증식 원자로의 구성 요소
- 천연 우라늄(감속재 불필요)
- 반사재
- 냉각재
- 제어봉

| 정답 | 01 ② 02 ③ 03 ① 04 ② 05 ②

06
원자로의 냉각재가 갖추어야 할 조건이 아닌 것은?

① 열용량이 적을 것
② 중성자의 흡수가 적을 것
③ 열전도율 및 열전달 계수가 클 것
④ 방사능을 띠기 어려울 것

해설
냉각재는 원자로에서 핵반응 결과 발생한 열을 외부로 끄집어 내는 열전달 매체로서 열용량이 커야 한다.(주로 경수 사용)

07
경수 감속 냉각형 원자로에 속하는 것은?

① 고속 증식로
② 열중성자로
③ 비등수형 원자로
④ 흑연 감속 가스 냉각로

해설
비등수형 원자로(BWR), 가압 경수형 원자로(PWR) 모두 냉각재 및 감속재로 경수(H_2O)를 사용한다.

08
증식비가 1보다 큰 원자로는?

① 경수로
② 흑연로
③ 중수로
④ 고속 증식로

해설
- 전환로(경수로, 중수로): 증식비가 1보다 작다.
- 증식로(고속 증식로): 증식비가 1보다 크다.

09
현재 실용화되고 있는 경수형 원자력 발전소에 사용되는 터빈의 특징을 일반적인 기력 발전용 터빈과 비교해서 설명한 것이다. 틀린 것은?

① 원자로에서 끌어낸 증기는 연료 피복재의 관계상 고온으로 할 수 없어 증기 조건은 좋지 못하므로 터빈이 대형으로 된다.
② 포화 증기를 사용하므로 터빈 각 단마다 습기의 제거 대책이 필요하다.
③ BWR의 경우는 방사능을 띤 증기를 사용하므로 증기가 외부로 새지 않는 터빈이 필요하다.
④ 회전 수가 1,500~1,800[rpm]으로 낮아지므로 터빈 최종단의 가동 날개의 길이를 적게 할 수 있다.

해설
원자력 발전은 화력 발전에 비해 포화 증기를 사용하므로 증기 조건이 나빠 원하는 발전 출력을 얻기 위해서는 사용하는 증기량을 늘려야 하기 때문에 터빈을 크고 길게 제작해야 한다.

10
원자로에서 열중성자를 U^{235}핵에 흡수시켜 연쇄 반응을 일으키게 함으로써 열에너지를 발생시키는데 그 방아쇠 역할을 하는 것이 중성자이다. 다음 중 중성자를 발생시키는 방법이 아닌 것은?

① α입자에 의한 방법
② β입자에 의한 방법
③ γ선에 의한 방법
④ 양자에 의한 방법

해설 중성자 발생의 종류
- α입자에 의한 방법
- γ선에 의한 방법
- 양자에 의한 방법

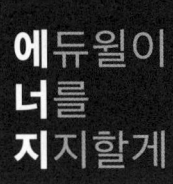

내가 꿈을 이루면
나는 누군가의 꿈이 된다.

– 이도준

2026 에듀윌 전력공학 필기 기본서 + 유형별 N제

발 행 일	2025년 8월 12일 초판
편 저 자	에듀윌 전기수험연구소
펴 낸 이	양형남
개발책임	목진재
개 발	박원서, 최윤석, 서보경
펴 낸 곳	(주)에듀윌
I S B N	979-11-360-3813-5
등록번호	제25100-2002-000052호
주 소	08378 서울특별시 구로구 디지털로34길 55 코오롱싸이언스밸리 2차 3층

* 이 책의 무단 인용·전재·복제를 금합니다.

www.eduwill.net

대표전화 1600-6700

여러분의 작은 소리
에듀윌은 크게 듣겠습니다.

본 교재에 대한 여러분의 목소리를 들려주세요.
공부하시면서 어려웠던 점, 궁금한 점,
칭찬하고 싶은 점, 개선할 점, 어떤 것이라도 좋습니다.

에듀윌은 여러분께서 나누어 주신 의견을
통해 끊임없이 발전하고 있습니다.

에듀윌 도서몰 book.eduwill.net
- 부가학습자료 및 정오표: 에듀윌 도서몰 → 도서자료실
- 교재 문의: 에듀윌 도서몰 → 문의하기 → 교재(내용, 출간) / 주문 및 배송

에듀윌이
너를
지지할게
ENERGY

처음에는 당신이 원하는 곳으로
갈 수는 없겠지만,
당신이 지금 있는 곳에서
출발할 수는 있을 것이다.

– 작자 미상

에듀윌 전기 전력공학
필기 유형별 N제

CONTENTS

유형별 N제 차례

CHAPTER 01 가공 전선로

THEME 01. 송전용 전선	8
THEME 02. 송전용 지지물(철탑)	9
THEME 03. 애자(Insulator)	10
THEME 04. 송전 선로의 설치	13

CHAPTER 02 지중 전선로

THEME 01. 지중 전선로	18
THEME 02. 지중 케이블 매설 방법 및 고장점 측정법	18

CHAPTER 03 선로 정수 특성 및 코로나 현상

THEME 01. 선로 정수 특성	22
THEME 02. 충전 전류 및 충전 용량	29
THEME 03. 코로나(Corona)	34
THEME 04. 연가(Transposition)	36

CHAPTER 04 송전 특성

THEME 01. 송전 선로의 해석	40
THEME 02. 전력 원선도	50
THEME 03. 조상설비	51
THEME 04. 송전 용량	55
THEME 05. 계통 연계	56
THEME 06. 직류 송전	56

CHAPTER 05 안정도 및 고장 계산

THEME 01. 안정도	62
THEME 02. 3상 단락 고장 계산(평형 고장)	66
THEME 03. 대칭 좌표법(불평형 고장 계산 방법)	72

CHAPTER 06 중성점 접지방식과 유도 장해

THEME 01. 중성점 접지방식	78
THEME 02. 중성점 잔류 전압	86
THEME 03. 유도 장해	86

CHAPTER 07 전력 계통 이상 전압

THEME 01. 계통에서 발생하는 이상 전압의 분류	92
THEME 02. 진행파의 반사 현상과 투과 현상	94
THEME 03. 이상 전압 방지 대책	95
THEME 04. 개폐기	101

CHAPTER 08 보호 계전기

THEME 01. 보호 계전 시스템	114
THEME 02. 보호 계전기의 종류	115
THEME 03. 비율 차동 계전기 및 거리 계전기	121
THEME 04. 송전 선로의 단락 사고 보호	122
THEME 05. 표시선 보호 계전 방식	123
THEME 06. 계기용 변성기	124

CHAPTER 09 배전 선로

THEME 01. 저압 배전 선로의 구성 방식	130
THEME 02. 배전 선로의 전기 방식의 종류	132
THEME 03. 전압 강하 및 전력 손실	137
THEME 04. 변압기 효율 계산	141
THEME 05. 변압기의 결선	141
THEME 06. 최대 전력 산출	142
THEME 07. 전력 품질	146
THEME 08. 배전 계통의 손실 감소 대책	149
THEME 09. 역률 개선 방법	152
THEME 10. 배전 선로 보호 방식	157
THEME 11. 배전 선로의 전압 조정 장치	160

CHAPTER 10 수력 발전

THEME 01. 수력학	166
THEME 02. 수력 발전소의 출력	167
THEME 03. 수차(Turbine)	170
THEME 04. 조압 수조(Surge Tank)	171
THEME 05. 캐비테이션(Cavitation)	172
THEME 06. 수차의 특유 속도(N_s, 비속도: Specific Speed)	172
THEME 07. 양수 발전소	174

CHAPTER 11 화력 발전

THEME 01. 열역학 이론	180
THEME 02. 화력 발전소의 열 사이클 종류	181
THEME 03. 화력 발전소의 열효율 계산	184
THEME 04. 화력 발전소용 보일러의 원리	188
THEME 05. 전기식 집진기 및 조속기	189

CHAPTER 12 원자력 발전

THEME 01. 원자력 발전의 기본 원리	192
THEME 02. 열중성자 원자로	192
THEME 03. 원자로의 종류	194

CHAPTER 01 가공 전선로

1. 송전용 전선
2. 송전용 지지물(철탑)
3. 애자(Insulator)
4. 송전 선로의 설치

CBT 완벽대비 가능한 유형마스터 학습!

THEME	유형분석	관련 번호
THEME 01 송전용 전선	전선의 구비 조건과 전선의 굵기 선정에 대해 묻는 문제가 자주 출제됩니다.	001~006
THEME 02 송전용 지지물(철탑)	철탑의 종류에 따른 구분을 묻는 문제가 출제됩니다.	007~008
THEME 03 애자(Insulator)	애자의 구비 조건은 2차 실기시험에서도 묻는 문항으로 기억하고 있는 것이 좋습니다.	009~023
THEME 04 송전 선로의 설치	이도에 관해서는 중요도가 높으므로 확실히 학습하면 좋은 결과를 얻을 수 있습니다.	024~032

학습 효과를 높이는 N제 3회독 시스템

챕터 별 전체 1회독이 끝났다면 회독 체크표에 날짜를 기입하고 체크표시를 해주세요.

| 회독 체크표 | 1회독 | 월   일 | 2회독 | 월   일 | 3회독 | 월   일 |

CHAPTER 01 가공 전선로

THEME 01 송전용 전선

001 ★★☆
켈빈(Kelvin)의 법칙이 적용되는 경우는?
① 전압 강하를 감소시키고자 하는 경우
② 부하 배분의 균형을 얻고자 하는 경우
③ 전력 손실량을 축소시키고자 하는 경우
④ 경제적인 전선의 굵기를 선정하고자 하는 경우

해설 켈빈의 법칙
전선 구입비에 대한 1년간의 이자 및 감가상각비와 1년간의 전력 손실량에 대한 환산 전기 요금이 같아질 때가 가장 경제적인 전선의 굵기가 된다는 것

002 ★★★
옥내 배선의 전선 굵기를 결정할 때 고려해야 할 사항으로 틀린 것은?
① 허용 전류   ② 전압 강하
③ 배선 방식   ④ 기계적 강도

해설 전선 굵기 선정 시 고려 사항
• 허용 전류
• 전압 강하
• 기계적 강도

003 ★★★
송배전 선로의 전선 굵기를 결정하는 주요 요소가 아닌 것은?
① 전압 강하   ② 허용 전류
③ 기계적 강도 ④ 부하의 종류

해설 전선 굵기 선정 시 고려사항
• 허용 전류
• 전압 강하
• 기계적 강도

004 ★★★
가공 전선로에 사용되는 전선의 구비 조건으로 틀린 것은?
① 도전율이 높아야 한다.
② 기계적 강도가 커야 한다.
③ 전압 강하가 적어야 한다.
④ 허용 전류가 적어야 한다.

해설 전선의 구비 조건
• 전류를 잘 흘릴 것(도전율이 커서 고유 저항이 작을 것)
• 기계적 강도가 충분할 것
• 가요성이 풍부하여 접속이 용이할 것
• 비중(중량)이 가벼워서 설치가 쉬울 것
• 가격이 싸면서 대량 생산이 가능할 것

| 정답 | 001 ④ 002 ③ 003 ④ 004 ④

005 ★★☆
ACSR은 동일한 길이에서 동일한 전기 저항을 갖는 경동 연선에 비하여 어떠한가?

① 바깥 지름은 크고 중량은 작다.
② 바깥 지름은 작고 중량은 크다.
③ 바깥 지름과 중량이 모두 크다.
④ 바깥 지름과 중량이 모두 작다.

해설 강심 알루미늄 연선(ACSR)
도체를 가벼운 알루미늄으로 만든 연선으로서 구리를 사용한 경동 연선에 비해 중량이 가벼우면서도 지름이 큰 전선이다.

006 ★☆☆
19/1.8[mm] 경동 연선의 바깥지름은 몇 [mm]인가?

① 5 ② 7
③ 9 ④ 11

해설
19/1.8[mm]는 소선수가 19가닥이고, 소선의 지름이 1.8[mm]를 사용했다는 것이다. 연선의 층수를 계산하면
소선 수 $N = 3n(n+1) + 1 = 19$에서 $n = 2$층
바깥지름 $D = (2n+1)d = (2 \times 2 + 1) \times 1.8 = 9$[mm]

THEME 02 송전용 지지물(철탑)

007 ★☆☆
전선로의 지지물 양쪽의 경간의 차가 큰 장소에 사용되며 일명 E형 철탑이라고도 하는 표준 철탑의 일종은?

① 직선형 철탑 ② 내장형 철탑
③ 각도형 철탑 ④ 인류형 철탑

해설 철탑의 용도에 따른 종류
- 직선 철탑(A형): 수평각도 3° 이하인 직선 선로에 채용되는 철탑
- 각도 철탑(B형, C형): 수평각도 3°를 초과하는 부분에 채용되는 철탑 (B형: 수평각도 3~20°, C형: 수평각도 20° 초과)
- 인류 철탑(D형): 전선로가 끝나는 부분에 채용되는 철탑
- 내장 철탑(E형): 전선로의 지지물 양쪽의 경간의 차가 큰 장소에 사용되며 장경간이나 A형 철탑 10기마다 1기씩 보강용으로 채용되는 철탑

008 ★☆☆
다음 중 표준형 철탑이 아닌 것은?

① 내선 철탑 ② 직선 철탑
③ 각도 철탑 ④ 인류 철탑

해설 표준형 철탑의 종류
- 직선 철탑: 수평 각도 3도 이하인 직선 선로에 채용
- 각도 철탑: 수평 각도 3도를 초과하는 선로에 채용
- 인류 철탑: 전선로가 끝나는 부분에 채용
- 내장 철탑: 장경간 개소에 채용

THEME 03 애자(Insulator)

009 ★☆☆
현수 애자에 대한 설명으로 틀린 것은?

① 애자를 연결하는 방법에 따라 클래비스형과 볼소켓형이 있다.
② 큰 하중에 대하여는 2연 또는 3연으로 하여 사용할 수 있다.
③ 애자의 연결 개수를 가감함으로써 임의의 송전 전압에 사용할 수 있다.
④ 2~4층의 갓 모양의 자기편을 시멘트로 접착하고 그 자기를 주철제 베이스로 지지한다.

해설
핀 애자는 2~4층의 갓 모양의 자기편을 시멘트로 접착하고 그 자기를 주철제 베이스로 지지한 애자로 주로 저압용으로 사용한다.

010 ★☆☆
다음 중 대한민국에서 가장 많이 사용하는 현수 애자의 폭의 표준은 몇 [mm]인가?

① 160   ② 250
③ 280   ④ 320

해설
현수 애자의 규격은 250[mm], 280[mm], 320[mm]가 있으며, 가장 많이 사용되는 현수 애자의 폭은 250[mm]이다.

암기 전압별 현수 애자 개수(250[mm] 기준)

전압[kV]	22.9	66	154	345	765
애자 수	2~3	4~6	9~11	19~23	약 40

011 ★★☆
송전 선로에서 현수 애자련의 연면 섬락과 가장 관계가 먼 것은?

① 댐퍼
② 철탑 접지 저항
③ 현수 애자련의 개수
④ 현수 애자련의 소손

해설 애자련 연면 섬락
- 철탑의 탑각 접지 저항값이 크면 역섬락이 발생하므로 이를 감소시키기 위해 매설 지선을 설치한다.
- 애자련의 개수를 증가시켜 충분한 저항값을 확보하여 섬락을 방지한다.
- 애자가 소손되어 비나 안개에 의해 습윤을 받으면 애자 연면의 절연 내력이 감소하여 섬락이 발생할 수 있으므로 주기적 청소를 통해 애자 소손을 방지한다.

012 ★★☆
18~23개를 한 줄로 이어 단 표준 현수 애자를 사용하는 전압[kV]은?

① 23[kV]   ② 154[kV]
③ 345[kV]   ④ 765[kV]

해설 현수 애자의 전압별 사용 개수
- 22.9[kV]: 2~3개
- 66[kV]: 4~6개
- 154[kV]: 9~11개
- 345[kV]: 18~23개
- 765[kV]: 38~43개

| 정답 | 009 ④ 010 ② 011 ① 012 ③

013 ★★★

154[kV] 송전 선로에 10개의 현수 애자가 연결되어 있다. 다음 중 전압 분담이 가장 작은 것은?(단, 애자는 같은 간격으로 설치되어 있다.)

① 철탑에서 가장 가까운 것
② 철탑에서 3번째에 있는 것
③ 전선에서 가장 가까운 것
④ 전선에서 3번째에 있는 것

해설

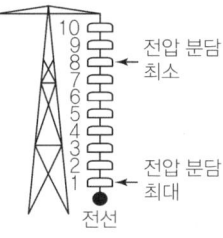

- 전압 분담이 가장 큰 애자: 전선에서 가장 가까운 애자
- 전압 분담이 가장 작은 애자: 전선에서 8번째 애자 또는 철탑에서 3번째 애자

014 ★★☆

가공 송전선에 사용되는 애자 1련 중 전압 분담이 최대인 애자는?

① 중앙에 있는 애자
② 철탑에 제일 가까운 애자
③ 전선에 제일 가까운 애자
④ 전선으로부터 1/4 지점에 있는 애자

해설

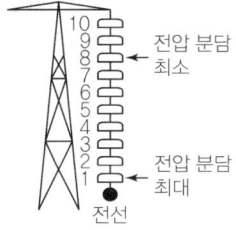

- 전압 분담이 가장 큰 애자: 전선에서 가장 가까운 애자
- 전압 분담이 가장 작은 애자: 전선에서 8번째 애자 또는 철탑에서 3번째 애자

015 ★☆☆

현수 애자 4개를 1련으로 한 66[kV] 송전 선로가 있다. 현수 애자 1개의 절연 저항은 1,500[MΩ], 이 선로의 경간이 200[m]라면 선로 1[km]당의 누설 컨덕턴스는 몇 [℧]인가?

① 0.83×10^{-9}
② 0.83×10^{-6}
③ 0.83×10^{-3}
④ 0.83×10^{-2}

해설

- 현수 애자 1련의 합성 저항은
  $4 \times 1,500 = 6,000[\text{M}\Omega] = 6,000 \times 10^6[\Omega]$
- 표준 경간이 200[m]이므로 1[km] 즉 1,000[m]에서의 경간은 애자 5련을 병렬로 설치해야 한다.
- 애자의 총 합성 저항은
  $R = \dfrac{6,000 \times 10^6}{5} = 1.2 \times 10^9[\Omega]$
  따라서 누설 컨덕턴스는
  $G = \dfrac{1}{R} = \dfrac{1}{1.2 \times 10^9} = 0.83 \times 10^{-9}[\text{℧}]$

016 ★★☆

송전선에 낙뢰가 가해져서 애자에 섬락이 생기면 아크가 생겨 애자가 손상되는 경우가 있다. 이것을 방지하기 위하여 사용되는 것은?

① 댐퍼(Damper)
② 아머로드(Armour Rod)
③ 가공 지선(Overhead Ground Wire)
④ 아킹혼(Arcing Horn)

해설

아킹혼(소호각, 초호각)
- 뇌격으로 인한 섬락 사고 시 애자련 보호
- 애자련의 전압 분담을 균등하게 하여 애자의 연능률 개선

017 ★★☆
아킹혼(Arcing Horn)의 설치 목적은?

① 이상 전압 소멸
② 전선의 진동 방지
③ 코로나 손실 방지
④ 섬락 사고에 대한 애자 보호

해설 소호각(아킹혼)의 역할
- 섬락으로부터 애자련의 보호
- 애자련의 연능률 개선

018 ★☆☆
감전 방지 대책으로 적합하지 않은 것은?

① 외함접지
② 아크혼 설치
③ 2중 절연기기
④ 누전 차단기 설치

해설 감전 방지 대책
- 기기의 외함을 접지한다.
- 누전 차단기를 설치한다.
- 2중 절연 기기를 채용한다.

아크혼(소호환)은 직격뢰로부터 발생한 아크로 인한 송전 애자의 파괴 방지를 목적으로 시설한다.

019 ★★☆
초호각(Arcing Horn)의 역할은?

① 풍압을 조절한다.
② 송전 효율을 높인다.
③ 애자의 파손을 방지한다.
④ 고주파수의 섬락 전압을 높인다.

해설 소호각(환), 초호각(환)의 역할
- 섬락으로부터 애자련의 보호
- 애자련의 연능률 개선

020 ★★☆
다음 중 송·배전 선로의 진동 방지 대책에 사용되지 않는 기구는?

① 댐퍼
② 조임쇠
③ 클램프
④ 아머 로드

해설 진동 방지 대책
- 댐퍼
- 아머 로드
- 클램프

021 ★★☆
송전 선로에 댐퍼(Damper)를 설치하는 주된 이유는?

① 전선의 진동 방지
② 전선의 이탈 방지
③ 코로나 현상의 방지
④ 현수 애자의 경사 방지

해설
전선의 진동을 방지하는 장치에는 댐퍼, 아머로드 등이 있다.

| 정답 | 017 ④ 018 ② 019 ③ 020 ② 021 ①

022 ★★☆

가공 전선로의 전선 진동을 방지하기 위한 방법으로 틀린 것은?

① 경동선을 ACSR로 교환
② 아머 로드(Armour Rod)로 전선 보강
③ 토셔널 댐퍼(Torsional Damper)의 설치
④ 스톡 브리지 댐퍼(Stock Bridge Damper)의 설치

해설
- 전선의 진동 원인: 가벼운 전선을 사용하여 바람 등에 의해 발생
- 전선 진동 방지 대책
  - 댐퍼 설치(스톡 브리지 댐퍼, 토셔널 댐퍼, 스페이서 댐퍼)
  - 전선 지지점 부근에 아머 로드를 설치

ACSR(강심 알루미늄 연선)은 비교적 가벼운 전선으로 진동 발생 우려가 있다.

023 ★★☆

송·배전 전선로에서 전선의 진동으로 인하여 전선이 단선되는 것을 방지하기 위한 설비는?

① 오프셋   ② 크램프
③ 댐퍼   ④ 초호환

해설 바람에 의한 전선의 진동 방지 장치
- 댐퍼
- 아머 로드

THEME 04 송전 선로의 설치

024 ★★★

경간이 $200[m]$인 가공 전선로가 있다. 사용 전선의 길이는 경간보다 약 몇 $[m]$ 더 길어야 하는가?(단, 전선의 $1[m]$당 하중은 $2[kg]$, 인장 하중은 $4,000[kg]$이고, 풍압 하중은 무시하며, 전선의 안전율은 2이다.)

① 0.33   ② 0.61
③ 1.41   ④ 1.73

해설

이도 $D = \dfrac{WS^2}{8T} = \dfrac{2 \times 200^2}{8 \times \dfrac{4,000}{2}} = 5[m]$

전선의 길이 $L = S + \dfrac{8D^2}{3S}[m]$이므로

$\therefore L - S = \dfrac{8D^2}{3S} = \dfrac{8 \times 5^2}{3 \times 200} = 0.33[m]$

025 ★★★

전주 사이의 경간이 $80[m]$인 가공 전선로에서 전선 $1[m]$당의 하중이 $0.37[kg]$, 전선의 이도가 $0.8[m]$일 때 수평 장력은 몇 $[kg]$인가?

① 330   ② 350
③ 370   ④ 390

해설

이도 계산식 $D = \dfrac{WS^2}{8T}[m]$에서 전선의 수평 장력 T는

$T = \dfrac{WS^2}{8D} = \dfrac{0.37 \times 80^2}{8 \times 0.8} = 370[kg]$

026 ★★☆

전선의 지지점 높이가 $31[\text{m}]$이고, 전선의 이도가 $9[\text{m}]$라면 전선의 평균 높이는 몇 $[\text{m}]$인가?

① 25.0　　② 26.5
③ 28.5　　④ 30.0

해설 전선(지지점)의 평균 높이

$h = H - \dfrac{2}{3}D = 31 - \dfrac{2}{3} \times 9 = 25[\text{m}]$

(여기서, H: 전선의 지지점 높이$[\text{m}]$, D: 이도$[\text{m}]$)

027 ★★★

경간 $200[\text{m}]$, 장력 $1,000[\text{kg}]$, 하중 $2[\text{kg/m}]$인 가공 전선의 이도(Dip)는 몇 $[\text{m}]$인가?

① 10　　② 11
③ 12　　④ 13

해설

이도 $D = \dfrac{WS^2}{8T} = \dfrac{2 \times 200^2}{8 \times 1,000} = 10[\text{m}]$

028 ★★☆

가공 송전 선로를 가선할 때에는 하중 조건과 온도 조건을 고려하여 적당한 이도(Dip)를 주도록 하여야 한다. 이도에 대한 설명으로 옳은 것은?

① 이도의 대소는 지지물의 높이를 좌우한다.
② 전선을 가선할 때 전선을 팽팽하게 하는 것을 이도가 크다고 한다.
③ 이도가 작으면 전선이 좌우로 크게 흔들려서 다른 상의 전선에 접촉하여 위험하게 된다.
④ 이도가 작으면 이에 비례하여 전선의 장력이 증가되며 너무 작으면 전선 상호 간이 꼬이게 된다.

해설 전선의 이도
- 지지물의 높이 결정
- 이도가 크면 전선의 진동 우려
- 이도가 작으면 장력이 증가해 단선 우려

029 ★★★

가공 선로에서 이도를 $D[\text{m}]$라 하면 전선의 실제 길이는 경간 $S[\text{m}]$보다 얼마나 차이가 나는가?

① $\dfrac{5D}{8S}$　　② $\dfrac{3D^2}{8S}$
③ $\dfrac{5D}{8S^2}$　　④ $\dfrac{8D^2}{3S}$

해설

전선의 실제 길이는 $L = S + \dfrac{8D^2}{3S}[\text{m}]$이므로

실제 길이(L)는 경간(S)보다 $\dfrac{8D^2}{3S}[\text{m}]$만큼 차이가 난다.

030 ★★☆

그림과 같이 지지점 A, B, C에는 고저 차가 없으며, 경간 AB와 BC 사이에 전선이 가설되어 그 이도가 $12[\text{cm}]$이었다. 지금 경간 AC의 중점인 지지점 B에서 전선이 떨어져서 전선의 이도가 D로 되었다면 D는 몇 $[\text{cm}]$인가?

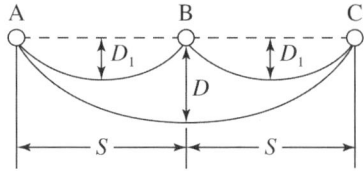

① 18　　② 30
③ 24　　④ 36

해설

지지점 A와 B 사이의 실제 전선 길이는 $L_{AB} = S + \dfrac{8D_1^2}{3S}$

지지점 A와 C 사이의 실제 전선 길이는 $L_{AC} = 2S + \dfrac{8D^2}{3 \times 2S}$

$2L_{AB} = L_{AC}$ ∴ $2 \times \left(S + \dfrac{8D_1^2}{3S}\right) = 2S + \dfrac{8D^2}{6S}$

∴ $D = 2D_1 = 2 \times 12 = 24[\text{cm}]$

031 ★★☆

전선의 자체 중량과 빙설의 종합 하중을 W_1, 풍압 하중을 W_2라 할 때 합성 하중은?

① $W_1 + W_2$
② $W_1 - W_2$
③ $\sqrt{W_1 - W_2}$
④ $\sqrt{W_1^2 + W_2^2}$

해설 합성 하중

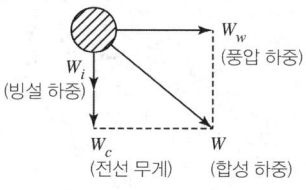

$W = \sqrt{W_1^2 + W_2^2}$
(여기서, $W_1 = W_c + W_i$, $W_2 = W_w$)

032 ★★☆

3상 수직 배치인 선로에서 오프셋을 주는 주된 이유는?

① 유도 장해 감소
② 난조 방지
③ 철탑 중량 감소
④ 단락 방지

해설 오프셋

전선의 도약으로부터 전선을 보호하기 위해 철탑의 암(Arm)의 길이를 다르게 설치(오프셋)하여 전선 도약에 따른 선간 단락 사고를 방지한다.

지중 전선로

1. 지중 전선로
2. 지중 케이블 매설 방법 및 고장점 측정법

CBT 완벽대비 가능한 유형마스터 학습!

THEME	유형분석	관련 번호
THEME 01 지중 전선로	지중 전선로의 특징은 2차 실기시험에서 주로 묻곤 합니다.	033
THEME 02 지중 케이블 매설 방법 및 고장점 측정법	케이블 매설 종류와 케이블 고장점 측정 방법에 대해서 확실한 이해가 필요합니다.	034~036

학습 효과를 높이는 N제 3회독 시스템

챕터 별 전체 1회독이 끝났다면 회독 체크표에 날짜를 기입하고 체크표시를 해주세요.

| 회독 체크표 | ☐ 1회독 | 월 일 | ☐ 2회독 | 월 일 | ☐ 3회독 | 월 일 |

CHAPTER 02 지중 전선로

THEME 01 지중 전선로

033 ★☆☆
케이블의 전력 손실과 관계가 없는 것은?
① 철손
② 유전체손
③ 시스손
④ 도체의 저항손

해설
케이블은 그 주요 구성 요소가 도체 및 절연체(유전체), 시스층으로 이루어져 있어 다음과 같은 전력 손실이 발생한다.
- 도체의 저항손
- 유전체손
- 시스손

케이블은 철이 적어 철손은 고려하지 않는다.

THEME 02 지중 케이블 매설 방법 및 고장점 측정법

034 ★☆☆
케이블 단선 사고에 의한 고장점까지의 거리를 정전용량 측정법으로 구하는 경우, 건전상의 정전 용량이 C, 고장점까지의 정전 용량이 C_x, 케이블의 길이가 l일 때 고장점까지의 거리를 나타내는 식으로 알맞은 것은?

① $\dfrac{C}{C_x} l$
② $\dfrac{2C_x}{C} l$
③ $\dfrac{C_x}{C} l$
④ $\dfrac{C_x}{2C} l$

해설 **정전 용량 측정법**
정전 용량 측정법은 케이블 단선 전과 단선 발생 후의 정전 용량 차이를 이용하여 고장점의 위치를 측정하는 방법이다.

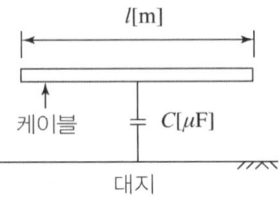

▲ 단선 전의 대지 간 정전 용량

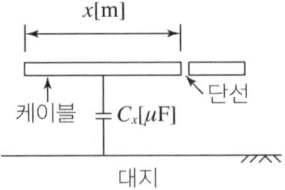

▲ 단선 시 고장점까지의 대지 간 정전 용량

케이블에서 발생하는 대지 간 정전 용량은 케이블 길이에 비례하므로
$\dfrac{C_x}{C} = \dfrac{x}{l} \rightarrow x = \dfrac{C_x}{C} l \, [\text{m}]$

035

지중 케이블에서 고장점을 찾는 방법이 아닌 것은?

① 머레이루프 시험기에 의한 방법
② 메거에 의한 측정 방법
③ 임피던스 브리지법
④ 펄스에 의한 측정법

해설 지중 케이블 고장점 탐지법
- 머레이루프법: 휘스톤 브리지법을 이용하여 고장점까지의 거리를 계산하는 방법
- 펄스 인가법: 펄스 전압을 인가하여 사고점에서 반사되는 펄스파의 전파 시간으로 사고점까지의 거리를 계산하는 방법
- 정전 용량법: 건전상의 정전 용량과 사고상의 정전 용량을 비교하여 사고점을 계산하는 방법
- 수색코일법: 케이블을 통해 600[Hz] 정도의 전류를 흘리고 지상에서 수색코일에 증폭기와 수화기를 가지고 케이블을 따라 고장점을 수색하는 방법
- 임피던스 브리지법: 브리지 회로를 이용하여 고장 케이블의 임피던스를 측정, 고장점까지의 거리를 추정하는 방법

036

전력 케이블의 고장점 탐색 방법 중 휘스톤 브리지의 평형 상태를 이용하여 고장점을 측정하는 방법은?

① 수색 코일법
② 펄스 측정법
③ 머레이 루프법
④ 정전 용량 측정법

해설
머레이 루프 시험법
- 브리지 평형 원리를 이용한 지중 케이블의 고장점 탐지 방법이다.
- 측정 정확도가 가장 정밀하다.(고장점 측정 오차가 적다.)
- 주로 1선 지락 사고의 측정에 많이 사용된다.

| 정답 | 035 ② 036 ③

CHAPTER 03
선로 정수 특성 및 코로나 현상

1. 선로 정수 특성
2. 충전 전류 및 충전 용량
3. 코로나(Corona)
4. 연가(Transposition)

CBT 완벽대비 가능한 유형마스터 학습!

THEME	유형분석	관련 번호
THEME 01 선로 정수 특성	각각의 선로 정수에 대한 개념을 이해한 후 계산문제를 풀 수 있는 응용력을 갖추어야 합니다.	037~068
THEME 02 충전 전류 및 충전 용량	공식에 대한 이해와 계산에 대해 주로 묻는 문제가 출제됩니다.	069~088
THEME 03 코로나(Corona)	코로나 현상에 대해서는 1,2차 시험에 자주 출제되는 개념입니다.	089~096
THEME 04 연가(Transposition)	연가의 목적 위주로 이해하면 좋습니다.	097~100

학습 효과를 높이는 N제 3회독 시스템

챕터 별 전체 1회독이 끝났다면 회독 체크표에 날짜를 기입하고 체크표시를 해주세요.

회독 체크표	☐ 1회독	월 일	☐ 2회독	월 일	☐ 3회독	월 일

CHAPTER 03 선로 정수 특성 및 코로나 현상

THEME 01 선로 정수 특성

037 ★★★
가공선 계통을 지중선 계통과 비교할 때 인덕턴스 및 정전 용량은 어떠한가?

① 인덕턴스, 정전 용량이 모두 작다.
② 인덕턴스, 정전 용량이 모두 크다.
③ 인덕턴스는 크고, 정전 용량은 작다.
④ 인덕턴스는 작고, 정전 용량은 크다.

해설
가공선 계통은 지중선 계통에 비해 선간 거리(D)가 수십배 정도이므로 인덕턴스는 크고, 정전용량은 작다.

암기
- 인덕턴스 $L = 0.05 + 0.4605 \log \dfrac{D}{r}$ [mH/km]
- 정전 용량 $C = \dfrac{0.02413}{\log \dfrac{D}{r}}$ [μF/km]

038 ★★☆
일반 회로 정수가 같은 평행 2회선에서 A, B, C, D는 각각 1회선의 경우의 몇 배로 되는가?

① A: 2배, B: 2배, C: $\dfrac{1}{2}$배, D: 1배
② A: 1배, B: 2배, C: $\dfrac{1}{2}$배, D: 1배
③ A: 1배, B: $\dfrac{1}{2}$배, C: 2배, D: 1배
④ A: 1배, B: $\dfrac{1}{2}$배, C: 2배, D: 2배

해설 회로 정수가 같은 평행 2회선의 4단자 정수
$A \to A$, $B \to \dfrac{B}{2}$, $C \to 2C$, $D \to D$

즉, 직렬 임피던스는 $\dfrac{1}{2}$배가 되고, 병렬 어드미턴스는 2배가 된다.

039 ★★☆
송전 선로에서 4단자 정수 A, B, C, D 사이의 관계는?

① $BC - AD = 1$
② $AC - BD = 1$
③ $AB - CD = 1$
④ $AD - BC = 1$

해설
송전 선로에서 4단자 정수는 $AD - BC = 1$의 관계가 있다.

040 ★★☆
4단자 정수 $A = 0.9918 + j0.0042$, $B = 34.17 + j50.38$, $C = (-0.006 + j3.247) \times 10^{-4}$인 송전 선로의 송전단에 66[kV]를 인가하고 수전단을 개방하였을 때 수전단 선간 전압은 약 몇 [kV]인가?

① $\dfrac{66.55}{\sqrt{3}}$
② 62.5
③ $\dfrac{62.5}{\sqrt{3}}$
④ 66.55

해설
4단자 정수
$V_s = AV_r + BI_r$
$I_s = CV_r + DI_r$
수전단 개방 시($I_r = 0$) $V_s = AV_r$이다.
$\therefore V_r = \dfrac{V_s}{A} = \dfrac{66}{\sqrt{0.9918^2 + 0.0042^2}} = 66.55 [\text{kV}]$

041 ★☆☆

3상 3선식 송전선에서 L을 작용 인덕턴스라 하고, L_e 및 L_m은 대지를 귀로로 하는 1선의 자기 인덕턴스 및 상호 인덕턴스라고 할 때 이들 사이의 관계식은?

① $L = L_m - L_e$
② $L = L_e - L_m$
③ $L = L_m + L_e$
④ $L = \dfrac{L_m}{L_e}$

해설

작용 인덕턴스(L) = 자기 인덕턴스(L_e) - 상호 인덕턴스(L_m)

042 ★★☆

송배전 선로에서 도체의 굵기는 같게 하고 도체 간의 간격을 크게 하면 도체의 인덕턴스는?

① 커진다.
② 작아진다.
③ 변함이 없다.
④ 도체의 굵기 및 도체 간의 간격과는 무관하다.

해설

인덕턴스 계산식 $L = 0.05 + 0.4605 \log_{10} \dfrac{D}{r} [\text{mH/km}]$에서 도체의 반지름($r[\text{m}]$)이 일정한 상태(즉, 도체의 굵기가 같은 상태)에서 도체의 간격($D[\text{m}]$)을 크게 하면 인덕턴스 L은 증가한다.

043 ★★☆

비접지식 3상 송배전 계통에서 1선 지락 고장 시 고장 전류를 계산하는 데 사용되는 정전 용량은?

① 작용 정전 용량
② 대지 정전 용량
③ 합성 정전 용량
④ 선간 정전 용량

해설

비접지 계통에서 지락 고장 시 지락 전류는 대지 정전 용량을 통해 흐르게 된다. 지락 고장 전류를 계산하는 데 사용되는 정전 용량은 대지 정전 용량이다. 비접지식에서의 지락 전류 $I_g = 3\omega C_s E [\text{A}]$ (여기서, C_s: 대지 정전 용량)

044 ★★★

지름 5[mm]의 경동선을 간격 1[m]로 정삼각형 배치를 한 가공전선 1선의 작용 인덕턴스는 약 몇 [mH/km]인가?(단, 송전선은 평형 3상 회로이다.)

① 1.13
② 1.25
③ 1.42
④ 1.55

해설 작용 인덕턴스

$L = 0.05 + 0.4605 \log_{10} \dfrac{D}{r} [\text{mH/km}]$ 에서

$r = \dfrac{1}{2} \times 5 \times 10^{-3} [\text{m}]$, $D = 1[\text{m}]$

($\because D = \sqrt[3]{1 \times 1 \times 1} = 1[\text{m}]$)

따라서 $L = 0.05 + 0.4605 \log_{10} \dfrac{1}{2.5 \times 10^{-3}} = 1.25 [\text{mH/km}]$

암기 등가 선간거리

- 직선 배열
  $D = \sqrt[3]{D \times D \times 2D} = \sqrt[3]{2} D [\text{m}]$
- 정삼각형 배열
  $D = \sqrt[3]{D \times D \times D} = D [\text{m}]$
- 정사각형 배열
  $D = \sqrt[6]{D \times D \times D \times D \times \sqrt{2}D \times \sqrt{2}D} = \sqrt[6]{2} D [\text{m}]$

045 ★★★

가공 왕복선 배치에서 지름이 $d[\text{m}]$이고 선간 거리가 $D[\text{m}]$인 선로 한 가닥의 작용 인덕턴스는 몇 [mH/km]인가?(단, 선로의 투자율은 1이라 한다.)

① $0.5 + 0.4605 \log_{10} \dfrac{D}{d}$
② $0.05 + 0.4605 \log_{10} \dfrac{D}{d}$
③ $0.5 + 0.4605 \log_{10} \dfrac{2D}{d}$
④ $0.05 + 0.4605 \log_{10} \dfrac{2D}{d}$

해설

인덕턴스 $L = 0.05 + 0.4605 \log_{10} \dfrac{D}{r} [\text{mH/km}]$에서

전선의 지름이 $d[\text{m}]$라고 하였으므로

$L = 0.05 + 0.4605 \log_{10} \dfrac{D}{r} = 0.05 + 0.4605 \log_{10} \dfrac{D}{\dfrac{d}{2}}$

$= 0.05 + 0.4605 \log_{10} \dfrac{2D}{d} [\text{mH/km}]$ 이다.

046 ★★★

선간 거리를 D, 전선의 반지름을 r이라 할 때 송전선의 정전 용량은?

① $\log_{10} \dfrac{D}{r}$에 비례한다.

② $\log_{10} \dfrac{r}{D}$에 비례한다.

③ $\log_{10} \dfrac{D}{r}$에 반비례한다.

④ $\log_{10} \dfrac{r}{D}$에 반비례한다.

해설

송전 선로의 정전 용량의 식 $C = \dfrac{0.02413}{\log_{10} \dfrac{D}{r}} [\mu\text{F/km}]$에서 송전 선로의 정전 용량 C는 $\log_{10} \dfrac{D}{r}$에 반비례한다.

047 ★★☆

지중 선로는 가공 선로와 비교하여 인덕턴스와 정전 용량이 어떠한가?

① 인덕턴스, 정전 용량이 모두 크다.
② 인덕턴스, 정전 용량이 모두 작다.
③ 인덕턴스는 크고, 정전 용량은 작다.
④ 인덕턴스는 작고, 정전 용량은 크다.

해설

인덕턴스

$L = 0.05 + 0.4605 \log_{10} \dfrac{D}{r} [\text{mH/km}]$

정전 용량

$C = \dfrac{0.02413}{\log_{10} \dfrac{D}{r}} [\mu\text{F/km}]$

인덕턴스는 전선의 선간 거리 D에 비례하고 정전 용량은 전선의 선간 거리 D에 반비례한다. 가공 선로에 비해 전선 간의 선간 거리가 작은 지중 선로는 인덕턴스는 작고 정전 용량 값은 크다.

048 ★★★

3상 3선식 1회선의 가공 송전 선로에서 D를 등가 선간 거리, r을 전선의 반지름이라고 하면 1선당 작용 정전 용량은?

① $\dfrac{D}{r}$에 비례한다.

② $\dfrac{D}{r}$에 반비례한다.

③ $\log \dfrac{D}{r}$에 비례한다.

④ $\log \dfrac{D}{r}$에 반비례한다.

해설

정전 용량

$C = \dfrac{0.02413}{\log_{10} \dfrac{D}{r}} [\mu\text{F/km}]$

인덕턴스

$L = 0.05 + 0.4605 \log_{10} \dfrac{D}{r} [\text{mH/km}]$

정전 용량은 $\log \dfrac{D}{r}$에 반비례하고, 인덕턴스는 $\log \dfrac{D}{r}$에 비례한다.

049 ★★☆

송전 선로의 각 상전압이 평형되어 있을 때 3상 1회선 송전선의 작용 정전 용량$[\mu\text{F/km}]$을 옳게 나타낸 것은?(단, r은 도체의 반지름$[\text{m}]$, D는 도체의 등가 선간 거리$[\text{m}]$이다.)

① $\dfrac{0.02413}{\log_{10} \dfrac{D}{r}}$ ② $\dfrac{0.2413}{\log_{10} \dfrac{D}{r}}$

③ $\dfrac{0.02413}{\log_{10} \dfrac{D^2}{r}}$ ④ $\dfrac{0.2413}{\log_{10} \dfrac{D^2}{r}}$

해설

- 정전 용량: $C = \dfrac{0.02413}{\log_{10} \dfrac{D}{r}} [\mu\text{F/km}]$

- 인덕턴스: $L = 0.05 + 0.4605 \log_{10} \dfrac{D}{r} [\text{mH/km}]$

암기

$C = \dfrac{0.02413}{\log_{10} \dfrac{D}{r}} [\mu\text{F/km}]$

050 ★★☆

반지름 $0.6[\text{cm}]$인 경동선을 사용하는 3상 1회선 송전선에서 선간 거리를 $2[\text{m}]$로 정삼각형 배치할 경우, 각 선의 인덕턴스$[\text{mH}/\text{km}]$는 약 얼마인가?

① 0.81
② 1.21
③ 1.51
④ 1.81

해설

정삼각형 배치에서 등가 선간 거리 $D = \sqrt[3]{2 \times 2 \times 2} = 2[\text{m}]$이다. 따라서 구하고자 하는 각 선의 인덕턴스는

$$L = 0.05 + 0.4605 \log \frac{D}{r}$$
$$= 0.05 + 0.4605 \log \frac{2}{0.6 \times 10^{-2}} = 1.21 [\text{mH}/\text{km}]$$

051 ★★★

3상 3선식 송전 선로의 선간 거리가 각각 $50[\text{cm}]$, $60[\text{cm}]$, $70[\text{cm}]$인 경우 기하학적 평균 선간 거리는 약 몇 $[\text{cm}]$인가?

① 50.4
② 59.4
③ 62.8
④ 64.8

해설

$D_e = \sqrt[3]{D_1 D_2 D_3} = \sqrt[3]{50 \times 60 \times 70} = 59.4[\text{cm}]$

052 ★★☆

송전 선로의 정전 용량은 등가 선간 거리 D가 증가하면 어떻게 되는가?

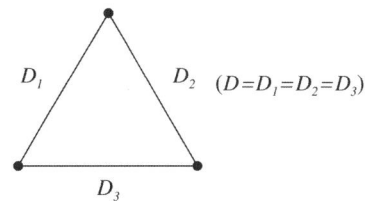

① 증가한다.
② 감소한다.
③ 변하지 않는다.
④ D^2에 반비례하여 감소한다.

해설

송전 선로의 정전 용량 $C = \dfrac{0.02413}{\log_{10} \dfrac{D}{r}} [\mu\text{F}/\text{km}]$에서 선간 거리 D가 증가하면 정전 용량 C 값은 이에 반비례하여 감소한다.

053 ★★★

그림과 같은 선로의 등가 선간 거리는 몇 $[\text{m}]$인가?

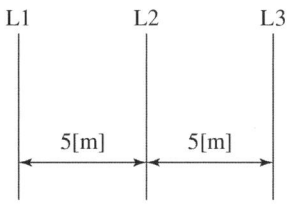

① 5
② $5\sqrt{2}$
③ $5\sqrt[3]{2}$
④ $10\sqrt[3]{2}$

해설

$D_e = \sqrt[3]{D_1 D_2 D_3} = \sqrt[3]{5 \times 5 \times (5 \times 2)} = 5\sqrt[3]{2}[\text{m}]$

054 ★★☆

그림과 같이 일직선 배치로 완전 연가한 경우의 등가 선간 거리는?

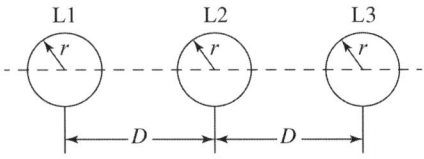

① $\sqrt{D}$
② $\sqrt{2}\,D$
③ $\sqrt[3]{2}\,D$
④ $\sqrt[3]{3}\,D$

해설 등가 선간 거리
$D_e = \sqrt[3]{D_1 \times D_2 \times D_3} = \sqrt[3]{D \times D \times 2D} = \sqrt[3]{2}\,D\,[\text{m}]$

055 ★★★

그림과 같이 반지름 $r[\text{m}]$인 세 개의 도체가 선간 거리 $D[\text{m}]$로 수평 배치하였을 때 A 도체의 인덕턴스는 몇 $[\text{mH/km}]$인가?

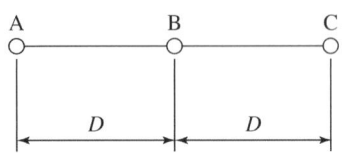

① $0.05 + 0.4605 \log_{10} \dfrac{D}{r}$
② $0.05 + 0.4605 \log_{10} \dfrac{2D}{r}$
③ $0.05 + 0.4605 \log_{10} \dfrac{\sqrt[3]{2}\,D}{r}$
④ $0.05 + 0.4605 \log_{10} \dfrac{\sqrt{2}\,D}{r}$

해설 등가 선간 거리를 구하면 $D_e = \sqrt[3]{D \times D \times 2D} = \sqrt[3]{2}\,D\,[\text{m}]$
따라서 인덕턴스는
$L = 0.05 + 0.4605 \log_{10} \dfrac{D_e}{r}$
$= 0.05 + 0.4605 \log_{10} \dfrac{\sqrt[3]{2}\,D}{r}\,[\text{mH/km}]$

056 ★☆☆

정삼각형 배치의 선간 거리가 $5[\text{m}]$이고, 전선의 지름이 $1[\text{cm}]$인 3상 가공 송전선 1선의 정전 용량은 약 몇 $[\mu\text{F/km}]$인가?

① 0.008
② 0.016
③ 0.024
④ 0.032

해설
$C = \dfrac{0.02413}{\log_{10}\dfrac{D}{r}}\,[\mu\text{F/km}]$ 에서

등가 선간 거리 $D = \sqrt[3]{5 \times 5 \times 5} = 5[\text{m}]$이다.

$\therefore C = \dfrac{0.02413}{\log_{10}\dfrac{5}{0.5 \times 10^{-2}}} = 0.008[\mu\text{F/km}]$

057 ★★★

일반적으로 전선 1가닥의 단위 길이당 작용 정전 용량이 다음과 같이 표시되는 경우 D가 의미하는 것은?

$$C_n = \dfrac{0.02413}{\log_{10}\dfrac{D}{r}}\,[\mu\text{F/km}]$$

① 선간 거리
② 전선 지름
③ 전선 반지름
④ 선간 거리 × $\dfrac{1}{2}$

해설
D는 전선 간의 등가 선간 거리[m]를 의미한다.

암기
등가 선간 거리는 전선 간 거리의 기하 평균이다.
$D = \sqrt[n]{D_1 \times D_2 \times \cdots \times D_n}\,[\text{m}]$

058 ★★★

가공 송전 선로에서 총 단면적이 같은 경우 단도체와 비교하여 복도체의 장점이 아닌 것은?

① 안정도를 증대시킬 수 있다.
② 공사비가 저렴하고 시공이 간편하다.
③ 전선표면의 전위 경도를 감소시켜 코로나 임계 전압이 높아진다.
④ 선로의 인덕턴스가 감소되고, 정전 용량이 증가해서 송전 용량이 증대된다.

해설 복도체의 특징
- 전선 표면 전위 경도를 감소시켜 임계 전압이 상승하여 코로나 현상을 방지한다.(복도체 사용의 주목적)
- 인덕턴스는 감소하고 정전 용량은 증가하여 송전 용량이 증대한다.
- 정전 용량이 커지기 때문에 페란티 현상이 발생할 수 있다.(페란티 현상 방지를 위해 분로 리액터 설치)
- 소도체 간의 흡인력이 작용하여 도체 충돌의 우려가 있다.(도체 충돌을 방지하기 위해 스페이서 설치)

059 ★★☆

송전선로에 단도체 대신 복도체를 사용하는 경우에 나타나는 현상으로 틀린 것은?

① 전선의 작용 인덕턴스를 감소시킨다.
② 선로의 작용 정전용량을 증가시킨다.
③ 전선 표면의 전위 경도를 저감시킨다.
④ 전선의 코로나 임계 전압을 저감시킨다.

해설 복도체의 특징
- 전선 표면 전위 경도를 감소시켜 임계 전압이 상승하여 코로나 현상을 방지한다.(복도체 사용의 주목적)
- 인덕턴스는 감소하고 정전 용량은 증가하여 송전 용량이 증대한다.
- 송전 계통의 안정도가 증가한다.

060 ★★☆

복도체를 사용하는 가공 전선로에서 소도체 사이의 간격을 유지하여 소도체 간의 꼬임 현상이나 충돌 현상을 방지하기 위하여 설치하는 것은?

① 아머로드 ② 댐퍼
③ 스페이서 ④ 아킹혼

해설
스페이서
복도체를 구성하는 소도체 사이에는 흡인력이 발생하는데, 소도체의 간격 유지, 꼬임 및 충돌 방지를 위해 설치하는 것을 스페이서라고 한다.

061 ★★★

복도체를 사용한 가공 송전 방식을 같은 단면적의 단도체를 사용하는 경우와 비교할 때 틀린 것은?

① 송전 용량을 증대시킬 수 있다.
② 코로나 개시 전압이 높아지므로 코로나 손실을 줄일 수 있다.
③ 안정도를 증대시킬 수 있다.
④ 인덕턴스는 증가하고, 정전 용량은 감소한다.

해설 복도체의 특징
- 전선 표면 전위 경도를 감소시켜 임계 전압이 상승하여 코로나 현상을 방지한다.(복도체 사용의 주목적)
- 인덕턴스는 감소하고 정전 용량은 증가하여 송전 용량이 증대한다.
- 송전 계통의 안정도가 증가한다.

062 ★★☆

복도체에서 2본의 전선이 서로 충돌하는 것을 방지하기 위하여 2본의 전선 사이에 적당한 간격을 두어 설치하는 것은?

① 아머로드 ② 댐퍼
③ 아킹혼   ④ 스페이서

해설
스페이서
복도체에서 2본의 전선이 충돌하는 것을 방지하기 위해 전선 상호 간 중간에 설치한다.

063 ★★☆

가공 전선을 단도체식으로 하는 것보다 같은 단면적의 복도체식으로 하였을 경우에 대한 내용으로 틀린 것은?

① 전선의 인덕턴스가 감소된다.
② 전선의 정전 용량이 감소된다.
③ 코로나 발생률이 적어진다.
④ 송전 용량이 증가한다.

해설 단도체와 비교한 복도체의 특징
- 인덕턴스가 감소한다.
- 정전 용량이 증가한다.
- 코로나 임계 전압을 높일 수 있어 코로나 발생률이 적어진다.
- 선로의 리액턴스가 줄어들어 송전 용량이 증가한다.

064 ★★★

복도체를 사용하면 송전 용량이 증가하는 주된 이유로 옳은 것은?

① 코로나가 발생하지 않는다.
② 전압 강하가 적어진다.
③ 선로의 작용 인덕턴스는 감소하고, 작용 정전 용량이 증가한다.
④ 무효 전력이 적어진다.

해설 복도체(다도체)의 특징
- 작용 인덕턴스가 감소한다.
- 작용 정전 용량이 증가한다.
- 송전 용량이 증가하여 안정도가 향상된다.
- 코로나 임계 전압이 증가하여 코로나 발생이 억제된다.

[암기]

선로 작용인덕턴스 $L = 0.05 + 0.04605 \log_{10} \dfrac{D}{r}$ [mH/km]

선로 작용정전용량 $C = \dfrac{0.02413}{\log_{10} \dfrac{D}{r}}$ [μF/km]

복도체를 사용하면 r이 증가하므로 L은 감소하고 C는 증가한다.

065 ★★★

송전선에 복도체를 사용하는 주된 목적은?

① 역률 개선
② 정전 용량의 감소
③ 인덕턴스의 증가
④ 코로나 발생의 방지

해설 복도체(다도체)의 특징
- 인덕턴스가 감소한다.
- 정전 용량이 증가한다.
- 송전 용량이 증가하여 안정도가 향상된다.
- 코로나 임계 전압이 증가하여 코로나 발생이 억제된다.

066 ★★★

송전선에 복도체를 사용할 때의 설명으로 틀린 것은?

① 코로나 손실이 경감된다.
② 안정도가 상승하고 송전 용량이 증가한다.
③ 정전 반발력에 의한 전선의 진동이 감소된다.
④ 전선의 인덕턴스는 감소하고, 정전 용량이 증가한다.

해설 복도체
- 선로의 인덕턴스 감소
- 선로의 작용 정전 용량 증가
- 리액턴스 감소로 송전 용량 증대 및 계통 안정도 향상
- 코로나 임계 전압을 높여 코로나 발생을 방지
- 전선 표면의 전위 경도 저감

복도체는 정전 흡인력에 의해 소도체끼리 진동하여 충돌하는 현상이 발생한다.

067 ★★☆

3상 3선식 송전 선로가 소도체 2개의 복도체 방식으로 되어 있을 때 소도체의 지름 $8[\text{cm}]$, 소도체 간격 $36[\text{cm}]$, 등가 선간 거리 $120[\text{cm}]$인 경우에 복도체 $1[\text{km}]$의 인덕턴스는 약 몇 $[\text{mH}]$인가?

① 0.4855　　② 0.5255
③ 0.6975　　④ 0.9265

해설 다도체에서의 인덕턴스

$$L_n = \frac{0.05}{n} + 0.4605 \log_{10} \frac{D}{\sqrt[n]{rs^{n-1}}}$$

$$= 0.025 + 0.4605 \log_{10} \frac{120}{\sqrt[2]{4 \times 36^{2-1}}}$$

$$= 0.4855[\text{mH/km}] \text{이다.}$$

068 ★★☆

반지름 $r[\text{m}]$이고, 소도체 간격 S인 4 복도체 송전선로에서 전선 A, B, C가 수평으로 배열되어 있다. 등가 선간 거리가 $D[\text{m}]$로 배치되고 완전 연가된 경우 송전 선로의 인덕턴스는 몇 $[\text{mH/km}]$인가?

① $0.4605 \log_{10} \dfrac{D}{\sqrt{rS^2}} + 0.0125$

② $0.4605 \log_{10} \dfrac{D}{\sqrt[2]{rS}} + 0.025$

③ $0.4605 \log_{10} \dfrac{D}{\sqrt[3]{rS^2}} + 0.0167$

④ $0.4605 \log_{10} \dfrac{D}{\sqrt[4]{rS^3}} + 0.0125$

해설 다도체에서의 인덕턴스

$$L_n = \frac{0.05}{n} + 0.4605 \log_{10} \frac{D}{\sqrt[n]{rS^{n-1}}}$$

$$= \frac{0.05}{4} + 0.4605 \log_{10} \frac{D}{\sqrt[4]{rS^{4-1}}}$$

$$= 0.4605 \log_{10} \frac{D}{\sqrt[4]{rS^3}} + 0.0125[\text{mH/km}]$$

THEME 02 충전 전류 및 충전 용량

069 ★★☆

3상 3선식 송전 선로에서 각 선의 대지 정전 용량이 $0.5096[\mu\text{F}]$이고, 선간 정전 용량이 $0.1295[\mu\text{F}]$일 때, 1선의 작용 정전 용량은 약 몇 $[\mu\text{F}]$인가?

① 0.6　　② 0.9
③ 1.2　　④ 1.8

해설

대지 정전 용량을 C_s, 선간 정전 용량을 C_m이라 할 때
3상 3선식 작용 정전 용량 $C = C_s + 3C_m [\mu\text{F}]$

∴ $C = 0.5096 + 3 \times 0.1295 = 0.8981[\mu\text{F}]$

암기
- 단상 2선식 작용 정전 용량 $C = C_s + 2C_m [\mu\text{F}]$
- 3상 3선식 작용 정전 용량 $C = C_s + 3C_m [\mu\text{F}]$

070 NEW

그림과 같이 각 도체와 연피 간의 정전 용량이 C_0, 각 도체 간의 정전 용량이 C_m인 3심 케이블의 도체 1조당의 작용 정전 용량은?

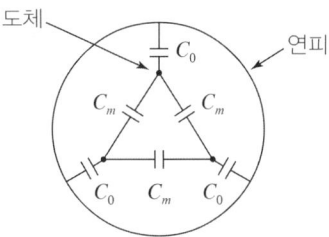

① $C_0 + C_m$　　② $3C_0 + 3C_m$
③ $3C_0 + C_m$　　④ $C_0 + 3C_m$

해설 작용 정전 용량
- 단상 2선식 $C_n = C_0 + 2C_m$
- 3상 3선식 $C_n = C_0 + 3C_m$

071 ★★☆

단상 2선식 배전 선로에서 대지 정전 용량을 C_s, 선간 정전 용량을 C_m이라 할 때 작용 정전 용량은?

① $C_s + C_m$
② $C_s + 2C_m$
③ $2C_s + C_m$
④ $C_s + 3C_m$

해설
- 단상 2선식 작용 정전 용량 $C = C_s + 2C_m\,[\mu F]$
- 3상 3선식 작용 정전 용량 $C = C_s + 3C_m\,[\mu F]$

072 ★★☆

3상 1회선의 송전 선로에 3상 전압을 가해 충전할 때 1선에 흐르는 충전 전류는 $30[A]$, 또 3선을 일괄하여 이것과 대지 사이에 상전압을 가하여 충전시켰을 때 전 충전 전류는 $60[A]$가 되었다. 이 선로의 대지 정전 용량과 선간 정전 용량의 비는?(단, 대지 정전 용량 C_s, 선간 정전 용량 C_m이다.)

① $\dfrac{C_m}{C_s} = \dfrac{1}{6}$
② $\dfrac{C_m}{C_s} = \dfrac{8}{15}$
③ $\dfrac{C_m}{C_s} = \dfrac{1}{3}$
④ $\dfrac{C_m}{C_s} = \dfrac{1}{\sqrt{3}}$

해설
$\omega CE = \omega(C_s + 3C_m)E = 30[A]$ ······ ㉠
$3\omega C_s E = 60[A]$에서 $\omega E = \dfrac{60}{3C_s} = \dfrac{20}{C_s}$ ······ ㉡
㉡을 ㉠에 대입하면
$\dfrac{20}{C_s} \times (C_s + 3C_m) = 20 + 60 \times \dfrac{C_m}{C_s} = 30$
$\therefore \dfrac{C_m}{C_s} = \dfrac{1}{6}$

073 ★★☆

그림에서 X 부분에 흐르는 전류는 어떤 전류인가?

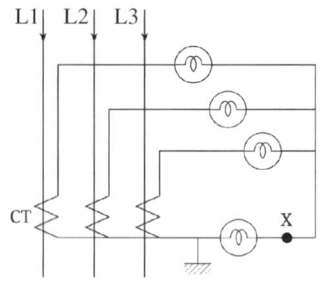

① L2상 전류
② 정상 전류
③ 역상 전류
④ 영상 전류

해설
그림에서 X 부분은 3상 회로의 중성점 회로이다. 따라서 지락 전류(영상 전류)가 흐르게 된다.

074 ★★★

3상 1회선 전선로에서 대지 정전 용량은 C_s이고 선간 정전 용량을 C_m이라 할 때, 작용 정전 용량 C_n은?

① $C_s + C_m$
② $C_s + 2C_m$
③ $C_s + 3C_m$
④ $2C_s + C_m$

해설 작용 정전 용량
- 단상 2선식 $C_n = C_s + 2C_m\,[\mu F]$
- 3상 3선식 $C_n = C_s + 3C_m\,[\mu F]$

075 ★★☆

33[kV] 이하의 단거리 송배전 선로에 적용되는 비접지 방식에서 지락 전류는 다음 중 어느 것을 말하는가?

① 누설 전류
② 충전 전류
③ 뒤진 전류
④ 단락 전류

해설 비접지 방식에서의 1선 지락 전류

대지 정전 용량을 통해 흐르는 진상 전류(즉, 충전 전류를 뜻한다.)

076 ★★☆

전력 계통에서 지락 전류의 특성으로 옳은 것은?

① 충전 전류(진상)
② 충전 전류(지상)
③ 유도 전류(진상)
④ 유도 전류(지상)

해설

지락 전류: 대지 정전 용량을 통해 흐르는 진상 전류(충전 전류)
지락 전류 $I_g = 3\omega C_s E$[A](여기서, C_s: 대지 정전 용량)

077 ★★☆

정전 용량 $0.01[\mu F/km]$, 길이 $173.2[km]$, 선간 전압 $60[kV]$, 주파수 $60[Hz]$인 3상 송전 선로의 충전전류는 약 몇 [A]인가?

① 6.3
② 12.5
③ 22.6
④ 37.2

해설

$$I_c = \frac{E}{X_c} = \omega CE = 2\pi fCE = 2\pi fC\left(\frac{V}{\sqrt{3}}\right)$$
$$= 2\pi \times 60 \times 0.01 \times 10^{-6} \times 173.2 \times \frac{60{,}000}{\sqrt{3}}$$
$$= 22.6[A]$$

078 ★★★

비접지식 송전 선로에 있어서 1선 지락 고장이 생겼을 경우 지락점에 흐르는 전류는?

① 직류 전류
② 고장상의 영상 전압과 동상의 전류
③ 고장상의 영상 전압보다 90° 빠른 전류
④ 고장상의 영상 전압보다 90° 늦은 전류

해설

• 지락 전류: 진상 전류(전압보다 고장 전류가 90° 빠르다.)

$$I_g = \frac{E}{Z} = \frac{E}{\frac{1}{j3\omega C_s}} = j3\omega C_s E[A]$$

• 단락 전류: 지상 전류(전압보다 고장 전류가 90° 느리다.)

079 ★★☆

전압 $66{,}000[V]$, 주파수 $60[Hz]$, 길이 $15[km]$, 심선 1선당 작용 정전 용량 $0.3587[\mu F/km]$인 한 선당 지중 전선로의 3상 무부하 충전 전류는 약 몇 [A]인가?(단, 정전 용량 이외의 선로 정수는 무시한다.)

① 62.5
② 68.2
③ 73.6
④ 77.3

해설 3상 무부하 충전 전류

$$I_c = \frac{E}{X_c} = \frac{E}{\frac{1}{\omega C}} = \omega CE = 2\pi fCE = 2\pi fC\left(\frac{V}{\sqrt{3}}\right)$$
$$= 2\pi \times 60 \times 0.3587 \times 10^{-6} \times 15 \times \frac{66{,}000}{\sqrt{3}} = 77.3[A]$$

080 ★★☆

$22[kV]$, $60[Hz]$ 1회선의 3상 송전선에서 무부하 충전 전류는 약 몇 [A]인가?(단, 송전선의 길이는 $20[km]$이고, 1선 $1[km]$당 정전 용량은 $0.5[\mu F]$이다.)

① 12
② 24
③ 36
④ 48

해설

$$I_c = \frac{E}{X_c} = \frac{E}{\frac{1}{\omega C}} = \omega CE = 2\pi fCE = 2\pi fC\left(\frac{V}{\sqrt{3}}\right)$$

$$= 2\pi \times 60 \times 0.5 \times 10^{-6} \times 20 \times \frac{22,000}{\sqrt{3}} = 47.9[A]$$

081 ★★★

3상 전원에 접속된 △ 결선의 커패시터를 Y 결선으로 바꾸면 진상 용량 $Q_Y[kVA]$는?(단, Q_Δ는 △ 결선된 커패시터의 진상 용량이고, Q_Y는 Y 결선된 커패시터의 진상 용량이다.)

① $Q_Y = \sqrt{3}\, Q_\Delta$
② $Q_Y = \frac{1}{3} Q_\Delta$
③ $Q_Y = 3 Q_\Delta$
④ $Q_Y = \frac{1}{\sqrt{3}} Q_\Delta$

해설

△ 결선 시 충전 용량 $Q_\Delta = 3\omega CV^2 \times 10^{-3}[kVA]$
Y 결선 시 충전 용량 $Q_Y = \omega CV^2 \times 10^{-3}[kVA]$ 이므로

$Q_Y = \frac{1}{3} Q_\Delta [kVA]$

참고

$Q_\Delta = 3\omega CE^2 = 3\omega CV^2$

$Q_Y = 3\omega CE^2 = 3\omega C\left(\frac{V}{\sqrt{3}}\right)^2 = \omega CV^2$

082 ★★☆

한류 리액터를 사용하는 가장 큰 목적은?

① 충전 전류의 제한
② 접지 전류의 제한
③ 누설 전류의 제한
④ 단락 전류의 제한

해설 한류 리액터

한류 리액터는 계통에 직렬로 설치되는 리액터로서
$I_s = \frac{100}{\%Z} I_n [A]$에서 분모의 % 임피던스 값을 증가시켜 단락 전류를 제한하는 역할을 한다.

083 ★★☆

$66/22[kV]$, $2,000[kVA]$ 단상 변압기 3대를 1뱅크로 운전하는 변전소로부터 전력을 공급받는 어떤 수전점에서의 3상 단락 전류는 약 몇 [A]인가? (단, 변압기의 % 리액턴스는 7이고 선로의 임피던스는 0이다.)

① 750
② 1,570
③ 1,900
④ 2,250

해설

단락 전류

$$I_s = \frac{100}{\%X} I_n = \frac{100}{\%X} \times \frac{P}{\sqrt{3}\, V}$$

$$= \frac{100}{7} \times \frac{2,000 \times 3}{\sqrt{3} \times 22} = 2,250[A]$$

084 ★★★

역률 개선용 콘덴서를 부하와 병렬로 연결하고자 한다. Δ 결선 방식과 Y 결선 방식을 비교하면 콘덴서의 정전 용량 $[\mu F]$의 크기는 어떠한가?

① Δ 결선 방식과 Y 결선 방식은 동일하다.
② Y 결선 방식이 Δ 결선 방식의 $\frac{1}{2}$이다.
③ Δ 결선 방식이 Y 결선 방식의 $\frac{1}{3}$이다.
④ Y 결선 방식이 Δ 결선 방식의 $\frac{1}{\sqrt{3}}$이다.

해설

- Y 결선

$$Q = 3\omega C_Y E^2 = 3\omega C_Y \left(\frac{V}{\sqrt{3}}\right)^2 = \omega C_Y V^2$$

$$\Rightarrow C_Y = \frac{Q}{\omega V^2} [\mu F]$$

- Δ 결선

$$Q = 3\omega C_\Delta E^2 = 3\omega C_\Delta V^2$$

$$\Rightarrow C_\Delta = \frac{Q}{3\omega V^2} [\mu F]$$

$$\frac{C_\Delta}{C_Y} = \frac{\frac{Q}{3\omega V^2}}{\frac{Q}{\omega V^2}} = \frac{1}{3}$$

$$\therefore C_\Delta = \frac{1}{3} C_Y [\mu F]$$

085 ★★☆

진상 콘덴서에 2배의 교류 전압을 가했을 때 충전 용량은 어떻게 되는가?

① $\frac{1}{4}$로 된다.   ② $\frac{1}{2}$로 된다.
③ 2배로 된다.   ④ 4배로 된다.

해설

$Q_c = 3\omega CE^2$에서 전압을 2배로 높이면 충전 용량은 4배가 된다.

암기

$Q_c = 3\omega CE^2$

086 ★★★

주파수 $60[Hz]$, 정전 용량 $\frac{1}{6\pi}[\mu F]$의 콘덴서를 Δ결선해서 3상 전압 $20,000[V]$를 가했을 때의 충전 용량은 몇 $[kVA]$인가?

① 12   ② 24
③ 48   ④ 50

해설 충전 용량

$Q = 3\omega CE^2$에서 Δ 결선이므로 선간전압이 상전압과 같다.

$$\therefore Q_c = 3\omega CE^2 = 3\omega CV^2 = 3 \times 2\pi f \times C \times V^2$$

$$= 3 \times 2\pi \times 60 \times \frac{1}{6\pi} \times 10^{-6} \times 20,000^2$$

$$= 24 \times 10^3 [VA] = 24 [kVA]$$

087 ★★☆

송전 전압 $154[kV]$, 2회선 선로가 있다. 선로 길이가 $240[km]$이고 선로의 작용 정전 용량이 $0.02[\mu F/km]$라고 한다. 이것을 자기 여자를 일으키지 않고 충전하기 위해서는 최소한 몇 $[MVA]$ 이상의 발전기를 이용하여야 하는가?(단, 주파수는 $60[Hz]$이다.)

① 78   ② 86
③ 89   ④ 95

해설

$$Q_G = 2 \times 3\omega CE^2 = 2 \times 3\omega C \times \left(\frac{V}{\sqrt{3}}\right)^2$$

$$= 2 \times \omega CV^2 = 2 \times 2\pi f \times CV^2$$

$$= 2 \times 2\pi \times 60 \times 0.02 \times 10^{-6} \times 240 \times 154^2 = 85.8 [MVA]$$

| 정답 | 084 ③   085 ④   086 ②   087 ②

088 ★★★

Y 결선으로 접속된 커패시터를 Δ 결선으로 변경하여 연결하였을 때 진상 용량의 변화로 옳은 것은?(단, 3상의 동일한 전원에 접속하는 경우이고, Q_Y는 Y 결선한 커패시터의 진상 용량이고, Q_Δ는 Δ 결선한 커패시터의 진상 용량이다.)

① $Q_\Delta = \sqrt{3}\,Q_Y$
② $Q_\Delta = 3Q_Y$
③ $Q_\Delta = \dfrac{1}{\sqrt{3}}Q_Y$
④ $Q_\Delta = \dfrac{1}{3}Q_Y$

해설

- Y 결선: $Q_Y = 3\omega CE^2 = 3\omega C\left(\dfrac{V}{\sqrt{3}}\right)^2 = \omega CV^2$
- Δ 결선: $Q_\Delta = 3\omega CE^2 = 3\omega CV^2$

따라서 진상 용량의 비는
$Q_\Delta = 3Q_Y$

THEME 03 코로나(Corona)

089 ★★★

가공 송전선의 코로나 임계 전압에 영향을 미치는 여러 가지 인자에 대한 설명 중 틀린 것은?

① 전선 표면이 매끈할수록 임계 전압이 낮아진다.
② 날씨가 흐릴수록 임계 전압은 낮아진다.
③ 기압이 낮을수록, 온도가 높을수록 임계 전압은 낮아진다.
④ 전선의 반지름이 클수록 임계 전압은 높아진다.

해설 코로나 임계 전압

- 코로나 임계 전압이란 코로나가 방전을 시작하는 개시 전압을 말한다.
- 코로나 임계 전압 $E_0 = 24.3 m_0 m_1 \delta d \log_{10} \dfrac{D}{r}$ [kV]
  - m_0: 전선의 표면 계수(매끈한 전선=1, 거친 전선=0.8)
  - m_1: 날씨 계수(맑은 날=1, 비, 눈, 안개 등 악천후 시 =0.8)
  - δ: 상대 공기 밀도
    ($\delta = \dfrac{0.386b}{273+t}$, b: 기압[mmHg], t: 기온[℃])
  - d: 전선의 직경, r: 전선의 반지름, D: 선간 거리
- 전선 표면이 거칠수록, 날씨가 흐릴수록, 기압이 낮고 온도가 높을수록 임계 전압은 낮아진다.

090 ★★★

송전 선로에서 코로나 임계 전압이 높아지는 경우는?

① 기압이 낮은 경우
② 온도가 높아지는 경우
③ 전선의 지름이 큰 경우
④ 상대 공기 밀도가 작을 경우

해설 코로나 임계 전압
- 코로나가 방전을 시작하는 개시 전압을 말한다.
- 코로나 임계 전압 $E_0 = 24.3 m_0 m_1 \delta d \log_{10} \dfrac{D}{r}$ [kV]
  - m_0: 전선의 표면 계수(매끈한 전선=1, 거친 전선=0.8)
  - m_1: 날씨 계수
    (맑은 날=1, 비, 눈, 안개 등 악천후 시=0.8)
  - δ: 상대 공기밀도($\delta = \dfrac{0.386b}{273+t}$, b: 기압[mmHg], t: 기온[℃])
  - d: 전선의 직경, r: 전선의 반지름, D: 선간 거리
- 전선 표면이 매끈할수록, 날씨가 맑을수록, 상대 공기 밀도가 높을수록(기압이 높고 온도가 낮을수록), 전선의 직경이 클수록 임계 전압은 높아진다.

091 ★★☆

다음 중 송전 선로의 코로나 임계 전압이 높아지는 경우가 아닌 것은?

① 날씨가 맑다.
② 기압이 높다.
③ 상대 공기 밀도가 낮다.
④ 전선의 반지름과 선간 거리가 크다.

해설 코로나 임계 전압

$E_0 = 24.3 m_0 m_1 \delta d \log_{10} \dfrac{D}{r}$ [kV]

(여기서, m_1: 날씨 계수, δ: 상대 공기 밀도$\propto \dfrac{기압}{기온}$, d: 전선의 직경, D: 선간 거리)

상대 공기 밀도와 임계 전압은 비례하므로 공기 밀도가 높아야 임계 전압이 높아진다. 공기 밀도가 낮으면 그만큼 공기의 절연성이 떨어지므로 공기의 코로나 방전은 쉽게 발생한다.

092 ★☆☆

가공 송전선의 코로나를 고려할 때 표준 상태에서 공기의 절연 내력이 파괴되는 최소 전위 경도는 정현파 교류의 실효값으로 약 몇 [kV/cm] 정도인가?

① 6
② 11
③ 21
④ 31

해설 공기의 파열 극한 전위 경도
- 직류: 30[kV/cm]
- 교류: 21[kV/cm](실효값)

093 ★★★

코로나 현상에 대한 설명이 아닌 것은?

① 전선을 부식시킨다.
② 코로나 현상은 전력의 손실을 일으킨다.
③ 코로나 방전에 의하여 전파 장해가 일어난다.
④ 코로나 손실은 전원 주파수의 $\dfrac{2}{3}$ 제곱에 비례한다.

해설

코로나 손실(P)은 주파수에 비례한다.

$P = \dfrac{241}{\delta}(f+25)\sqrt{\dfrac{d}{2D}}(E-E_0)^2 \times 10^{-5}$ [kW/km/line]

094 ★★☆

다음 중 코로나 방지 대책으로 적당하지 않은 것은?

① 복도체를 사용한다.
② 가선 금구를 개량한다.
③ 선간 거리를 감소시킨다.
④ 가선 시 전선 표면이 금구를 손상하지 않게 한다.

해설

코로나 임계 전압 $E_0 = 24.3 m_0 m_1 \delta d \log_{10} \dfrac{D}{r}$ [kV]에서 선간 거리(D)가 감소하면 임계 전압은 감소한다.

암기 코로나 방지 대책
- 코로나 임계 전압을 크게 한다.
- 복도체를 사용한다.
- 가선 금구를 개량한다.

095 ★★★
송전 선로의 코로나 방지에 가장 효과적인 방법은?

① 전선의 높이를 가급적 낮게 한다.
② 코로나 임계 전압을 낮게 한다.
③ 선로의 절연을 강화한다.
④ 복도체를 사용한다.

해설 코로나 방지 대책
- 복도체 사용
- 굵은 전선 사용
- 가선 금구 개량

096 ★★☆
다음 사항 중 가공 송전 선로의 코로나 손실과 관계가 없는 사항은?

① 전원 주파수
② 전선의 연가
③ 상대 공기 밀도
④ 선간 거리

해설 코로나 손실
$$P = \frac{241}{\delta}(f+25)\sqrt{\frac{d}{2D}}(E-E_0)^2 \times 10^{-5} [\text{kW/km/wire}]$$
(δ: 상대 공기 밀도, f: 주파수, D: 선간 거리, E: 계통 전압(상전압), E_0: 코로나 임계 전압)

THEME 04 연가(Transposition)

097 ★★☆
연가의 효과로 볼 수 없는 것은?

① 선로 정수의 평형
② 대지 정전 용량의 감소
③ 통신선의 유도 장해의 감소
④ 직렬 공진의 방지

해설 연가 효과
- 선로 정수의 평형
- 통신선에 대한 정전 유도 장해 감소
- 중성점 잔류 전압의 감소
- 직렬 공진 방지

098 ★★☆
3상 3선식 송전 선로에서 연가의 효과가 아닌 것은?

① 작용 정전 용량의 감소
② 각 상의 임피던스 평형
③ 통신선의 유도 장해 감소
④ 직렬 공진의 방지

해설 연가 효과
- 선로 정수의 평형
- 통신선에 대한 정전 유도 장해 감소
- 중성점 잔류 전압의 감소
- 직렬 공진 방지

| 정답 | 095 ④ 096 ② 097 ② 098 ①

099 ★★★
연가를 하는 주된 목적은?

① 혼촉 방지
② 유도뢰 방지
③ 단락 사고 방지
④ 선로 정수 평형

해설 연가 효과
- 선로 정수의 평형
- 통신선에 대한 정전 유도 장해 감소
- 중성점 잔류 전압의 감소
- 직렬 공진 방지

100 ★☆☆
선로 정수를 평형되게 하고, 근접 통신선에 대한 유도 장해를 줄일 수 있는 방법은?

① 연가를 시행한다.
② 전선으로 복도체를 사용한다.
③ 전선로의 이도를 충분하게 한다.
④ 소호 리액터 접지를 하여 중성점 전위를 줄여준다.

해설 연가의 목적
- 선로 정수의 평형($C_a \neq C_b \neq C_c \Rightarrow C_a = C_b = C_c$)
- 전력선 근처에 설치된 통신선에 대한 정전 유도 장해 감소

| 정답 | 099 ④ 100 ①

CHAPTER 04

송전 특성

1. 송전 선로의 해석
2. 전력 원선도
3. 조상설비
4. 송전 용량
5. 계통 연계
6. 직류 송전

CBT 완벽대비 가능한 유형마스터 학습!

THEME	유형분석	관련 번호
THEME 01 송전 선로의 해석	4단자 정수, 특성 임피던스에 관해 묻는 문제가 자주 출제됩니다.	101~139
THEME 02 전력 원선도	전력 원선도에서 주로 묻는 유형은 정해져 있습니다. 기본서 본문 내 강의 꿀팁을 참고하세요.	140~146
THEME 03 조상설비	조상설비는 전기기기 과목에서도 병행 학습하는 개념으로 함께 학습하기 좋습니다.	147~160
THEME 04 송전 용량	송전 용량 계산법에 관한 공식들을 이해하고, 계산 문제에 적용할 수 있어야 합니다.	161~164
THEME 05 계통 연계	전력 계통 연계 시의 장단점 위주로 학습하는 것이 좋습니다.	165~167
THEME 06 직류 송전	직류 송전의 장단점에 대해서 익히고 있으면 2차 실기시험에서도 활용하기 좋습니다.	168~174

학습 효과를 높이는 N제 3회독 시스템

챕터 별 전체 1회독이 끝났다면 회독 체크표에 날짜를 기입하고 체크표시를 해주세요.

회독 체크표	☐ 1회독	월 일	☐ 2회독	월 일	☐ 3회독	월 일

CHAPTER 04 송전 특성

THEME 01 송전 선로의 해석

101 ★★☆
중거리 송전 선로의 특성은 무슨 회로로 다루어야 하는가?

① RL 집중 정수 회로
② RLC 집중 정수 회로
③ 분포 정수 회로
④ 특성 임피던스 회로

해설
- 중거리 송전 선로는 RLC 집중 정수 회로의 T형과 π형 회로로 해석한다.
- 장거리 송전 선로는 분포 정수 회로로 해석한다.

암기

단거리 송전 선로	RL 집중 정수
중거리 송전 선로	RLC 집중 정수
장거리 송전 선로	분포 정수

102 ★★☆
장거리 송전 선로는 일반적으로 어떤 회로로 취급하여 회로를 해석하는가?

① 분포 정수 회로
② 분산 부하 회로
③ 집중 정수 회로
④ 특성 임피던스 회로

해설
- 단거리 및 중거리 송전 선로: 선로 정수가 한 곳에 있다고 해서 집중 정수 회로로 해석
- 장거리 송전 선로: 선로 정수가 선로 전체에 고르게 분포되어 있는 분포 정수 회로 해석

103 ★☆☆
송전 선로의 송전 특성이 아닌 것은?

① 단거리 송전 선로에서는 누설 컨덕턴스, 정전 용량을 무시해도 된다.
② 중거리 송전 선로는 T 회로, π 회로 해석을 사용한다.
③ 100[km]가 넘는 송전 선로는 근사 계산식을 사용한다.
④ 장거리 송전 선로의 해석은 특성 임피던스와 전파 정수를 사용한다.

해설
100[km]가 넘는 장거리 송전 선로는 분포 정수 회로에 의하여 해석해야 한다.

104 ★★★
3상 3선식 송전선에서 한 선의 저항이 10[Ω], 리액턴스가 20[Ω]이며, 수전단의 선간 전압이 60[kV], 부하 역률이 0.8인 경우에 전압 강하율이 10[%]라 하면 이 송전 선로로는 약 몇 [kW]까지 수전할 수 있는가?

① 10,000
② 12,000
③ 14,400
④ 18,000

해설
- 전압 강하 $e = V_s - V_r = \dfrac{P}{V_r}(R+X\tan\theta)\,[\text{V}]$
- 전압 강하율 $\varepsilon = \dfrac{V_s - V_r}{V_r}\times 100 = \dfrac{P}{V_r^{\,2}}(R+X\tan\theta)\times 100\,[\%]$

$$\therefore P = \dfrac{V_r^{\,2}}{R+X\tan\theta}\times\dfrac{\varepsilon}{100} = \dfrac{(60\times 10^3)^2}{10+20\times\dfrac{0.6}{0.8}}\times\dfrac{10}{100}$$

$$= 14,400\,[\text{kW}]$$

105 ★★★
송전단 전압이 $66[\text{kV}]$이고, 수전단 전압이 $62[\text{kV}]$로 송전 중이던 선로에서 부하가 급격히 감소하여 수전단 전압이 $63.5[\text{kV}]$가 되었다. 전압 강하율은 약 몇 $[\%]$인가?

① 2.28
② 3.94
③ 6.06
④ 6.45

해설 전압 강하율
$$\varepsilon = \frac{V_s - V_r}{V_r} \times 100 = \frac{66 - 63.5}{63.5} \times 100 = 3.94[\%]$$

106 ★★☆
$154[\text{kV}]$ 송전 선로의 전압을 $345[\text{kV}]$로 승압하고 같은 손실률로 송전한다고 가정하면 송전 전력은 승압 전의 약 몇 배 정도인가?

① 2
② 3
③ 4
④ 5

해설 송전 전력은 송전 전압과 $P \propto V^2$의 관계가 있으므로
$$\frac{P_2}{P_1} = \left(\frac{V_2}{V_1}\right)^2 = \left(\frac{345}{154}\right)^2 \fallingdotseq 5\text{배}$$

107 ★★★
송전단 전압이 $66[\text{kV}]$, 수전단 전압이 $60[\text{kV}]$인 송전 선로에서 수전단의 부하를 끊을 경우에 수전단 전압이 $63[\text{kV}]$가 되었다면 전압 변동률은 몇 $[\%]$가 되는가?

① 4.5
② 4.8
③ 5.0
④ 10.0

해설 전압 변동률 $\delta = \dfrac{V_{r0} - V_r}{V_r} \times 100 = \dfrac{63 - 60}{60} \times 100 = 5[\%]$

108 ★☆☆
저압으로 수전하는 옥내 배선의 전압 강하는 일반적으로 다음 값 이하로 하고 있다. 옳은 것은?(단, 조명 부하의 경우이다.)

① 3[%]
② 4[%]
③ 5[%]
④ 6[%]

※ KEC 적용에 따른 전압 강하 관련 대체 문제입니다.

해설 다른 조건을 고려하지 않을 때 수용가 설비의 인입구로부터 기기까지의 전압 강하는 다음 표 값 이하일 것

설비의 유형	조명[%]	기타[%]
저압으로 수전하는 경우	3	5
고압 이상으로 수전하는 경우	6	8

109 ★★☆
단상 2선식 배전 선로의 말단에 지상 역률 $\cos\theta$인 부하 $P[\text{kW}]$가 접속되어 있고 선로 말단의 전압은 $V[\text{V}]$이다. 선로 한 가닥의 저항을 $R[\Omega]$이라 할 때 송전단의 공급 전력 $[\text{kW}]$은?

① $P + \dfrac{P^2 R}{V \cos\theta} \times 10^3$
② $P + \dfrac{2P^2 R}{V \cos\theta} \times 10^3$
③ $P + \dfrac{P^2 R}{V^2 \cos^2\theta} \times 10^3$
④ $P + \dfrac{2P^2 R}{V^2 \cos^2\theta} \times 10^3$

해설 송전단 전력(P_s)과 수전단 전력(P)의 차이가 전력 손실이므로
$P_l = P_s - P[\text{W}] \rightarrow P_s = P + P_l[\text{W}]$
단상 2선식 전력 손실
$$P_l = 2I^2 R = 2 \times \left(\frac{P}{V\cos\theta}\right)^2 R = \frac{2P^2 R}{V^2 \cos^2\theta}[\text{W}]$$
$$\therefore P_s = P[\text{kW}] + \frac{2(P[\text{kW}] \times 10^3)^2 R}{V^2 \cos^2\theta} \times 10^{-3}$$
$$= P + \frac{2P^2 R}{V^2 \cos^2\theta} \times 10^3 [\text{kW}]$$

| 정답 | 105 ② 106 ④ 107 ③ 108 ① 109 ④

110 ★★★

송전단 전압 $6{,}600[\text{V}]$, 길이 $2[\text{km}]$의 3상 3선식 배전선에 의해서 지상 역률 0.8의 말단부하에 전력이 공급되고 있다. 부하단 전압이 $6{,}000[\text{V}]$를 내려가지 않도록 하기 위해서 부하를 최대 몇 $[\text{kW}]$까지 허용할 수 있는가?(단, 선로 1선당 임피던스는 $Z = 0.8 + j0.4[\Omega/\text{km}]$이다.)

① 818 ② 945
③ 1,332 ④ 1,636

해설

전압 강하 $e = V_s - V_r = 6{,}600 - 6{,}000 = 600[\text{V}]$

$e = \dfrac{P}{V_r}(R + X\tan\theta)[\text{V}]$ 이므로

$\therefore P = \dfrac{eV_r}{R + X\tan\theta} = \dfrac{600 \times 6{,}000}{0.8 \times 2 + 0.4 \times 2 \times \dfrac{0.6}{0.8}}$

$= 1{,}636[\text{kW}]$

111 ★★★

송전 선로에서 송전 전력, 거리, 전력 손실률과 전선의 밀도가 일정하다고 할 때, 전선 단면적 $A[\text{mm}^2]$는 전압 $V[\text{V}]$와 어떤 관계에 있는가?

① V에 비례한다. ② V^2에 비례한다.
③ $\dfrac{1}{V}$에 비례한다. ④ $\dfrac{1}{V^2}$에 비례한다.

해설

$P_l = I^2 R = \left(\dfrac{P}{V\cos\theta}\right)^2 \times \rho\dfrac{l}{A} = \dfrac{P^2\rho l}{AV^2\cos^2\theta}[\text{W}]$ 에서

$A = \dfrac{P^2\rho l}{P_l V^2 \cos^2\theta}$ 이므로 $A \propto \dfrac{1}{V^2}$

112 ★★☆

중거리 송전 선로에서 T형 회로일 경우 4단자 정수 A는?

① $1 + \dfrac{ZY}{2}$ ② $1 - \dfrac{ZY}{4}$
③ Z ④ Y

해설 중거리 송전 선로 T형 회로

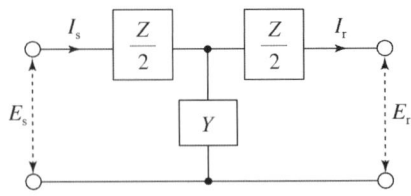

▲ 중거리 선로의 T형 등가 회로

$A = 1 + \dfrac{\dfrac{Z}{2}}{\dfrac{1}{Y}} = 1 + \dfrac{ZY}{2}$

113 ★★☆

4단자 정수가 A, B, C, D인 선로에 임피던스가 $\dfrac{1}{Z_T}$인 변압기가 수전단에 접속된 경우 계통의 4단자 정수 중 D_0는?

① $D_0 = \dfrac{C + DZ_T}{Z_T}$

② $D_0 = \dfrac{C + AZ_T}{Z_T}$

③ $D_0 = \dfrac{D + CZ_T}{Z_T}$

④ $D_0 = \dfrac{B + AZ_T}{Z_T}$

해설

$\begin{bmatrix} A_0 & B_0 \\ C_0 & D_0 \end{bmatrix} = \begin{bmatrix} A & B \\ C & D \end{bmatrix}\begin{bmatrix} 1 & \dfrac{1}{Z_T} \\ 0 & 1 \end{bmatrix} = \begin{bmatrix} A & \dfrac{A}{Z_T} + B \\ C & \dfrac{C}{Z_T} + D \end{bmatrix}$ 이므로

$D_0 = \dfrac{C}{Z_T} + D = \dfrac{C + DZ_T}{Z_T}$

114 ★★☆

송전선 중간에 전원이 없을 경우에 송전단의 전압 $E_s = AE_R + BI_R$이 된다. 수전단의 전압 E_R의 식으로 옳은 것은?(단, I_s, I_R는 송전단 및 수전단의 전류이다.)

① $E_R = AE_s + CI_s$
② $E_R = BE_s + AI_s$
③ $E_R = DE_s - BI_s$
④ $E_R = CE_s - DI_s$

해설

4단자 정수로 표현한 송전단 전압 및 전류식은
$E_s = AE_R + BI_R$ ······㉠
$I_s = CE_R + DI_R$ ······㉡
㉠식에 D를, ㉡식에 B를 각각 곱하여 서로 빼면
$DE_s = ADE_R + BDI_R$ ······㉢
$BI_s = BCE_R + BDI_R$ ······㉣
㉢ - ㉣: $DE_s - BI_s = (AD - BC)E_R = E_R$
($\because AD - BC = 1$)
$\therefore E_R = DE_s - BI_s$

별해

$\begin{pmatrix} E_s \\ I_s \end{pmatrix} = \begin{pmatrix} A & B \\ C & D \end{pmatrix} \begin{pmatrix} E_R \\ I_R \end{pmatrix}$

$\therefore \begin{pmatrix} E_R \\ I_R \end{pmatrix} = \begin{pmatrix} A & B \\ C & D \end{pmatrix}^{-1} \begin{pmatrix} E_s \\ I_s \end{pmatrix}$

$= \dfrac{1}{AD - BC} \begin{pmatrix} D & -B \\ -C & A \end{pmatrix} \begin{pmatrix} E_s \\ I_s \end{pmatrix}$

$= \begin{pmatrix} D & -B \\ -C & A \end{pmatrix} \begin{pmatrix} E_s \\ I_s \end{pmatrix}$ ($\because AD - BC = 1$)

$\therefore E_R = DE_s - BI_s$

115 ★★☆

일반 회로 정수가 A, B, C, D이고 송전단 전압이 E_s인 경우 무부하 시 수전단 전압은?

① $\dfrac{E_s}{A}$
② $\dfrac{E_s}{B}$
③ $\dfrac{A}{C} E_s$
④ $\dfrac{C}{A} E_s$

해설

송전단 전압 및 전류 기본식은
$E_s = AE_r + BI_r$
$I_s = CE_r + DI_r$
무부하 시($I_r = 0$) 수전단 전압은
$E_s = AE_r + BI_r = AE_r \Rightarrow E_r = \dfrac{E_s}{A}$

116 ★★☆

중거리 송전 선로 π형 회로에서 송전단 전류 I_s는?(단, Z, Y는 선로의 직렬 임피던스와 병렬 어드미턴스이고, E_r, I_r은 수전단 전압과 전류이다.)

① $\left(1 + \dfrac{ZY}{2}\right)E_r + ZI_r$
② $\left(1 + \dfrac{ZY}{2}\right)E_r + Z\left(1 + \dfrac{ZY}{4}\right)I_r$
③ $\left(1 + \dfrac{ZY}{2}\right)I_r + YE_r$
④ $\left(1 + \dfrac{ZY}{2}\right)I_r + Y\left(1 + \dfrac{ZY}{4}\right)E_r$

해설 중거리 π형 회로의 송전단 전압·전류식

• $E_s = \left(1 + \dfrac{ZY}{2}\right)E_r + ZI_r$
• $I_s = \left(1 + \dfrac{ZY}{2}\right)I_r + Y\left(1 + \dfrac{ZY}{4}\right)E_r$

| 정답 | 114 ③ 115 ① 116 ④

117 ★★☆

중거리 송전 선로의 T형 회로에서 송전단 전류 I_s는?(단, Z, Y는 선로의 직렬 임피던스와 병렬 어드미턴스이고 E_r은 수전단 전압, I_r은 수전단 전류이다.)

① $E_r\left(1+\dfrac{ZY}{2}\right)+ZI_r$

② $I_r\left(1+\dfrac{ZY}{2}\right)+E_rY$

③ $E_r\left(1+\dfrac{ZY}{2}\right)+ZI_r\left(1+\dfrac{ZY}{4}\right)$

④ $I_r\left(1+\dfrac{ZY}{2}\right)+E_rY\left(1+\dfrac{ZY}{4}\right)$

해설 중거리 T형 회로의 송전단 전압 및 전류 식

- $E_s = \left(1+\dfrac{ZY}{2}\right)E_r + Z\left(1+\dfrac{ZY}{4}\right)I_r$
- $I_s = YE_r + \left(1+\dfrac{ZY}{2}\right)I_r$

118 ★★☆

4단자 정수가 A, B, C, D인 송전 선로의 등가 π 회로를 그림과 같이 표현하였을 때 Z_1에 해당하는 것은?

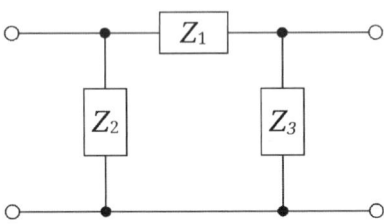

① B ② $\dfrac{A}{B}$

③ $\dfrac{D}{B}$ ④ $\dfrac{1}{B}$

해설
$\begin{bmatrix} A & B \\ C & D \end{bmatrix} = \begin{bmatrix} 1 & 0 \\ \dfrac{1}{Z_2} & 1 \end{bmatrix}\begin{bmatrix} 1 & Z_1 \\ 0 & 1 \end{bmatrix}\begin{bmatrix} 1 & 0 \\ \dfrac{1}{Z_3} & 1 \end{bmatrix}$

$= \begin{bmatrix} 1+\dfrac{Z_1}{Z_3} & Z_1 \\ \dfrac{Z_1+Z_2+Z_3}{Z_2Z_3} & 1+\dfrac{Z_1}{Z_2} \end{bmatrix}$ 에서 Z_1 값은 B이다.

119 ★★☆

π형 회로의 일반 회로 정수에서 B는 무엇을 의미하는가?

① 컨덕턴스   ② 리액턴스
③ 임피던스   ④ 어드미턴스

해설 중거리 π형 회로의 송전단 전압·전류식

$E_s = \left(1+\dfrac{ZY}{2}\right)E_r + ZI_r$

$I_s = Y\left(1+\dfrac{ZY}{4}\right)E_r + \left(1+\dfrac{ZY}{2}\right)I_r$

따라서 $B = Z$로서 임피던스를 의미한다.

120 ★★☆

송전 선로의 4단자 정수가 A, B, C, D이고 송전단 상전압이 E_s인 경우 무부하 시의 충전 전류(송전단 전류)는?

① $\dfrac{C}{A}E_s$ ② $\dfrac{A}{C}E_s$

③ ACE_s ④ CE_s

해설 송전단 전압 및 전류 식(무부하 시 $I_r=0$)

$E_s = AE_r + BI_r = AE_r \to E_r = \dfrac{E_s}{A}$

$I_s = CE_r + DI_r = CE_r$

두 식에 따라 구한 무부하 시의 송전단 전류(충전 전류)

$I_s = CE_r = C \times \dfrac{E_s}{A} = \dfrac{C}{A}E_s$

121 ★★☆

송전 선로의 일반 회로 정수가 $A=0.7$, $B=j190$, $D=0.9$ 일 때, C의 값은?

① $-j1.95 \times 10^{-3}$
② $j1.95 \times 10^{-3}$
③ $-j1.95 \times 10^{-4}$
④ $j1.95 \times 10^{-4}$

해설

$AD-BC=1$의 관계식에 의해
$C = \dfrac{AD-1}{B} = \dfrac{0.7 \times 0.9 - 1}{j190} = j1.95 \times 10^{-3}$

122 ★★☆

그림과 같은 회로의 합성 4단자 정수에서 B_0의 값은?(단, Z_{tr}은 수전단에 접속된 변압기의 임피던스이다.)

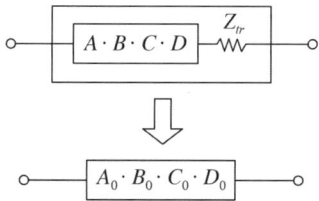

① $B + Z_{tr}$
② $A + B \cdot Z_{tr}$
③ $B + A \cdot Z_{tr}$
④ $C + D \cdot Z_{tr}$

해설

$\begin{bmatrix} A_0 & B_0 \\ C_0 & D_0 \end{bmatrix} = \begin{bmatrix} A & B \\ C & D \end{bmatrix} \begin{bmatrix} 1 & Z_{tr} \\ 0 & 1 \end{bmatrix} = \begin{bmatrix} A & B+AZ_{tr} \\ C & D+CZ_{tr} \end{bmatrix}$

123 ★★☆

선로 임피던스가 Z인 단상 단거리 송전 선로의 4단자 정수는?

① $A=Z$, $B=Z$, $C=0$, $D=1$
② $A=1$, $B=0$, $C=Z$, $D=1$
③ $A=1$, $B=Z$, $C=0$, $D=1$
④ $A=0$, $B=1$, $C=Z$, $D=0$

해설

- 직렬 임피던스 회로
$\begin{bmatrix} A & B \\ C & D \end{bmatrix} = \begin{bmatrix} 1 & Z \\ 0 & 1 \end{bmatrix}$

- 병렬 어드미턴스 회로
$\begin{bmatrix} A & B \\ C & D \end{bmatrix} = \begin{bmatrix} 1 & 0 \\ Y & 1 \end{bmatrix}$

124 ★☆☆

장거리 송전 선로의 4단자 정수(A, B, C, D) 중 일반식을 잘못 표기한 것은?

① $A = \cosh\sqrt{ZY}$
② $B = \sqrt{\dfrac{Z}{Y}} \sinh\sqrt{ZY}$
③ $C = \sqrt{\dfrac{Z}{Y}} \sinh\sqrt{ZY}$
④ $D = \cosh\sqrt{ZY}$

해설

장거리 송전 선로
- $E_s = AE_r + BI_r = \cosh\gamma l\, E_r + Z_0 \sinh\gamma l\, I_r$
- $I_s = CE_r + DI_r = \dfrac{1}{Z_0} \sinh\gamma l\, E_r + \cosh\gamma l\, I_r$

특성 임피던스
$Z_0 = \sqrt{\dfrac{Z}{Y}}\,[\Omega]$

전파 정수
$\gamma l = \sqrt{ZY}$

장거리 송전 선로의 4단자 정수 일반식
$A = \cosh\gamma l = \cosh\sqrt{ZY}$
$B = Z_0 \sinh\gamma l = \sqrt{\dfrac{Z}{Y}} \sinh\sqrt{ZY}$
$C = \dfrac{1}{Z_0} \sinh\gamma l = \sqrt{\dfrac{Y}{Z}} \sinh\sqrt{ZY}$
$D = \cosh\gamma l = \cosh\sqrt{ZY}$

125

그림과 같은 회로의 일반 회로 정수가 아닌 것은?

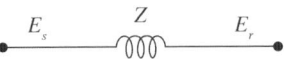

① $B = Z+1$ ② $A = 1$
③ $C = 0$ ④ $D = 1$

해설

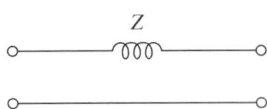

▲ 직렬 임피던스 회로

$\begin{bmatrix} A & B \\ C & D \end{bmatrix} = \begin{bmatrix} 1 & Z \\ 0 & 1 \end{bmatrix}$

126

그림과 같이 정수가 서로 같은 평행 2회선 송전 선로의 4단자 정수 중 B에 해당되는 것은?

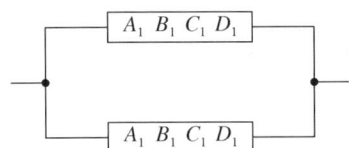

① $4B_1$ ② $2B_1$
③ $\dfrac{1}{2}B_1$ ④ $\dfrac{1}{4}B_1$

해설

송전 선로의 4단자 정수 중 B(임피던스) 정수는 선로가 병렬 2회선이 되면 그 값이 $\dfrac{1}{2}B$로 줄어든다.

127

4단자 정수 $A = D = 0.8$, $B = j1.0$인 3상 송전 선로에 송전단 전압 $160[\text{kV}]$를 인가할 때 무부하 시 수전단 전압은 몇 $[\text{kV}]$인가?

① 154   ② 164
③ 180   ④ 200

해설

$E_s = AE_r + BI_r$ 이고 무부하에서는
$I_r = 0$(수전단 개방)이므로

$E_s = AE_r \Rightarrow E_r = \dfrac{E_s}{A} = \dfrac{160}{0.8} = 200[\text{kV}]$

128

단거리 송전선의 4단자 정수 A, B, C, D 중 그 값이 0인 정수는?

① A ② B
③ C ④ D

해설

단거리 송전 선로는 선로의 저항과 인덕턴스가 직렬로 연결된 직렬 임피던스 회로로 취급하므로 병렬 어드미턴스 요소인 C 정수는 존재하지 않는다.

129 ★★☆

4단자 정수가 A, B, C, D인 선로에 임피던스가 Z_T인 변압기를 수전단 측에 접속한 계통의 일반 회로 정수를 A_0, B_0, C_0, D_0라 할 때 D_0는?

① $CZ_T + D$
② $AZ_T + D$
③ $BZ_T + D$
④ D

해설

$$\begin{bmatrix} A_0 & B_0 \\ C_0 & D_0 \end{bmatrix} = \begin{bmatrix} A & B \\ C & D \end{bmatrix} \begin{bmatrix} 1 & Z_T \\ 0 & 1 \end{bmatrix} = \begin{bmatrix} A & AZ_T + B \\ C & CZ_T + D \end{bmatrix}$$

130 ★★★

송전선의 특성 임피던스를 Z_0, 전파 속도를 V라 할 때, 이 송전선의 단위 길이에 대한 인덕턴스 L은?

① $L = \sqrt{Z_0}\, V$
② $L = \dfrac{Z_0}{V}$
③ $L = \dfrac{Z_0^2}{V}$
④ $L = \dfrac{V}{Z_0}$

해설

특성 임피던스 $Z_0 = \sqrt{\dfrac{R + j\omega L}{G + j\omega C}} = \sqrt{\dfrac{L}{C}}\,[\Omega]$

전파 속도 $V = \dfrac{1}{\sqrt{LC}}\,[\text{m/s}]$

$\therefore \dfrac{Z_0}{V} = \sqrt{\dfrac{L}{C} \times LC} = L\,[\text{H/m}]$

131 ★★★

가공 송전 선로의 정전 용량이 $0.005\,[\mu\text{F/km}]$이고, 인덕턴스는 $1.8\,[\text{mH/km}]$이다. 이때 파동 임피던스는 몇 $[\Omega]$인가?

① 360
② 600
③ 900
④ 1,000

해설 파동 임피던스

$$Z_0 = \sqrt{\dfrac{L}{C}} = \sqrt{\dfrac{1.8 \times 10^{-3}}{0.005 \times 10^{-6}}} = 600\,[\Omega]$$

132 ★★★

수전단을 단락한 경우 송전단에서 본 임피던스가 $330\,[\Omega]$이고, 수전단을 개방한 경우 송전단에서 본 어드미턴스가 $1.875 \times 10^{-3}\,[\mho]$일 때 송전단의 특성 임피던스는 약 몇 $[\Omega]$인가?

① 120
② 220
③ 320
④ 420

해설 특성 임피던스

$$Z_0 = \sqrt{\dfrac{Z_s}{Y_f}} = \sqrt{\dfrac{330}{1.875 \times 10^{-3}}} = 419.5\,[\Omega]$$

| 정답 | 129 ① | 130 ② | 131 ② | 132 ④ |

133 ★★☆

송전선의 특성 임피던스와 전파 정수는 어떤 시험으로 구할 수 있는가?

① 뇌파 시험
② 정격 부하 시험
③ 절연 강도 측정 시험
④ 무부하 시험과 단락 시험

해설

특성 임피던스 $Z_0 = \sqrt{\dfrac{Z}{Y}}\,[\Omega]$ 및 전파 정수 $\gamma = \sqrt{ZY}$ 에서

- 직렬 임피던스 Z는 단락 시험에 의해 산출
- 병렬 어드미턴스 Y는 무부하(개방) 시험에 의해 산출

134 ★★★

송전선의 특성 임피던스는 저항과 누설 컨덕턴스를 무시하면 어떻게 표현되는가?(단, L은 선로의 인덕턴스, C는 선로의 정전 용량이다.)

① $\sqrt{\dfrac{L}{C}}$ ② $\sqrt{\dfrac{C}{L}}$
③ $\dfrac{L}{C}$ ④ $\dfrac{C}{L}$

해설

$Z_0 = \sqrt{\dfrac{Z}{Y}} = \sqrt{\dfrac{R+j\omega L}{G+j\omega C}} \fallingdotseq \sqrt{\dfrac{L}{C}}\,[\Omega]$

135 ★★★

전력 손실이 없는 송전 선로에서 서지파(진행파)가 진행하는 속도는?(단, L: 단위 선로 길이당 인덕턴스, C: 단위 선로 길이당 커패시턴스이다.)

① $\sqrt{\dfrac{L}{C}}$ ② $\sqrt{\dfrac{C}{L}}$
③ $\dfrac{1}{\sqrt{LC}}$ ④ $\sqrt{LC}$

해설 무손실 선로(전력 손실이 없는 송전 선로)의 특성

- 특성 임피던스
  $Z_0 = \sqrt{\dfrac{Z}{Y}} = \sqrt{\dfrac{R+j\omega L}{G+j\omega C}} \fallingdotseq \sqrt{\dfrac{L}{C}}\,[\Omega]$
- 전파 정수
  $\gamma = \sqrt{ZY} = \sqrt{(R+j\omega L)(G+j\omega C)} = \alpha + j\beta$
  (감쇠 정수 $\alpha = 0$, 위상 정수 $\beta = \omega\sqrt{LC}\,[\text{rad/m}]$)
- 전파 속도
  $v = \dfrac{\omega}{\beta} = \dfrac{\omega}{\omega\sqrt{LC}} = \dfrac{1}{\sqrt{LC}} = 3\times 10^8\,[\text{m/s}]$
- 파장
  $\lambda = \dfrac{2\pi}{\beta} = \dfrac{2\pi}{\omega\sqrt{LC}} = \dfrac{2\pi}{2\pi f\sqrt{LC}} = \dfrac{1}{f\sqrt{LC}}$
  $= \dfrac{v}{f} = \dfrac{3\times 10^8}{f}\,[\text{m}]$

136 ★★☆

선로의 특성 임피던스에 관한 내용으로 옳은 것은?

① 선로의 길이에 관계없이 일정하다.
② 선로의 길이가 길어질수록 값이 커진다.
③ 선로의 길이가 길어질수록 값이 작아진다.
④ 선로의 길이보다는 부하 전력에 따라 값이 변한다.

해설

선로의 특성 임피던스는
$Z_0 = \sqrt{\dfrac{Z}{Y}} = \sqrt{\dfrac{R+j\omega L}{G+j\omega C}} \fallingdotseq \sqrt{\dfrac{L}{C}}\,[\Omega]$ 으로서 선로 길이에 무관하다.

| 정답 | 133 ④ 134 ① 135 ③ 136 ①

137 ★☆☆

장거리 송전 선로의 수전단을 개방할 경우, 송전단 전류 I_s 를 나타내는 식은?(단, 송전단 전압을 V_s, 선로의 임피던스를 Z, 선로의 어드미턴스를 Y라 한다.)

① $I_s = \sqrt{\dfrac{Y}{Z}} \tanh \sqrt{ZY}\, V_s$

② $I_s = \sqrt{\dfrac{Z}{Y}} \tanh \sqrt{ZY}\, V_s$

③ $I_s = \sqrt{\dfrac{Y}{Z}} \coth \sqrt{ZY}\, V_s$

④ $I_s = \sqrt{\dfrac{Z}{Y}} \coth \sqrt{ZY}\, V_s$

해설

- $V_s = \cosh \gamma l\, V_r + Z_0 \sinh \gamma l\, I_r$
- $I_s = \dfrac{1}{Z_0} \sinh \gamma l\, V_r + \cosh \gamma l\, I_r$

장거리 선로의 송전단 전압, 전류식에서 무부하(개방) 시에는 $I_r = 0$이므로

- $V_s = \cosh \gamma l\, V_r$
- $I_s = \dfrac{1}{Z_0} \sinh \gamma l\, V_r$

위의 두 식을 I_s에 대해 정리하면

$I_s = \dfrac{1}{Z_0} \sinh \gamma l\, V_r$

$= \dfrac{1}{Z_0} \sinh \gamma l \times \dfrac{V_s}{\cosh \gamma l} = \dfrac{1}{Z_0} \tanh \gamma l\, V_s$

따라서 위 식에 특성 임피던스 $Z_0 = \sqrt{\dfrac{Z}{Y}}$ 와 전파 정수 $\gamma l = \sqrt{ZY}$ 를 대입하여 정리하면

$\therefore I_s = \dfrac{1}{\sqrt{\dfrac{Z}{Y}}} \tanh \sqrt{ZY}\, V_s = \sqrt{\dfrac{Y}{Z}} \tanh \sqrt{ZY}\, V_s$

138 ★★★

3상 3선식 1선 1[km]의 임피던스가 $Z[\Omega]$이고, 어드미턴스가 $Y[\mho]$일 때 특성 임피던스는?

① $\sqrt{\dfrac{Z}{Y}}$ ② $\sqrt{\dfrac{Y}{Z}}$

③ $\sqrt{ZY}$ ④ $\sqrt{Z+Y}$

해설 특성 임피던스

$Z_0 = \sqrt{\dfrac{Z}{Y}} = \sqrt{\dfrac{R+j\omega L}{G+j\omega C}} = \sqrt{\dfrac{L}{C}}\,[\Omega]$

139 ★★☆

파동 임피던스가 $300[\Omega]$인 가공 송전선 1[km]당의 인덕턴스는 몇 [mH/km]인가?(단, 저항과 누설 컨덕턴스는 무시한다.)

① 0.5 ② 1
③ 1.5 ④ 2

해설

파동(특성) 임피던스가 $300[\Omega]$으로 주어졌으므로

$Z_0 = \sqrt{\dfrac{L}{C}} = \sqrt{\dfrac{(0.05 + 0.4605 \log_{10} \dfrac{D}{r})\,[\text{mH/km}]}{\dfrac{0.02413}{\log_{10} \dfrac{D}{r}}\,[\mu\text{F/km}]}}$

$\fallingdotseq \sqrt{\dfrac{0.4605 \log_{10} \dfrac{D}{r} \times 10^{-3}}{\dfrac{0.02413}{\log_{10} \dfrac{D}{r}} \times 10^{-6}}}$

$\fallingdotseq 138 \log_{10} \dfrac{D}{r} = 300[\Omega]$이므로 $\log_{10} \dfrac{D}{r} = \dfrac{300}{138}$이다.

따라서 1[km]당의 인덕턴스는

$L \fallingdotseq 0.4605 \log_{10} \dfrac{D}{r} = 0.4605 \times \dfrac{300}{138} = 1\,[\text{mH/km}]$

THEME 02 전력 원선도

140 ★★☆

송전단, 수전단 전압을 각각 E_s, E_r이라 하고 4단자 정수를 A, B, C, D라 할 때 전력 원선도의 반지름은?

① $\dfrac{E_s E_r}{A}$ ② $\dfrac{E_s E_r}{B}$

③ $\dfrac{E_s E_r}{C}$ ④ $\dfrac{E_s E_r}{D}$

해설

전력 원선도의 반지름 $\rho = \dfrac{E_s E_r}{B}$

141 ★★☆

전력 원선도에서 구할 수 없는 것은?

① 조상 용량 ② 송전 손실
③ 정태 안정 극한 전력 ④ 과도 안정 극한 전력

해설 전력 원선도

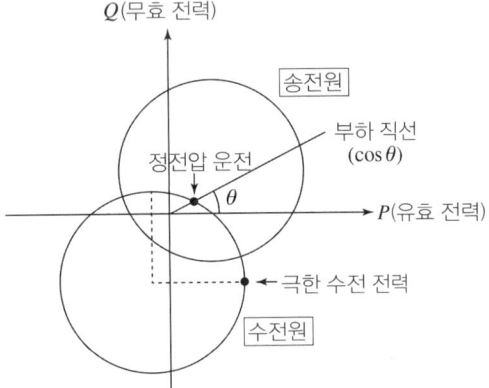

- 정전압 송수전 방식에서 운전점은 반드시 원선도 원주상에 있어야 함
- 원의 반지름 $\rho = \dfrac{E_S E_R}{B}$
- 전력 원선도를 이용하여 구할 수 있는 것: 유효 전력, 무효 전력, 피상 전력, 상차각, 수전단 역률, 극한 수전전력(정태 안정 극한 전력), 전력 손실, 조상설비 용량
- 전력 원선도로 알 수 없는 것: 과도 안정 극한 전력, 코로나 손실

142 ★★☆

수전단의 전력원 방정식이 $P_r^2 + (Q_r + 400)^2 = 250,000$으로 표현되는 전력 계통에서 조상설비 없이 전압을 일정하게 유지하면서 공급할 수 있는 부하 전력은?(단, 부하는 무유도성이다.)

① 200 ② 250
③ 300 ④ 350

해설

전력원 방정식 $P_r^2 + (Q_r + 400)^2 = 250,000$에서 조상설비 없이 전압을 일정하게 유지하면서 공급하려면
$Q_r = 0$이다. 한편 부하는 무유도성이므로 부하에서 소비하는 전력은 유효전력이다.
따라서 $P_r^2 + (0 + 400)^2 = 250,000$이므로
부하 전력 $P_r = \sqrt{250,000 - 400^2} = 300 [\text{kW}]$

143 ★★☆

수전단 전력 원선도의 전력 방정식이 $P_r^2 + (Q_r + 400)^2 = 250,000$으로 표현되는 전력 계통에서 가능한 최대로 공급할 수 있는 부하 전력(P_r)과 이때 전압을 일정하게 유지하는데 필요한 무효 전력(Q_r)은 각각 얼마인가?

① $P_r = 500$, $Q_r = -400$
② $P_r = 400$, $Q_r = 500$
③ $P_r = 300$, $Q_r = 100$
④ $P_r = 200$, $Q_r = -300$

해설

$P_r^2 + (Q_r + 400)^2 = 250,000 = 500^2$에서 최대로 공급할 수 있는 부하 전력과 이때 전압을 일정하게 유지하려면 무효 전력이 없어야 한다.
따라서 $Q_r = -400$인 경우 최대 공급 부하 전력 $P_r = \sqrt{250,000} = 500$이다.

144 ★★☆
전력 원선도에서는 알 수 없는 것은?

① 송수전할 수 있는 최대 전력
② 선로 손실
③ 수전단 역률
④ 코로나손

해설
전력 원선도에서 알 수 있는 사항
- 송전과 수전할 수 있는 최대 전력
- 전력 손실
- 수전단 역률
- 필요한 조상설비 용량

전력 원선도에서 알 수 없는 사항
- 코로나 손실
- 과도 안정 극한 전력
- 송전단 역률

145 ★★☆
전력 원선도의 실수축과 허수축은 각각 어느 것을 나타내는가?

① 실수축은 전압이고, 허수축은 전류이다.
② 실수축은 전압이고, 허수축은 역률이다.
③ 실수축은 전류이고, 허수축은 유효 전력이다.
④ 실수축은 유효 전력이고, 허수축은 무효 전력이다.

해설 전력 원선도
전력 원선도는 계통의 유효 전력과 무효 전력을 평면도로 그린 그림이다.
- 실수축: 유효 전력(P) 위치
- 허수축: 무효 전력(Q) 위치

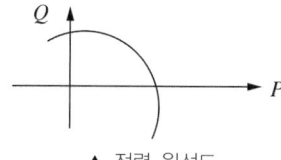

▲ 전력 원선도

146 ★★★
전력 원선도의 가로축(㉠)과 세로축(㉡)이 나타내는 것은?

① ㉠ 최대 전력, ㉡ 피상 전력
② ㉠ 유효 전력, ㉡ 무효 전력
③ ㉠ 조상 용량, ㉡ 송전 손실
④ ㉠ 송전 효율, ㉡ 코로나 손실

해설 전력 원선도
㉠ 가로축: 유효 전력(P)
㉡ 세로축: 무효 전력(Q)

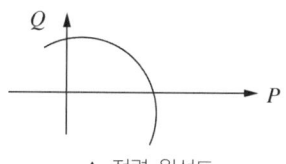

▲ 전력 원선도

THEME 03 조상설비

147 ★★★
전력 계통의 전압을 조정하는 가장 보편적인 방법은?

① 발전기의 유효 전력 조정
② 부하의 유효 전력 조정
③ 계통의 주파수 조정
④ 계통의 무효 전력 조정

해설
전력 계통의 전압 강하를 보상하여 규정 전압을 공급하는 방법으로 수전단 근처에서 무효 전력을 보상하는 방법이 일반적으로 사용된다.

암기
- 전력 계통 전압 조정: 무효 전력 조정(Q-V 컨트롤)
- 전력 계통 주파수 조정: 유효 전력 조정(P-F 컨트롤)

148 ★★☆
조상설비가 있는 발전소 측 변전소에서 주변압기로 주로 사용되는 변압기는?

① 강압용 변압기 ② 단권 변압기
③ 3권선 변압기 ④ 단상 변압기

해설
조상설비가 설치된 변전소에서는 Y-Y-Δ 결선 형태의 3권선 변압기를 적용하여 3차 측(Δ 결선 측)에 조상설비를 설치하여 제3고조파 제거, 변전소 내에 사용되는 전원(소내용 전원)을 공급한다.

149 ★★☆
대용량 고전압의 안정 권선(Δ 권선)이 있다. 이 권선의 설치 목적과 관계가 먼 것은?

① 고장 전류의 저감 ② 제3고조파 제거
③ 조상설비 설치 ④ 소내용 전원 공급

해설
조상설비가 설치된 변전소에서는 Y-Y-Δ 결선 형태의 3권선 변압기를 적용한다. 3차 측(Δ 결선 측)에 조상설비를 설치하여 제3고조파 제거, 변전소 내에 사용되는 전원(소내용 전원)을 공급한다.

150 ★★★
동기 조상기에 대한 설명으로 틀린 것은?

① 시충전이 불가능하다.
② 전압 조정이 연속적이다.
③ 중부하 시에는 과여자로 운전하여 앞선 전류를 취한다.
④ 경부하 시에는 부족 여자로 운전하여 뒤진 전류를 취한다.

해설 동기 조상기
- 동기 전동기를 무부하로 과여자 및 부족 여자로 운전하는 것
- 과여자 운전: 진상 무효 전력을 계통에 공급
- 부족 여자 운전: 지상 무효 전력을 계통에 공급
- 계통의 시충전 운전이 가능(시충전은 신설 송전 선로를 무부하 상태에서 예비로 운전해 보는 것)
- 전압 조정이 연속적

151 ★★★
변전소에서 사용되는 조상설비 중 지상용으로만 사용되는 조상설비는?

① 분로 리액터
② 동기 조상기
③ 전력용 콘덴서
④ 정지형 무효 전력 보상 장치

해설 조상설비
- 분로 리액터는 지상 무효 전력을 공급한다. (페란티 현상 방지)
- 전력용 콘덴서는 진상 무효 전력을 공급한다.
- 동기 조상기, 정지형 무효 전력 보상 장치는 지상, 진상 무효 전력 공급이 가능하다.

152 ★★☆
전력용 조상설비 중 무효 전력 흡수를 진상과 지상 양용으로 할 수 있는 것은?

① 동기 조상기 ② 분로 리액터
③ 직렬 리액터 ④ 전력용 콘덴서

해설 조상설비
- 분로 리액터는 지상 무효 전력을 공급한다. (페란티 현상 방지)
- 전력용 콘덴서는 진상 무효 전력을 공급한다.
- 동기 조상기, 정지형 무효 전력 보상 장치는 지상, 진상 무효 전력 공급이 가능하다.

| 정답 | 148 ③ 149 ① 150 ① 151 ① 152 ①

153 ★★★
조상설비가 아닌 것은?

① 단권변압기 ② 분로 리액터
③ 동기 조상기 ④ 전력용 콘덴서

해설 조상설비의 종류
- 전력용 콘덴서: 진상 무효 전력 공급, 불연속
- 분로 리액터: 지상 무효 전력 공급, 불연속
- 동기 조상기: 진상 및 지상 무효 전력 공급, 연속적

154 ★★★
전력 계통의 전압 조정설비에 대한 특징으로 틀린 것은?

① 병렬 콘덴서는 진상 능력만을 가지며 병렬 리액터는 진상능력이 없다.
② 동기 조상기는 조정의 단계가 불연속적이나, 직렬 콘덴서 및 병렬 리액터는 연속적이다.
③ 동기 조상기는 무효 전력의 공급과 흡수가 모두 가능하여 진상 및 지상 용량을 갖는다.
④ 병렬 리액터는 경부하 시에 계통 전압이 상승하는 것을 억제하기 위하여 초고압 송전선 등에 설치된다.

해설 조상설비
동기 조상기는 조정의 단계가 연속적이나, 직렬 콘덴서 및 병렬 리액터는 조정이 불연속적이다.

암기 조상설비의 비교

구분	동기 조상기	전력용 콘덴서	분로 리액터
무효 전력	지상, 진상	진상	지상
조정 형태	연속적	불연속적 (계단적)	불연속적 (계단적)
전압 유지 능력	크다	작다	작다
전력 손실	크다	작다	작다
시충전	가능	불가능	불가능

155 ★★☆
전력 계통에서 무효 전력을 조정하는 조상설비 중 전력용 콘덴서를 동기 조상기와 비교할 때 옳은 것은?

① 전력 손실이 크다.
② 지상 무효 전력분을 공급할 수 있다.
③ 전압 조정을 계단적으로 밖에 못한다.
④ 송전 선로를 시송전할 때 선로를 충전할 수 있다.

해설 전력용 콘덴서
- 계통의 전압 저하 시 진상 무효 전력을 공급하여 전압을 올리는 역할을 한다.
- 가격이 싸고, 구조가 간단하다.
- 전력 손실이 적다.
- 계단식 조정밖에 안 된다.
- 시충전(시송전)할 수 없다.

156 ★★☆
동기 조상기(A)와 전력용 콘덴서(B)를 비교한 것으로 옳은 것은?

① 시충전: (A) 불가능, (B) 가능
② 전력 손실: (A) 작다, (B) 크다
③ 무효 전력 조정: (A) 계단적, (B) 연속적
④ 무효 전력: (A) 진상·지상용, (B) 진상용

해설
- 동기 조상기: 계통에 진상 및 지상 무효 전력을 모두 공급 가능하고, 연속적이며 시충전이 가능하다. 전력 손실이 크고 증설이 어렵다.
- 전력용 콘덴서: 진상 무효 전력만 공급 가능하며, 불연속적이다.

157
수전단 전압이 송전단 전압보다 높아지는 현상과 관련된 것은?

① 페란티 효과 ② 표피 효과
③ 근접 효과 ④ 도플러 효과

해설
장거리 송전 선로에서 심야의 경부하나 무부하 시 대지 정전 용량에 흐르는 충전 전류(진상 전류)의 영향으로 수전단 전압이 송전단 전압보다 높아지는 페란티 현상이 발생한다. 이를 방지하기 위해 변전소에서 분로 리액터를 투입하여 지상 무효 전력을 공급한다.

158
초고압 장거리 송전 선로에 접속되는 1차 변전소에 병렬 리액터를 설치하는 목적은?

① 페란티 효과 방지 ② 코로나 손실 경감
③ 전압 강하 경감 ④ 선로 손실 경감

해설
분로(병렬) 리액터는 심야의 경부하 시 장거리 선로에 대지 정전 용량에 의한 충전 전류(진상 전류) 영향으로 페란티 현상이 발생하므로 변전소에서 분로 리액터를 투입하여 지상 무효 전력을 공급한다.

암기
분로 리액터: 페란티 현상 방지, 직렬 리액터: 제5고조파 제거

159
페란티 효과의 발생 원인은?

① 선로의 저항
② 선로의 정전 용량
③ 선로의 인덕턴스
④ 선로의 누설 컨덕턴스

해설 페란티 효과
- 정의: 심야의 경부하나 무부하 시에 선로의 정전 용량의 영향으로 수전단 전압이 송전단 전압보다 높아지는 현상
- 발생 원인: 장거리 송전 선로에서 무부하 시에 선로의 정전 용량으로 인한 진상(충전)전류
- 방지 대책: 심야의 경부하나 무부하 시에 분로(병렬) 리액터 투입

160
다음 중 페란티 현상의 방지 대책으로 적합하지 않은 것은?

① 선로 전류를 지상이 되도록 한다.
② 수전단에 분로 리액터를 설치한다.
③ 동기 조상기를 부족 여자로 운전한다.
④ 부하를 차단하여 무부하가 되도록 한다.

해설
- 페란티 현상의 정의: 무부하 시에 수전단 전압이 송전단 전압보다 높아지는 현상
- 페란티 현상의 발생 원인: 송전 선로의 대지 정전 용량에 의한 진상(충전) 전류
- 페란티 현상 방지 대책
  - 분로 리액터를 설치한다.
  - 동기 조상기의 부족 여자(저여자) 운전을 실시한다.
  - 선로 전류를 지상이 되도록 한다.

THEME 04 송전 용량

161 ★☆☆

154[kV] 2회선 송전 선로의 길이가 154[km]이다. 송전 용량 계수법에 의하면 송전 용량은 약 몇 [MW]인가?(단, 154[kV]의 송전 용량 계수는 1,300이다.)

① 250
② 300
③ 350
④ 400

해설 송전 용량 계수법

$P[\text{kW}] = k\dfrac{(V[\text{kV}])^2}{l[\text{km}]}$ 에서

$P = k\dfrac{V^2}{l} = 1{,}300 \times \dfrac{154^2}{154} = 200{,}200[\text{kW}] = 200[\text{MW}]$

이고 2회선 선로이므로 전체 송전 용량은
$P = 200 \times 2 = 400[\text{MW}]$

162 ★★☆

30,000[kW]의 전력을 51[km] 떨어진 지점에 송전하는 데 필요한 전압은 약 몇 [kV]인가?(단, A-Still의 식에 의하여 산정한다.)

① 22
② 33
③ 66
④ 100

해설

A-Still식 $E_0 = 5.5\sqrt{0.6L + \dfrac{P}{100}}\,[\text{kV}]$

(여기서, L: 송전 거리[km], P: 송전 전력[kW])

$\therefore E_0 = 5.5 \times \sqrt{0.6 \times 51 + \dfrac{30{,}000}{100}} = 100[\text{kV}]$

163 ★★☆

다음은 무엇을 결정할 때 사용되는 식인가?(단, l은 송전 거리[km]이고, P는 송전 전력[kW]이다.)

$$5.5\sqrt{0.6l + \dfrac{P}{100}}$$

① 송전 전압
② 송전선의 굵기
③ 역률 개선 시 콘덴서의 용량
④ 발전소의 발전 전압

해설

A-Still식은 송전 선로의 가장 경제적인 전압을 구하는 공식이다.

164 ★★☆

우리나라에서 현재 사용되고 있는 송전 전압에 해당되는 것은?

① 150[kV]
② 220[kV]
③ 345[kV]
④ 700[kV]

해설 우리나라 송전 전압

- 154[kV]: 우리나라 최초의 송전 전압(2도체)
- 345[kV]: 1단계 승압(4도체)
- 765[kV]: 2단계 승압(6도체)

| 정답 | 161 ④ 162 ④ 163 ① 164 ③

THEME 05 계통 연계

165 ★★☆
전력 계통을 연계시켜서 얻는 이득이 아닌 것은?

① 배후 전력이 커져서 단락 용량이 작아진다.
② 부하 증가 시 종합 첨두 부하가 저감된다.
③ 공급 예비력이 절감된다.
④ 공급 신뢰도가 향상된다.

해설 전력 계통을 연계하였을 경우의 특징
- 전체적인 전력 계통의 규모가 커져서 공급 신뢰도가 향상
- 공급 예비력이 절감되어 부하 증가 시 종합 첨두 부하가 감소
- 계통이 병렬식으로 연결되므로 합성 임피던스가 작아져 단락 용량은 증가해 고장 시 파급 효과가 큼

166 ★★★
전력 계통 연계 시의 특징으로 틀린 것은?

① 단락 전류가 감소한다.
② 경제 급전이 용이하다.
③ 공급 신뢰도가 향상된다.
④ 사고 시 다른 계통으로의 영향이 파급될 수 있다.

해설 전력 계통 연계 시의 특징
- 전력을 계통 간에 연락할 수 있어 경제 급전이 용이
- 전력 계통이 튼튼해져 공급 신뢰도 향상
- 사고 시 다른 계통으로의 영향이 파급
- 계통의 전체 리액턴스 감소로 단락 전류가 증가

167 ★★☆
각 전력 계통을 연계선으로 상호 연결하였을 때 장점으로 틀린 것은?

① 건설비 및 운전 경비를 절감하므로 경제급전이 용이하다.
② 주파수의 변화가 작아진다.
③ 각 전력 계통의 신뢰도가 증가된다.
④ 선로 임피던스가 증가되어 단락 전류가 감소된다.

해설 전력 계통을 연계할 경우의 장·단점
- 건설비 및 운전 경비를 절감하므로 경제급전이 용이하다.
- 계통 간에 전력의 융통이 가능하여 주파수의 변화가 작아진다.
- 각 전력 계통의 공급 신뢰도가 증가된다.
- 전체적인 계통의 임피던스가 감소되어 단락 전류가 증대된다.

THEME 06 직류 송전

168 ★★☆
전선의 표피 효과에 대한 설명으로 알맞은 것은?

① 전선이 굵을수록, 주파수가 높을수록 커진다.
② 전선이 굵을수록, 주파수가 낮을수록 커진다.
③ 전선이 가늘수록, 주파수가 높을수록 커진다.
④ 전선이 가늘수록, 주파수가 낮을수록 커진다.

해설 표피 효과
주파수, 도전율, 투자율이 높을수록, 전선이 굵을수록 커진다.

169 ★★☆
표피 효과에 대한 설명으로 옳은 것은?

① 표피 효과는 주파수에 비례한다.
② 표피 효과는 전선의 단면적에 반비례한다.
③ 표피 효과는 전선의 비투자율에 반비례한다.
④ 표피 효과는 전선의 도전율에 반비례한다.

해설 표피 효과
전선에 교류 전류를 흘렸을 때 도체 표면 쪽으로 전류가 많이 흘러 도체 중심 부분에는 전류 밀도가 작아지는 현상이다. 표피 효과는 주파수, 도전율, 전선의 굵기, 투자율에 비례한다. 표피 효과와 침투깊이는 반비례한다.

170 ★★★
교류 송전 방식과 직류 송전 방식을 비교할 때 교류 송전 방식의 장점에 해당되는 것은?

① 전압의 승압, 강압 변경이 용이하다.
② 절연 계급을 낮출 수 있다.
③ 송전 효율이 좋다.
④ 안정도가 좋다.

해설 직류 송전 방식
- 장점
  - 비동기 연계가 가능하다.
  - 기기의 절연을 낮게 할 수 있다.
  - 역률이 1이므로 송전 효율이 높다.
  - 안정도가 우수하다.
- 단점
  - 회전 자계를 얻지 못한다.
  - 승압, 강압이 어렵다.

직류 송전 방식과 비교한 교류 송전 방식의 장점은 전압의 승압, 강압 변경이 용이하다는 것이다.

171 ★★☆
직류 송전 방식에 관한 설명으로 틀린 것은?

① 교류 송전 방식보다 안정도가 낮다.
② 직류 계통과 연계 운전 시 교류 계통의 차단 용량은 작아진다.
③ 교류 송전 방식에 비해 절연 계급을 낮출 수 있다.
④ 비동기 연계가 가능하다.

해설 직류 송전 방식의 장점
- 기기의 절연을 낮게 할 수 있다.
- 표피 효과와 유전체 손실이 없어 전력 손실이 적어 송전 효율이 좋다.
- 주파수가 0이므로 리액턴스 영향이 없어 안정도가 우수하다.
- 직류로 계통 연계 시 교류 계통의 차단 용량이 적어진다.
- 주파수가 다른 교류 계통 간을 연계할 수 있다.(비동기 연계가 가능하다.)

172 ★★☆
직류 송전 방식이 교류 송전 방식에 비하여 유리한 점을 설명한 것으로 틀린 것은?

① 절연 계급을 낮출 수 있다.
② 계통 간 비동기 연계가 가능하다.
③ 표피 효과에 의한 송전 손실이 없다.
④ 정류가 필요 없고 승압 및 강압이 쉽다.

해설 직류 송전 방식
- 전력 손실이 교류 송전 방식보다 작다.
- 선로의 절연이 교류 방식보다 용이하다.
- 지중 케이블 송전 시 유전체손이 없다.
- 주파수가 다른 계통 간의 비동기 연계가 가능하다.
- 변환 장치(컨버터, 인버터)의 비용이 비싸다.
- 승압 및 강압이 곤란하다.
- 주파수가 없어 표피 효과가 일어나지 않는다.

173 ★★☆
직류 송전 방식의 장점은?

① 역률이 항상 1이다.
② 회전 자계를 얻을 수 있다.
③ 전력 변환 장치가 필요하다.
④ 전압의 승압, 강압이 용이하다.

해설 직류 송전 방식의 장점
- 기기의 절연을 낮게 할 수 있다.
- 표피 효과와 유전체 손실이 없어 전력 손실이 적어 송전 효율이 좋다.
- 주파수가 0이므로 리액턴스 영향이 없어 안정도가 우수하다.(역률 = 1)
- 직류로 계통 연계 시 교류 계통의 차단 용량이 적어진다.
- 주파수가 다른 교류 계통 간을 연계할 수 있다.

| 정답 | 170 ① 171 ① 172 ④ 173 ①

174 ★★★
전선에서 전류의 밀도가 도선의 중심으로 들어갈수록 작아지는 현상은?

① 표피 효과 ② 근접 효과
③ 접지 효과 ④ 페란티 효과

해설

표피 효과
전선에 교류 전류를 흘렸을 때 도체 표면 쪽으로 전류가 많이 흘러서 도체 중심 부분에는 전류 밀도가 작아지는 현상이다. 표피 효과는 주파수(f), 도전율(σ), 전선의 굵기, 투자율(μ)에 비례한다.

| 정답 | 174 ①

에듀윌이
너를
지지할게
ENERGY

인생의 목적은
끊임없는 전진에 있다.

– 프리드리히 니체(Friedrich Wilhelm Nietzsche)

안정도 및 고장 계산

1. 안정도
2. 3상 단락 고장 계산(평형 고장)
3. 대칭 좌표법(불평형 고장 계산 방법)

CBT 완벽대비 가능한 유형마스터 학습!

THEME	유형분석	관련 번호
THEME 01 안정도	안정도의 종류와 산출식, 안정도 향상 대책에 대해서 빈출도가 높습니다.	175~190
THEME 02 3상 단락 고장 계산 (평형 고장)	해당 테마를 확실히 학습해야 1,2차 시험 모두에서 좋은 결과를 얻을 수 있습니다.	191~216
THEME 03 대칭 좌표법 (불평형 고장 계산 방법)	대칭좌표법에 관한 개념을 이해한 후, 공식과 단답 개념을 학습하면 득점하기 좋은 테마입니다.	217~232

학습 효과를 높이는 N제 3회독 시스템

챕터 별 전체 1회독이 끝났다면 회독 체크표에 날짜를 기입하고 체크표시를 해주세요.

회독 체크표	☐ 1회독	월 일	☐ 2회독	월 일	☐ 3회독	월 일

CHAPTER 05 안정도 및 고장 계산

THEME 01 안정도

175 ★★☆
송전 선로에서의 고장 또는 발전기 탈락과 같은 큰 외란에 대하여 계통에 연결된 각 동기기가 동기를 유지하면서 계속 안정적으로 운전할 수 있는지를 판별하는 안정도는?

① 동태 안정도(Dynamic stability)
② 정태 안정도(Steady-state stability)
③ 전압 안정도(Voltage stability)
④ 과도 안정도(Transient stability)

해설 안정도의 종류
- 정태 안정도: 송전 계통이 불변 부하 또는 서서히 증가하는 부하에 대해 안정적으로 송전할 수 있는 능력
- 과도 안정도: 송전 계통에 갑자기 고장 사고와 같은 급격한 외란이 발생하였을 때에도 동기기가 탈조하지 않고 안정적으로 송전을 계속할 수 있는 능력
- 동태 안정도: 송전 계통에서 자동 전압 조정 장치(AVR)와 전자식 조속기 등의 제어 장치까지 고려한 안정도

176 ★★☆
전력 계통의 안정도는 외란의 종류에 따라 구분되는데 송전 선로에서의 고장, 발전기 탈락과 같은 큰 외란에 대한 전력 계통의 동기 운전 가능 여부로 판정되는 안정도는?

① 과도 안정도
② 정태 안정도
③ 전압 안정도
④ 미소 신호 안정도

해설 안정도의 종류
- 과도 안정도: 계통에서 갑작스런 사고가 발생하거나 급격한 부하의 변화가 발생했을 때의 전력 공급 능력
- 정태 안정도: 계통에 아무런 사고가 발생하지 않은 상태에서 완만한 부하 변화 시의 전력 공급 능력
- 동태 안정도: 발전기에 자동 전압 조정 장치(AVR)와 전기식 고성능 조속기를 설치하였을 때의 전력 공급 능력

177 ★★★
발전기의 정태 안정 극한 전력이란?

① 부하가 서서히 증가할 때의 극한 전력
② 부하가 갑자기 크게 변동할 때의 극한 전력
③ 부하가 갑자기 사고가 났을 때의 극한 전력
④ 부하가 변하지 않을 때의 극한 전력

해설 정태 안정 극한 전력
부하가 서서히 증가 또는 감소 시(완만한 부하의 변화 시)에 공급할 수 있는 극한 전력

178 ★★☆
전력 계통에서 안정도의 종류에 속하지 않는 것은?

① 상태 안정도
② 정태 안정도
③ 과도 안정도
④ 동태 안정도

해설 안정도의 종류
- 정태 안정도: 부하 불변 혹은 서서히 증가 또는 감소 시
- 과도 안정도: 부하 급변 혹은 사고 시
- 동태 안정도: AVR, 조속기 고려 시

| 정답 | 175 ④ 176 ① 177 ① 178 ①

179 ★★★

그림과 같은 2기 계통에 있어서 발전기에서 전동기로 전달되는 전력 P는?(단, $X = X_G + X_L + X_M$이고 E_G, E_M은 각각 발전기 및 전동기의 유기기전력, δ는 E_G와 E_M 간의 상차각이다.)

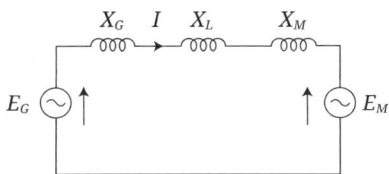

① $P = \dfrac{E_G}{XE_M}\sin\delta$

② $P = \dfrac{E_G E_M}{X}\sin\delta$

③ $P = \dfrac{E_G E_M}{X}\cos\delta$

④ $P = XE_G E_M \cos\delta$

해설 송전 용량 계산식

$P = \dfrac{E_G E_M}{X}\sin\delta [\text{MW}]$

(여기서 $E_G[\text{kV}]$, $E_M[\text{kV}]$)

180 ★★☆

송전단 전압이 $345[\text{kV}]$, 수전단 전압이 $330[\text{kV}]$, 송수전 양단의 변압기 리액턴스는 각각 $10[\Omega]$과 $15[\Omega]$이고 선로의 리액턴스는 $85[\Omega]$인 계통이 있다. 이 선로에서 전달할 수 있는 최대 유효전력[MW]은?

① 1,035.0 ② 1,138.5
③ 1,198.4 ④ 1,463.7

해설
계통의 전체 리액턴스를 구하면
$X = X_{ts} + X_l + X_{tr} = 10 + 85 + 15 = 110[\Omega]$
$P_m = \dfrac{V_s V_r}{X}\sin\delta$에서 최대 유효전력은 $\sin\delta = 1$, 즉, $\delta = 90°$일 때이다.
$P_m = \dfrac{345 \times 330}{110} \times \sin 90° = 1,035[\text{MW}]$

181 ★★☆

단거리 송전 선로에서 정상 상태 유효 전력의 크기는?

① 선로 리액턴스 및 전압 위상차에 비례한다.
② 선로 리액턴스 및 전압 위상차에 반비례한다.
③ 선로 리액턴스에 반비례하고 상차각에 비례한다.
④ 선로 리액턴스에 비례하고 상차각에 반비례한다.

해설
정상 상태 유효전력 식 $P = \dfrac{V_s V_r}{X}\sin\delta[\text{W}]$에서 유효전력의 크기는 리액턴스($X$)에 반비례하고 상차각($\delta$)에 비례한다.

182 ★★☆

송전단 전압 $161[\text{kV}]$, 수전단 전압 $155[\text{kV}]$, 상차각 $40°$, 리액턴스가 $49.8[\Omega]$일 때 선로 손실을 무시한다면 전송 전력은 약 몇 [MW]인가?

① 289 ② 322
③ 373 ④ 869

해설 송전 용량

$P = \dfrac{V_s V_r}{X}\sin\delta = \dfrac{161 \times 155}{49.8} \times \sin 40° = 322[\text{MW}]$

| 정답 | 179 ②　180 ①　181 ③　182 ②

183 ★★☆

송전단 전압을 V_s, 수전단 전압을 V_r, 선로의 리액턴스를 X라 할 때 정상 시의 최대 송전 전력의 개략적인 값은?

① $\dfrac{V_s - V_r}{X}$
② $\dfrac{V_s^2 - V_r^2}{X}$
③ $\dfrac{V_s(V_s - V_r)}{X}$
④ $\dfrac{V_s V_r}{X}$

해설

송전 전력식 $P = \dfrac{V_s V_r}{X}\sin\delta\,[\text{MW}]$ 에서 sin함수는 $90°(\sin 90° = 1)$일 때가 최댓값이므로 최대 송전 전력은 $P_m = \dfrac{V_s V_r}{X}[\text{MW}]$ 이 된다.

184 ★★☆

교류 송전에서는 송전 거리가 멀어질수록 동일 전압에서의 송전 가능 전력이 적어진다. 그 이유는 무엇인가?

① 표피 효과가 커지기 때문이다.
② 코로나 손실이 증가하기 때문이다.
③ 선로의 어드미턴스가 커지기 때문이다.
④ 선로의 유도성 리액턴스가 커지기 때문이다.

해설

인덕턴스 $L = 0.05 + 0.4605\log_{10}\dfrac{D}{r}[\text{mH/km}]$ 에서 송전 거리가 멀어질수록 인덕턴스가 증가하여 선로의 유도성 리액턴스가 커진다. 송전 전력식 $P = \dfrac{V_s V_r}{X}\sin\delta\,[\text{MW}]$ 에서 선로의 유도성 리액턴스(X)가 커지게 되면 송전 가능 전력(P)은 작아진다.

185 ★★★

계통의 안정도 증진 대책이 아닌 것은?

① 발전기나 변압기의 리액턴스를 작게 한다.
② 선로의 회선 수를 감소시킨다.
③ 중간 조상 방식을 채용한다.
④ 고속도 재폐로 방식을 채용한다.

해설 안정도 향상 대책

- 리액턴스를 적게 한다.
  - 복도체 또는 다도체 채용
  - 직렬 콘덴서 설치
  - 발전기나 변압기의 리액턴스 감소
  - 선로의 병렬 회선 수 증가
- 전압 변동을 적게 한다.
  - 중간 조상 방식 채용
  - 고장 구간을 신속히 차단
  - 고속도 계전기, 고속도 차단기 설치
  - 속응 여자 방식 채용
- 계통에 충격을 주지 말아야 한다.
  - 제동 저항기 설치
  - 단락비를 크게 함

186 ★★★

송전 계통의 안정도를 증진시키는 방법은?

① 중간 조상설비를 설치한다.
② 조속기의 동작을 느리게 한다.
③ 계통의 연계는 하지 않도록 한다.
④ 발전기나 변압기의 직렬 리액턴스를 가능한 크게 한다.

해설 안정도 향상 대책

- 리액턴스를 적게 한다.
  - 복도체 또는 다도체 채용
  - 직렬 콘덴서 설치
  - 발전기나 변압기의 리액턴스 감소
  - 선로의 병렬 회선 수 증가
- 전압 변동을 적게 한다.
  - 중간 조상 방식 채용
  - 고장 구간을 신속히 차단
  - 고속도 계전기, 고속도 차단기 설치
  - 속응 여자 방식 채용
- 계통에 충격을 주지 말아야 한다.
  - 제동 저항기 설치
  - 단락비를 크게 함

187
다음 중 전력 계통의 안정도 향상 대책으로 옳은 것은?

① 송전 계통의 전달 리액턴스를 증가시킨다.
② 고속 재폐로 방식을 채용한다.
③ 전원 측 원동기용 조속기의 작동을 느리게 한다.
④ 고장을 줄이기 위하여 각 계통을 분리시킨다.

해설 안정도 향상 대책
- 리액턴스를 적게 한다.
  - 복도체 또는 다도체 채용
  - 직렬 콘덴서 설치
  - 발전기나 변압기의 리액턴스 감소
  - 선로의 병렬 회선 수 증가
- 전압 변동을 적게 한다.
  - 중간 조상 방식 채용
  - 고장 구간을 신속히 차단
  - 고속도 계전기, 고속도 차단기 설치
  - 속응 여자 방식 채용
- 계통에 충격을 주지 말아야 한다.
  - 제동 저항기 설치
  - 단락비를 크게 함

188
송전 계통의 안정도 향상 대책이 아닌 것은?

① 전압 변동을 적게 한다.
② 고속도 재폐로 방식을 채용한다.
③ 고장 시간, 고장 전류를 적게 한다.
④ 계통의 직렬 리액턴스를 증가시킨다.

해설 안정도 향상 대책
- 리액턴스를 적게 한다.
  - 복도체 또는 다도체 채용
  - 직렬 콘덴서 설치
  - 발전기나 변압기의 리액턴스 감소
  - 선로의 병렬 회선 수 증가
- 전압 변동을 적게 한다.
  - 중간 조상 방식 채용
  - 고장 구간을 신속히 차단
  - 고속도 계전기, 고속도 차단기 설치
  - 속응 여자 방식 채용
- 계통에 충격을 주지 말아야 한다.
  - 제동 저항기 설치
  - 단락비를 크게 함

189
초고압 송전 계통에 단권변압기가 사용되는데 그 이유로 볼 수 없는 것은?

① 효율이 높다.
② 단락 전류가 적다.
③ 전압 변동률이 적다.
④ 자로가 단축되어 재료를 절약할 수 있다.

해설 단권변압기의 특징
- 1, 2차 권선을 하나로 사용한다.
  - 동량, 철량이 감소해 손실이 감소하고 효율이 높다.
- 누설 리액턴스가 적다.
  - 전압 변동률이 적다.
  - 안정도가 우수하다.
  - 단락 시 대전류가 흐를 수 있다.

190
전력 계통의 전압 안정도를 나타내는 $P-V$ 곡선에 대한 설명 중 적합하지 않은 것은?

① 가로축은 수전단 전압을, 세로축은 무효 전력을 나타낸다.
② 진상 무효 전력이 부족하면 전압은 안정되고 진상 무효 전력이 과잉이면 전압은 불안정하게 된다.
③ 전압 불안정 현상이 일어나지 않도록 전압을 일정하게 유지하려면 무효 전력을 적절하게 공급하여야 한다.
④ $P-V$ 곡선에서 주어진 역률에서 전압을 증가시키더라도 송전할 수 있는 최대 전력이 존재하는 임계점이 있다.

해설
$P-V$ 곡선은 계통의 전압 안정도를 판정하기 위한 특성 곡선으로서 가로축은 유효 전력, 세로축은 전압을 나타낸다.

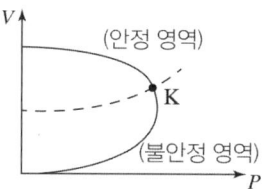

THEME 02 3상 단락 고장 계산(평형 고장)

191 ★★★
단락 용량 $3,000[\text{MVA}]$인 모선의 전압이 $154[\text{kV}]$라면 등가 모선 임피던스$[\Omega]$는 약 얼마인가?

① 5.81   ② 6.21
③ 7.91   ④ 8.71

해설

단락 용량 $P_s = \sqrt{3}\,VI_s$ 이므로

모선 임피던스 $Z = \dfrac{E}{I_s} = \dfrac{\dfrac{V}{\sqrt{3}}}{\dfrac{P_s}{\sqrt{3}\,V}} = \dfrac{V^2}{P_s}[\Omega]$

$\therefore Z = \dfrac{(154 \times 10^3)^2}{3,000 \times 10^6} = 7.91[\Omega]$

192 ★★★
고장점에서 전원 측을 본 계통 임피던스를 $Z[\Omega]$, 고장점의 상전압을 $E[\text{V}]$라 하면 3상 단락 전류$[\text{A}]$는?

① $\dfrac{E}{Z}$ ② $\dfrac{ZE}{\sqrt{3}}$
③ $\dfrac{\sqrt{3}\,E}{Z}$ ④ $\dfrac{3E}{Z}$

해설

옴법에 의한 3상 단락 전류 계산은 $I_s = \dfrac{E}{Z}[\text{A}]$로 구한다.(여기서, E: 상전압$[\text{V}]$)

193 ★★☆
%임피던스에 대한 설명으로 틀린 것은?

① 단위를 갖지 않는다.
② 절대량이 아닌 기준량에 대한 비를 나타낸 것이다.
③ 기기 용량의 크기와 관계없이 일정한 범위의 값을 갖는다.
④ 변압기나 동기기의 내부 임피던스에만 사용할 수 있다.

해설 %임피던스

변압기나 동기기 등 전기기기 내부뿐만 아니라 송전 선로, 배전 선로, 조상설비 등 모든 전력 기기에 적용이 가능하다.

194 ★★☆
% 임피던스와 관련된 설명으로 틀린 것은?

① 정격 전류가 증가하면 % 임피던스는 감소한다.
② 직렬 리액터가 감소하면 % 임피던스도 감소한다.
③ 전기 기계의 % 임피던스가 크면 차단기의 용량은 작아진다.
④ 송전 계통에서는 임피던스의 크기를 옴값 대신에 % 값으로 나타내는 경우가 많다.

해설

$\%Z = \dfrac{I_n Z}{E} \times 100 = \dfrac{I_n}{I_s} \times 100[\%]$에서 정격 전류 I_n이 증가하면 % 임피던스도 증가한다.

195 ★★★
3상 송전 선로의 선간 전압을 $100[\text{kV}]$, 3상 기준용량을 $10,000[\text{kVA}]$로 할 때 선로 리액턴스(1선당) $100[\Omega]$을 % 임피던스로 환산하면 약 몇 $[\%]$인가?

① 0.33   ② 3.33
③ 10   ④ 1

해설

$\%Z = \dfrac{P_n Z}{10 V^2} = \dfrac{10,000 \times 100}{10 \times 100^2} = 10[\%]$

(단, 기준용량 $P_n[\text{kVA}]$, 선간 전압 $V[\text{kV}]$)

196 ★★★

선간 전압이 $V[\text{kV}]$이고 3상 정격 용량이 $P[\text{kVA}]$인 전력 계통에서 리액턴스가 $X[\Omega]$라고 할 때, 이 리액턴스를 %리액턴스로 나타내면?

① $\dfrac{XP}{10V}$ ② $\dfrac{XP}{10V^2}$

③ $\dfrac{XP}{V^2}$ ④ $\dfrac{10V^2}{XP}$

해설 %리액턴스

$\%X = \dfrac{PX}{10V^2}[\%]$

(여기서, P: 3상 정격 용량[kVA], X: 리액턴스[Ω], V: 선간 전압 [kV])

197 ★★☆

전압 $V_1[\text{kV}]$에 대한 % 리액턴스값이 X_{p1}이고, 전압 $V_2[\text{kV}]$에 대한 % 리액턴스값이 X_{p2}일 때 이들 사이의 관계로 옳은 것은?

① $X_{p1} = \dfrac{V_1^2}{V_2}X_{p2}$ ② $X_{p1} = \dfrac{V_2}{V_1^2}X_{p2}$

③ $X_{p1} = \dfrac{V_2^2}{V_1^2}X_{p2}$ ④ $X_{p1} = \dfrac{V_1^2}{V_2^2}X_{p2}$

해설

$\%Z = \dfrac{PZ}{10V^2}$ 에서 $\%Z \propto \dfrac{1}{V^2}$ 의 관계에 의하여 $X_{p1} = \dfrac{V_2^2}{V_1^2}X_{p2}$

198 ★★★

100[MVA]의 3상 변압기 2뱅크를 가지고 있는 배전용 2차 측의 배전선에 시설할 차단기 용량[MVA]은?(단, 변압기는 병렬로 운전되며, 각각의 %Z는 20[%]이고, 전원의 임피던스는 무시한다.)

① 1,000 ② 2,000
③ 3,000 ④ 4,000

해설

병렬로 운전되는 변압기에서의 합성 % 임피던스는

$\%Z = \dfrac{20 \times 20}{20+20} = 10[\%]$ 이다.

배전선에 시설할 차단기 용량은

$P_s = \dfrac{100}{\%Z}P_n = \dfrac{100}{10} \times 100 = 1,000[\text{MVA}]$

199 ★★☆

그림과 같은 선로에서 A점의 차단기 용량은 몇 [MVA]가 적당한가?

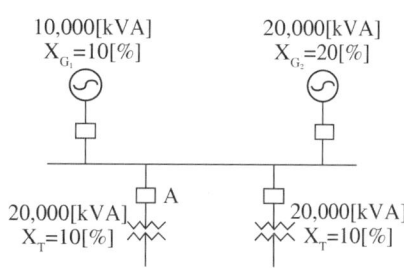

① 50 ② 100
③ 150 ④ 200

해설

기준 용량을 20,000[kVA]로 선정하여 %X를 환산하면

$\%X_{G_1} = 10 \times \dfrac{20,000}{10,000} = 20[\%]$ 이다. 발전기의 리액턴스는 병렬 연결되어 있으므로

발전기의 합성 %리액턴스는 $\%X = \dfrac{20 \times 20}{20+20} = 10[\%]$ 이다.

구하고자 하는 A점 차단기의 용량은

$P_s = \dfrac{100}{\%X}P_n = \dfrac{100}{10} \times 20,000 \times 10^{-3} = 200[\text{MVA}]$

200

선간 전압이 $154[\text{kV}]$이고, 1상당의 임피던스가 $j8[\Omega]$인 기기가 있을 때, 기준 용량을 $100[\text{MVA}]$로 하면 % 임피던스는 약 몇 $[\%]$인가?

① 2.75
② 3.15
③ 3.37
④ 4.25

해설 %임피던스

$$\%Z = \frac{PZ}{10V^2} = \frac{100 \times 10^3 \times 8}{10 \times 154^2} = 3.37[\%]$$

201

기준 선간 전압 $23[\text{kV}]$, 기준 3상 용량 $5,000[\text{kVA}]$, 1선의 유도 리액턴스가 $15[\Omega]$일 때 %리액턴스는?

① 28.36[%]
② 14.18[%]
③ 7.09[%]
④ 3.55[%]

해설

$$\%X = \frac{I_n X}{E} \times 100 = \frac{P_n X}{10V^2} = \frac{5,000 \times 15}{10 \times 23^2} = 14.18[\%]$$

(단, 기준 용량 $P_n[\text{kVA}]$, 선간 전압 $V[\text{kV}]$)

202

$154[\text{kV}]$ 3상 1회선 송전 선로의 1선의 리액턴스가 $10[\Omega]$, 전류가 $200[\text{A}]$일 때 % 리액턴스는?

① 1.84
② 2.25
③ 3.17
④ 4.19

해설

$$\%X = \frac{IX}{E} \times 100 = \frac{200 \times 10}{\frac{154 \times 10^3}{\sqrt{3}}} \times 100 = 2.25[\%]$$

203

$154/22.9[\text{kV}]$, $40[\text{MVA}]$ 3상 변압기의 % 리액턴스가 $14[\%]$라면 고압 측으로 환산한 리액턴스는 약 몇 $[\Omega]$인가?

① 95
② 83
③ 75
④ 61

해설 %리액턴스

$$\%X = \frac{PX}{10V^2} \text{에서}(P[\text{kVA}], V[\text{kV}])$$

$$X = \frac{\%X \times 10V^2}{P} = \frac{14 \times 10 \times 154^2}{40 \times 10^3} = 83[\Omega]$$

204

$66[\text{kV}]$ 송전 선로에서 3상 단락 고장이 발생하였을 경우 고장점에서 본 등가 정상 임피던스가 자기 용량 $40[\text{MVA}]$ 기준으로 $20[\%]$일 경우 고장 전류는 정격 전류의 몇 배가 되는가?

① 2
② 4
③ 5
④ 8

해설

$$I_s = \frac{100}{\%Z}I_n = \frac{100}{20}I_n = 5I_n[\text{A}]$$

205 ★★☆

그림과 같은 송전 계통에서 S점에 3상 단락 사고가 발생했을 때 단락 전류[A]는 약 얼마인가?(단, 선로의 길이와 리액턴스는 각각 $50[km]$, $0.6[\Omega/km]$이다.)

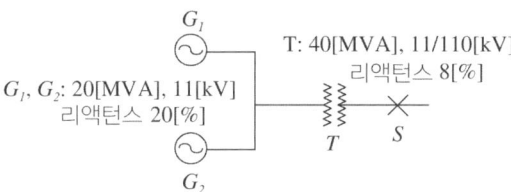

① 224
② 324
③ 454
④ 554

해설

- 기준 용량을 $40[MVA]$(변압기 용량)로 하고 $\%Z_g$, $\%Z_t$, $\%Z_l$를 각각 발전기, 변압기, 선로의 %임피던스라 하면
  $\%Z_{g1} = \%Z_{g2} = \frac{40}{20} \times 20 = 40[\%]$ ∴ $\%Z_g = \frac{1}{2} \times \%Z_{g1} = 20[\%]$
  (∵ 병렬 연결)
  $\%Z_t = 8[\%]$, $\%Z_l = \frac{P_n Z}{10 V^2} = \frac{40 \times 10^3 \times 0.6 \times 50}{10 \times 110^2} = 9.92[\%]$

- 전체 %임피던스
  $\%Z = \%Z_g + \%Z_t + \%Z_l = 20 + 8 + 9.92 = 37.92[\%]$

- 단락 전류
  $I_s = \frac{100}{\%Z} I_n = \frac{100}{\%Z} \times \frac{P_n}{\sqrt{3} V} = \frac{100}{37.92} \times \frac{40 \times 10^3}{\sqrt{3} \times 110}$
  $= 553.6[A]$

206 ★★★

그림과 같은 $22[kV]$ 3상 3선식 전선로의 P 점에 단락이 발생하였다면 3상 단락 전류는 약 몇 $[A]$인가?(단, %리액턴스는 $8[\%]$이며 저항분은 무시한다.)

① 6,561
② 8,560
③ 11,364
④ 12,684

해설

$I_s = \frac{100}{\%Z} I_n = \frac{100}{\%Z} \times \frac{P_n}{\sqrt{3} V_n} = \frac{100}{8} \times \frac{20,000}{\sqrt{3} \times 22} = 6,561[A]$

207 ★★★

그림의 F점에서 3상 단락 고장이 생겼다. 발전기 쪽에서 본 3상 단락 전류는 몇 $[kA]$가 되는가?(단, $154[kV]$ 송전선의 리액턴스는 $1,000[MVA]$를 기준으로 하여 $2[\%/km]$이다.)

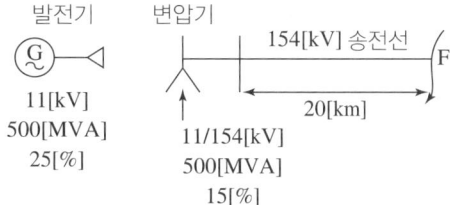

① 43.7
② 47.7
③ 53.7
④ 59.7

해설

기준 용량을 $500[MVA]$로 하여 합성 % 임피던스를 구해 보면
$\%Z_l = 2 \times 20 \times \frac{500}{1,000} = 20[\%]$
$\%Z = \%Z_G + \%Z_T + \%Z_l = 25 + 15 + 20 = 60[\%]$
따라서 발전기 쪽에서 본 3상 단락 전류는
$I_s = \frac{100}{\%Z} I_n = \frac{100}{\%Z} \times \frac{P_n}{\sqrt{3} V_n} = \frac{100}{60} \times \frac{500 \times 10^3}{\sqrt{3} \times 11}$
$= 43,739[A] ≒ 43.7[kA]$

208 ★★☆

단락 전류를 제한하기 위하여 사용되는 것은?

① 한류 리액터
② 사이리스터
③ 현수 애자
④ 직렬 콘덴서

해설

한류 리액터
계통에 직렬로 설치하는 유도성 리액턴스로서 계통의 합성 임피던스를 증가시켜 단락 전류를 제한한다.
(단락 전류 $I_s = \frac{100}{\%Z} I_n [A]$)

209 ★★☆

그림과 같은 3상 송전 계통의 송전 전압은 $22[\text{kV}]$이다. 한 점 P에서 3상 단락했을 때 발전기에 흐르는 단락 전류는 약 몇 $[\text{A}]$인가?

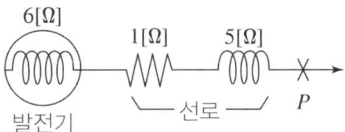

① 725
② 1,150
③ 1,990
④ 3,725

해설

계통의 임피던스를 구하면
$Z = R + jX = 1 + j(6+5) = 1 + j11[\Omega]$
$\Rightarrow |Z| = \sqrt{1^2 + 11^2} = 11.05[\Omega]$
따라서 단락 전류 값을 구하면
$$I = \frac{E}{|Z|} = \frac{\frac{22,000}{\sqrt{3}}}{11.05} = 1,150[\text{A}]$$

210 ★★☆

한류 리액터를 사용하는 가장 큰 목적은?

① 충전 전류의 제한
② 접지 전류의 제한
③ 누설 전류의 제한
④ 단락 전류의 제한

해설 한류 리액터

한류 리액터는 계통에 직렬로 설치되는 리액터로서 $I_s = \frac{100}{\%Z}I_n[\text{A}]$에서 분모의 % 임피던스 값을 증가시켜 단락전류를 제한하는 역할을 한다.

211 ★★☆

송전 용량이 증가함에 따라 송전선의 단락 및 지락 전류도 증가하여 계통에 여러 가지 장해 요인이 되고 있다. 이들의 경감 대책으로 적합하지 않은 것은?

① 계통의 전압을 높인다.
② 고장 시 모선 분리 방식을 채용한다.
③ 발전기와 변압기의 임피던스를 작게 한다.
④ 송전선 또는 모선 간에 한류 리액터를 삽입한다.

해설

단락 용량($P_s = \frac{100}{\%Z}P_n$)을 감소시키려면

- 계통을 분리한다.
- 한류 리액터를 설치하여 임피던스를 크게 한다.

212 ★★☆

그림과 같은 3상 송전 계통에 송전단 전압은 $3,300[\text{V}]$이다. 점 P에서 3상 단락 사고가 발생했다면 발전기에 흐르는 단락 전류는 약 몇 $[\text{A}]$인가?

① 320
② 330
③ 380
④ 410

해설

P점까지의 총 임피던스는
$Z = R + jX = j2 + j1.25 + 0.32 + j1.75 = 0.32 + j5[\Omega]$
따라서 P점에서의 3상 단락 전류는
$$I_s = \frac{E}{|Z|} = \frac{\frac{V}{\sqrt{3}}}{|Z|} = \frac{\frac{3,300}{\sqrt{3}}}{\sqrt{0.32^2 + 5^2}} = 380[\text{A}]$$

| 정답 | 209 ② 210 ④ 211 ③ 212 ③

213 ★★★

정격 용량 20,000[kVA], %임피던스 8[%]인 3상 변압기가 2차 측에서 3상 단락되었을 때 단락 용량은 몇 [MVA]인가?

① 160
② 200
③ 250
④ 320

해설 단락 용량

$P_s = \dfrac{100}{\%Z} P_n = \dfrac{100}{8} \times 20,000 \times 10^{-3} = 250 [\text{MVA}]$

214 ★★☆

전력 계통에서의 단락 용량 증대가 문제가 되고 있다. 이러한 단락 용량을 경감하는 대책이 아닌 것은?

① 사고 시 모선을 통합한다.
② 상위 전압 계통을 구성한다.
③ 모선 간에 한류 리액터를 삽입한다.
④ 발전기와 변압기의 임피던스를 크게 한다.

해설 단락 용량 경감 대책

단락 용량(단락 전류)을 감소시키기 위해서는 단락 전류의 식

$I_s = \dfrac{100}{\%Z} I_n = \dfrac{100}{\%Z} \times \dfrac{P_n}{\sqrt{3}\,V_n} = \dfrac{E}{Z} [\text{A}]$에서

• 발전기와 변압기의 임피던스(Z)를 크게 한다.
• 상위 전압 계통을 구성한다.(전압 증가)
• 한류 리액터를 설치한다.
• 사고 시에는 모선을 분리한다.

215 ★★☆

그림과 같은 전선로의 단락 용량은 약 몇 [MVA]인가?(단, 그림의 수치는 10,000[kVA]를 기준으로 한 % 리액턴스를 나타낸다.)

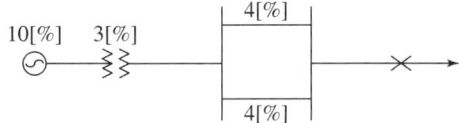

① 33.7
② 66.7
③ 99.7
④ 132.7

해설

계통의 전체 %리액턴스를 구하면

$\%X = 10 + 3 + \dfrac{4 \times 4}{4 + 4} = 15 [\%]$

따라서 고장점의 단락 용량은

$P_s = \dfrac{100}{\%X} P_n = \dfrac{100}{15} \times 10,000 = 66,667 [\text{kVA}]$

$= 66.7 [\text{MVA}]$

216 ★★★

전원 측과 송전 선로의 합성 $\%Z_s$가 10[MVA] 기준 용량으로 1[%]의 지점에 변전 설비를 시설하고자 한다. 이 변전소에 정격 용량 6[MVA]의 변압기를 설치할 때 변압기 2차 측의 단락 용량은 몇 [MVA]인가?(단, 변압기의 $\%Z_t$는 6.9[%]이다.)

① 80
② 100
③ 120
④ 140

해설

기준 용량을 10[MVA]로 하고 변압기 2차 측까지의 합성 임피던스를 구하면

$\%Z = \%Z_s + \%Z_t = 1 + 6.9 \times \dfrac{10}{6} = 12.5 [\%]$

따라서 변압기 2차 측에서의 단락 용량은

$P_s = \dfrac{100}{\%Z} P_n = \dfrac{100}{12.5} \times 10 = 80 [\text{MVA}]$

THEME 03 대칭 좌표법(불평형 고장 계산 방법)

217 ★★☆

그림과 같은 평형 3상 발전기가 있다. a상이 지락된 경우 지락 전류는?(단, Z_0: 영상 임피던스, Z_1: 정상 임피던스, Z_2: 역상 임피던스이다.)

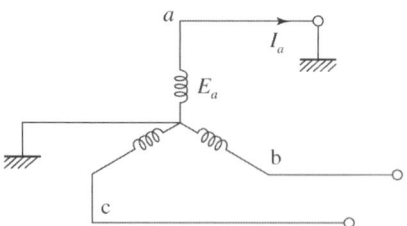

① $\dfrac{3E_a}{Z_0+Z_1+Z_2}$ ② $\dfrac{E_a}{Z_0+Z_1+Z_2}$

③ $\dfrac{-Z_0 E_a}{Z_0+Z_1+Z_2}$ ④ $\dfrac{2Z_2 E_a}{Z_1+Z_2}$

해설
1선 지락 사고 시 전류의 크기
$I_0 = I_1 = I_2 = \dfrac{E_a}{Z_0+Z_1+Z_2}$ [A]

a상의 지락 전류
$I_g = I_0 + I_1 + I_2 = 3I_0 = \dfrac{3E_a}{Z_0+Z_1+Z_2}$ [A]

218 ★★★

A, B 및 C 상의 전류를 각각 I_a, I_b, I_c라 할 때, $I_x = \dfrac{1}{3}(I_a + aI_b + a^2 I_c)$ 이고, $a = -\dfrac{1}{2} + j\dfrac{\sqrt{3}}{2}$ 이다. I_x는 어떤 전류인가?

① 정상 전류 ② 역상 전류
③ 영상 전류 ④ 무효 전류

해설 대칭분 전류
- 영상 전류 $I_0 = \dfrac{1}{3}(I_a + I_b + I_c)$ [A]
- 정상 전류 $I_1 = \dfrac{1}{3}(I_a + aI_b + a^2 I_c)$ [A]
- 역상 전류 $I_2 = \dfrac{1}{3}(I_a + a^2 I_b + aI_c)$ [A]

219 ★★★

A, B 및 C상 전류를 각각 I_a, I_b 및 I_c라 할 때 $I_x = \dfrac{1}{3}(I_a + a^2 I_b + aI_c)$, $a = -\dfrac{1}{2} + j\dfrac{\sqrt{3}}{2}$ 으로 표시되는 I_x는 어떤 전류인가?

① 정상 전류
② 역상 전류
③ 영상 전류
④ 역상 전류와 영상 전류의 합

해설 대칭분 전류
- 영상 전류 $I_0 = \dfrac{1}{3}(I_a + I_b + I_c)$ [A]
- 정상 전류 $I_1 = \dfrac{1}{3}(I_a + aI_b + a^2 I_c)$ [A]
- 역상 전류 $I_2 = \dfrac{1}{3}(I_a + a^2 I_b + aI_c)$ [A]

220 ★★★

중성점 저항 접지방식에서 1선 지락 시의 영상 전류를 I_0라고 할 때, 접지 저항으로 흐르는 전류는?

① $\dfrac{1}{3}I_0$ ② $\sqrt{3}\,I_0$
③ $3I_0$ ④ $6I_0$

해설
선로의 각 상에 흐르는 전류
$I_a = I_0 + I_1 + I_2$
$I_b = I_0 + a^2 I_1 + aI_2$
$I_c = I_0 + aI_1 + a^2 I_2$

접지 저항을 통해 흐르는 전류
$I_g = I_a + I_b + I_c$
$\quad = (I_0+I_1+I_2) + (I_0+a^2I_1+aI_2) + (I_0+aI_1+a^2I_2)$
$\quad = 3I_0 + I_1(1+a^2+a) + I_2(1+a+a^2) = 3I_0$

| 정답 | 217 ① 218 ① 219 ② 220 ③

221

송전 선로의 정상 임피던스를 Z_1, 역상 임피던스를 Z_2, 영상 임피던스를 Z_0라 할 때 옳은 것은?

① $Z_1 = Z_2 = Z_0$ ② $Z_1 = Z_2 < Z_0$
③ $Z_1 > Z_2 = Z_0$ ④ $Z_1 < Z_2 = Z_0$

해설
- 송전 선로: $Z_0 > Z_1 = Z_2$
- 변압기: $Z_0 = Z_1 = Z_2$

222

그림과 같은 회로의 영상, 정상, 역상 임피던스 Z_0, Z_1, Z_2는?

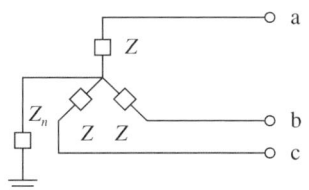

① $Z_0 = Z + 3Z_n,\ Z_1 = Z_2 = Z$
② $Z_0 = 3Z_n,\ Z_1 = Z,\ Z_2 = 3Z$
③ $Z_0 = 3Z + Z_n,\ Z_1 = 3Z,\ Z_2 = Z$
④ $Z_0 = Z + Z_n,\ Z_1 = Z_2 = Z + 3Z_n$

해설
- 영상 임피던스(접지 회로 포함): $Z_0 = Z + 3Z_n$ (접지 임피던스×3)
- 정상, 역상 임피던스(접지 회로 제외): $Z_1 = Z_2 = Z$

223

송전 계통의 한 부분이 그림과 같이 3상 변압기로 1차 측은 Δ로, 2차 측은 Y로 중성점이 접지되어 있을 경우, 1차 측에 흐르는 영상 전류는?

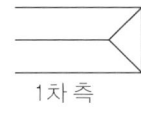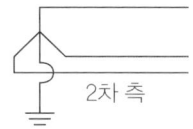

① 1차 측 선로에서 ∞이다.
② 1차 측 선로에서 반드시 0이다.
③ 1차 측 변압기 내부에서는 반드시 0이다.
④ 1차 측 변압기 내부와 1차 측 선로에서 반드시 0이다.

해설
1차 측의 변압기는 Δ 결선이므로 영상 전류는 Δ 결선 내부에서 순환하여 소멸한다. 즉, 1차 측 선로의 영상 전류는 반드시 0이 될 수밖에 없다.

224

그림과 같은 선로에서 점 F에서의 1선 지락이 발생한 경우 영상 임피던스는?

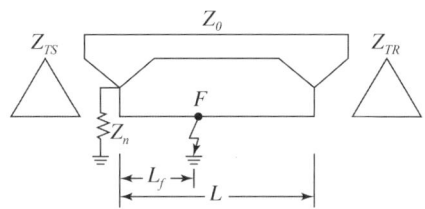

① $Z_{TS} + Z_n + 3Z_0$ ② $Z_{TS} + 3Z_n + Z_0$
③ $Z_{TS} + Z_n + Z_0 \dfrac{L_f}{L}$ ④ $Z_{TS} + 3Z_n + Z_0 \dfrac{L_f}{L}$

해설 **영상 전류의 성질**
- 영상분은 변압기 Δ 결선 내부에서 순환하여 소멸하고 비접지 회로에는 흐를 수 없다.
- 접지 임피던스에는 영상 전류가 3배 흐르므로 접지 임피던스 값을 3배로 한다.
- 선로 전체 길이 L 중에서 지락 고장이 L_f 지점에서 발생하였으므로 이를 감안한다.

위 내용을 주어진 회로에 적용하여 영상 임피던스를 구하면
$$Z = Z_{TS} + 3Z_n + Z_0 \times \dfrac{L_f}{L}\ [\Omega]$$

225 ★☆☆

그림과 같은 전력 계통의 $154[\text{kV}]$ 송전 선로에서 고장 지락 임피던스 Z_{gf} 를 통해서 1선 지락 고장이 발생되었을 때 고장점에서 본 영상 % 임피던스는?(단, 그림에 표시한 임피던스는 모두 동일 용량, $100[\text{MVA}]$ 기준으로 환산한 % 임피던스이다.)

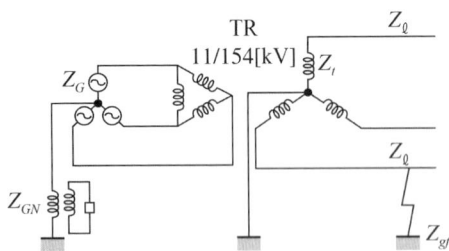

① $Z_0 = Z_\ell + Z_t + Z_G$
② $Z_0 = Z_\ell + Z_t + Z_{gf}$
③ $Z_0 = Z_\ell + Z_t + 3Z_{gf}$
④ $Z_0 = Z_\ell + Z_t + Z_{gf} + Z_G + Z_{GN}$

해설

- 영상 전류의 특성
  - 변압기 Δ 결선에서 순환하여 소멸(발전기 임피던스 Z_G 제외)
  - 접지 임피던스는 3배의 전류가 흐름(접지 임피던스 $Z_{gf} \times 3$)
- 위 문제에서 영상 % 임피던스를 구하면 $Z_0 = Z_\ell + Z_t + 3Z_{gf}[\%]$

226 ★★★

중성점 직접 접지방식의 발전기가 있다. 1선 지락 사고 시 지락 전류는?(단, Z_1, Z_2, Z_0는 각각 정상, 역상, 영상 임피던스이며, E_a는 지락된 상의 무부하 기전력이다.)

① $\dfrac{E_a}{Z_0 + Z_1 + Z_2}$
② $\dfrac{Z_1 E_a}{Z_0 + Z_1 + Z_2}$
③ $\dfrac{3E_a}{Z_0 + Z_1 + Z_2}$
④ $\dfrac{Z_0 E_a}{Z_0 + Z_1 + Z_2}$

해설

1선 지락 사고 시 영상 전류 $I_0 = I_1 = I_2 = \dfrac{1}{3}I_a[\text{A}]$
1선 지락 사고 시 지락 전류
$I_g = I_a = 3I_0 = \dfrac{3E_a}{Z_0 + Z_1 + Z_2}[\text{A}]$

227 ★★★

역상 전류가 각 상전류에 의하여 바르게 표시된 것은?

① $I_2 = I_a + I_b + I_c$
② $I_2 = 3(I_a + aI_b + a^2 I_c)$
③ $I_2 = aI_a + I_b + a^2 I_c$
④ $I_2 = \dfrac{1}{3}(I_a + a^2 I_b + aI_c)$

해설 대칭분 전류

- 영상 전류 $I_0 = \dfrac{1}{3}(I_a + I_b + I_c)[\text{A}]$
- 정상 전류 $I_1 = \dfrac{1}{3}(I_a + aI_b + a^2 I_c)[\text{A}]$
- 역상 전류 $I_2 = \dfrac{1}{3}(I_a + a^2 I_b + aI_c)[\text{A}]$

228 ★★★

Y 결선된 발전기에서 3상 단락 사고가 발생한 경우 전류에 관한 식 중 옳은 것은?(단, Z_0, Z_1, Z_2는 영상, 정상, 역상 임피던스이다.)

① $I_a + I_b + I_c = I_0$
② $I_a = \dfrac{E_a}{Z_0}$
③ $I_b = \dfrac{a^2 E_a}{Z_1}$
④ $I_c = \dfrac{a E_a}{Z_2}$

해설

3상 단락 사고 시 $V_a = V_b = V_c = 0$
대칭분 전압

- $V_0 = \dfrac{1}{3}(V_a + V_b + V_c) = 0$
- $V_1 = \dfrac{1}{3}(V_a + aV_b + a^2 V_c) = 0$
- $V_2 = \dfrac{1}{3}(V_a + a^2 V_b + aV_c) = 0$

따라서 발전기 기본식에 의하여

- $V_0 = -Z_0 I_0 = 0 \Rightarrow \therefore I_0 = 0$
- $V_1 = E_a - Z_1 I_1 = 0 \Rightarrow \therefore I_1 = \dfrac{E_a}{Z_1}$
- $V_2 = -Z_2 I_2 = 0 \Rightarrow \therefore I_2 = 0$

따라서 각 상의 전류를 구하면

- $I_a = I_0 + I_1 + I_2 = \dfrac{E_a}{Z_1}$
- $I_b = I_0 + a^2 I_1 + aI_2 = \dfrac{a^2 E_a}{Z_1}$
- $I_c = I_0 + aI_1 + a^2 I_2 = \dfrac{a E_a}{Z_1}$

229 ★★☆

송전 선로의 고장 전류 계산에 영상 임피던스가 필요한 경우는?

① 1선 지락
② 3상 단락
③ 3선 단선
④ 선간 단락

해설 고장별 대칭분 및 전류의 크기

고장의 종류	대칭분	전류의 크기
1선 지락	정상분, 역상분, 영상분	$I_0 = I_1 = I_2 \neq 0$, $I_g = 3I_0$
선간 단락	정상분, 역상분	$I_0 = 0$, $I_1 = -I_2$
3상 단락	정상분	$I_0 = I_2 = 0$, $I_1 \neq 0$

230 ★★☆

3상 송전 선로에서 선간 단락이 발생하였을 때 다음 중 옳은 설명은?

① 역상 전류만 흐른다.
② 정상 전류와 역상 전류가 흐른다.
③ 역상 전류와 영상 전류가 흐른다.
④ 정상 전류와 영상 전류가 흐른다.

해설 사고 종류에 따른 대칭분 존재 여부
- 1선 지락 사고: 영상분, 정상분, 역상분
- 선간 단락 사고: 정상분, 역상분
- 3상 단락 사고: 정상분

231 ★★☆

3상 단락 고장을 대칭 좌표법으로 해석을 할 경우 필요한 것은?

① 정상 임피던스도
② 정상 임피던스도 및 역상 임피던스도
③ 정상 임피던스도 및 영상 임피던스도
④ 역상 임피던스도 및 영상 임피던스도

해설 사고 종류에 따른 대칭분 존재 여부
- 1선 지락 사고: 영상분, 정상분, 역상분
- 선간 단락 사고: 정상분, 역상분
- 3상 단락 사고: 정상분

232 ★★☆

선간 단락 고장을 대칭 좌표법으로 해석할 경우 필요한 것 모두를 나열한 것은?

① 정상 임피던스
② 역상 임피던스
③ 정상 임피던스, 역상 임피던스
④ 정상 임피던스, 영상 임피던스

해설
- 1선 지락 사고: 영상분, 정상분, 역상분 모두 존재
- 선간 단락 사고: 정상분과 역상분만 존재

중성점 접지방식과 유도 장해

1. 중성점 접지방식
2. 중성점 잔류 전압
3. 유도 장해

CBT 완벽대비 가능한 유형마스터 학습!

THEME	유형분석	관련 번호
THEME 01 중성점 접지방식	각 접지방식의 종류를 먼저 파악한 후, 방식별 특징을 이해하는 방향으로 학습하는 것이 좋습니다.	233~265
THEME 02 중성점 잔류 전압	중성점 잔류 전압에 관한 문제는 2차 실기시험에서 계산이 복잡하게 출제되곤 합니다.	266
THEME 03 유도 장해	유도 장해의 종류와 각각의 특징을 이해하면 1, 2차 시험 모두에서 좋은 결과를 얻을 수 있습니다.	267~276

학습 효과를 높이는 N제 3회독 시스템

챕터 별 전체 1회독이 끝났다면 회독 체크표에 날짜를 기입하고 체크표시를 해주세요.

회독 체크표	☐ 1회독	월 일	☐ 2회독	월 일	☐ 3회독	월 일

CHAPTER 06 중성점 접지방식과 유도 장해

THEME 01 중성점 접지방식

233 ★★☆
송전선로에서 1선 지락 시에 건전상의 전압 상승이 가장 적은 접지방식은?

① 비접지방식
② 직접 접지방식
③ 저항 접지방식
④ 소호 리액터 접지방식

해설 직접 접지방식
- 1선 지락 시 건전상의 전압 상승이 가장 낮다.
- 선로 및 기기의 절연 레벨을 경감시킨다.
- 변압기 단절연이 가능하다.
- 보호 계전기의 동작이 신속, 확실하다.
- 1선 지락 시 지락 전류가 최대이므로, 영상분 전류로 인한 통신선의 유도장해가 가장 크다.
- 과도 안정도가 저하된다.

암기 중성점 접지방식별 특징

중성점 접지방식	전위 상승	지락전류	유도장해	과도안정도
직접 접지	1.3배	최대	최대	최소
비접지	$\sqrt{3}$ 배	작다	작다	크다
소호 리액터 접지	$\sqrt{3}$ 배 이상	최소	최소	최대

234 ★★★
선로, 기기 등의 절연 수준 저감 및 전력용 변압기의 단절연을 모두 행할 수 있는 중성점 접지방식은?

① 직접 접지방식
② 소호 리액터 접지방식
③ 고저항 접지방식
④ 비접지방식

해설 직접 접지방식
- 1선 지락 시 건전상의 전압 상승이 가장 낮다.
- 선로 및 기기의 절연 레벨을 경감시킨다.
- 변압기 단절연이 가능하다.
- 보호 계전기의 동작이 신속, 확실하다.
- 1선 지락 시 지락 전류가 최대이므로, 영상분 전류로 인한 통신선의 유도 장해가 가장 크다.
- 과도 안정도가 저하된다.

암기 중성점 접지방식별 특징

중성점 접지방식	전위 상승	지락전류	유도장해	과도안정도
직접 접지	1.3배	최대	최대	최소
비접지	$\sqrt{3}$ 배	작다	작다	크다
소호 리액터 접지	$\sqrt{3}$ 배 이상	최소	최소	최대

235 ★★☆
중성점 접지 방식 중 직접 접지 송전 방식에 대한 설명으로 틀린 것은?

① 1선 지락 사고 시 지락 전류는 타 접지방식에 비하여 최대로 된다.
② 1선 지락 사고 시 지락 계전기의 동작이 확실하고 선택 차단이 가능하다.
③ 통신선에서의 유도 장해는 비접지방식에 비하여 크다.
④ 기기의 절연 레벨을 상승시킬 수 있다.

해설 직접 접지방식
- 1선 지락 시 건전상의 전압 상승이 가장 낮다.
- 1선 지락 시 지락 전류가 최대이므로, 지락 고장 시 계전기 동작이 가장 확실하다.
- 지락 시 영상분 전류로 인한 통신선의 유도 장해가 크다.
- 선로 및 기기의 절연 레벨을 경감시킨다.

236 ★★★
지락 보호 계전기 동작이 가장 확실한 접지방식은?

① 직접 접지방식
② 비접지방식
③ 소호 리액터 접지방식
④ 고저항 접지방식

해설 직접 접지방식
- 1선 지락 시 건전상의 전압 상승이 가장 낮다.
- 1선 지락 시 지락 전류가 최대이므로, 지락 고장 시 계전기 동작이 가장 확실하다.
- 선로 및 기기의 절연 레벨을 경감시킨다.
- 변압기 단절연이 가능하다.

암기 중성점 접지방식별 특징

중성점 접지방식	전위 상승	지락전류	유도장해	과도안정도
직접 접지	1.3배	최대	최대	최소
비접지	$\sqrt{3}$ 배	작다	작다	크다
소호 리액터 접지	$\sqrt{3}$ 배 이상	최소	최소	최대

238 ★★☆
중성점 접지방식 중 비접지방식을 직접 접지방식과 비교한 것으로 옳지 않은 것은?

① 지락 전류가 적다.
② 보호 계전기 동작이 확실하다.
③ 1선 지락 시 통신선 유도 장해가 적다.
④ 과도 안정도가 크다.

해설 비접지방식
비접지방식은 지락 전류가 매우 작아 보호계전기 동작이 곤란하다.

암기 중성점 접지방식별 특징

중성점 접지방식	전위 상승	지락전류	유도장해	과도안정도
직접 접지	1.3배	최대	최대	최소
비접지	$\sqrt{3}$ 배	작다	작다	크다
소호 리액터 접지	$\sqrt{3}$ 배 이상	최소	최소	최대

237 ★★★
송전 선로의 중성점을 접지하는 목적으로 가장 알맞은 것은?

① 전선량의 절약
② 송전 용량의 증가
③ 전압 강하의 감소
④ 이상 전압의 경감 및 발생 방지

해설 송전 선로 중성점 접지 목적
- 이상 전압의 발생을 방지한다.(주된 목적)
- 절연 레벨을 경감시킨다.
- 보호 계전기 동작을 확실하게 한다.
- 과도 안정도가 증진된다.

239 ★★★
송전 선로의 중성점을 접지하는 목적이 아닌 것은?

① 송전 용량의 증가
② 과도 안정도의 증진
③ 이상 전압 발생의 억제
④ 보호 계전기의 신속, 확실한 동작

해설 송전 선로 중성점 접지 목적
- 이상 전압의 발생을 방지한다.(주된 목적)
- 절연 레벨을 경감시킨다.
- 보호계전기 동작을 확실하게 한다.
- 과도 안정도가 증진된다.

240 ★★★
송전 계통의 접지에 대한 설명으로 옳은 것은?

① 소호 리액터 접지방식은 선로의 정전 용량과 직렬 공진을 이용한 것으로 지락 전류가 타방식에 비해 큰 편이다.
② 고저항 접지방식은 이중 고장을 발생시킬 확률이 거의 없으나 비접지식보다는 많은 편이다.
③ 직접 접지방식을 채용하는 경우 이상 전압이 낮기 때문에 변압기 선정 시 단절연이 가능하다.
④ 비접지 방식을 채택하는 경우 지락 전류 차단이 용이하고 장거리 송전을 할 경우 이중 고장의 발생을 예방하기 좋다.

해설 직접 접지방식
- 1선 지락 시 건전상의 전압 상승이 가장 낮다.
- 선로 및 기기의 절연 레벨을 경감시킨다.
- 변압기 단절연이 가능하다.
- 보호 계전기의 동작이 신속, 확실하다.

241 ★★☆
배전 선로에 3상 3선식 비접지 방식을 채용할 경우 나타나는 현상은?

① 1선 지락 고장 시 고장 전류가 크다.
② 1선 지락 고장 시 인접 통신선의 유도 장해가 크다.
③ 고저압 혼촉 고장 시 저압선의 전위 상승이 크다.
④ 1선 지락 고장 시 건전상의 대지 전위 상승이 크다.

해설
비접지 방식은 1선 지락 사고 시 건전상의 대지 전위 상승이 상시 대지 전압의 $\sqrt{3}$ 배 증가하여 전위 상승이 크다.

242 ★★★
일반적인 비접지 3상 송전 선로의 1선 지락 고장 발생 시 각 상의 전압은 어떻게 되는가?

① 고장상의 전압은 떨어지고, 나머지 두 상의 전압은 변동되지 않는다.
② 고장상의 전압은 떨어지고, 나머지 두 상의 전압은 상승한다.
③ 고장상의 전압은 떨어지고, 나머지 상의 전압도 떨어진다.
④ 고장상의 전압이 상승한다.

해설
비접지 계통에서 1선 지락 고장 발생 시 지락 사고가 발생한 상은 전압이 0[V]이고, 나머지 두 상의 전압은 $\sqrt{3}$ 배 상승한다.

243 ★★★
송전 계통의 중성점을 접지하는 목적으로 틀린 것은?

① 지락 고장 시 전선로의 대지 전위 상승을 억제하고 전선로와 기기의 절연을 경감시킨다.
② 소호 리액터 접지방식에서는 1선 지락 시 지락점 아크를 빨리 소멸시킨다.
③ 차단기의 차단 용량을 증대시킨다.
④ 지락 고장에 대한 계전기의 동작을 확실하게 한다.

해설 계통의 중성점 접지의 목적
- 직접 접지: 지락 고장 시 이상 전압의 억제, 기기의 절연 레벨 경감, 보호 계전기 동작 확실
- 소호 리액터 접지: 지락 사고 시 아크의 소멸, 통신선에 대한 유도 장해 경감

244 ★★☆
중성점 직접 접지방식의 장점이 아닌 것은?

① 다른 접지방식에 비하여 개폐 이상 전압이 낮다.
② 1선 지락 시 건전상의 대지 전압이 거의 상승하지 않는다.
③ 1선 지락 전류가 작으므로 차단기가 처리해야 할 전류가 작다.
④ 중성점 전압이 항상 0이므로 변압기의 가격과 중량을 줄일 수 있다.

해설 중성점 직접 접지방식
- 지락 사고 시 지락 전류가 커서 지락 계전기의 동작이 확실하다.
- 이상 전압이 낮아 변압기의 단절연 및 저감 절연이 가능하다.
- 차단기 동작이 빈번하여 차단기 수명이 단축되고 안정도가 나빠진다.
- 1선 지락 사고 시 건전상 대지 전위 상승이 최소이다.

245 ★★☆
중성점 비접지방식을 이용하는 것이 적당한 것은?

① 고전압 장거리
② 고전압 단거리
③ 저전압 장거리
④ 저전압 단거리

해설
비접지($\Delta-\Delta$ 결선)방식은 1선 지락 고장 시 지락 전류가 작은 특성을 이용한 접지방식이다. 지락 전류가 작은 조건인 저전압 계통의 단거리 선로에만 한정되어 적용해야 한다.

246 ★★★
$\Delta-\Delta$ 결선된 3상 변압기를 사용한 비접지 방식의 선로가 있다. 이때 1선 지락 고장이 발생하면 다른 건전한 2선의 대지 전압은 지락 전의 몇 배까지 상승하는가?

① $\dfrac{\sqrt{3}}{2}$
② $\sqrt{3}$
③ $\sqrt{2}$
④ 1

해설
비접지 방식에서는 1선 지락 사고 시 건전상의 전압 상승이 평상시의 대지 전압에 비해 $\sqrt{3}$ 배 정도 상승한다.

247 ★★★
지락 고장 시 이상 전압의 발생 우려가 거의 없는 접지방식은?

① 비접지방식
② 직접 접지방식
③ 저항 접지방식
④ 소호 리액터 접지방식

해설
직접 접지방식은 지락 사고 발생 시 건전상 대지 전위 상승이 최소이다.

248 ★★★

배전 선로에 3상 3선식 비접지방식을 채용할 경우 장점이 아닌 것은?

① 과도 안정도가 크다.
② 1선 지락 고장 시 고장 전류가 작다.
③ 1선 지락 고장 시 인접 통신선의 유도 장해가 작다.
④ 1선 지락 고장 시 건전상의 대지 전위 상승이 작다.

해설 비접지 방식
- 저전압, 단거리 선로에 사용한다.
- 1선 지락 시 건전상 대지 전위 상승이 $\sqrt{3}$ 배로 큰 편이다.
- 지락 전류가 적어 통신선 유도 장해가 작고, 과도 안정도가 크다.

249 ★★☆

송전 계통의 중성점 접지용 소호 리액터의 인덕턴스 L은?(단, 선로 한 선의 대지 정전 용량을 C라 한다.)

① $L = \dfrac{1}{C}$
② $L = \dfrac{C}{2\pi f}$
③ $L = \dfrac{1}{2\pi f C}$
④ $L = \dfrac{1}{3(2\pi f)^2 C}$

해설
$\omega L = \dfrac{1}{3\omega C}[\Omega]$에서

$L = \dfrac{1}{3\omega^2 C} = \dfrac{1}{3(2\pi f)^2 C}$ [H]

250 ★★★

1선 지락 시에 지락 전류가 가장 작은 송전 계통은?

① 비접지식
② 직접 접지식
③ 저항 접지식
④ 소호 리액터 접지식

해설
- 지락 전류의 크기
  직접접지 > 고저항 접지 > 비접지 > 소호 리액터 접지

암기 중성점 접지방식별 특징

중성점 접지방식	전위 상승	지락 전류	유도 장해	과도 안정도
직접 접지	1.3배	최대	최대	최소
비접지	$\sqrt{3}$ 배	작다	작다	크다
소호 리액터 접지	$\sqrt{3}$ 배 이상	최소	최소	최대

251 ★★☆

1상의 대지 정전 용량이 $0.5[\mu F]$이고, 주파수 $60[Hz]$의 3상 송전선 소호 리액터의 인덕턴스는 몇 $[H]$인가?

① 2.69
② 3.69
③ 4.69
④ 5.69

해설
$\omega L = \dfrac{1}{3\omega C_s}[\Omega]$에서 $L = \dfrac{1}{3\omega^2 C_s}$ [H]

$\therefore L = \dfrac{1}{3 \times (2\pi \times 60)^2 \times 0.5 \times 10^{-6}} = 4.69$ [H]

252 ★★☆

1상의 대지 정전 용량이 $0.5[\mu F]$, 주파수가 $60[Hz]$인 3상 송전선이 있다. 이 선로에 소호 리액터를 설치한다면, 소호 리액터의 공진 리액턴스는 약 몇 $[\Omega]$이면 되는가?

① 970
② 1,370
③ 1,770
④ 3,570

해설
소호 리액터의 공진 리액턴스
$\omega L = \dfrac{1}{3\omega C} = \dfrac{1}{3 \times 2\pi f \times C}[\Omega]$이므로

$\omega L = \dfrac{1}{3 \times 2\pi \times 60 \times 0.5 \times 10^{-6}} = 1,770[\Omega]$

| 정답 | 248 ④ 249 ④ 250 ④ 251 ③ 252 ③

253 ★★☆

정격 전압 $6,600[\text{V}]$, Y결선, 3상 발전기의 중성점을 1선 지락 시 지락 전류를 $100[\text{A}]$로 제한하는 저항기로 접지하려고 한다. 저항기의 저항 값은 약 몇 $[\Omega]$인가?

① 44 ② 41
③ 38 ④ 35

해설

지락 전류를 $100[\text{A}]$로 제한하려면

지락 전류 $I_g = \dfrac{E}{R} = 100[\text{A}]$에서

저항기의 저항 값 $R = \dfrac{E}{I_g} = \dfrac{\frac{6,600}{\sqrt{3}}}{100} = 38[\Omega]$

254 ★★☆

$66[\text{kV}]$, $60[\text{Hz}]$ 3상 3선식 선로에서 중성점을 소호 리액터 접지하여 완전 공진 상태로 되었을 때 중성점에 흐르는 전류는 몇 $[\text{A}]$인가?(단, 소호 리액터를 포함한 영상 회로의 등가 저항은 $200[\Omega]$, 중성점 잔류 전압은 $4,400[\text{V}]$라고 한다.)

① 11 ② 22
③ 33 ④ 44

해설

소호 리액터 접지에서 완전 공진 상태가 되면 선로의 L과 C는 서로 상쇄되어 전류를 제어하는 것은 저항 소자밖에 없으므로 전류는

$I = \dfrac{E}{R} = \dfrac{4,400}{200} = 22[\text{A}]$

255 ★★☆

3상 1회선 송전 선로의 소호 리액터의 용량$[\text{kVA}]$은?

① 선로 충전 용량과 같다.
② 선간 충전 용량의 $\dfrac{1}{2}$이다.
③ 3선 일괄의 대지 충전 용량과 같다.
④ 1선과 중성점 사이의 충전 용량과 같다.

해설 소호 리액터 용량 계산식

$\omega L = \dfrac{1}{3\omega C}$ 에서 3선 일괄 대지 정전 용량 $\left(\dfrac{1}{3\omega C}\right)$에 해당하는 리액터를 설치한다.

256 ★★☆

소호 리액터를 송전 계통에 사용하면 리액터의 인덕턴스와 선로의 정전 용량이 어떤 상태로 되어 지락전류를 소멸시키는가?

① 병렬 공진 ② 직렬 공진
③ 고임피던스 ④ 저임피던스

해설 소호 리액터

- 병렬 공진을 이용하여 지락 전류를 소멸시킨다.
- 대지 정전 용량과 공진을 일으키는 유도성 리액터로 접지하는 방식이다.
- 지락 전류가 최소가 되어 통신선에 대한 유도 장해가 줄어든다.

257 ★★☆
소호 리액터 접지에 대한 설명으로 틀린 것은?

① 지락 전류가 작다.
② 과도 안정도가 좋다.
③ 전자 유도 장해가 경감된다.
④ 선택 지락 계전기의 작동이 쉽다.

해설 소호 리액터 접지방식
- 1선 지락 전류가 작아 계통 안정도가 좋다.
- 1선 지락 전류가 작아 전력선 근처에 설치된 통신선에 대한 유도 장해가 작다.
- 1선 지락 전류가 작아 지락 계전기(접지 계전기)의 동작이 불확실하다.

258 ★★☆
선간 전압이 $V[\text{kV}]$이고, 1상의 대지 정전 용량이 $C[\mu\text{F}]$, 주파수가 $f[\text{Hz}]$인 3상 3선식 1회선 송전선의 소호 리액터 접지방식에서 소호 리액터의 용량은 몇 $[\text{kVA}]$인가?

① $6\pi fCV^2 \times 10^{-3}$
② $3\pi fCV^2 \times 10^{-3}$
③ $2\pi fCV^2 \times 10^{-3}$
④ $\sqrt{3}\pi fCV^2 \times 10^{-3}$

해설

$$Q_L = 3\omega CE^2 \times 10^{-3} = 3\omega C \times \left(\frac{V}{\sqrt{3}}\right)^2 \times 10^{-3}$$
$$= \omega CV^2 \times 10^{-3} = 2\pi fCV^2 \times 10^{-3}\,[\text{kVA}]$$

259 ★★☆
소호 리액터 접지 계통에서 리액터의 탭을 사용할 경우 합조도가 부족 보상 상태로 운전하면 안 되는 이유는?

① 전력 손실을 줄이기 위해서
② 통신선에 대한 유도 장해를 줄이기 위해서
③ 접지 계전기의 동작을 확실하게 하기 위해서
④ 지락 사고 발생 시 건전상의 대지 전압이 과도하게 상승할 우려가 있기 때문에 위험 방지를 위해서

해설
소호 리액터를 부족 보상$\left(\omega L > \dfrac{1}{3\omega C}\right)$으로 하게 되면 고장 발생 시 정전 용량 C가 감소하게 되고 $\omega L = \dfrac{1}{3\omega C}$의 조건으로 근접하게 되어 합조도 효과가 없어지므로 과도한 이상 전압의 발생 가능성이 커지게 된다.

참고 합조도 P

$$P = \frac{I_L - I_C}{I_C} \times 100\,[\%]$$

$$I_L = \frac{E}{\omega L}[\text{A}],\ I_C = 3\omega CE[\text{A}]$$

- $\omega L > \dfrac{1}{3\omega C}$: 부족보상(합조도 −)
- $\omega L < \dfrac{1}{3\omega C}$: 과보상(합조도 +)
- $\omega L = \dfrac{1}{3\omega C}$: 완전공진(합조도 0)

260 ★★★
$22.9[\text{kV} - \text{Y}]$ 3상 4선식 중성선 다중 접지 계통의 특성에 대한 내용으로 틀린 것은?

① 1선 지락 사고 시 1상 단락 전류에 해당하는 큰 전류가 흐른다.
② 전원의 중성점과 주상 변압기의 1차 및 2차를 공통의 중성선으로 연결하여 접지한다.
③ 각 상에 접속된 부하가 불평형일 때도 불완전 1선 지락 고장의 검출 감도가 상당히 예민하다.
④ 고저압 혼촉 사고 시에는 중성선에 막대한 전위상승을 일으켜 수용가에 위험을 줄 우려가 있다.

해설 3상 4선식 다중 접지방식
- 1선 지락 사고 시 지락 전류가 크다.
- 주상 변압기는 1차, 2차의 혼촉 사고로부터 저압 측 전위 상승을 방지하기 위해 변압기 1차와 2차 측 중성점 간을 연결한다.
- 각 상에 접속된 부하가 불평형이 되면 1선 지락 사고 시 검출 감도가 떨어진다.

261 ★★★
전력 계통의 중성점 다중 접지방식의 특징으로 옳은 것은?

① 통신선의 유도 장해가 적다.
② 합성 접지 저항이 매우 높다.
③ 건전상의 전위 상승이 매우 높다.
④ 지락 보호 계전기의 동작이 확실하다.

해설 중성점 다중 접지방식
- 1선 지락 시 건전상의 전압 상승이 가장 낮다.
- 1선 지락 시 지락 전류가 최대이므로, 지락 고장 시 계전기 동작이 가장 확실하다.
- 선로 및 기기의 절연레벨을 경감시킨다.
- 영상분 전류로 인한 통신선 유도 장해가 가장 크다.

262 ★★☆
주상 변압기의 2차 측 접지는 어느 것에 대한 보호를 목적으로 하는가?

① 1차 측의 단락   ② 2차 측의 단락
③ 2차 측의 전압 강하 ④ 1차 측과 2차 측의 혼촉

해설
주상 변압기 2차 측 접지는 변압기 1, 2차 측의 혼촉 사고를 방지하기 위해 시행한다.

263 ★★☆
그림과 같은 주상 변압기 2차 측 접지 공사의 목적은?

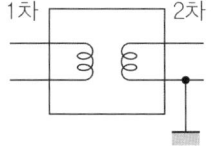

① 1차 측 과전류 억제
② 2차 측 과전류 억제
③ 1차 측 전압 상승 억제
④ 2차 측 전압 상승 억제

해설
주상 변압기 2차 측 접지 이유는 변압기 1, 2차 측의 혼촉 사고 시 2차 측 전위 상승 방지를 위해서이다.

264 ★★★
다중 접지 3상 4선식 배전 선로에서 고압 측(1차 측) 중성선과 저압 측(2차 측) 중성선을 전기적으로 연결하는 목적은?

① 저압 측의 단락 사고를 검출하기 위함
② 저압 측의 접지 사고를 검출하기 위함
③ 주상 변압기의 중성선 측 부싱을 생략하기 위함
④ 고저압 혼촉 시 수용가에 침입하는 상승 전압을 억제하기 위함

해설
고압 측(1차 측) 중성선과 저압 측(2차 측) 중성선을 전기적으로 연결하는 이유는 변압기의 고저압 혼촉 사고 시 저압 측 수용가에 침입하는 상승 전압을 억제하기 위함이다.

265 ★★☆
변전소에서 접지를 하는 목적으로 적절하지 않은 것은?

① 기기의 보호
② 근무자의 안전
③ 차단 시 아크의 소호
④ 송전 시스템의 중성점 접지

해설 변전소 접지 목적
- 전체 전력 계통의 변압기 중성점을 대지와 접지
- 이상 전압으로부터 전력 기기의 보호
- 변전소 근무자들의 안전 확보

THEME 02 중성점 잔류 전압

266 ★☆☆
3상 송전 선로의 각 상의 대지 정전 용량을 C_a, C_b 및 C_c라 할 때 중성점 비접지 시의 중성점과 대지 간의 전압은?(단, E는 상전압이다.)

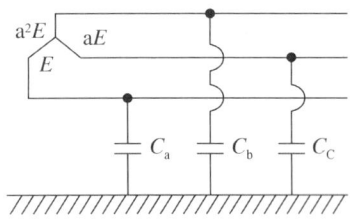

① $(C_a + C_b + C_c)E$

② $\dfrac{\sqrt{C_a C_b + C_b C_a + C_c C_a}}{C_a + C_b + C_c} E$

③ $\dfrac{\sqrt{C_a(C_a - C_b) + C_b(C_b - C_c) + C_c(C_c - C_a)}}{C_a + C_b + C_c} E$

④ $\dfrac{\sqrt{C_a(C_b - C_c) + C_b(C_c - C_a) + C_c(C_a - C_b)}}{C_a + C_b + C_c} E$

해설

중성점 잔류 전압은 대지 정전 용량의 차이($C_a \neq C_b \neq C_c$)로 인해서 변압기 중성점과 대지 간에 발생하는 전압이다.

$E_n = \dfrac{\sqrt{C_a(C_a - C_b) + C_b(C_b - C_c) + C_c(C_c - C_a)}}{C_a + C_b + C_c} E [\text{V}]$

THEME 03 유도 장해

267 ★★☆
단선식 전력선과 단선식 통신선이 그림과 같이 근접되었을 때 통신선의 정전 유도 전압 E_0는?

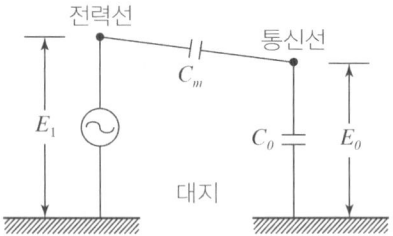

① $\dfrac{C_m}{C_0 + C_m} E_1$

② $\dfrac{C_0 + C_m}{C_m} E_1$

③ $\dfrac{C_0}{C_0 + C_m} E_1$

④ $\dfrac{C_0 + C_m}{C_0} E_1$

해설

전력선의 전압 E_1이 정전 용량 C_m과 C_0를 통해 E_0의 크기로 통신선에 전압 분배되므로

$E_0 = \dfrac{C_m}{C_0 + C_m} \times E_1 [\text{V}]$

268 ★★☆
전력선에 영상 전류가 흐를 때 통신 선로에 발생되는 유도 장해는?

① 전자 유도 장해
② 정전 유도 장해
③ 코로나 장해
④ 고조파 유도 장해

해설

- 전자 유도 장해: 전력선의 영상 전류와 통신선과의 상호 인덕턴스에 의해 발생
- 정전 유도 장해: 전력선의 영상 전압과 통신선과의 상호 정전용량에 의해 발생

269 ★★★

다음 중 전력선에 의한 통신선의 전자 유도 장해의 주된 원인은?

① 전력선과 통신선 사이의 상호 정전 용량
② 전력선의 불충분한 연가
③ 전력선의 1선 지락 사고 등에 의한 영상 전류
④ 통신선 전압보다 높은 전력선의 전압

해설 전자 유도 장해

전력선과 통신선 간의 상호 인덕턴스에 의한 영상 전류가 원인이다.
전자 유도 전압 $E_m = -j\omega Ml(3I_0)[\text{V}]$
(여기서, M: 상호 인덕턴스, I_0: 영상 전류)

270 ★☆☆

송전 선로에 근접한 통신선에 유도 장해가 발생하였을 때, 전자 유도의 원인은?

① 역상 전압 ② 정상 전압
③ 정상 전류 ④ 영상 전류

해설
- 전자 유도 장해: 전력선과 통신선 간의 상호 인덕턴스에 의한 영상 전류가 원인
  - 전자 유도 전압 $E_m = -j\omega Ml(3I_0)[\text{V}]$ (여기서, I_0: 영상 전류)
- 정전 유도 장해: 전력선과 통신선 간의 상호 정전 용량에 의한 영상 전압이 원인
  - 전자 유도 전압
  $$E_s = \frac{\sqrt{C_a(C_a - C_b) + C_b(C_b - C_c) + C_c(C_c - C_a)}}{C_a + C_b + C_c + C_s} \times E[\text{V}]$$

271 NEW

그림과 같이 전력선과 통신선 사이에 차폐선을 설치하였다. 이 경우에 통신선의 차폐 계수(K)를 구하는 관계식은?(단, 차폐선을 통신선에 근접하여 설치한다.)

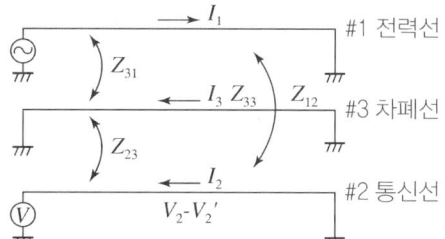

① $K = 1 + \dfrac{Z_{31}}{Z_{12}}$ ② $K = 1 - \dfrac{Z_{31}}{Z_{33}}$

③ $K = 1 - \dfrac{Z_{23}}{Z_{33}}$ ④ $K = 1 + \dfrac{Z_{23}}{Z_{33}}$

해설

차폐선을 설치하지 않은 경우의 통신선 유도 전압은
$E_m = -Z_{12}I_1[\text{V}]$

차폐선을 설치한 경우의 통신선 유도 전압은
$$E_m' = -Z_{12}I_1 + Z_{23}I_3$$
$$= -Z_{12}I_1 + \frac{Z_{23}Z_{31}I_1}{Z_{33}}$$
$$= -Z_{12}I_1\left(1 - \frac{Z_{23}Z_{31}}{Z_{12}Z_{33}}\right)[\text{V}]$$

조건에서 차폐선을 통신선에 근접 설치($Z_{31} ≒ Z_{12}$)하였으므로
$$E_m' = -Z_{12}I_1\left(1 - \frac{Z_{23}Z_{31}}{Z_{12}Z_{33}}\right)$$
$$= -Z_{12}I_1\left(1 - \frac{Z_{23}Z_{12}}{Z_{12}Z_{33}}\right)$$
$$= -Z_{12}I_1\left(1 - \frac{Z_{23}}{Z_{33}}\right)[\text{V}]$$

차폐선이 없을 경우의 유도 전압과 비교해 보면
$K = 1 - \dfrac{Z_{23}}{Z_{33}}$ 만큼 유도 전압이 감소됨을 알 수 있다.

272 ★★★
전력선과 통신선과의 상호 인덕턴스에 의하여 발생되는 유도 장해는?

① 정전 유도 장해
② 전자 유도 장해
③ 고조파 유도 장해
④ 전자파 유도 장해

해설
- 전자 유도 장해: 전력선과 통신선 간의 상호 인덕턴스에 의한 영상 전류가 원인
  - 전자 유도 전압 $E_m = -j\omega Ml(3I_0)[\text{V}]$ (여기서, M: 상호 인덕턴스)
- 정전 유도 장해: 전력선과 통신선 간의 상호 정전 용량에 의한 영상 전압이 원인

273 ★★★
유도 장해를 방지하기 위한 전력선 측의 대책으로 틀린 것은?

① 차폐선을 설치한다.
② 고속도 차단기를 사용한다.
③ 중성점 전압을 가능한 높게 한다.
④ 중성점 접지에 고저항을 넣어서 지락 전류를 줄인다.

해설 전력선 측 유도 장해 방지 대책
- 이격 거리를 크게 한다.
- 연가를 한다.
- 소호 리액터 또는 고저항 접지를 한다.
- 고속 차단 방식을 채용한다.
- 차폐선을 설치한다.

암기 통신선 측 유도 장해 방지 대책
- 중계코일을 설치한다.
- 연피케이블을 사용한다.
- 우수한 피뢰기, 배류코일을 설치한다.

274 ★★★
전력선과 통신선 간의 상호 정전 용량 및 상호 인덕턴스에 의해 발생되는 유도 장해로 옳은 것은?

① 정전 유도 장해 및 전자 유도 장해
② 전력 유도 장해 및 정전 유도 장해
③ 정전 유도 장해 및 고조파 유도 장해
④ 전자 유도 장해 및 고조파 유도 장해

해설
- 정전 유도 장해: 전력선과 통신선 간의 상호 정전 용량에 의해 발생
- 전자 유도 장해: 전력선과 통신선 간의 상호 인덕턴스에 의해 발생

275 ★★☆
통신선과 병행인 60[Hz]의 3상 1회선 송전선에서 1선 지락으로 110[A]의 영상 전류가 흐르고 있을 때 통신선에 유기되는 전자 유도 전압은 약 몇 [V]인가?(단, 영상 전류는 송전선 전체에 걸쳐 같은 크기이고, 통신선과 송전선의 상호 인덕턴스는 0.05[mH/km], 양 선로의 평행 길이는 55[km]이다.)

① 252
② 293
③ 342
④ 365

해설 전자 유도 전압
$$E_m = -j\omega Ml(3I_0) = -j2\pi \times 60 \times 0.05 \times 10^{-3} \times 55 \times 3 \times 110$$
$$= -j342.12[\text{V}]$$
$$\therefore |E_m| = 342.12[\text{V}]$$

| 정답 | 272 ② 273 ③ 274 ① 275 ③

276
선로의 커패시턴스와 무관한 것은? ★★☆

① 전자 유도
② 개폐 서지
③ 중성점 잔류 전압
④ 발전기 자기 여자 현상

해설

① 전자 유도 전압 $E_m = j\omega Ml(3I_0)[\text{V}]$ (M: 상호 인덕턴스)이므로 전자 유도 현상은 전력선과 통신선 간의 상호 인덕턴스 때문에 발생한다.
② 개폐 서지는 무부하 충전회로(C) 개로 시 최대이다.
③ 중성점 잔류 전압은 선로의 커패시턴스와 관련 있다.
$$E_n = \frac{\sqrt{C_a(C_a - C_b) + C_b(C_b - C_c) + C_c(C_c - C_a)}}{C_a + C_b + C_c} \times \frac{V}{\sqrt{3}}[\text{V}]$$
④ 자기 여자 현상은 선로의 정전 용량(C) 때문에 발전기의 기전력에 비해 단자 전압이 상승하는 현상이다.

전력 계통 이상 전압

1. 계통에서 발생하는 이상 전압의 분류
2. 진행파의 반사 현상과 투과 현상
3. 이상 전압 방지 대책
4. 개폐기

CBT 완벽대비 가능한 유형마스터 학습!

THEME	유형분석	관련 번호
THEME 01 계통에서 발생하는 이상 전압의 분류	내외부 이상 전압의 특징을 이해하고 있어야 이후 테마를 학습하는데 용이합니다.	277~285
THEME 02 진행파의 반사 현상과 투과 현상	반사 계수 및 투과 계수에 관한 공식을 암기하고 있으면 득점하기 용이합니다.	286~291
THEME 03 이상 전압 방지 대책	이상 전압 방지 대책, 피뢰기, 가공 지선을 키워드로 학습하면 좋습니다.	292~318
THEME 04 개폐기	차단기, 단로기 등 전력공학 과목에서 주요한 기기에 관한 내용이 많습니다. 확실한 학습을 추천합니다.	319~367

학습 효과를 높이는 N제 3회독 시스템

챕터 별 전체 1회독이 끝났다면 회독 체크표에 날짜를 기입하고 체크표시를 해주세요.

| 회독 체크표 | ☐ 1회독 | 월   일 | ☐ 2회독 | 월   일 | ☐ 3회독 | 월   일 |

CHAPTER 07 전력 계통 이상 전압

THEME 01 계통에서 발생하는 이상 전압의 분류

277 ★★☆
직격뢰에 대한 방호 설비로 가장 적당한 것은?

① 복도체
② 가공 지선
③ 서지 흡수기
④ 정전 방전기

해설
가공 지선은 직격뢰에 대한 차폐, 유도뢰에 대한 차폐, 통신선에 대한 전자 유도 장해 경감 등을 목적으로 시설한다.

278 ★★☆
전력 계통에서 내부 이상 전압의 크기가 가장 큰 경우는?

① 유도성 소전류 차단 시
② 수차 발전기의 부하 차단 시
③ 무부하 선로 충전 전류 차단 시
④ 송전 선로의 부하 차단기 투입 시

해설 내부 이상 전압(개폐 서지)
- 내부 이상 전압은 계통을 조작하거나 고장이 발생하였을 때 발생하며, 계통 조작 시 과도 현상으로 발생하는 이상전압은 투입 서지와 개방 서지로 구분된다.
- 일반적으로 투입 서지보다 개방 서지가 더 크며, 부하가 있는 회로를 차단(개방)하는 것보다 무부하 회로를 차단하는 경우가 더 큰 이상 전압을 발생시킨다.
- 이상 전압이 가장 큰 경우는 무부하 송전 선로의 충전 전류를 차단하는 경우이며, 이상 전압의 크기는 보통 상규 대지 전압의 3.5배 이하이다.

279 ★★★
송전 선로의 개폐 조작에 따른 개폐 서지에 관한 설명으로 틀린 것은?

① 회로를 투입할 때보다 개방할 때 더 높은 이상 전압이 발생한다.
② 부하가 있는 회로를 개방하는 것보다 무부하를 개방할 때 더 높은 이상 전압이 발생한다.
③ 이상 전압이 가장 큰 경우는 무부하 송전선로의 충전 전류를 차단할 때이다.
④ 이상 전압의 크기는 선로의 충전 전류 파고값에 대한 배수로 나타내고 있다.

해설 내부 이상 전압(개폐 서지)
- 내부 이상 전압은 계통을 조작하거나 고장이 발생하였을 때 발생하며, 계통 조작 시 과도 현상으로 발생하는 이상전압은 투입 서지와 개방 서지로 구분된다.
- 일반적으로 투입 서지보다 개방 서지가 더 크며, 부하가 있는 회로를 차단(개방)하는 것보다 무부하 회로를 차단하는 경우가 더 큰 이상 전압을 발생시킨다.
- 이상 전압이 가장 큰 경우는 무부하 송전 선로의 충전 전류를 차단하는 경우이며, 이상 전압의 크기는 보통 상규 대지 전압의 3.5배 이하이다.

280 ★★☆
송전 선로의 개폐 조작 시 발생하는 이상 전압에 관한 상황에서 옳은 것은?

① 개폐 이상 전압은 회로를 개방할 때보다 폐로할 때 더 크다.
② 개폐 이상 전압은 무부하 시보다 전부하일 때 더 크다.
③ 가장 높은 이상 전압은 무부하 송전선의 충전 전류를 차단할 때이다.
④ 개폐 이상 전압은 상규 대지 전압의 6배, 시간은 2~3초이다.

> **해설** 내부 이상 전압(개폐 서지)
> - 내부 이상 전압은 계통을 조작하거나 고장이 발생하였을 때 발생하며, 계통 조작 시 과도 현상으로 발생하는 이상전압은 투입 서지와 개방 서지로 구분된다.
> - 일반적으로 투입 서지보다 개방 서지가 더 크며, 부하가 있는 회로를 차단(개방)하는 것보다 무부하 회로를 차단하는 경우가 더 큰 이상 전압을 발생시킨다.
> - 이상전압이 가장 큰 경우는 무부하 송전 선로의 충전 전류를 차단하는 경우이며, 이상 전압의 크기는 보통 상규 대지 전압의 3.5배 이하이다.

281 ★★☆
개폐 서지의 이상 전압을 감쇄할 목적으로 설치하는 것은?

① 단로기   ② 차단기
③ 리액터   ④ 개폐 저항기

> **해설**
> 개폐 저항기는 차단기와 병렬로 설치되는 것으로서, 차단기의 차단 시 발생하는 개폐 서지(이상 전압)을 억제한다.

282 ★★☆
초고압용 차단기에서 개폐 저항기를 사용하는 이유는?

① 차단 전류 감소   ② 이상 전압 감소
③ 차단 속도 증진   ④ 차단 전류의 역률 개선

> **해설** 개폐 저항기
> 개폐 저항기는 차단기와 병렬로 설치하여 차단기 개방 시에 발생하는 개폐 서지(이상 전압)를 감소시킬 목적으로 설치한다.

283 ★★☆
송배전 선로에서 내부 이상 전압에 속하지 않는 것은?

① 개폐 이상 전압
② 유도뢰에 의한 이상 전압
③ 사고 시의 과도 이상 전압
④ 계통 조작과 고장 시의 지속 이상 전압

> **해설**
> - 외부 이상 전압: 직격뢰, 유도뢰
> - 내부 이상 전압: 차단기의 개폐 서지, 계통 사고 시 이상 전압

284 ★★☆
개폐 서지를 흡수할 목적으로 설치하는 것의 약어는?

① CT   ② SA
③ GIS   ④ ATS

> **해설**
> - SA(서지 흡수기): 개폐 서지로부터 기기 보호 목적
> - LA(피뢰기): 직격뢰(뇌서지)로부터 기기 보호 목적

285 ★☆☆
뇌서지와 개폐 서지의 파두장과 파미장에 대한 설명으로 옳은 것은?

① 파두장과 파미장이 모두 같다.
② 파두장은 같고 파미장이 다르다.
③ 파두장이 다르고 파미장은 같다.
④ 파두장과 파미장이 모두 다르다.

> **해설**
> 뇌서지는 직격뢰에 의한 이상 전압이고, 개폐서지는 차단기 개폐 시 발생하는 이상 전압이다. 두 서지파는 파두장과 파미장이 모두 다른 파형이 된다.

| 정답 | 280 ③ 281 ④ 282 ② 283 ② 284 ② 285 ④

THEME 02 진행파의 반사 현상과 투과 현상

286 ★★☆
파동 임피던스가 Z_1, Z_2인 두 선로가 접속되었을 때 전압파의 반사 계수는?

① $\dfrac{2Z_2}{Z_1+Z_2}$ ② $\dfrac{Z_2-Z_1}{Z_1+Z_2}$

③ $\dfrac{2Z_1}{Z_1+Z_2}$ ④ $\dfrac{Z_1-Z_2}{Z_1+Z_2}$

해설

반사 계수 $\beta = \dfrac{Z_2-Z_1}{Z_1+Z_2}$

(여기서 Z_1: 전원 측 임피던스[Ω], Z_2: 부하 측 임피던스[Ω])

287 ★★☆
파동 임피던스 $Z_1 = 600[\Omega]$인 선로 종단에 파동 임피던스 $Z_2 = 1,300[\Omega]$의 변압기가 접속되어 있다. 지금 선로에서 파고 $e_1 = 900[\text{kV}]$의 전압이 진입하였다면 접속점에서의 전압의 반사파는 약 몇 [kV]인가?

① 530 ② 430
③ 330 ④ 230

해설

반사 계수 $\beta = \dfrac{Z_2-Z_1}{Z_2+Z_1} = \dfrac{e_r}{e_1}$에서

전압의 반사파 $e_r = \dfrac{Z_2-Z_1}{Z_2+Z_1} e_1$

$= \dfrac{1,300-600}{1,300+600} \times 900 = 331.6[\text{kV}]$

288 ★★☆
파동 임피던스 $Z_1 = 500[\Omega]$인 선로에 파동 임피던스 $Z_2 = 1,500[\Omega]$인 변압기가 접속되어 있다. 선로로부터 $600[\text{kV}]$의 전압파가 들어왔을 때, 접속점에서의 투과파 전압[kV]은?

① 300 ② 600
③ 900 ④ 1,200

해설

투과 계수 $\alpha = \dfrac{2Z_2}{Z_1+Z_2}$에서 구하고자 하는 투과파 전압은

$\dfrac{2 \times 1,500}{500+1,500} \times 600 = 900[\text{kV}]$

289 ★★☆
서지파(진행파)가 서지 임피던스 Z_1의 선로 측에서 서지 임피던스 Z_2의 선로 측으로 입사할 때 투과 계수(투과파 전압 ÷ 입사파 전압) b를 나타내는 식은?

① $b = \dfrac{Z_2-Z_1}{Z_1+Z_2}$ ② $b = \dfrac{2Z_2}{Z_1+Z_2}$

③ $b = \dfrac{Z_1-Z_2}{Z_1+Z_2}$ ④ $b = \dfrac{2Z_1}{Z_1+Z_2}$

해설

- 반사 계수 $\beta = \dfrac{Z_2-Z_1}{Z_1+Z_2}$
- 투과 계수 $b = \dfrac{2Z_2}{Z_1+Z_2}$

290 ★★☆

임피던스 Z_1, Z_2 및 Z_3을 그림과 같이 접속한 선로의 A쪽에서 전압파 E가 진행해 왔을 때 접속점 B에서 무반사로 되기 위한 조건은?

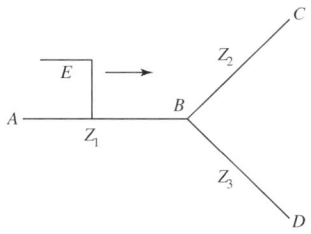

① $Z_1 = Z_2 + Z_3$
② $\dfrac{1}{Z_3} = \dfrac{1}{Z_1} + \dfrac{1}{Z_2}$
③ $\dfrac{1}{Z_1} = \dfrac{1}{Z_2} + \dfrac{1}{Z_3}$
④ $\dfrac{1}{Z_2} = \dfrac{1}{Z_1} + \dfrac{1}{Z_3}$

해설

무반사 조건: 전선 접속점의 좌측과 우측 전선의 임피던스가 같아야 한다.

$$Z_1 = \dfrac{Z_2 Z_3}{Z_2 + Z_3}$$

위 식에서 역수를 취하면

$$\dfrac{1}{Z_1} = \dfrac{Z_2 + Z_3}{Z_2 Z_3} = \dfrac{1}{Z_2} + \dfrac{1}{Z_3}$$

291 ★★☆

파동 임피던스 $Z_1 = 500[\Omega]$, $Z_2 = 300[\Omega]$인 두 무손실 선로 사이에 그림과 같이 저항 R을 접속하였다. 제1선로에서 구형파가 진행하여 왔을 때 무반사로 하기 위한 R의 값은 몇 $[\Omega]$인가?

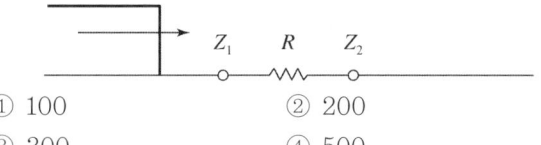

① 100
② 200
③ 300
④ 500

해설

반사 계수는 $\beta = \dfrac{Z_L - Z_0}{Z_L + Z_0}$ 이므로 무반사가 되기 위해서는 $Z_L = Z_0$이면 된다. 이때, $Z_L = Z_1 = 500[\Omega]$이고 $Z_0 = Z_2 + R = 300 + R[\Omega]$이므로, $500 = 300 + R$에서 $R = 200[\Omega]$이다.

THEME 03 이상 전압 방지 대책

292 ★★★

접지봉으로 탑각의 접지 저항값을 희망하는 접지 저항값까지 줄일 수 없을 때 사용하는 것은?

① 가공 지선
② 매설 지선
③ 크로스본드선
④ 차폐선

해설

매설 지선은 탑각의 접지 저항을 낮추어 역섬락을 방지하기 위하여 설치한다.

참고 역섬락(Back-flashover)
- 철탑의 접지 저항이 높아 철탑 전위의 파고값이 상승하여 애자를 통해 송전 선로로 방전되는 것
- 대책: 매설 지선 설치로 탑각 접지 저항을 감소시킴

293 ★★★

송전 선로에서 가공 지선을 설치하는 목적이 아닌 것은?

① 뇌(雷)의 직격을 받을 경우 송전선 보호
② 유도뢰에 의한 송전선의 고전위 방지
③ 통신선에 대한 전자 유도 장해 경감
④ 철탑의 접지 저항 경감

해설 가공 지선 설치 목적
- 직격뢰 차폐
- 유도뢰 차폐
- 통신선의 전자 유도 장해 경감

탑각 접지 저항값을 줄이는 것은 매설 지선의 역할이다.

| 정답 | 290 ③ 291 ② 292 ② 293 ④

294 ★★☆
송전선에서 뇌격에 대한 차폐 등을 위해 가선하는 가공 지선에 대한 설명으로 옳은 것은?

① 차폐각은 보통 15~30° 정도로 하고 있다.
② 차폐각이 클수록 벼락에 대한 차폐효과가 크다.
③ 가공 지선을 2선으로 하면 차폐각이 적어진다.
④ 가공 지선으로는 연동선을 주로 사용한다.

해설
차폐각은 보통 30°~45° 정도로 하고 있다. 차폐 효과를 크게 하려면 차폐각을 작게 설정해야 한다. 이를 위해 가공 지선을 2선으로 한다.

295 ★★★
송전 선로에서 역섬락을 방지하는 가장 유효한 방법은?

① 피뢰기를 설치한다.
② 가공 지선을 설치한다.
③ 소호각을 설치한다.
④ 탑각 접지 저항을 작게 한다.

해설 매설 지선
매설 지선은 철탑 상부에 설치된 가공 지선을 접지할 때 사용한다. 탑각 접지 저항 값을 줄여 송전 선로의 역섬락 사고를 방지하는 가장 유효한 방법이다.

296 ★★★
송전 선로에 낙뢰를 방지하기 위하여 설치하는 것은?

① 댐퍼　　　　② 초호환
③ 가공 지선　　④ 애자

해설
가공 지선
• 직격뢰 차폐
• 유도뢰 차폐
• 통신선의 전자 유도 장해 경감
가공 지선은 철탑의 최상부에 설치하여 직격뢰 및 유도뢰로부터 송전 선로를 보호한다.

297 ★★☆
가공 지선에 대한 설명 중 틀린 것은?

① 유도뢰 서지에 대하여도 그 가설 구간 전체에 사고 방지의 효과가 있다.
② 직격뢰에 대하여 특히 유효하며 탑 상부에 시설하므로 뇌는 주로 가공 지선에 내습한다.
③ 송전선의 1선 지락 시 지락 전류의 일부가 가공 지선에 흘러 차폐 작용을 하므로 전자 유도 장해를 적게 할 수 있다.
④ 가공 지선 때문에 송전 선로의 대지 정전 용량이 감소하므로 대지 사이에 방전할 때 유도 전압이 특히 커서 차폐 효과가 좋다.

해설 가공 지선
• 직격뢰 차폐
• 유도뢰 차폐
• 통신선의 전자 유도 장해 경감

298 ★★★
송전 선로의 뇌해 방지와 관계없는 것은?

① 댐퍼　　　　② 피뢰기
③ 매설 지선　　④ 가공 지선

해설 직격뢰로부터 전력선을 보호하는 뇌해 방지 장치
• 가공 지선
• 매설 지선
• 피뢰기
댐퍼는 전선의 진동을 방지하기 위해 설치한다.

299

송전 선로에 매설 지선을 설치하는 주된 목적은? ★★★

① 철탑 기초의 강도를 보강하기 위하여
② 직격뢰로부터 송전선을 차폐 보호하기 위하여
③ 현수 애자 1련의 전압 분담을 균일화하기 위하여
④ 철탑으로부터 송전 선로의 역섬락을 방지하기 위하여

해설 매설 지선

매설 지선은 철탑 상부에 설치된 가공 지선을 접지할 때 사용한다. 탑각 접지 저항 값을 줄여 송전 선로의 역섬락 사고를 방지한다.

300

가공 지선을 설치하는 주된 목적은? ★★☆

① 뇌해 방지
② 전선의 진동 방지
③ 철탑의 강도 보강
④ 코로나의 발생 방지

해설 가공 지선의 역할

- 직격뢰 차폐
- 유도뢰 차폐
- 통신선의 전자 유도 장해 경감

가공 지선은 철탑의 최상부에 설치하여 직격뢰 및 유도뢰로부터 송전 선로를 보호한다.

301

직격뢰에 대한 방호 설비로 가장 적당한 것은 어느 것인가? ★★★

① 복도체 ② 가공 지선
③ 서지 흡수기 ④ 정전 방전기

해설

- 가공 지선: 직격뢰 및 유도뢰로부터 전력선 보호
- 서지 흡수기: 내부 이상 전압 억제

302

유도뢰에 대한 차폐에서 가공 지선이 있을 경우 전선상에 유기되는 전하를 q_1, 가공 지선이 없을 때 유기되는 전하를 q_0라 할 때 가공 지선의 보호율을 구하면? ★☆☆

① $\dfrac{q_0}{q_1}$ ② $\dfrac{q_1}{q_0}$

③ $q_1 \times q_0$ ④ $q_1 - \mu_s q_0$

해설 가공 지선의 보호율

$$m = \frac{\text{가공 지선이 있을 경우의 유기 전하}(q_1)}{\text{가공 지선이 없을 경우의 유기 전하}(q_0)}$$

303

피뢰기에 대한 설명으로 틀린 것은? ★★★

① 송전 계통의 절연 보호 레벨 중 가장 낮다.
② 제한전압은 피뢰기 동작 중 단자 전압의 파고치이다.
③ 정격 전압은 속류를 차단할 수 있는 교류 최대 전압이다.
④ 상용 주파 방전 개시 전압이 낮아야 한다.

해설 피뢰기(LA)

- 충격 방전 개시 전압이 낮고, 상용 주파 방전 개시 전압은 높아야 한다.
- 피뢰기 동작 중 단자 전압의 파고치인 제한 전압은 낮아야 한다.
- 피뢰기 정격 전압은 속류가 차단되는 최대의 교류 전압(실효값)이다.
- 피뢰기의 제한 전압은 절연 협조의 기준이 된다.
  (피뢰기 제한 전압 < 변압기 < 결합 콘덴서 < 선로 애자)

304 ★★☆
피뢰기의 제한 전압이란?

① 피뢰기의 정격 전압
② 상용 주파수의 방전 개시 전압
③ 피뢰기 동작 중 단자 전압의 파고치
④ 속류의 차단이 되는 최고의 교류 전압

해설 피뢰기 제한 전압
- 피뢰기 동작 중, 즉 충격파 전류가 흐르고 있을 때의 피뢰기 단자간 전압(파고치)을 말한다.
- 피뢰기의 제한 전압은 절연 협조의 기준이 된다.
  (피뢰기 제한 전압 < 변압기 < 결합 콘덴서 < 선로 애자)

305 ★★★
다음 중 피뢰기를 가장 적절하게 설명한 것은?

① 동요 전압의 파두, 파미의 파형의 준도를 저감하는 것
② 이상 전압이 내습하였을 때 방전에 의해 이상 전압을 경감시키는 것
③ 뇌동요 전압의 파고를 저감하는 것
④ 1선이 지락될 때 아크를 소멸시키는 것

해설 피뢰기(LA)
피뢰기는 이상 전압 내습 시 이를 신속히 대지로 방전하여 전압 상승을 억제하고, 속류를 차단하여 기기나 선로를 보호하는 역할을 한다.

306 ★★☆
유효 접지 계통에서 피뢰기의 정격 전압을 결정하는 데 가장 중요한 요소는?

① 선로 애자련의 충격 섬락 전압
② 내부 이상 전압 중 과도 이상 전압의 크기
③ 유도뢰의 전압의 크기
④ 1선 지락 고장 시 건전상의 대지 전위

해설
피뢰기의 정격 전압은 피뢰기가 동작하지 않는 상태에서 피뢰기 양단 간의 전압이므로, 1선 지락 고장 시 건전상의 대지 전위가 어느 정도 되는가를 파악하여 결정하여야 한다.

307 ★★★
이상 전압의 파고 값을 저감시켜 전력 사용 설비를 보호하기 위하여 설치하는 것은?

① 초호환   ② 피뢰기
③ 계전기   ④ 접지봉

해설
피뢰기(LA)
피뢰기는 이상 전압 내습 시 이를 신속히 대지로 방전하여 전압 상승을 억제하고, 속류를 차단하여 기기나 선로를 보호하는 역할을 한다.

308 ★☆☆
변전소, 발전소 등에 설치하는 피뢰기에 대한 설명 중 틀린 것은?

① 방전 전류는 뇌충격 전류의 파고값으로 표시한다.
② 피뢰기의 직렬갭은 속류를 차단 및 소호하는 역할을 한다.
③ 정격 전압은 상용 주파수 정현파 전압의 최고 한도를 규정한 순시값이다.
④ 속류란 방전 현상이 실질적으로 끝난 후에도 전력 계통에서 피뢰기에 공급되어 흐르는 전류를 말한다.

해설 피뢰기의 정격 전압
속류를 차단할 수 있는 최대 교류 전압의 실효치

309 ★★★
피뢰기의 충격 방전 개시 전압은 무엇으로 표시하는가?

① 직류 전압의 크기   ② 충격파의 평균치
③ 충격파의 최대치   ④ 충격파의 실효치

해설
피뢰기의 충격 방전 개시 전압은 충격파의 최댓값에서 기기의 절연이 위협이 되므로 반드시 최대치로 표시한다.

| 정답 | 304 ③ | 305 ② | 306 ④ | 307 ② | 308 ③ | 309 ③ |

310
전력용 피뢰기에서 직렬갭의 주된 사용 목적은? ★★★

① 충격 방전 개시 전압을 높게 하기 위함
② 방전 내량을 크게 하고 장시간 사용하여도 열화를 적게 하기 위함
③ 상시는 누설 전류를 방지하고, 충격파 방전 종료 후에는 속류를 즉시 차단하기 위함
④ 충격파가 침입할 때 대지에 흐르는 방전 전류를 크게 하여 제한 전압을 낮게 하기 위함

해설 피뢰기(LA)의 직렬갭
- 평상시에는 누설 전류가 흐르는 것을 방지하여 정상 전력 공급을 하는 데 지장이 없도록 한다.
- 충격파 전류가 침입하면 즉시 방전하고 속류를 차단한다.

311
피뢰기의 구비 조건이 아닌 것은? ★★★

① 속류의 차단 능력이 충분할 것
② 충격 방전 개시 전압이 높을 것
③ 상용 주파 방전 개시 전압이 높을 것
④ 방전 내량이 크고 제한 전압이 낮을 것

해설 피뢰기의 구비 조건
- 충격 방전 개시 전압이 낮을 것
- 상용 주파 방전 개시 전압이 높을 것
- 방전 내량이 크면서 제한 전압이 낮을 것
- 속류의 차단 능력이 충분할 것

312
피뢰기가 방전을 개시할 때의 단자 전압의 순시값을 방전 개시 전압이라 한다. 방전 중의 단자 전압의 파고값을 무엇이라 하는가? ★★★

① 속류
② 제한 전압
③ 기준 충격 절연 강도
④ 상용 주파 허용 단자 전압

해설
피뢰기의 제한 전압은 피뢰기 방전 중에 피뢰기 양단에 걸리는 최대 전압으로 절연 협조의 기본이 된다.

313
우리나라 22.9[kV] 배전 선로에 적용하는 피뢰기의 공칭 방전 전류[A]는? ★★☆

① 1,500
② 2,500
③ 5,000
④ 10,000

해설 피뢰기의 공칭 방전 전류
- 배전선로, 22.9[kV] 이하: 2,500[A]
- 66[kV] 이하, 뱅크 용량이 3,000[kVA] 이하: 5,000[A]
- 154[kV] 이상: 10,000[A]

314
외뢰(外雷)에 대한 주 보호 장치로서 송전 계통의 절연 협조의 기본이 되는 것은? ★★☆

① 애자
② 변압기
③ 차단기
④ 피뢰기

해설
절연 협조의 기본이 되는 것은 피뢰기의 제한 전압이다.

315 ★★★
피뢰기의 직렬갭의 작용은?

① 이상 전압의 진행파를 증가시킨다.
② 상용 주파수의 전류를 방전시킨다.
③ 이상 전압의 파고치를 저감시킨다.
④ 이상 전압이 내습하면 뇌전류를 방전하고, 속류를 차단하는 역할을 한다.

해설 피뢰기
피뢰기에서 직렬갭은 이상 전압 침입 시 재빨리 뇌전류를 대지에 방전시키고, 그 후에 흐르는 정상적인 전류인 속류는 즉시 차단한다.

316 ★★★
철탑의 접지 저항이 커지면 가장 크게 우려되는 문제점은?

① 정전 유도   ② 역섬락 발생
③ 코로나 증가   ④ 차폐각 증가

해설
역섬락
철탑의 접지 저항 값이 크면 직격뢰가 애자를 통하여 전력선으로 방전하는 역섬락 사고가 발생하므로 매설 지선으로 탑각 접지 저항 값을 줄여 역섬락을 방지한다.

317 ★★★
가공 전선과 전력선 간의 역섬락이 생기기 쉬운 경우는?

① 선로 손실이 큰 경우
② 철탑의 접지 저항이 큰 경우
③ 선로 정수가 균일하지 않은 경우
④ 코로나 현상이 발생하는 경우

해설 역섬락
철탑의 접지 저항 값이 크면 직격뢰가 애자를 통해 전력선으로 방전하는 역섬락 사고가 발생하므로 매설 지선으로 접지 저항 값을 줄여 역섬락을 방지한다.

318 ★☆☆
$154[\text{kV}]$ 송전 선로의 철탑에 $90[\text{kA}]$의 직격 전류가 흐를 때 역섬락을 일으키지 않을 탑각 접지 저항으로 적합한 것은? (단, $154[\text{kV}]$의 송전선에서 1련의 애자수는 9개를 사용하였고, 이때 애자의 섬락 전압은 $860[\text{kV}]$이다.)

① 9   ② 14
③ 17   ④ 21

해설
역섬락은 탑각 접지 저항에 의한 전압 강하가 애자의 섬락전압보다 클 때 애자를 통해 철탑에서 전선 쪽으로 발생한다. 따라서 역섬락을 일으키지 않으려면 탑각 접지 저항(R)에 의한 전압 강하를 애자의 섬락 전압보다 작게 해야한다.
$90[\text{kA}] \times R < 860[\text{kV}]$에서 $R < \dfrac{860}{90} = 9.56[\Omega]$

THEME 04 개폐기

319 ★★★
3상용 차단기의 정격 차단 용량은 그 차단기의 정격전압과 정격 차단 전류와의 곱을 몇 배 한 것인가?

① $\dfrac{1}{\sqrt{2}}$ ② $\dfrac{1}{\sqrt{3}}$
③ $\sqrt{2}$ ④ $\sqrt{3}$

해설 3상용 차단기 정격 용량
$P_s = \sqrt{3}\, V_n I_s\,[\text{MVA}]$
(단, V_n: 정격 전압[kV], I_s: 정격 차단 전류[kA])

320 ★★☆
수변전 설비에서 변압기의 1차 측에 설치하는 차단기의 용량은 어느 것에 의하여 정하는가?

① 변압기 용량
② 수전 계약 용량
③ 공급 측 단락 용량
④ 부하 설비 용량

해설 차단기의 차단 용량은 그 지점에서의 단락 용량에 의해 결정되므로, 수변전 설비 1차 측에 설치되는 차단기 용량은 공급 측 단락 용량 이상으로 한다.

321 ★★★
차단기와 차단기의 소호 매질이 틀리게 연결된 것은?

① 유입 차단기 – 절연유
② 가스 차단기 – SF_6
③ 자기 차단기 – 진공
④ 공기 차단기 – 압축 공기

해설 자기 차단기는 전자력을 이용하여 차단 시 발생하는 아크를 소호 장치(아크 슈트)에 밀어 넣어 소호하며, 대기 중에서 차단이 이루어진다.

322 ★★☆
차단기에서 O–t_1–CO–t_2–CO의 주기로 나타내는 것은? (단, O(Open)는 차단 동작 t_1, t_2는 시간 간격 C(Close)는 투입 동작 CO(Close and Open)는 투입 직후 차단 동작이다.)

① 차단기 동작 책무 ② 차단기 속류 주기
③ 차단기 재폐로 계수 ④ 차단기 전압 시간

해설 차단기 동작 책무
• 일반형: O–1분–CO–3분–CO
• 고속도 재투입형: O–t초–CO–1분–CO

323 ★★★
SF_6가스 차단기의 설명으로 적절하지 않은 것은?

① SF_6가스는 절연 내력이 공기보다 크다.
② 개폐 시의 소음이 작다.
③ 근거리 고장 등 가혹한 재기 전압에 대해서 우수하다.
④ 아크에 의해 SF_6가스는 분해되어 유독가스를 발생시킨다.

해설 가스 차단기
• SF_6 가스는 무색, 무취 및 무독성 기체이다.
• SF_6 가스의 절연 내력은 공기의 2~3배, 아크 소호 능력은 공기의 100~200배이다.
• 밀폐형 구조이므로 소음이 거의 없다.
• 근거리 고장 등 가혹한 재기 전압에도 성능이 우수하다.

324 ★★★
소호 원리에 따른 차단기의 종류 중에서 소호실에서 아크에 의한 절연유 분해 가스의 흡부력(吸付力)을 이용하여 차단하는 것은?

① 유입 차단기 ② 기중 차단기
③ 자기 차단기 ④ 가스 차단기

해설 소호 방식에 따른 차단기의 종류
- 유입 차단기: 절연유 소호
- 자기 차단기: 자기력 소호
- 진공 차단기: 진공 상태에서 소호
- 가스 차단기: SF_6 가스의 소호

325 ★★★
접촉자가 외기(外氣)로부터 격리되어 있어 아크에 의한 화재의 염려가 없으며 소형, 경량으로 구조가 간단하고 보수가 용이하며 진공 중의 아크 소호 능력을 이용하는 차단기는?

① 유입 차단기 ② 진공 차단기
③ 공기 차단기 ④ 가스 차단기

해설 진공 차단기(VCB)
- 진공 상태에서 아크의 급격한 확산 효과를 이용하여 소호
- 고속도 개폐가 가능하고 차단 성능이 우수
- 수명이 길다.
- 개폐 서지가 발생하므로 진공 차단기 2차 측에 서지 흡수기를 설치

326 ★★★
다음 중 VCB의 소호 원리로 맞는 것은?

① 압축된 공기를 아크에 불어 넣어서 차단
② 절연유 분해 가스의 흡부력을 이용해서 차단
③ 고진공에서 전자의 고속도 확산에 의해 차단
④ 고성능 절연 특성을 가진 가스를 이용하여 차단

해설 진공 차단기(VCB)
- 진공 상태에서의 아크의 급격한 확산 효과를 이용하여 소호
- 고속도 개폐가 가능하고 차단 성능이 우수
- 수명이 길다.
- 개폐 서지가 발생하므로 진공 차단기 2차 측에 서지 흡수기를 설치

327 ★★☆
차단기 정격 전압별 정격 차단시간이 옳지 않게 나열된 것은?

① $170[kV]$, $3[cycle]$
② $72.5[kV]$, $5[cycle]$
③ $25.8[kV]$, $5[cycle]$
④ $362[kV]$, $1[cycle]$

해설 차단기 정격 전압 및 차단시간

공칭전압[kV]	정격 전압[kV]	차단시간[cycle]
22.9	25.8	5
66	72.5	5
154	170	3
345	362	3
765	800	2

328 ★★★
정격 전압 $7.2[kV]$, 정격 차단 용량 $100[MVA]$인 3상 차단기의 정격 차단 전류는 약 몇 $[kA]$인가?

① 4 ② 6
③ 7 ④ 8

해설
3상 차단기의 정격 차단 용량 $P_s = \sqrt{3}\, V_n I_s [MVA]$
(여기서, V_n: 정격 전압[kV], I_s: 정격 차단 전류[kA])
따라서 정격 차단 전류는
$$I_s = \frac{P_s}{\sqrt{3}\, V_n} = \frac{100}{\sqrt{3} \times 7.2} = 8.02[kA]$$

| 정답 | 324 ① | 325 ② | 326 ③ | 327 ④ | 328 ④ |

329 ★★★
3상용 차단기의 정격 차단 용량은?

① $\sqrt{3}$ × 정격 전압 × 정격 차단 전류
② $\sqrt{3}$ × 정격 전압 × 정격 전류
③ 3 × 정격 전압 × 정격 차단 전류
④ 3 × 정격 전압 × 정격 전류

해설 3상용 차단기의 정격 차단 용량
$P_s = \sqrt{3}\,V_n I_s\,[\text{MVA}]$
(여기서, V_n: 정격 전압[kV], I_s: 정격 차단 전류[kA])

330 ★★☆
차단기의 차단 능력이 가장 가벼운 것은?

① 중성점 직접 접지 계통의 지락 전류 차단
② 중성점 저항 접지 계통의 지락 전류 차단
③ 송전 선로의 단락 사고 시의 단락 사고 차단
④ 중성점을 소호 리액터로 접지한 장거리 송전 선로의 지락 전류 차단

해설
소호 리액터 접지방식은 지락 전류가 가장 적기 때문에 차단기의 책무가 작다.

331 ★★☆
6[kV]급의 소내 전력 공급용 차단기로 현재 가장 많이 채택하는 것은?

① OCB
② GCB
③ VCB
④ ABB

해설
VCB(진공 차단기)는 소호 능력이 우수하고 가격이 비교적 저렴하여 22.9[kV] 이하의 수변전 설비에서 소내 전력 공급용으로 많이 사용한다.

332 ★★★
변전소의 가스 차단기에 대한 설명으로 틀린 것은?

① 근거리 차단에 유리하지 못하다.
② 불연성이므로 화재의 위험성이 적다.
③ 특고압 계통의 차단기로 많이 사용된다.
④ 이상 전압의 발생이 적고 절연 회복이 우수하다.

해설 가스 차단기(GCB)
- 근거리 차단에도 우수한 차단 성능을 가진다.
- 불연성의 기체(SF_6)를 사용하므로 화재의 위험성이 적다.
- 이상 전압의 발생이 적고 절연 회복이 우수하다.
- 특고압 계통(22.9[kV])의 차단기로 사용된다.

333 ★★★

10,000[kVA] 기준으로 등가 임피던스가 0.4[%]인 발전소에 설치될 차단기의 차단 용량은 몇 [MVA]인가?

① 1,000
② 1,500
③ 2,000
④ 2,500

해설 차단기의 차단 용량

$P_s = \dfrac{100}{\%Z}P_n = \dfrac{100}{0.4} \times 10,000 \times 10^{-3}$
$= 2,500[\text{MVA}]$

334 ★★★

차단기가 전류를 차단할 때, 재점호가 일어나기 쉬운 차단 전류는?

① 동상 전류
② 지상 전류
③ 진상 전류
④ 단락 전류

해설
재점호가 일어나기 쉬운 경우는 전류가 전압보다 위상이 90°앞선 진상 전류의 조건일 때이며 이때 이상 전압이 발생하기 쉽다.

335 ★★☆

차단기의 정격 차단 시간을 설명한 것으로 옳은 것은?

① 계기용 변성기로부터 고장 전류를 감지한 후 계전기가 동작할 때까지의 시간
② 차단기가 트립 지령을 받고 트립 장치가 동작하여 전류 차단을 완료할 때까지의 시간
③ 차단기의 개극(발호)부터 이동 행정 종료 시까지의 시간
④ 차단기 가동 접촉자 시동부터 아크 소호가 완료될 때까지의 시간

해설 차단기의 정격 차단 시간
차단기의 정격 차단 시간은 차단기의 트립 코일 여자 순간부터 아크가 완전히 소호될 때까지의 시간(보통 3~8 사이클)이다.

336 ★★★

부하 전류 및 단락 전류를 모두 개폐할 수 있는 스위치는?

① 단로기
② 차단기
③ 선로 개폐기
④ 전력 퓨즈

해설
차단기는 부하 전류를 안전하게 통전하고 사고 시 차단하여 전로나 기기를 보호한다.

337 ★☆☆

차단기에서 정격 차단 시간의 표준이 아닌 것은?

① 3[Hz]
② 5[Hz]
③ 8[Hz]
④ 10[Hz]

해설
차단기의 정격 차단 시간은 보통 3~8[Hz] 범위이다.

338 ★★☆

송전선에서 재폐로 방식을 사용하는 목적은?

① 역률 개선
② 안정도 증진
③ 유도 장해의 경감
④ 코로나 발생 방지

해설 재폐로 방식
재폐로 방식은 사고 발생 시 차단기를 즉시 개방시키고 사고 제거 후 다시 투입하는 동작을 자동적으로 행하는 방식이다. 정전 시간을 최소화하여 계통의 안정도를 증대시키는 효과가 있다.

| 정답 | 333 ④ 334 ③ 335 ② 336 ② 337 ④ 338 ②

339 ★★★
배전 계통에서 사용하는 고압용 차단기의 종류가 아닌 것은?

① 기중 차단기(ACB)
② 공기 차단기(ABB)
③ 진공 차단기(VCB)
④ 유입 차단기(OCB)

해설 고압용 차단기 종류
- VCB(진공 차단기)
- MBB(자기 차단기)
- ABB(공기 차단기)
- OCB(유입 차단기)
- GCB(가스 차단기)

ACB(기중 차단기)는 소호 매질을 일반 대기 상태에서 자연 소호 원리를 적용한다. 고압에서는 소호 능력이 작아 사용하지 못하고 주로 저압용으로 사용되는 차단기이다.

340 ★★☆
차단기의 정격 차단 시간은?

① 고장 발생부터 소호까지의 시간
② 트립 코일 여자부터 소호까지의 시간
③ 가동 접촉자의 개극부터 소호까지의 시간
④ 가동 접촉자의 동작 시간부터 소호까지의 시간

해설 차단기의 정격 차단 시간
트립 코일 여자부터 소호까지의 시간으로서 보통 3~8[cycle] 정도이다.

341 ★★★
3상용 차단기의 정격 전압은 170[kV]이고 정격 차단 전류가 50[kA]일 때 차단기의 정격 차단 용량은 약 몇 [MVA]인가?

① 5,000
② 10,000
③ 15,000
④ 20,000

해설 3상 차단기의 정격 차단 용량
$P_s = \sqrt{3}\, V_n I_s = \sqrt{3} \times 170 \times 50 = 14{,}722 [\text{MVA}]$

342 ★★★
진공 차단기의 특징에 적합하지 않은 것은?

① 화재 위험이 거의 없다.
② 소형, 경량이고 조작 기구가 간단하다.
③ 동작 시 소음이 크지만 소호실의 보수가 거의 필요하지 않다.
④ 차단 시간이 짧고 차단 성능이 회로 주파수의 영향을 받지 않는다.

해설 진공 차단기(VCB)
- 진공 상태에서의 낮은 압력에서 아크가 확산 소호되는 원리를 이용한 차단기이다.
- 소호실이 진공 상태의 밀폐 구조이므로 소음이 적다.
- 차단 능력이 우수하고 가격이 싸다.
- 소형, 경량이다.
- 화재의 우려가 적다.

343 ★★☆
차단기의 정격 투입 전류란 투입되는 전류의 최초 주파수의 어느 값을 말하는가?

① 평균값
② 최댓값
③ 실효값
④ 직류값

해설 정격 투입 전류
차단기의 투입 전류의 최초 주파수의 최댓값으로 표시되며 크기는 정격 차단 전류(실효값)의 2.5배를 표준으로 한다.

344 ★★☆
분기 회로용으로 개폐기 및 자동 차단기의 두 가지 역할을 수행하는 것은?

① 기중 차단기
② 진공 차단기
③ 전력용 퓨즈
④ 배선용 차단기

해설
배선용 차단기는 주로 저압 배전 선로의 분기 회로 개폐 및 자동 차단기의 역할을 수행한다.

345 ★★★
전력 계통에서 사용되고 있는 GCB(Gas Circuit Breaker)용 가스는?

① N_2 가스
② SF_6 가스
③ 아르곤 가스
④ 네온 가스

해설
GCB(가스 차단기)의 소호 가스로는 소호 능력이 뛰어난 SF_6(육불화 유황) 가스를 사용한다.

암기 SF_6 가스의 특징
- 절연성 및 안정성이 우수하다.
- 무독, 무취, 무색의 가스이다.
- 소호능력이 공기의 약 100배여서 특성이 우수하다.

346 ★★★
차단기와 아크 소호 원리가 바르지 않은 것은?

① OCB: 절연유에 분해 가스 흡부력 이용
② VCB: 공기 중 냉각에 의한 아크 소호
③ ABB: 압축 공기를 아크에 불어 넣어서 차단
④ MBB: 전자력을 이용하여 아크를 소호실 내로 유도하여 냉각

해설
VCB(진공 차단기)는 고진공 상태에서의 아크의 급속적인 확산을 이용하여 소호 작용을 한다.

347 ★★☆
차단기의 동작 책무에 의한 차단기를 재투입할 경우 전자 또는 기계력에 의한 반발력을 견뎌야 한다. 차단기의 정격 투입 전류는 정격 차단 전류의 몇 배 이상을 선정하여야 하는가?

① 1.2
② 1.5
③ 2.2
④ 2.5

해설 정격 투입 전류
차단기의 정격 투입 전류란 차단기를 투입할 때의 최초 주파수의 최댓값이다. 보통 정격 차단 전류(실효값)의 2.5배 이상으로 한다.

| 정답 | 343 ② 344 ④ 345 ② 346 ② 347 ④

348 ★★☆

충전된 콘덴서의 에너지에 의해 트립되는 방식으로 정류기, 콘덴서 등으로 구성되어 있는 차단기의 트립 방식은?

① 과전류 트립 방식
② 콘덴서 트립 방식
③ 직류 전압 트립 방식
④ 부족 전압 트립 방식

해설
콘덴서 트립 방식(CTD)은 평상시에 콘덴서에 전하를 충전시킨 후 차단기 트립 시에 콘덴서에 충전된 전하를 방전시키면서 트립시키는 방식이다.

349 ★★★

공기 차단기에 비해 SF_6 가스 차단기의 특징으로 볼 수 없는 것은?

① 밀폐된 구조이므로 소음이 없다.
② 소전류 차단 시 이상 전압이 높다.
③ 아크에 SF_6 가스는 분해되지 않고 무독성이다.
④ 같은 압력에서 공기의 2~3배 정도의 절연 내력이 있다.

해설 가스 차단기(VCB)
가스 차단기는 다른 차단기에 비해 차단 성능이 우수하여 비교적 값이 작은 소전류를 차단할 때에도 이상 전압이 거의 없는 편이다.

350 ★★★

부하 전류 차단이 불가능한 전력 개폐 장치는?

① 진공 차단기
② 유입 차단기
③ 단로기
④ 가스 차단기

해설
- 단로기는 선로로부터 기기를 분리, 구분, 변경할 때 사용하는 개폐 장치이다.
- 단로기(DS)는 아크 소호 능력이 없어 부하 전류 및 고장전류의 차단은 불가능하다.
- 차단기와 단로기 조작 순서(인터록 장치)
  - 투입 시: 단로기(DS) 투입 → 차단기(CB) 투입
  - 차단 시: 차단기(CB) 개방 → 단로기(DS) 개방

351 ★★☆

전기 공급 시 사람의 감전, 전기 기계류의 손상을 방지하기 위한 시설물이 아닌 것은?

① 보호용 개폐기
② 축전지
③ 과전류 차단기
④ 누전 차단기

해설
축전지는 직류 전기를 저장하는 장치이며 보호 장치는 아니다.

352 ★★★

단로기에 대한 다음 설명 중 옳지 않은 것은?

① 소호 장치가 있어서 아크를 소멸시킨다.
② 회로를 분리하거나, 계통의 접속을 바꿀 때 사용한다.
③ 고장 전류는 물론 부하 전류의 개폐에도 사용할 수 없다.
④ 배전용의 단로기는 보통 디스커넥팅바로 개폐한다.

해설 단로기(DS)
- 단로기는 선로로부터 기기를 분리, 구분, 변경할 때 사용되는 개폐 장치이다.
- 단로기(DS)는 아크 소호 능력이 없어 부하 전류 및 고장 전류의 차단은 불가능하다.
- 차단기와 단로기 조작 순서(인터록 장치)
  - 투입 시: 단로기 (DS) 투입 → 차단기 (CB) 투입
  - 차단 시: 차단기 (CB) 개방 → 단로기 (DS) 개방

353 ★★☆

부하 전류가 흐르는 전로는 개폐할 수 없으나 기기의 점검이나 수리를 위하여 회로를 분리하거나 계통의 접속을 바꾸는 데 사용하는 것은?

① 차단기
② 단로기
③ 전력용 퓨즈
④ 부하 개폐기

해설 단로기(DS)
- 소호 장치가 없다.
- 무부하 상태에서 개폐 가능하므로 계통의 점검이나 분리 및 변경에 적용된다.

354 ★★☆

인터록(Interlock)의 기능에 대한 설명으로 옳은 것은?

① 조작자의 의중에 따라 개폐되어야 한다.
② 차단기가 열려 있어야 단로기를 닫을 수 있다.
③ 차단기가 닫혀 있어야 단로기를 닫을 수 있다.
④ 차단기와 단로기를 별도로 닫고, 열 수 있어야 한다.

해설 차단기-단로기의 상호 연동 인터록 장치
차단기를 먼저 조작하여 차단기가 열려 있는 상태에서만 단로기를 열거나 닫을 수 있도록 한 안전 장치

355 ★★★

그림과 같은 배전선이 있다. 부하에 급전 및 정전할 때 조작 방법으로 옳은 것은?

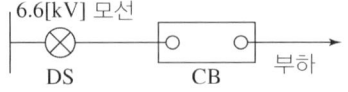

① 급전 및 정전할 때는 항상 DS, CB 순으로 한다.
② 급전 및 정전할 때는 항상 CB, DS 순으로 한다.
③ 급전 시는 DS, CB 순이고 정전 시는 CB, DS 순이다.
④ 급전 시는 CB, DS 순이고 정전 시는 DS, CB 순이다.

해설 인터록(Interlock)
차단기가 개방되어 있어야 단로기를 투입하거나 개방시킬 수 있으므로 급전 시에는 단로기(DS)를 투입한 후 차단기(CB)를 투입하여야 하고 정전 시에는 차단기(CB)를 개방한 후 단로기(DS)를 개방하여야 한다.

356 ★★★
선로로부터 기기를 분리 구분할 때 사용되며, 단순히 충전된 선로를 개폐하는 장치는?

① 단로기
② 차단기
③ 변성기
④ 피뢰기

해설
단로기(DS)는 소호 장치가 없으므로 무부하 상태에서만 개폐가 가능하다. 부득이한 경우에는 충전 전류까지는 개폐할 수 있으나 부하 전류나 고장 전류는 차단할 수 없다.

357 ★★☆
변전소에서 수용가로 공급되는 전력을 차단하고 소내 기기를 점검할 경우, 차단기와 단로기의 개폐 조작 방법으로 옳은 것은?

① 점검 시에는 차단기로 부하 회로를 끊고 난 다음에 단로기를 열어야 하며, 점검 후에는 단로기를 넣은 후 차단기를 넣어야 한다.
② 점검 시에는 단로기를 열고 난 후 차단기를 열어야 하며, 점검 후에는 단로기를 넣고 난 다음에 차단기로 부하 회로를 연결하여야 한다.
③ 점검 시에는 차단기로 부하 회로를 끊고 단로기를 열어야 하며, 점검 후에는 차단기로 부하 회로를 연결한 후 단로기를 넣어야 한다.
④ 점검 시에는 단로기를 열고 난 후 차단기를 열어야 하며, 점검이 끝난 경우에는 차단기를 부하에 연결한 다음에 단로기를 넣어야 한다.

해설
- 차단기(CB): 소호 장치가 있어 부하 전류 및 고장 전류를 개폐할 수 있다.
- 단로기(DS): 소호 장치가 없어 무부하 상태에서만 선로를 개폐할 수 있다.
- 점검 시: 차단기를 먼저 개방시킨 후에 무부하 상태에서 단로기를 개방시킨다.
- 점검 후: 단로기부터 투입하고, 차단기를 투입한다.

358 ★★★
부하 전류의 차단 능력이 없는 것은?

① DS
② NFB
③ OCB
④ VCB

해설
- 차단기(CB): 소호 장치가 있으므로 부하 전류, 과전류 및 고장 전류 차단이 가능하다.
  - NFB(No Fuse Breaker): 배선용 차단기(MCCB)
  - OCB: 유입 차단기
  - VCB: 진공 차단기
- 단로기(DS): 소호 장치가 없으므로 무부하 상태에서만 개폐가 가능하다.

359 ★★★
단로기의 사용 목적은?

① 부하의 차단
② 과전류의 차단
③ 단락 사고의 차단
④ 무부하 선로의 개폐

해설
단로기는 소호 장치가 없으므로 전류가 흐르지 않는 상태(무부하 선로)에서의 회로 개폐만이 가능하다.

360 ★★☆
전력 퓨즈(Power Fuse)는 주로 어떤 전류의 차단을 목적으로 사용하는가?

① 충전 전류　② 과부하 전류
③ 단락 전류　④ 과도 전류

해설 전력 퓨즈(PF)
- 소형으로서 차단 용량이 매우 커서 단락 전류 차단용으로 사용한다.
- 구조가 간단하여 보수가 쉽다.
- 구조가 간단하여 가격이 저렴한 편이다.
- 일시적인 과전류나 과도 전류에 퓨즈가 용단되는 단점이 있다.
- 재투입이 불가하다.

361 ★★★
전력용 퓨즈의 설명으로 옳지 않은 것은?

① 소형으로 큰 차단 용량을 갖는다.
② 가격이 싸고 유지 보수가 간단하다.
③ 밀폐형 퓨즈는 차단 시에 소음이 없다.
④ 과도 전류에 의해 쉽게 용단되지 않는다.

해설 전력 퓨즈(PF)
- 소형, 경량이다.
- 차단 용량이 크다.
- 유지 보수가 용이하다.
- 재투입이 불가하다.
- 과도 전류에 용단되기 쉽다.

362 ★★★
차단기와 비교하여 전력 퓨즈에 대한 설명으로 적합하지 않은 것은?

① 가격이 저렴하다.
② 보수가 간단하다.
③ 고속 차단을 할 수 있다.
④ 재투입을 할 수 있다.

해설 전력 퓨즈(PF)
- 소형, 경량이다.
- 차단 용량이 크다.
- 유지 보수가 용이하다.
- 재투입이 불가하다.
- 과도 전류에 용단되기 쉽다.

363 ★★☆
다음 중 송전 계통의 절연 협조에 있어서 절연 레벨이 가장 낮은 기기는?

① 피뢰기　② 단로기
③ 변압기　④ 차단기

해설 절연 협조
계통 내의 각 기기, 기구 및 애자 등의 상호 간 절연 강도를 적절히 지니게 하여 계통을 합리적이고 경제적으로 설계할 수 있도록 한 것이다.
절연 레벨(BIL): 선로 애자＞차단기＞변압기＞피뢰기

| 정답 | 360 ③　361 ④　362 ④　363 ①

364 ★★★

345[kV] 송전 계통의 절연 협조에서 충격 절연 내력의 크기 순으로 나열한 것은?

① 선로애자 > 차단기 > 변압기 > 피뢰기
② 선로애자 > 변압기 > 차단기 > 피뢰기
③ 변압기 > 차단기 > 선로애자 > 피뢰기
④ 변압기 > 선로애자 > 차단기 > 피뢰기

해설 절연 협조
절연 내력이 큰 순서: 선로애자 > 차단기, 단로기 > 변압기 > 피뢰기의 제한 전압

365 ★★☆

계통 내의 각 기기, 기구 및 애자 등의 상호 간에 적정한 절연 강도를 지니게 함으로써 계통 설계를 합리적, 경제적으로 할 수 있게 하는 것은?

① 기준 충격 절연 강도
② 절연 협조
③ 절연 계급 선정
④ 보호 계전 방식

해설 절연 협조
계통에서 발생하는 이상 전압으로부터 각 전력 기기를 보호하기 위해 계통 내의 전력 기기들의 절연을 합리적, 경제적으로 설계하는 것

366 ★★☆

최근에 우리나라에서 많이 채용되고 있는 가스 절연 개폐 설비(GIS)의 특징으로 틀린 것은?

① 대기 절연을 이용한 것에 비해 현저하게 소형화할 수 있으나 비교적 고가이다.
② 소음이 적고 충전부가 완전한 밀폐형으로 되어 있기 때문에 안정성이 높다.
③ 가스 압력에 대한 엄중 감시가 필요하며 내부 점검 및 부품 교환이 번거롭다.
④ 한랭지, 산악 지방에서도 액화 방지 및 산화 방지 대책이 필요 없다.

해설
가스 절연 개폐 설비(GIS)에서 사용하는 SF_6 가스는 한랭지에서 날씨가 추워지면 기체가 액체 상태로 액화되므로 액화 방지용 히터 장치가 필요하다.

367 ★★☆

GIS(Gas Insulated Switchgear)의 특징이 아닌 것은?

① 내부 점검, 부품 교환이 번거롭다.
② 신뢰성이 향상되고 안전성이 높다.
③ 장비는 저렴하지만 시설 공사 방법은 복잡하다.
④ 대기 절연을 이용한 것에 비하면 현저하게 소형화할 수 있다.

해설
가스 절연 개폐 장치(GIS)는 설치비나 장비비가 고가이지만 공장에서 거의 완제품 형태로 제작되므로 설치 시간이나 공사 방법이 간단하고 소형화가 가능하다.

보호 계전기

1. 보호 계전 시스템
2. 보호 계전기의 종류
3. 비율 차동 계전기 및 거리 계전기
4. 송전 선로의 단락 사고 보호
5. 표시선 보호 계전 방식
6. 계기용 변성기

CBT 완벽대비 가능한 유형마스터 학습!

THEME	유형분석	관련 번호
THEME 01 보호 계전 시스템	이번 챕터의 전체적인 틀을 이해하는 테마입니다.	368~372
THEME 02 보호 계전기의 종류	빈출 개념으로 학습 분량에 비해 쉽게 득점할 수 있는 테마입니다. 각 계전기의 특징을 구분지어 학습하는 것이 좋습니다.	373~400
THEME 03 비율 차동 계전기 및 거리 계전기	비율 차동 계전기를 위주로 개념부터 확실히 이해하고 넘어가야 합니다.	401~407
THEME 04 송전 선로의 단락 사고 보호	각 선로에 적용되는 계전기 위주로 학습하면 보다 수월하게 이해할 수 있습니다.	408~410
THEME 05 표시선 보호 계전 방식	가볍게 이해하고 넘어가는 정도의 학습 방법을 추천합니다.	411~414
THEME 06 계기용 변성기	이번 챕터에서 가장 중요한 내용 중 하나로, 계기용 변성기의 종류 등에 대해서 잘 학습한다면 2차 실기시험에서도 큰 도움이 될 것입니다.	415~424

학습 효과를 높이는 N제 3회독 시스템

챕터 별 전체 1회독이 끝났다면 회독 체크표에 날짜를 기입하고 체크표시를 해주세요.

회독 체크표	☐ 1회독	월 일	☐ 2회독	월 일	☐ 3회독	월 일

CHAPTER 08 보호 계전기

THEME 01 보호 계전 시스템

368 ★★☆
보호 계전 방식의 구비 조건이 아닌 것은?

① 여자 돌입 전류에 동작할 것
② 고장 구간의 선택 차단을 신속 정확하게 할 수 있을 것
③ 과도 안정도를 유지하는 데 필요한 한도 내의 동작 시한을 가질 것
④ 적절한 후비 보호 능력이 있을 것

해설 보호 계전기의 구비 조건
- 고장의 정도 및 위치를 정확히 파악할 것
- 동작이 정확하고 신속할 것
- 소비 전력이 적고 경제적일 것
- 오래 사용하여도 특성 변화가 없을 것
- 후비 보호 능력을 갖추고 있을 것

369 ★★☆
송전 선로의 후비 보호 계전 방식의 설명으로 틀린 것은?

① 주 보호 계전기가 그 어떤 이유로 정지해 있는 구간의 사고를 보호한다.
② 주 보호 계전기에 결함이 있어 정상 동작을 할 수 없는 상태에 있는 구간 사고를 보호한다.
③ 차단기 사고 등 주 보호 계전기로 보호할 수 없는 장소의 사고를 보호한다.
④ 후비 보호 계전기의 정정값은 주 보호 계전기와 동일하다.

해설
후비 보호와 주 보호 계전기의 동작 정정값은 후비 보호 계전기가 주 보호 계전기보다는 느리게 동작하도록 정정하여야 한다.

370 ★★☆
보호 계전기에서 요구되는 특성이 아닌 것은?

① 동작이 예민하고 오동작이 없을 것
② 고장 개소를 정확히 선택할 수 있을 것
③ 고장 상태를 식별하여 정도를 파악할 수 있을 것
④ 동작을 느리게 하여 다른 건전부의 송전을 막을 것

해설 보호 계전기의 특성
- 정확, 신속, 예민할 것
- 특성 변화가 적을 것
- 다른 건전한 선로나 전력 기기에 대한 영향이 적을 것

371 ★★☆
보호 계전기의 기본 기능이 아닌 것은?

① 확실성　　　② 선택성
③ 유동성　　　④ 신속성

해설 보호 계전기의 구비 조건
- 동작이 확실하고 신속 정확할 것
- 보호 구간을 정확하게 선택 차단할 것
- 가격이 저렴하고 수명이 길 것
- 동작할 때 소비 전력이 적을 것

| 정답 | 368 ① 369 ④ 370 ④ 371 ③

372 ★★☆
모선 보호에 사용되는 계전 방식이 아닌 것은?

① 위상 비교 방식
② 선택 접지 계전 방식
③ 방향 거리 계전 방식
④ 전류 차동 보호 방식

해설 모선(Bus) 보호 방식
- 전압 차동 방식
- 전류 차동 방식
- 위상 비교 방식
- 거리 계전 방식

THEME 02 보호 계전기의 종류

373 ★★★
고장 전류의 크기가 커질수록 동작 시간이 짧게 되는 특성을 가진 계전기는?

① 순한시 계전기
② 정한시 계전기
③ 반한시 계전기
④ 반한시 정한시 계전기

해설
반한시 계전기는 고장 전류의 크기에 반비례하여 동작 시한이 결정되는 것으로, 고장 전류의 크기가 크면 동작 시간이 짧아진다.

암기
- 순한시 계전기: 정정된 최소 동작 전류 이상이 흐르면 즉시 동작하는 계전기
- 정한시 계전기: 정정된 최소 동작 전류 이상이 흐르면 동작 전류 크기와 관계없이 정해진 일정 시간이 지난 후 동작하는 계전기
- 반한시 정한시 계전기: 동작 전류가 작은 동안은 동작 전류가 클수록 동작 시간이 짧게 되고(반한시성), 그 이상의 전류에 대해서는 동작 전류 크기와 관계없이 일정한 시간이 지난 후 동작(정한시성)하는 계전기

374 ★★★
동작 시간에 따른 보호 계전기의 분류와 이에 대한 설명으로 틀린 것은?

① 순한시 계전기는 설정된 최소 동작 전류 이상의 전류가 흐르면 즉시 동작한다.
② 반한시 계전기는 동작 시간이 전류값의 크기에 따라 변하는 것으로 전류값이 클수록 느리게 동작하고 반대로 전류값이 작아질수록 빠르게 동작하는 계전기이다.
③ 정한시 계전기는 설정된 값 이상의 전류가 흘렀을 때 동작 전류의 크기와는 관계없이 항상 일정한 시간 후에 동작하는 계전기이다.
④ 반한시·정한시 계전기는 어느 전류값까지는 반한시성이지만 그 이상이 되면 정한시로 동작하는 계전기이다.

해설
반한시 계전기는 고장 전류의 크기에 반비례하여 동작 시한이 결정되는 것으로, 고장 전류의 크기가 크면 동작 시간이 짧아진다.

375 ★★☆
계전기의 반한시 특성이란?

① 동작 전류가 커질수록 동작 시간은 길어진다.
② 동작 전류가 작을수록 동작 시간은 짧다.
③ 동작 전류에 관계없이 동작 시간은 일정하다.
④ 동작 전류가 커질수록 동작 시간은 짧아진다.

해설
반한시 특성이란 고장 전류의 크기에 반비례하여 동작 시한이 결정되는 것으로, 고장 전류의 크기가 크면 동작 시간이 짧아진다.

376 ★★★
고장 즉시 동작하는 특성을 갖는 계전기는?

① 순시 계전기
② 정한시 계전기
③ 반한시 계전기
④ 반한시성 정한시 계전기

해설
순시(순한시) 계전기: 최소 동작 전류 이상이 흐르면 즉시 동작하는 계전기

377
반한시성 과전류 계전기의 전류-시간 특성에 대한 설명으로 옳은 것은?

① 계전기 동작 시간은 전류의 크기와 비례한다.
② 계전기 동작 시간은 전류의 크기와 관계없이 일정하다.
③ 계전기 동작 시간은 전류의 크기와 반비례한다.
④ 계전기 동작 시간은 전류의 크기의 제곱에 비례한다.

해설 반한시성 과전류 계전기
동작 전류가 작을 때에는 늦게 동작했다가 동작 전류가 클 때에는 빨리 동작하는 특성을 가지는 계전기이다. 즉, 동작 시간은 동작 전류의 크기와 반비례한다.

378
보호 계전기의 반한시·정한시 특성은?

① 동작 전류가 커질수록 동작 시간이 짧게 되는 특성
② 최소 동작 전류 이상의 전류가 흐르면 즉시 동작하는 특성
③ 동작 전류의 크기에 관계없이 일정한 시간에 동작하는 특성
④ 동작 전류가 커질수록 동작 시간이 짧아지며 어떤 전류 이상이 되면 동작 전류의 크기에 관계없이 일정한 시간에서 동작하는 특성

해설 반한시성 정한시 계전기
동작 전류가 커질수록 동작 시간이 짧아지며(반한시성) 어떤 전류 이상이 되면 동작 전류의 크기에 관계없이 일정한 시간에서 동작하는 특성(정한시)

379
최소 동작 전류 이상의 전류가 흐르면 한도를 넘는 양과는 상관없이 즉시 동작하는 계전기는 어느 것인가?

① 순한시 계전기
② 반한시 계전기
③ 정한시 계전기
④ 반한시 정한시 계전기

해설
순한시(순시) 계전기는 설정한 최소 동작 전류 이상의 전류가 보호 계전기에 흐르면 그 이상되는 전류 값과는 상관없이 즉시 동작하는 계전기이다.

380
최소 동작 전류 값 이상이면 일정한 시간에 동작하는 특성을 갖는 계전기는?

① 정한시 계전기
② 반한시 계전기
③ 순한시 계전기
④ 반한시성 정한시 계전기

해설 보호 계전기의 동작 시간에 따른 종류
- 순한시(순시) 계전기: 최소 동작 전류 이상이 흐르면 전류의 크기에 관계없이 즉시 동작하는 것
- 정한시 계전기: 최소 동작 전류 이상이 흐르면 전류의 크기에 관계없이 일정한 시간이 지난 후 동작하는 것
- 반한시 계전기: 동작 시간이 전류 값의 크기에 따라 변하는 것으로 전류 값이 클수록 빠르게 동작하고, 반대로 전류 값이 작아질수록 느리게 동작하는 것
- 반한시성 정한시 계전기: 반한시 계전기와 정한시 계전기를 조합한 것으로 어느 전류 값까지는 반한시성이지만 그 이상이 되면 정한시로 동작하는 것

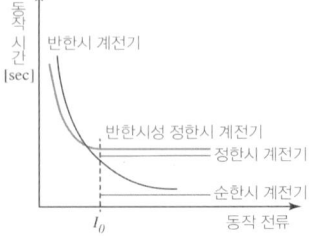

381 ★☆☆
보호 계전기 동작 속도에 관한 사항으로 한시 특성 중 반한시형을 바르게 설명한 것은?

① 입력 크기에 관계없이 정해진 한시에 동작하는 것
② 입력이 커질수록 짧은 한시에 동작하는 것
③ 일정 입력(200[%])에서 0.2[초] 이내로 동작하는 것
④ 일정 입력(200[%])에서 0.04[초] 이내로 동작하는 것

해설 보호 계전기의 동작 시간에 따른 종류
- 순한시(순시) 계전기: 최소 동작 전류 이상이 흐르면 전류의 크기에 관계없이 즉시 동작하는 것
- 정한시 계전기: 최소 동작 전류 이상이 흐르면 전류의 크기에 관계없이 일정한 시간이 지난 후 동작하는 것
- 반한시 계전기: 동작 시간이 전류 값의 크기에 따라 변하는 것으로 전류 값이 클수록 빠르게 동작하고 반대로 전류 값이 작아질수록 느리게 동작하는 것
- 반한시성 정한시 계전기: 반한시 계전기와 정한시 계전기를 조합한 것으로 어느 전류 값까지는 반한시성이지만 그 이상이 되면 정한시로 동작하는 것

382 ★★★
반한시 계전기의 동작 특성에 대한 설명으로 가장 알맞은 것은?

① 설정된 값 이상의 전류가 흘렀을 때 동작 전류의 크기와는 관계없이 항상 일정한 시간 후에 작동한다.
② 설정된 최소 동작 전류 이상의 전류가 흐르면 즉시 작동하는 것으로 한도를 넘은 양과는 관계없이 작동한다.
③ 동작 시간이 어느 전류 값까지는 그 크기에 따라 반비례 특성을 가지며 그 이상이 되면 일정한 시간 후에 작동한다.
④ 동작 시간이 전류 값의 크기에 따라 변하는 것으로 전류 값이 클수록 빠르게 작동하고 반대로 전류 값이 작아질수록 느리게 작동한다.

해설 반한시성 계전기
반한시 계전기는 동작 전류가 작을 때에는 느리게 동작되었다가 동작 전류가 커질수록 동작 시간이 빨라지는 계전기이다.

383 ★★☆
3상 변압기의 단상 운전에 의한 소손 방지를 목적으로 설치하는 계전기는?

① 단락 계전기
② 결상 계전기
③ 지락 계전기
④ 과전압 계전기

해설
결상 계전기는 3상 선로나 발전기 등에서 1상 또는 2상의 결상(단선 등)이나 저전압 또는 역상 등의 사고가 발생하였을 때 사고의 확대 및 파급의 방지를 위해 차단기를 동작시키거나, 경보를 하기 위해 사용한다.

384 ★★☆
중성점 저항 접지방식의 2회선 선로의 지락 사고 시 사용되는 계전기는?

① 거리 계전기
② 과전류 계전기
③ 역상 계전기
④ 선택접지 계전기

해설
선택접지 계전기(SGR)는 병행 2회선에서 어느 1회선에 지락 사고가 발생하였을 때 그 회선의 선택 차단을 위해 사용한다.

385 ★★☆
영상 변류기를 사용하는 계전기는?

① 과전류 계전기
② 과전압 계전기
③ 부족 전압 계전기
④ 선택 지락 계전기

해설 ZCT
영상 변류기(ZCT)는 영상 전류를 검출하여 지락 계전기(GR) 또는 선택 지락 계전기(SGR)를 동작시킨다.

386 ★★☆
방향성을 갖지 않는 계전기는?

① 전력 계전기
② 과전류 계전기
③ 비율 차동 계전기
④ 선택 지락 계전기

해설 방향성을 갖는 계전기
- 선택 지락 계전기
- 역전력 계전기
- 전력 계전기
- 비율 차동 계전기

387 ★★☆
전압이 일정값 이하로 되었을 때 동작하는 것으로서 단락 시 고장 검출용으로도 사용되는 계전기는?

① OVR
② OVGR
③ NSR
④ UVR

해설
UVR(부족 전압 계전기): 전압이 정정값 이하가 되었을 때 동작한다. 단락 사고 검출용으로도 사용된다.

388 ★★☆
동일 모선에 2개 이상의 급전선(Feeder)을 가진 비접지 배전 계통에서 지락 사고에 대한 보호 계전기는?

① OCR
② OVR
③ SGR
④ DFR

해설
선택 지락 계전기(SGR)는 2회선 이상의 선로에서 지락 사고상을 선택하여 차단하는 보호 계전기이다.

389 ★★☆
비접지 계통의 지락 사고 시 계전기에 영상 전류를 공급하기 위하여 설치하는 기기는?

① PT
② CT
③ ZCT
④ GPT

해설
영상 변류기(ZCT)
비접지 계통에서 지락 사고 시 고장 전류를 검출하여 보호 계전기에 영상 전류를 공급하는 기기

390 ★★☆
선택 지락 계전기의 용도를 옳게 설명한 것은?

① 단일 회선에서 지락 고장 회선의 선택 차단
② 단일 회선에서 지락 전류의 방향 선택 차단
③ 병행 2회선에서 지락 고장 회선의 선택 차단
④ 병행 2회선에서 지락 고장의 지속 시간 선택 차단

해설
- 지락 계전기(GR): 1회선 선로에서 지락 사고 시 보호
- 선택 지락 계전기(SGR): 병행 2회선 선로에서 지락 사고 회선의 선택 차단

| 정답 | 385 ④ 386 ② 387 ④ 388 ③ 389 ③ 390 ③

391 ★☆☆
전압 요소가 필요한 계전기가 아닌 것은?

① 주파수 계전기
② 동기탈조 계전기
③ 지락 과전류 계전기
④ 방향성 지락 과전류 계전기

해설
지락 과전류 계전기(OCGR)
지락 사고 시 지락 전류에 의해서만 동작하므로 전류 요소인 영상 전류(지락 전류)가 필요하다.

392 ★★☆
영상 변류기와 관계가 가장 깊은 계전기는?

① 차동 계전기
② 과전류 계전기
③ 과전압 계전기
④ 선택 접지 계전기

해설 영상 변류기(ZCT)
전력 계통에서 1선 지락 사고를 차단하기 위해 지락 전류(영상 전류)를 검출하여 지락(접지) 계전기(GR) 또는 선택 지락(접지) 계전기(SGR)를 동작시킨다.

393 ★★☆
영상 변류기를 사용하는 계전기는?

① 지락 계전기
② 차동 계전기
③ 과전류 계전기
④ 과전압 계전기

해설
영상 변류기(ZCT)는 영상 전류를 검출하여 지락(접지) 계전기(GR)를 동작시킨다.

394 ★★☆
송배전 선로에서 선택 지락 계전기(SGR)의 용도는?

① 다회선에서 접지 고장 회선의 선택
② 단일 회선에서 접지 전류의 대소 선택
③ 단일 회선에서 접지 전류의 방향 선택
④ 단일 회선에서 접지 사고의 지속 시간

해설 SGR
선택 지락 계전기(SGR)는 2회선 이상(다회선) 선로의 사고를 선택하여 차단시킬 수 있다.

395 ★★☆
보호 계전기와 그 사용 목적이 잘못된 것은?

① 비율 차동 계전기: 발전기 내부 단락 검출용
② 전압 평형 계전기: 발전기 출력 측 PT 퓨즈 단선에 의한 오작동 방지
③ 역상 과전류 계전기: 발전기 부하 불평형 회전자 과열 소손
④ 과전압 계전기: 과부하 단락 사고

해설
- 단락 시 과전압은 발생하지 않는다.
- 과전류 계전기(OCR): 과부하 및 단락 사고 보호

| 정답 | 391 ③ 392 ④ 393 ① 394 ① 395 ④

396

송전 선로의 보호 방식으로 지락에 대한 보호는 영상 전류를 이용하여 어떤 계전기를 동작시키는가?

① 선택 지락 계전기
② 전류 차동 계전기
③ 과전압 계전기
④ 거리 계전기

해설

영상 전류(지락 전류)는 지락 계전기(GR)를 동작시킨다. 선택 지락 계전기(SGR)는 지락 계전기에 선택 기능을 추가하여 2회선 이상의 선택 지락 사고를 차단한다.

397

어느 일정한 방향으로 일정한 크기 이상의 단락 전류가 흘렀을 때 동작하는 보호 계전기의 약어는?

① ZR
② UFR
③ OVR
④ DOCR

해설

DOCR(방향 과전류 계전기)은 어느 일정한 방향으로 일정한 크기 이상의 단락 전류가 흘렀을 때 동작하는 계전기이다.

398

과전류 계전기의 탭 값은 무엇으로 표시되는가?

① 변류기의 권수비
② 계전기의 동작 시한
③ 계전기의 최대 부하 전류
④ 계전기의 최소 동작 전류

해설

과전류 계전기는 고장 발생 시 신속하게 동작해야 하므로 최소 동작 전류에 탭 값을 조정한다.

399

송전 계통에서 발생한 고장 때문에 일부 계통의 위상각이 커져서 동기를 벗어나려고 할 경우 이것을 검출하고 계통을 분리하기 위해서 차단하지 않으면 안 될 경우에 사용되는 계전기는?

① 한시 계전기
② 선택 단락 계전기
③ 탈조 보호 계전기
④ 방향 거리 계전기

해설

전력 계통에서 갑작스런 사고 발생 시 동기 발전기와 부하 간의 위상각이 크게 벌어지게 되면 발전기가 계통으로부터 분리되어 탈조 현상이 발생한다. 이를 방지하기 위해 설치하는 계전기는 탈조 보호 계전기이다.

400

그림과 같은 $66[kV]$ 선로의 송전 전력이 $20,000[kW]$, 역률이 $0.8[lag]$일 때 $L1$상에 완전 지락 사고가 발생하였다. 지락 계전기 DG에 흐르는 전류는 약 몇 $[A]$인가?(단, 부하의 정상, 역상 임피던스 및 기타 정수는 무시한다.)

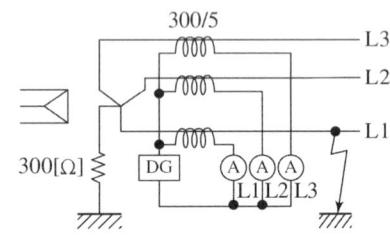

① 2.1
② 2.9
③ 3.7
④ 5.5

해설

- 지락 전류

$$I_g = \frac{E}{R} = \frac{\frac{V}{\sqrt{3}}}{R} = \frac{\frac{66,000}{\sqrt{3}}}{300} = 127[A]$$

- 지락 계전기에 흐르는 전류

$$I_{DG} = I_g \times \frac{1}{CT비} = 127 \times \frac{5}{300} = 2.12[A]$$

암기

[lag]: 지상
[lead]: 진상

THEME 03 비율 차동 계전기 및 거리 계전기

401 ★★★
발전기나 변압기의 내부 고장 검출로 주로 사용되는 계전기는?

① 역상 계전기 ② 과전압 계전기
③ 과전류 계전기 ④ 비율 차동 계전기

해설 발전기나 변압기의 내부 고장 검출용 계전기
비율 차동 계전기는 억제 코일과 동작 코일의 차전류를 이용하여 변압기, 발전기, 모선을 보호한다.

402 ★★☆
변압기의 보호 방식에서 차동 계전기는 무엇에 의하여 동작하는가?

① 1, 2차 전류의 차로 동작한다.
② 전압과 전류의 배수 차로 동작한다.
③ 정상 전류와 역상 전류의 차로 동작한다.
④ 정상 전류와 영상 전류의 차로 동작한다.

해설 비율 차동 계전기(87)
비율 차동 계전기는 발전기, 변압기의 내부 고장 시 양쪽 전류의 벡터차에 의해 동작하여 차단기를 개로시킨다. 발전기나 변압기의 내부 고장 보호용으로 사용한다.

403 ★★★
변압기 등 전력 설비 내부 고장 시 변류기에 유입하는 전류와 유출하는 전류의 차로 동작하는 보호 계전기는?

① 차동 계전기 ② 지락 계전기
③ 과전류 계전기 ④ 역상 전류 계전기

해설 비율 차동 계전기(차동 계전기)는 변류기를 통한 차동 회로에 억제 코일과 동작 코일의 차전류를 이용하여 변압기, 발전기, 모선을 보호하는 계전기이다.

404 ★★★
변압기 내부 고장에 대한 보호용으로 현재 가장 많이 쓰이고 있는 계전기는?

① 주파수 계전기 ② 전압 차동 계전기
③ 비율 차동 계전기 ④ 방향 거리 계전기

해설 비율 차동 계전기는 발전기, 변압기의 내부 고장 시 양쪽 전류의 벡터차에 의해 동작하여 차단기를 개로시킨다. 발전기나 변압기의 내부 고장 보호용으로 사용한다.

405 ★★★
모선 보호용 계전기로 사용하면 가장 유리한 것은?

① 거리 방향 계전기 ② 역상 계전기
③ 재폐로 계전기 ④ 과전류 계전기

해설
- 모선 보호용 계전기: (비율) 차동 계전기, 거리 방향 계전기
- 모선 보호 방식의 종류
  - 전류 차동 방식
  - 전압 차동 방식
  - 위상 비교 방식
  - 방향 비교 방식

406 ★★☆
3상 결선 변압기의 단상 운전에 의한 소손 방지 목적으로 설치하는 계전기는?

① 차동 계전기 ② 역상 계전기
③ 단락 계전기 ④ 과전류 계전기

해설 3상 변압기에서 1상이 결상되어 단상 운전이 되면 불평형이 발생하고 불평형에서는 역상 전류가 유기되므로 역상 계전기를 적용하여 보호한다.

| 정답 | 401 ④ 402 ① 403 ① 404 ③ 405 ① 406 ②

407 ★☆☆
거리 계전기의 종류가 아닌 것은?

① 모우(Mho)형
② 임피던스(Impedance)형
③ 리액턴스(Reactance)형
④ 정전 용량(Capacitance)형

> **해설** 거리 계전기의 종류
> - 임피던스(Impedance)형
> - 옴(Ohm)형
> - 모우(Mho)형
> - 오프셋 모우(Off-set mho)형
> - 리액턴스(Reactance)형

THEME 04 송전 선로의 단락 사고 보호

408 ★★☆
환상 선로의 단락 보호에 주로 사용하는 계전 방식은?

① 비율 차동 계전 방식
② 방향 거리 계전 방식
③ 과전류 계전 방식
④ 선택 접지 계전 방식

> **해설** 환상 선로 단락 보호
> - 전원이 1단에만 있는 경우: 방향 단락 계전기
> - 전원이 2군데 이상 있는 경우: 방향 거리 계전기

409 ★★☆
전원이 양단에 있는 방사상 송전 선로에서 과전류 계전기와 조합하여 단락 보호에 사용하는 계전기는?

① 선택 지락 계전기
② 방향 단락 계전기
③ 과전압 계전기
④ 부족 전류 계전기

> **해설**
> - 전원이 1단에만 있는 방사상 선로의 단락 보호: 과전류 계전기(OCR)
> - 전원이 양단에 있는 방사상 선로의 단락 보호: 과전류 계전기+방향 단락 계전기

410 ★★☆
전원이 양단에 있는 환상 선로의 단락 보호에 사용되는 계전기는?

① 방향 거리 계전기
② 부족 전압 계전기
③ 선택 접지 계전기
④ 부족 전류 계전기

> **해설** 환상 선로 단락 보호
> - 전원이 1단에만 있는 경우: 방향 단락 계전기
> - 전원이 2군데 이상 있는 경우: 방향 거리 계전기

THEME 05　표시선 보호 계전 방식

411 ★★☆
송전 선로의 보호 계전 방식이 아닌 것은?

① 전류 위상 비교 방식
② 전류 차동 보호 계전 방식
③ 방향 비교 방식
④ 전압 균형 방식

해설 송전 선로의 보호 계전 방식
- 전류 차동 방식
- 전류 위상 비교 방식
- 방향 비교 방식
- 거리 계전 방식

412 ★★☆
송전 선로의 단락 보호 계전 방식이 아닌 것은?

① 과전류 계전 방식
② 방향 단락 계전 방식
③ 거리 계전 방식
④ 과전압 계전 방식

해설 송전 선로의 단락 사고 보호 방식
- 과전류 계전 방식
- 거리 계전 방식
- 방향 단락 계전 방식

암기
단락 사고는 합선을 의미 → 전류 관련 보호 계전 방식 선택

413 ★★☆
보호 계전기의 보호 방식 중 표시선 계전 방식이 아닌 것은?

① 방향 비교 방식
② 위상 비교 방식
③ 전압 반향 방식
④ 전류 순환 방식

해설 표시선 계전 방식의 종류
- 방향 비교 방식
- 전압 반향 방식
- 전류 순환 방식

암기
표시선 계전 방식 - 방향, 전압, 전류

414 ★☆☆
다음 중 전력선 반송 보호 계전 방식의 장점이 아닌 것은?

① 저주파 반송 전류를 중첩시켜 사용하므로 계통의 신뢰도가 높아진다.
② 고장 구간의 선택이 확실하다.
③ 동작이 예민하다.
④ 고장점이나 계통의 여하에 불구하고 선택 차단 개소를 동시에 고속도 차단할 수 있다.

해설 전력선 반송 보호 계전 방식
- 전력선에 고주파(200~300[kHz]) 반송 전류를 중첩시켜 사용하므로 계통의 신뢰도가 높아진다.
- 고장 구간의 선택이 확실하고, 동작이 예민하다.
- 고장점이나 계통의 여하에 불구하고 선택 차단 개소를 동시에 고속도 차단할 수 있다.

| 정답 | 411 ④　412 ④　413 ②　414 ①

THEME 06 계기용 변성기

415 ★★☆
변압기 보호용 비율 차동 계전기를 사용하여 $\triangle-Y$ 결선의 변압기를 보호하려고 한다. 이때 변압기 1, 2차 측에 설치하는 변류기의 결선 방식은?(단, 위상 보정 기능이 없는 경우이다.)

① $\triangle-\triangle$
② $\triangle-Y$
③ $Y-\triangle$
④ $Y-Y$

해설 변류기 결선
$\triangle-Y$ 결선 변압기 1차 측과 2차 측의 위상차를 보정하기 위해 변류기는 변압기와 반대로 결선한다. 즉, 변압기 결선이 $\triangle-Y$ 결선인 경우 변류기 결선은 $Y-\triangle$ 결선을 적용한다.

416 ★☆☆
변류기의 비오차는 어떻게 표시되는가?(단, a는 공칭 변류비이고, 측정된 1, 2차 전류는 각각 I_1, I_2이다.)

① $\dfrac{aI_2-I_1}{I_1}$
② $\dfrac{aI_1-I_2}{I_1}$
③ $\dfrac{I_2-aI_1}{I_2}$
④ $\dfrac{I_2-aI_1}{I_1}$

해설
비오차 $\epsilon = \dfrac{\text{공칭 변류비} - \text{실제 변류비}}{\text{실제 변류비}}$

$\therefore \epsilon = \dfrac{a - \dfrac{I_1}{I_2}}{\dfrac{I_1}{I_2}} = \dfrac{aI_2 - I_1}{I_1}$

417 ★★★
3상으로 표준 전압 $3[\text{kV}]$, 용량 $600[\text{kW}]$, 역률 0.85로 수전하는 공장의 수전 회로에 시설할 계기용 변류기의 변류비로 적당한 것은?(단, 변류기의 2차 전류는 $5[\text{A}]$이며, 여유율은 1.5배로 한다.)

① 10
② 20
③ 30
④ 40

해설
3상 용량 $P = \sqrt{3}\,VI\cos\theta\,[\text{kW}]$에서 여유율을 고려한 1차 측 전류
$I = \dfrac{P}{\sqrt{3}\,V\cos\theta} \times k = \dfrac{600}{\sqrt{3}\times 3 \times 0.85} \times 1.5 = 203.77[\text{A}]$이다.
변류기(CT) 정격 전류에서 $I_1 = 200[\text{A}]$를 선정한다.
변류비 $\dfrac{I_1}{I_2} = \dfrac{200}{5} = 40$

418 ★★★
변류기를 점검할 때 2차 측을 단락하는 이유는?

① 1차 측 과전류 보호
② 1차 측 과전압 방지
③ 2차 측 과전류 보호
④ 2차 측 절연 보호

해설 변류기(CT)
변류기(CT)는 2차 개방 시 1차 전류가 모두 여자 전류가 되고 2차 측에 과전압이 유기되어 절연 파괴의 우려가 있다. 따라서 2차 측을 단락하여 2차 측 절연을 보호한다.

| 정답 | 415 ③ 416 ① 417 ④ 418 ④

419 ★★★

배전반에 접속되어 운전 중인 계기용 변압기(PT) 및 변류기(CT)의 2차 측 회로를 점검할 때 조치 사항으로 옳은 것은?

① CT만 단락시킨다.
② PT만 단락시킨다.
③ CT와 PT 모두를 단락시킨다.
④ CT와 PT 모두를 개방시킨다.

해설 PT 및 CT 점검 시 조치 사항
- PT: 2차 측을 반드시 개방시킨 후 PT를 점검할 것
- CT: 2차 측을 반드시 단락시킨 후 CT를 점검할 것

420 ★★☆

다음 보호 계전기 회로에서 박스(A) 부분의 명칭은?

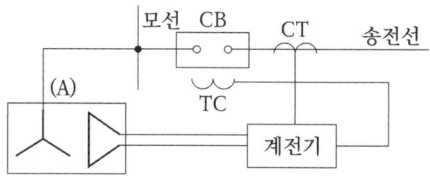

① 차단 코일
② 영상 변류기
③ 계기용 변류기
④ 계기용 변압기

해설
- 계기용 변압기(PT): 1차 측의 고전압을 저전압으로 변성하여 보호 계전기에 공급하는 장치
- 변류기(CT): 1차 측의 대전류를 소전류로 변성하여 보호 계전기에 공급하는 장치

421 ★★★

변류기 개방 시 2차 측을 단락하는 이유는?

① 2차 측 절연 보호
② 2차 측 과전류 보호
③ 측정오차 방지
④ 1차 측 과전류 방지

해설 변류기(CT)
변류기 2차 개방 시 1차 전류가 모두 여자 전류가 되어 2차 측에 과전압이 유기되므로 절연 파괴의 우려가 있다.(변류기 개방 시 2차 측의 절연 보호를 위해 2차 측을 단락시킨다.)

422 ★★☆

22.9[kV], Y 결선된 자가용 수전 설비의 계기용 변압기의 2차 측 정격 전압은 몇 [V]인가?

① 110
② 220
③ $110\sqrt{3}$
④ $220\sqrt{3}$

해설
- PT(계기용 변압기)의 2차 측 정격 전압: 110[V]
- CT(변류기)의 2차 측 정격 전류: 5[A]

423 ★☆☆
변성기의 정격 부담을 표시하는 단위는?

① [W]
② [S]
③ [dyne]
④ [VA]

해설 부담
변성기의 정격 부담이란 변류기(CT)나 계기용 변압기(PT)의 2차 회로에 걸 수 있는 부하 용량의 한도로, [VA]의 단위를 사용한다.

424 NEW
콘덴서형 계기용 변압기의 특징으로 틀린 것은?

① 권선형에 비해 오차가 적고 특성이 좋다.
② 절연의 신뢰도가 권선형에 비해 크다.
③ 전력선 반송용 결합 콘덴서와 공용할 수 있다.
④ 고압 회로용의 경우는 권선형에 비해 소형 경량이다.

해설 콘덴서형 계기용 변압기(CPD)
- 일반 권선형 PT 대신에 2개의 결합 콘덴서로 만든 계기용 변압기이다.
- 절연의 신뢰도가 높아 구조적으로 튼튼하다.
- 전력선 반송 장치의 결합 콘덴서로도 공용할 수 있다.
- 권선형에 비해 오차가 크고 주파수 특성이 나쁘다.

에듀윌이
너를
지지할게

ENERGY

꿈을 끝까지 추구할 용기가 있다면
우리의 꿈은 모두 실현될 수 있다.

– 월트 디즈니(Walt Disney)

CHAPTER 09

배전 선로

1. 저압 배전 선로의 구성 방식
2. 배전 선로의 전기 방식의 종류
3. 전압 강하 및 전력 손실
4. 변압기 효율 계산
5. 변압기의 결선
6. 최대 전력 산출
7. 전력 품질
8. 배전 계통의 손실 감소 대책
9. 역률 개선 방법
10. 배전 선로 보호 방식
11. 배전 선로의 전압 조정 장치

CBT 완벽대비 가능한 유형마스터 학습!

THEME	유형분석	관련 번호
THEME 01 저압 배전 선로의 구성 방식	배전 선로의 구성 방식의 종류를 먼저 이해하고, 각 방식별 특징을 구분지어 이해하는 학습이 필요합니다.	425~436
THEME 02 배전 선로의 전기 방식의 종류	각 배전 방식별 전기적 특성 비교표를 이해 및 암기하면 관련 문제를 수월하게 해결할 수 있습니다.	437~453
THEME 03 전압 강하 및 전력 손실	전압 강하율, 전압 변동률은 다른 과목에서도 자주 출제되는 개념으로 확실히 이해하면 합격률을 더 높일 수 있습니다.	454~469
THEME 04 변압기 효율 계산	1차 필기시험보다 2차 실기시험에 많이 출제되는 내용으로, 연동 학습에 도움이 되는 테마입니다.	470
THEME 05 변압기의 결선	변압기 결선에 따른 차이점을 이해하고 학습하면 2차 실기시험까지 좋은 결과를 기대할 수 있습니다.	471~475
THEME 06 최대 전력 산출	수용률, 부하율, 부등률의 차이와 각 개념별 공식을 정확하게 이해해야 합니다.	476~494
THEME 07 전력 품질	플리커는 정의 및 경감 대책에 대해 주로 학습하고, 고조파는 발생 원인과 억제 방법을 위주로 학습하는 것이 좋습니다.	495~505
THEME 08 배전 계통의 손실 감소 대책	전력 손실 공식을 토대로 경감 대책을 암기하면 수월하게 학습할 수 있습니다.	506~519
THEME 09 역률 개선 방법	역률 개선 방법, 전력용 콘덴서 계산식, 개선 효과 모두 확실히 이해하는 학습을 추천합니다.	520~542
THEME 10 배전 선로 보호 방식	배전 선로 보호 장치의 종류와 배열 순서를 먼저 학습하고, 각 장치별 특징을 이해하는 것이 좋습니다.	543~555
THEME 11 배전 선로의 전압 조정 장치	배전 선로의 전압 조정 장치의 종류를 이해하는 테마입니다.	556~570

학습 효과를 높이는 N제 3회독 시스템

챕터 별 전체 1회독이 끝났다면 회독 체크표에 날짜를 기입하고 체크표시를 해주세요.

회독 체크표	☐ 1회독	월 일	☐ 2회독	월 일	☐ 3회독	월 일

CHAPTER 09 배전 선로

THEME 01 저압 배전 선로의 구성 방식

425 ★★★
저압 뱅킹 방식에서 저전압의 고장에 의하여 건전한 변압기의 일부 또는 전부가 차단되는 현상은?

① 아킹(Arcing)
② 플리커(Flicker)
③ 밸런스(Balance)
④ 캐스케이딩(Cascading)

해설 캐스케이딩
저압 뱅킹 방식에서 어느 한 곳의 사고로 인해 다른 건전한 변압기나 선로에 사고 확대되는 현상

426 ★★☆
수지식 배전 방식과 비교한 저압 뱅킹 방식에 대한 설명으로 틀린 것은?

① 전압 변동이 적다.
② 캐스케이딩 현상에 의해 고장 확대가 축소된다.
③ 부하 증가에 대해 탄력성이 향상된다.
④ 고장 보호 방식이 적당할 때 공급 신뢰도는 향상된다.

해설 저압 뱅킹 방식
- 공급 신뢰도가 우수하여 부하 밀집 지역(대도시)에 적당하다.
- 전압 변동 및 전력 손실이 작다.
- 캐스케이딩 현상에 의한 고장 확대의 우려가 있다.
- 구성이 복잡하여 시설비가 비싸다.
- 부하 증가에 대한 탄력성이 우수하다.
- 캐스케이딩 방지를 위해 인접 변압기 중간에 구분 퓨즈, 구분 개폐기 또는 차단기를 삽입하여 고장구간으로부터 분리한다.

427 ★★☆
저압 배전 계통을 구성하는 방식 중 캐스케이딩(Cascading)을 일으킬 우려가 있는 방식은?

① 방사상 방식
② 저압 뱅킹 방식
③ 저압 네트워크 방식
④ 스포트 네트워크 방식

해설 저압 뱅킹 방식
- 공급 신뢰도가 우수하다.
- 전압 강하 및 전력 손실이 작다.
- 캐스케이딩을 일으킬 우려가 있다.(캐스케이딩은 배전 선로 어느 한 곳의 사고로 인해 다른 건전한 변압기나 선로에 사고가 확대되는 현상)

428 ★★☆
저압 뱅킹(Banking) 배전 방식이 적당한 곳은?

① 농촌
② 어촌
③ 화학 공장
④ 부하 밀집 지역

해설 저압 뱅킹 방식
저압 뱅킹 방식은 고압 배전 선로에 접속되어 있는 2대 이상의 배전용 변압기를 경유해서 저압 측 간선을 병렬 접속하는 방식이다. 저압 뱅킹 방식은 부하 밀집 지역에 적당하며 공급 신뢰도가 우수하다.

429 ★★☆
저압 뱅킹 배전 방식에서 캐스케이딩이란?

① 변압기의 전압 배분을 자동으로 하는 것
② 수전단 전압이 송전단 전압보다 높아지는 현상
③ 저압선에 고장이 생기면 건전한 변압기의 일부 또는 전부가 연쇄적으로 차단되는 현상
④ 전압 동요가 일어나면 연쇄적으로 파도치는 현상

해설 캐스케이딩
저압선의 고장 사고가 다른 건전한 변압기의 일부나 전체 선로에 파급되는 현상

430 ★★☆
망상(Network) 배전 방식의 장점이 아닌 것은?

① 전압 변동이 적다.
② 인축의 접지 사고가 적어진다.
③ 부하의 증가에 대한 융통성이 크다.
④ 무정전 공급이 가능하다.

해설 망상(Network) 배전 방식의 특징
- 전력의 무정전 공급이 가능하고 공급 신뢰도가 가장 우수
- 전압 변동 및 전력 손실 감소
- 부하의 증설 용이
- 선로가 많아 인축의 접촉 사고 증대

431 ★★☆
배전 방식으로 저압 네트워크 방식이 적당한 경우는?

① 부하가 밀집되어 있는 시가지
② 바람이 많은 어촌 지역
③ 농촌 지역
④ 화학 공장

해설 저압 네트워크 배전 방식
- 공급 신뢰도가 우수하여 정전이 적다.
- 공급 신뢰도를 중요하게 요구하는 부하 밀집 지역인 대도시에 주로 적용된다.

432 ★★☆
망상(Network) 배전 방식에 대한 설명으로 옳은 것은 어느 것인가?

① 전압 변동이 대체로 크다.
② 부하 증가에 대한 융통성이 적다.
③ 방사상 방식보다 무정전 공급의 신뢰도가 더 높다.
④ 인축에 대한 감전 사고가 적어서 농촌에 적합하다.

해설 망상 배전 방식
- 전압 변동이 작다.
- 부하 증가에 대한 융통성이 크다.
- 무정전 공급 신뢰도가 높다.
- 인축에 대한 감전 사고의 우려가 크다.
- 부하 밀집 지역에 적당하다.

433 ★★☆
네트워크 배전 방식의 설명으로 옳지 않은 것은?

① 전압 변동이 적다.
② 배전 신뢰도가 높다.
③ 전력 손실이 감소한다.
④ 인축의 접촉 사고가 적어진다.

해설 네트워크 배전 방식
- 무정전 전원 공급
- 공급 신뢰도 우수
- 인축의 접촉 사고 증가
- 고장 전류의 역류 우려
- 전압 변동이 적음

434 ★★☆

고압 배전 선로 구성 방식 중 고장 시 자동적으로 고장 개소의 분리 및 건전 선로에 폐로하여 전력을 공급하는 개폐기를 가지며, 수요 분포에 따라 임의의 분기선으로부터 전력을 공급하는 방식은?

① 환상식
② 망상식
③ 뱅킹식
④ 가지식(수지식)

해설 환상식 배전 방식
- 배전 선로를 루프식으로 구성한 배전 방식
- 고장 시 자동적으로 고장 개소의 분리 및 건전 선로에 폐로하여 전력을 공급하는 개폐기가 설치된다.
- 수요 분포에 따라 임의의 분기선으로부터 전력을 공급하는 방식

435 ★★☆

루프(환상) 배전 방식의 장점은?

① 농촌에 적당하다.
② 전압 변동이 적다.
③ 증설이 용이하다.
④ 전선비가 적게 든다.

해설 루프 배전 방식
- 공급 신뢰도가 우수하여 부하 밀집 지역(대도시)에 적당하다.
- 전압 강하 및 전력 손실이 작다.
- 전선 소요량이 많다.
- 구성이 복잡하여 증설이 어렵고 시설비가 비싸다.

436 ★☆☆

배전 선로의 용어 중 틀린 것은?

① 궤전점: 간선과 분기선의 접속점
② 분기선: 간선으로 분기되는 변압기에 이르는 선로
③ 간선: 급전선에 접속되어 부하로 전력을 공급하거나 분기선을 통하여 배전하는 선로
④ 급전선: 배전용 변전소에서 인출되는 배전 선로에서 최초의 분기점까지의 전선으로 도중에 부하가 접속되어 있지 않은 선로

해설 배전 선로 관련 용어
① 궤전점: 급전선과 배전 간선과의 접속점
② 분기선: 간선으로부터 인출된 배전 선로
③ 간선: 급전선으로부터 인출된 배전 선로
④ 급전선(피더): 배전용 변전소로부터 최초로 인출된 배전 선로

THEME 02 배전 선로의 전기 방식의 종류

437 ★★★

교류 단상 3선식 배전 방식을 교류 단상 2선식에 비교하면?

① 전압 강하가 크고, 효율이 낮다.
② 전압 강하가 작고, 효율이 낮다.
③ 전압 강하가 작고, 효율이 높다.
④ 전압 강하가 크고, 효율이 높다.

해설
교류 단상 3선식이 교류 단상 2선식에 비해 승압된 전압을 얻을 수 있다. 따라서 전압 강하의 식 $e = \dfrac{P}{V}(R + X\tan\theta)[\text{V}]$에서 $e \propto \dfrac{1}{V}$이므로 전압 강하는 작고, 전력 손실의 식 $P_l = \dfrac{P^2 R}{V^2 \cos^2\theta}[\text{W}]$에서 $P_l \propto \dfrac{1}{V^2}$이므로 전력 손실이 작아져 효율은 높다.

438 ★★★
저압 단상 3선식 배전 방식의 가장 큰 단점은?

① 절연이 곤란하다.
② 전압의 불평형이 생기기 쉽다.
③ 설비 이용률이 나쁘다.
④ 2종류의 전압을 얻을 수 있다.

해설
단상 3선식은 단상 부하의 용량차 때문에 생기는 부하 불평형으로 인하여 배전 선로 말단 전압 불평형이 발생하기 쉬우므로 밸런서를 설치한다.

암기
중성선 단선으로 부하의 불평형 전압이 발생하고 이를 방지하기 위해 저압 밸런서를 사용한다.

439 ★★★
밸런서의 설치가 가장 필요한 배전 방식은?

① 단상 2선식
② 단상 3선식
③ 3상 3선식
④ 3상 4선식

해설 밸런서
밸런서는 단상 3선식 배전 선로에서 부하 불평형에 의한 배전 말단의 전압 불평형을 줄이기 위해 설치한다.

440 ★★★
단상 2선식에 비하여 단상 3선식의 특징으로 옳은 것은?

① 소요 전선량이 많아야 한다.
② 중성선에는 반드시 퓨즈를 끼워야 한다.
③ 110[V] 부하 외에 220[V] 부하의 사용이 가능하다.
④ 전압 불평형을 줄이기 위하여 저압선의 말단에 전력용 콘덴서를 설치한다.

해설 단상 3선식의 특징
- 단상 2선식에 비해 동일한 전력 공급 기준에서 전선 소요량이 37.5[%]로 적다.
- 중성선에는 퓨즈 설치가 불가하다.
- 2종의 전원인 110[V]와 220[V]를 모두 사용할 수 있다.
- 배전 선로 말단의 전압 불평형을 감소시키기 위해 선로 말단에 밸런서를 설치해야 한다.

441 ★★★
배전 선로에 관한 설명으로 틀린 것은?

① 밸런서는 단상 2선식에 필요하다.
② 저압 뱅킹 방식은 전압 변동을 경감할 수 있다.
③ 배전 선로의 부하율이 F일 때 손실 계수는 F와 F^2의 사이의 값이다.
④ 수용률이란 최대 수용 전력을 설비 용량으로 나눈 값을 퍼센트로 나타낸다.

해설
밸런서는 단상 3선식에 필요하다. 중성선의 단선 시 전압 불평형을 방지하기 위해 설치한다.

442 ★★★

3상 3선식의 전선 소요량에 대한 3상 4선식의 전선 소요량의 비는 얼마인가?(단, 배전 거리, 배전 전력 및 전력 손실은 같고, 4선식의 중성선의 굵기는 외선의 굵기와 같으며, 외선과 중성선 간의 전압은 3선식의 선간 전압과 같다.)

① $\dfrac{4}{9}$ ② $\dfrac{2}{3}$

③ $\dfrac{3}{4}$ ④ $\dfrac{1}{3}$

해설 전기 방식의 전기적 특성 비교표

종류	총 공급 전력	1선당 전력		소요 전선비
$1\phi 2W$	$P=EI$	$P_{12}=\dfrac{1}{2}EI=100[\%]$	$(\because EI=2P_{12})$	W_1 (100[%]기준)
$1\phi 3W$	$P=2EI$	$P_{13}=\dfrac{2}{3}EI=\dfrac{2}{3}\cdot 2P_{12}=133[\%]$		$\dfrac{W_2}{W_1}=\dfrac{3}{8}$ (37.5[%])
$3\phi 3W$	$P=\sqrt{3}EI$	$P_{33}=\dfrac{\sqrt{3}}{3}EI=\dfrac{\sqrt{3}}{3}\cdot 2P_{12}=115[\%]$		$\dfrac{W_3}{W_1}=\dfrac{3}{4}$ (75[%])
$3\phi 4W$	$P=3EI$	$P_{34}=\dfrac{3}{4}EI=\dfrac{3}{4}\cdot 2P_{12}=150[\%]$		$\dfrac{W_4}{W_1}=\dfrac{1}{3}$ (33.3[%])

표에서 3상 3선식과 3상 4선식의 소요 전선비로 계산하면

$\dfrac{3\phi 4W}{3\phi 3W}=\dfrac{\dfrac{1}{3}W_1}{\dfrac{3}{4}W_1}=\dfrac{4}{9}$

암기

구분	단상 2선	단상 3선	3상 3선	3상 4선
소요비	1	$\dfrac{3}{8}$	$\dfrac{3}{4}$	$\dfrac{1}{3}$

443 ★☆☆

3상 3선식에서 전선 한 가닥에 흐르는 전류는 단상 2선식의 경우의 몇 배가 되는가?(단, 송전 전력, 부하 역률, 송전 거리, 전력 손실 및 선간 전압이 같다.)

① $\dfrac{1}{\sqrt{3}}$ ② $\dfrac{2}{3}$

③ $\dfrac{3}{4}$ ④ $\dfrac{4}{9}$

해설

단상 2선식 $P=VI_1\cos\theta [W]$
(여기서, P: 송전 전력, V: 선간 전압, I: 전류, $\cos\theta$: 역률)
3상 3선식 $P=\sqrt{3}VI_2\cos\theta [W]$
조건에서 송전 전력과 선간 전압 및 역률이 같으므로
$I_1=\sqrt{3}I_2 [A]$
$\therefore \dfrac{I_2}{I_1}=\dfrac{1}{\sqrt{3}}$

444 ★☆☆

동일 전력을 동일 선간 전압, 동일 역률로 동일 거리에 보낼 때 사용하는 전선의 총 중량이 같으면 3상 3선식인 때와 단상 2선식일 때의 전력 손실비는?

① 1   ② $\dfrac{3}{4}$

③ $\dfrac{2}{3}$ ④ $\dfrac{1}{\sqrt{3}}$

해설

3상 3선식일 때의 전력 손실 $P_{l3}=3I_3^2R_3$
단상 2선식일 때의 전력 손실 $P_{l1}=2I_1^2R_1$
따라서 구하고자 하는 전력 손실비는

$\dfrac{P_{l3}}{P_{l1}}=\dfrac{3I_3^2R_3}{2I_1^2R_1}=\dfrac{3}{2}\times\left(\dfrac{I_3}{I_1}\right)^2\times\dfrac{R_3}{R_1}$

- 동일 전력, 선간 전압, 역률의 조건에서 3상 3선식일 때의 전력 $P=\sqrt{3}VI_3\cos\theta$ 단상 2선식일 때의 전력 $P=VI_1\cos\theta$

  $\therefore \sqrt{3}VI_3\cos\theta=VI_1\cos\theta \rightarrow \dfrac{I_3}{I_1}=\dfrac{1}{\sqrt{3}}$ 이다.

- 동일 거리, 전선의 총 중량 조건에서
  3상 3선식일 때의 전선 중량 $W=3A_3l$
  단상 2선식일 때의 전선 중량 $W=2A_1l$
  $\therefore 3A_3l=2A_1l$
  $\dfrac{A_1}{A_3}=\dfrac{3}{2}$ 이고, $R=\rho\dfrac{l}{A}$ 에서 $R\propto\dfrac{1}{A}$ 관계에 있으므로 $\dfrac{R_3}{R_1}=\dfrac{3}{2}$ 이다.

따라서 $\dfrac{P_{l3}}{P_{l1}}=\dfrac{3}{2}\times\left(\dfrac{I_3}{I_1}\right)^2\times\dfrac{R_3}{R_1}=\dfrac{3}{2}\times\left(\dfrac{1}{\sqrt{3}}\right)^2\times\dfrac{3}{2}=\dfrac{3}{4}$

445

우리나라에서 현재 가장 많이 사용되고 있는 배전 방식은?

① 3상 3선식
② 3상 4선식
③ 단상 2선식
④ 단상 3선식

해설 우리나라 송배전 방식
- 송전 선로: 3상 3선식
- 배전 선로: 3상 4선식

446

우리나라 $22.9[\text{kV}]$ 배전 선로에서 가장 많이 사용하는 배전 방식과 중성점 접지방식은?

① 3상 3선식 비접지
② 3상 4선식 비접지
③ 3상 3선식 다중 접지
④ 3상 4선식 다중 접지

해설
- 송전 선로: 3상 3선식 직접 접지방식
- 배전 선로: 3상 4선식 다중 접지방식

447

배전 선로의 전기 방식 중 전선의 중량(전선 비용)이 가장 적게 소요되는 전기 방식은?(단, 상전압, 거리, 전력 및 선로 손실 등은 같다.)

① 단상 2선식
② 3상 3선식
③ 단상 3선식
④ 3상 4선식

해설 배전 방식별 전기적 특성
3상 4선식이 전선의 중량, 즉 소요 전선비가 가장 적다.

종류	총 공급 전력	1선당 전력	소요 전선비
$1\phi 2W$	$P = EI$	$P_{12} = \frac{1}{2}EI = 100[\%](\because EI = 2P_{12})$	W_1 (100[%]기준)
$1\phi 3W$	$P = 2EI$	$P_{13} = \frac{2}{3}EI = \frac{2}{3} \cdot 2P_{12} = 133[\%]$	$\frac{W_2}{W_1} = \frac{3}{8}(37.5[\%])$
$3\phi 3W$	$P = \sqrt{3}EI$	$P_{33} = \frac{\sqrt{3}}{3}EI = \frac{\sqrt{3}}{3} \cdot 2P_{12} = 115[\%]$	$\frac{W_3}{W_1} = \frac{3}{4}(75[\%])$
$3\phi 4W$	$P = 3EI$	$P_{34} = \frac{3}{4}EI = \frac{3}{4} \cdot 2P_{12} = 150[\%]$	$\frac{W_4}{W_1} = \frac{1}{3}(33.3[\%])$

448

송전 전력, 송전 거리, 전선로의 전력 손실이 일정하고, 같은 재료의 전선을 사용한 경우 단상 2선식에 대한 3상 4선식의 1선당 전력비는 약 얼마인가?(단, 중성선은 외선과 같은 굵기이다.)

① 0.7
② 0.87
③ 0.94
④ 1.15

해설

전력비 $= \dfrac{P_{34}}{P_{12}} = \dfrac{\frac{\sqrt{3}}{4}EI}{\frac{1}{2}EI} = \dfrac{\sqrt{3}}{2} = 0.87$

암기 송전 선로에서의 전기적 특성 비교

종류	총 공급 전력	1선당 전력
$1\phi 2W$	$P = EI$	$P_{12} = \frac{1}{2}EI = 100[\%](\because EI = 2P_{12})$
$1\phi 3W$	$P = EI$	$P_{13} = \frac{1}{3}EI = \frac{1}{3} \cdot 2P_{12} = 67[\%]$
$3\phi 3W$	$P = \sqrt{3}EI$	$P_{33} = \frac{\sqrt{3}}{3}EI = \frac{\sqrt{3}}{3} \cdot 2P_{12} = 115[\%]$
$3\phi 4W$	$P = \sqrt{3}EI$	$P_{34} = \frac{\sqrt{3}}{4}EI = \frac{\sqrt{3}}{4} \cdot 2P_{12} = 87[\%]$

| 정답 | 445 ② 446 ④ 447 ④ 448 ②

449 ★★☆

선간 전압, 부하 역률, 선로 손실, 전선 중량 및 배전 거리가 같다고 할 경우 단상 2선식과 3상 3선식의 공급 전력의 비(단상/3상)는?

① $\dfrac{3}{2}$ ② $\dfrac{1}{\sqrt{3}}$

③ $\sqrt{3}$ ④ $\dfrac{\sqrt{3}}{2}$

해설

두 방식의 공급 전력의 비를 비교하는 문제이므로 동등한 조건인 1선당 공급 전력으로 봐야 한다. 단상 2선식의 1선당 공급 전력은 $P = \dfrac{1}{2}VI\cos\theta$ [W]이고, 3상 3선식의 1선당 공급 전력은 $P' = \dfrac{\sqrt{3}}{3}VI\cos\theta = \dfrac{1}{\sqrt{3}}VI\cos\theta$ [W]이므로 이를 비교해 보면

$\dfrac{\text{단상 2선식}}{\text{3상 3선식}} = \dfrac{P}{P'} = \dfrac{\dfrac{1}{2}VI\cos\theta}{\dfrac{1}{\sqrt{3}}VI\cos\theta} = \dfrac{\sqrt{3}}{2}$ 이다.

450 ★★★

단상 2선식 배전선의 전선 총량을 $100[\%]$라 할 때 3상 3선식과 단상 3선식의 전선의 총량은 각각 몇 $[\%]$인가?(단, 선간 전압, 공급 전력, 전력 손실 및 배전 거리는 같으며 중성선의 굵기는 외선과 같다고 한다.)

① 3상 3선식: 37.5[%], 단상 3선식: 75[%]
② 3상 3선식: 50[%], 단상 3선식: 75[%]
③ 3상 3선식: 75[%], 단상 3선식: 37.5[%]
④ 3상 3선식: 100[%], 단상 3선식: 37.5[%]

해설

단상 2선식을 기준(100[%])으로 하였을 때 나머지 배전 방식의 전선 소요량 비

- 단상 3선식: $\dfrac{3}{8}$ (37.5[%])
- 3상 3선식: $\dfrac{3}{4}$ (75[%])
- 3상 4선식: $\dfrac{1}{3}$ (33.3[%])

451 ★☆☆

송전 방식에서 선간 전압, 선로 전류, 역률이 일정할 때(3상 3선식/단상 2선식)의 전선 1선당 전력비는 약 몇 $[\%]$인가?

① 87.5 ② 94.7
③ 115.5 ④ 141.4

해설

단상 2선식 $P_2 = EI\cos\theta$ [W]에서 1선당 전력

$P_1 = \dfrac{EI\cos\theta}{2}$ [W]

3상 3선식 $P_3 = \sqrt{3}EI\cos\theta$ [W]에서 1선당 전력

$P_1' = \dfrac{\sqrt{3}EI\cos\theta}{3}$ [W]

따라서 (3상 3선식/단상 2선식)의 전선 1선당 전력비는

$\dfrac{\text{3상 3선식}}{\text{단상 2선식}} = \dfrac{P_1'}{P_1} = \dfrac{\dfrac{\sqrt{3}EI\cos\theta}{3}}{\dfrac{EI\cos\theta}{2}} = \dfrac{2\sqrt{3}}{3}$

$= 1.155 (\therefore 115.5[\%])$

452 ★★★

배전 전압, 배전 거리 및 전력 손실이 같다는 조건에서 단상 2선식 전기 방식의 전선 총중량을 $100[\%]$라 할 때 3상 3선식 전기 방식은 몇 $[\%]$인가?

① 33.3 ② 37.5
③ 75.0 ④ 100.0

해설

배전 방식	전선 중량비
단상 2선식	1(100[%] 기준)
단상 3선식	$\dfrac{3}{8}$ (37.5[%])
3상 3선식	$\dfrac{3}{4}$ (75[%])
3상 4선식	$\dfrac{1}{3}$ (33.3[%])

453 ★★★
옥내 배선을 단상 2선식에서 단상 3선식으로 변경하였을 때, 전선 1선당 공급 전력은 약 몇 배 증가하는가?(단, 선간 전압(단상 3선식의 경우는 중성선과 타선 간의 전압), 선로 전류(중성선의 전류 제외) 및 역률은 같다.)

① 0.71 ② 1.33
③ 1.41 ④ 1.73

해설
- 단상 2선식
  총 공급 전력 $P_{2w} = EI$ [W]
  1선당 공급 전력 $(P_{2w})_1 = \frac{1}{2}EI$ [W]
- 단상 3선식
  총 공급 전력 $P_{3w} = 2EI$ [W]
  1선당 공급 전력 $(P_{3w})_1 = \frac{2}{3}EI$ [W]

$\therefore \frac{(P_{3w})_1}{(P_{2w})_1} = \frac{\frac{2}{3}EI}{\frac{1}{2}EI} = \frac{4}{3} = 1.33$

THEME 03 전압 강하 및 전력 손실

454 ★★★
교류 배전 선로에서 전압 강하 계산식은 $V_d = k(R\cos\theta + X\sin\theta)I$로 표현된다. 3상 3선식 배전 선로인 경우에 k는?

① $\sqrt{3}$ ② $\sqrt{2}$
③ 3 ④ 2

해설
3상 3선식 배전 선로에서의 전압 강하
$e = \sqrt{3}I(R\cos\theta + X\sin\theta)$ [V] 이다.
주어진 식으로 표현하면
$V_d = \sqrt{3}(R\cos\theta + X\sin\theta)I$ 로, $k = \sqrt{3}$ 이다.

---

455 ★★★
배전 선로의 전압을 3[kV]에서 6[kV]로 승압하면 전압 강하율(δ)은 어떻게 되는가?(단, δ_{3kV}는 전압이 3[kV]일 때 전압 강하율이고, δ_{6kV}는 전압이 6[kV]일 때 전압 강하율이고, 부하는 일정하다고 한다.)

① $\delta_{6kV} = \frac{1}{2}\delta_{3kV}$ ② $\delta_{6kV} = \frac{1}{4}\delta_{3kV}$
③ $\delta_{6kV} = 2\delta_{3kV}$ ④ $\delta_{6kV} = 4\delta_{3kV}$

해설
전압 강하율 $\delta = \frac{V_s - V_r}{V_r} \times 100[\%] = \frac{e}{V_r} \times 100[\%]$
$= \frac{P}{V_r^2}(R + X\tan\theta) \times 100[\%]$ 이므로
전압 강하율(δ)은 전압의 제곱(V^2)에 반비례한다.
따라서 $\frac{\delta_{6kV}}{\delta_{3kV}} = \frac{\left(\frac{1}{6}\right)^2}{\left(\frac{1}{3}\right)^2} = \left(\frac{3}{6}\right)^2 = \frac{1}{4}$, $\therefore \delta_{6kV} = \frac{1}{4}\delta_{3kV}$

---

456 ★★★
그림과 같은 단거리 배전 선로의 송전단 전압 6,600[V], 역률은 0.9이고, 수전단 전압 6,100[V], 역률 0.8일 때 회로에 흐르는 전류 I [A]는?(단, E_s 및 E_r은 송·수전단 대지 전압이며 $r = 20[\Omega]$, $X = 10[\Omega]$이다.)

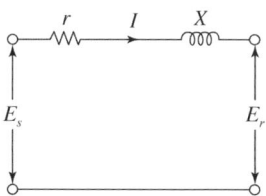

① 20 ② 35
③ 53 ④ 65

해설
전력 손실은 송전 전력과 수전 전력의 차이므로
$P_l = P_s - P_r = E_s I\cos\theta_s - E_r I\cos\theta_r = I^2 R$ 에서
$I = \frac{E_s\cos\theta_s - E_r\cos\theta_r}{R} = \frac{6,600 \times 0.9 - 6,100 \times 0.8}{20} = 53$[A]

457 ★★★

단상 2선식 교류 배전 선로가 있다. 전선의 1가닥 저항이 $0.15[\Omega]$이고 리액턴스는 $0.25[\Omega]$이다. 부하는 순 저항 부하이고 $100[V]$, $3[kW]$이다. 급전점의 전압[V]은 약 얼마인가?

① 105　　② 109
③ 115　　④ 124

해설

단상 2선식에서의 전압 강하 $e = V_s - V_r = 2I(R\cos\theta + X\sin\theta)[V]$에서 순 저항 부하인 경우 $\cos\theta = 1$, $\sin\theta = 0$이다.
따라서 전압 강하는 $e = V_s - V_r = 2IR[V]$이다. 급전점의 전압은

$$V_s = V_r + 2IR = V_r + 2 \times \frac{P}{V_r} \times R$$
$$= 100 + 2 \times \frac{3 \times 10^3}{100} \times 0.15 = 109[V]$$

458 ★★★

지상 부하를 가진 3상 3선식 배전 선로 또는 단거리 송전 선로에서 선간 전압 강하를 나타낸 식은?(단, I, R, X, θ는 각각 수전단 전류, 선로 저항, 리액턴스 및 수전단 전류의 위상각이다.)

① $I(R\cos\theta + X\sin\theta)$
② $2I(R\cos\theta + X\sin\theta)$
③ $\sqrt{3}I(R\cos\theta + X\sin\theta)$
④ $3I(R\cos\theta + X\sin\theta)$

해설 3상 3선식에서의 전압 강하
$e = \sqrt{3}I(R\cos\theta + X\sin\theta)[V]$

459 ★★★

3상 3선식 배전 선로에 역률이 0.8(지상)인 3상 평형 부하 $40[kW]$를 연결했을 때 전압 강하는 약 몇 [V]인가?(단, 부하의 전압은 $200[V]$, 전선 1조의 저항은 $0.02[\Omega]$이고, 리액턴스는 무시한다.)

① 2　　② 3
③ 4　　④ 5

해설

3상에서의 전압 강하
$e = \sqrt{3}I(R\cos\theta + X\sin\theta) = \frac{P}{V}(R + X\tan\theta)[V]$에서
리액턴스는 무시하므로
$$\therefore e = \frac{P}{V}R = \frac{40 \times 10^3}{200} \times 0.02 = 4[V]$$

460 ★★★

단상 2선식 $110[V]$ 저압 배전 선로를 단상 3선식 $110/220[V]$로 변경할 때 부하의 크기 및 공급 전압을 일정하게 하고 또 부하를 평형시켰을 때 전선로의 전압 강하율은 변경 전에 비하여 어떻게 되는가?

① $\frac{1}{2}$　　② $\frac{1}{3}$
③ $\frac{1}{4}$　　④ $\frac{1}{5}$

해설

전압 강하율은 전압의 제곱에 반비례하므로
$$\frac{\varepsilon_2}{\varepsilon_1} = \left(\frac{V_1}{V_2}\right)^2 = \left(\frac{110}{220}\right)^2 = \frac{1}{4}$$

461 ★★☆

그림과 같은 단상 2선식 배선에서 급전점의 전압이 220[V]일 때 A점과 B점의 전압[V]은 얼마인가?(단, 저항 값은 1선당 저항 값이다.)

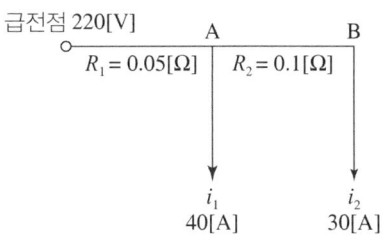

① 211, 205 ② 215, 209
③ 213, 207 ④ 209, 203

해설

A점의 전압을 구하면
$V_A = V - 2IR = V - 2(i_1 + i_2)R_1$
$= 220 - 2 \times (40+30) \times 0.05 = 213[V]$
따라서 B점의 전압은
$V_B = V_A - 2IR = V_A - 2i_2 R_2$
$= 213 - 2 \times 30 \times 0.1 = 207[V]$

462 ★★☆

3상 배전 선로의 전압 강하율[%]을 나타내는 식이 아닌 것은?(단, V_s: 송전단 전압, V_r: 수전단 전압, I: 전부하 전류, P: 부하 전력, Q: 무효 전력이다.)

① $\dfrac{PR+QX}{V_r^2} \times 100$

② $\dfrac{V_s - V_r}{V_r} \times 100$

③ $\dfrac{V_s(PR+QX)}{V_r} \times 100$

④ $\dfrac{\sqrt{3}I}{V_r}(R\cos\theta + X\sin\theta) \times 100$

해설

$\varepsilon = \dfrac{V_s - V_r}{V_r} \times 100[\%] = \dfrac{\sqrt{3}I}{V_r}(R\cos\theta + X\sin\theta) \times 100[\%]$
$= \dfrac{V_r \sqrt{3}I}{V_r^2}(R\cos\theta + X\sin\theta) \times 100[\%]$
$= \dfrac{\sqrt{3}V_r I\cos\theta R + \sqrt{3}V_r I\sin\theta X}{V_r^2} \times 100[\%]$
$= \dfrac{PR+QX}{V_r^2} \times 100[\%]$

463 ★★★

그림과 같은 단상 2선식 배선에서 인입구 A점의 전압이 220[V]라면 C점의 전압[V]은?(단, 저항 값은 1선의 값이며 AB 간은 0.05[Ω], BC 간은 0.1[Ω]이다.)

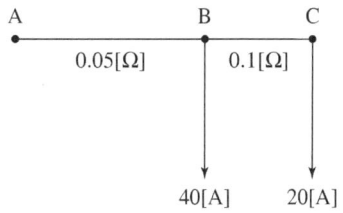

① 214 ② 210
③ 196 ④ 192

해설

B지점에서의 전압은
$V_B = V_A - e_{AB} = 220 - 2 \times (40+20) \times 0.05 = 214[V]$
C지점에서의 전압은
$V_C = V_B - e_{BC} = 214 - 2 \times 20 \times 0.1 = 210[V]$

464 ★★★

송전단 전압이 154[kV], 수전단 전압이 150[kV]인 송전 선로에서 부하를 차단하였을 때 수전단 전압이 152[kV]가 되었다면 전압 변동률은 약 몇 [%]인가?

① 1.11
② 1.33
③ 1.63
④ 2.25

해설 전압 변동률

$$\delta = \frac{무부하\ 시\ 수전단\ 전압 - 부하\ 시\ 수전단\ 전압}{부하\ 시\ 수전단\ 전압} \times 100[\%]$$

$$= \frac{V_{r0} - V_r}{V_r} \times 100 = \frac{152 - 150}{150} \times 100 = 1.33[\%]$$

465 ★★☆

다음 중 배전 선로의 부하율이 F일 때 손실 계수 H와의 관계로 옳은 것은?

① $H = F$
② $H = \dfrac{1}{F}$
③ $H = F^2$
④ $0 \leq F^2 \leq H \leq F \leq 1$

해설
배전 선로에서 부하율(F)과 손실 계수(H)의 관계는 다음과 같다.
- $0 \leq F^2 \leq H \leq F \leq 1$
- $H = \alpha F + (1-\alpha) F^2$ (손실정수 $\alpha = 0.1 \sim 0.4$)

466 ★★★

그림에서와 같이 부하가 균일한 밀도로 도중에서 분기되어 선로 전류가 송전단에 이를수록 직선적으로 증가할 경우 선로 말단의 전압 강하는 이 송전단 전류와 같은 전류의 부하가 선로의 말단에만 집중되어 있을 경우의 전압 강하보다 대략 어떻게 되는가?(단, 부하 역률은 모두 같다고 한다.)

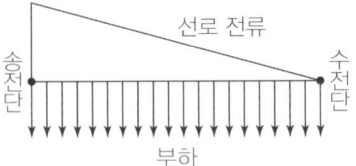

① $\dfrac{1}{3}$로 된다.
② $\dfrac{1}{2}$로 된다.
③ 동일하다.
④ $\dfrac{1}{4}$로 된다.

해설 부하 형태별 전압 강하 및 전력 손실

부하 형태	전압 강하(e)	전력 손실(P_l)
말단 집중 부하	$e = IR$	$P_l = I^2 R$
균등 부하	$\dfrac{1}{2} e$	$\dfrac{1}{3} P_l$

467 ★★★

배전선에 부하가 균등하게 분포되었을 때 배전선 말단에서의 전압 강하는 전 부하가 집중적으로 배전선 말단에 연결되어 있을 때의 몇 [%]인가?

① 20
② 50
③ 75
④ 100

해설 부하 형태별 전압 강하 및 전력 손실
말단 집중 부하에 비해서 균등 부하의 전압 강하와 전력 손실비는

구분	전압 강하(e)	전력 손실(P_l)
말단 부하	IR	$I^2 R$
균등 부하	$\dfrac{1}{2} IR$	$\dfrac{1}{3} I^2 R$

| 정답 | 464 ② 465 ④ 466 ② 467 ②

468 ★★★

전선의 굵기가 균일하고 부하가 송전단에서 말단까지 균일하게 분포되어 있을 때 배전선 말단에서 전압 강하는?(단, 배전선 전체 저항 R, 송전단의 부하 전류는 I이다.)

① $\frac{1}{2}RI$
② $\frac{1}{\sqrt{2}}RI$
③ $\frac{1}{\sqrt{3}}RI$
④ $\frac{1}{3}RI$

해설 부하 형태별 전압 강하 및 전력 손실

말단 집중 부하에 비해서 균등 부하의 전압 강하 및 전력 손실비는

구분	전압 강하(e)	전력 손실(P_l)
말단 부하	IR	I^2R
균등 부하	$\frac{1}{2}IR$	$\frac{1}{3}I^2R$

469 ★★★

선로를 따라 균일하게 부하가 분포된 선로의 전력 손실은 이들 부하가 선로의 말단에 집중적으로 접속되어 있을 때보다 어떻게 되는가?

① $\frac{1}{2}$로 된다.
② $\frac{1}{3}$로 된다.
③ 2배로 된다.
④ 3배로 된다.

해설 부하 형태별 전압 강하 및 전력 손실

말단 집중 부하에 비해서 균등 부하의 전압 강하 및 전력 손실비는

구분	전압 강하(e)	전력 손실(P_l)
말단 부하	IR	I^2R
균등 부하	$\frac{1}{2}IR$	$\frac{1}{3}I^2R$

THEME 04 변압기 효율 계산

470 ★☆☆

용량 20[kVA]인 단상 주상 변압기에 걸리는 하루 동안의 부하가 처음 14시간 동안은 20[kW], 다음 10시간 동안은 10[kW]일 때, 이 변압기에 의한 하루 동안의 손실량[Wh]은?(단, 부하의 역률은 1로 가정하고, 변압기의 전 부하 동손은 300[W], 철손은 100[W]이다.)

① 6,850
② 7,200
③ 7,350
④ 7,800

해설

- 동손 $W_c = a^2 P_c \times t = \left(\frac{20}{20}\right)^2 \times 300 \times 14$
  $\qquad + \left(\frac{10}{20}\right)^2 \times 300 \times 10$
  $= 4,950[\text{Wh}]$
- 철손 $W_i = P_i \times t = 100 \times 24 = 2,400[\text{Wh}]$

변압기 하루 손실량은 동손 + 철손이므로
∴ $W_l = W_c + W_i = 4,950 + 2,400 = 7,350[\text{Wh}]$

THEME 05 변압기의 결선

471 ★★☆

200[kVA] 단상 변압기 3대를 △ 결선에 의하여 급전하고 있는 경우 1대의 변압기가 소손되어 V 결선으로 사용하였다. 이때의 부하가 516[kVA]라고 하면 변압기는 약 몇 [%]의 과부하가 되는가?

① 119
② 129
③ 139
④ 149

해설

- V 결선 운전 시 출력
  $P_v = \sqrt{3}\,P_1 = \sqrt{3} \times 200 = 346.41[\text{kVA}]$ (단, P_1 : 변압기 1대 용량)
- 과부하율 : $\frac{P_L}{P_v} \times 100 = \frac{516}{346.41} \times 100 = 149[\%]$

472 ★★★

150[kVA] 단상 변압기 3대를 $\Delta-\Delta$ 결선으로 사용하다가 1대의 고장으로 $V-V$ 결선하여 사용하면 약 몇 [kVA] 부하까지 걸 수 있겠는가?

① 200
② 220
③ 240
④ 260

해설
$P_v = \sqrt{3} P_1 = \sqrt{3} \times 150 = 260 [kVA]$
(P_v : V 결선 출력, P_1 : 변압기 1대 용량)

암기
고장 시 V 결선으로 사용한다고 하면 $\sqrt{3}$ 을 곱함

473 ★★★

단상 변압기 3대를 Δ 결선으로 운전하던 중 1대의 고장으로 V 결선한 경우 V 결선과 Δ 결선의 출력비는 약 몇 [%] 인가?

① 52.2
② 57.7
③ 66.7
④ 86.6

해설
• 출력비
$$\frac{P_v}{P_\Delta} = \frac{\sqrt{3}P}{3P} = \frac{1}{\sqrt{3}} = 0.577 \ (\therefore 57.7[\%])$$

• 이용률
$$\frac{P_v(실제)}{P_v(이론)} = \frac{\sqrt{3}P}{2P} = \frac{\sqrt{3}}{2} = 0.866 \ (\therefore 86.6[\%])$$

474 ★★★

변압기의 결선 중에서 1차에 제3고조파가 있을 때 2차에 제3고조파 전압이 외부로 나타나는 결선은?

① $Y-Y$
② $Y-\Delta$
③ $\Delta-Y$
④ $\Delta-\Delta$

해설
$Y-Y$ 결선은 제3고조파의 순환 회로가 없으므로 제3고조파가 소멸되지 못하고 변압기 외부로 흘러나가게 된다.

475 ★★☆

1차 변전소에서 가장 유리한 3권선 변압기 결선 방법의 형식은?

① $\Delta-Y-Y$
② $Y-\Delta-\Delta$
③ $Y-Y-\Delta$
④ $\Delta-Y-\Delta$

해설 1차 변전소의 결선
• 1차와 2차는 중성점을 접지할 수 있도록 $Y-Y$ 결선
• 3차 측 결선은 조상 설비를 설치하고 제3고조파를 제거하기 위한 $Y-Y-\Delta$ 결선의 3권선 변압기를 사용한다.

THEME 06 최대 전력 산출

476 ★★★

수용가의 수용률을 나타낸 식은?

① $\dfrac{\text{합성 최대 수용 전력}[kW]}{\text{평균 전력}[kW]} \times 100[\%]$

② $\dfrac{\text{평균 전력}[kW]}{\text{합성 최대 수용 전력}[kW]} \times 100[\%]$

③ $\dfrac{\text{부하 설비 합계}[kW]}{\text{최대 수용 전력}[kW]} \times 100[\%]$

④ $\dfrac{\text{최대 수용 전력}[kW]}{\text{부하 설비 합계}[kW]} \times 100[\%]$

해설 수용률
수용률 = $\dfrac{\text{최대 수용 전력}[kW]}{\text{부하 설비 합계}[kW]} \times 100[\%]$

477 ★★★

어느 수용가의 부하 설비는 전등 설비가 500[W], 전열 설비가 600[W], 전동기 설비가 400[W], 기타 설비가 100[W]이다. 이 수용가의 최대 수용 전력이 1,200[W]이면 수용률은 몇 [%]인가?

① 55
② 65
③ 75
④ 85

해설

$$수용률 = \frac{최대\ 수용\ 전력}{수용\ 설비\ 용량} \times 100[\%]$$

$$= \frac{1,200}{500+600+400+100} \times 100 = 75[\%]$$

478 ★★★

전력 사용의 변동 상태를 알아보기 위한 것으로 가장 적당한 것은?

① 수용률
② 부등률
③ 부하율
④ 역률

해설 부하율

- 일정 기간 전력 사용(부하)의 변동 정도를 나타내는 계수
- $부하율 = \dfrac{평균\ 수용\ 전력[kW]}{최대\ 수용\ 전력[kW]} \times 100[\%]$

479 ★★★

최대 수용 전력이 $45 \times 10^3 [kW]$인 공장의 어느 하루의 소비 전력량이 $480 \times 10^3 [kWh]$라고 한다. 하루의 부하율은 몇 [%]인가?

① 22.2
② 33.3
③ 44.4
④ 66.6

해설

$$부하율 = \frac{평균\ 전력}{최대\ 전력} \times 100[\%]$$

$$= \frac{\frac{480 \times 10^3}{24}}{45 \times 10^3} \times 100[\%] = 44.4[\%]$$

480 ★★☆

200[V], 10[kVA]인 3상 유도 전동기가 있다. 어느 날의 부하 실적은 1일의 사용 전력량이 72[kWh], 1일의 최대 전력이 9[kW], 최대 부하일 때의 전류가 35[A]이었다. 1일의 부하율과 최대 공급 전력일 때의 역률은 약 몇 [%]인가?

① 부하율: 31.3[%], 역률: 74.2[%]
② 부하율: 31.3[%], 역률: 82.5[%]
③ 부하율: 33.3[%], 역률: 74.2[%]
④ 부하율: 33.3[%], 역률: 82.5[%]

해설

- 일 부하율 $= \dfrac{1일\ 평균\ 전력[kW]}{최대\ 전력[kW]} \times 100[\%]$

$$= \frac{72[kWh]/24[h]}{9[kW]} \times 100 = 33.3[\%]$$

- 3상 최대 공급 전력 $P_m = \sqrt{3}\, VI\cos\theta_m = 9 \times 10^3 [W]$

∴ 최대 공급 전력일 때의 역률

$$\cos\theta_m = \frac{P_m}{\sqrt{3}\, VI} \times 100$$

$$= \frac{9 \times 10^3}{\sqrt{3} \times 200 \times 35} \times 100 = 74.2[\%]$$

481 ★☆☆

연간 전력량이 $E[kWh]$이고, 연간 최대 전력이 $W[kW]$인 연 부하율은 몇 [%]인가?

① $\dfrac{E}{W} \times 100$
② $\dfrac{\sqrt{3}\, W}{E} \times 100$
③ $\dfrac{8,760\, W}{E} \times 100$
④ $\dfrac{E}{8,760\, W} \times 100$

해설

$$연\ 부하율 = \frac{평균전력}{최대전력} \times 100 = \frac{\frac{E}{365 \times 24}}{W} \times 100$$

$$= \frac{E}{8,760\, W} \times 100[\%]$$

482 ★★★

최대 수용 전력이 $3[\text{kW}]$인 수용가가 3세대, $5[\text{kW}]$인 수용가가 6세대라고 할 때, 이 수용가군에 전력을 공급할 수 있는 주상 변압기의 최소 용량$[\text{kVA}]$은?(단, 역률은 1, 수용가 간의 부등률은 1.3이다.)

① 25　　　　② 30
③ 35　　　　④ 40

해설

변압기 용량$[\text{kVA}] = \dfrac{\text{개별 수용 최대 전력의 합}[\text{kW}]}{\text{부등률} \times \cos\theta \times \text{효율}}$

$\therefore$ 변압기 용량 $= \dfrac{3 \times 3 + 5 \times 6}{1.3 \times 1 \times 1} = 30[\text{kVA}]$

483 ★★★

각 수용가의 수용 설비 용량이 $50[\text{kW}]$, $100[\text{kW}]$, $80[\text{kW}]$, $60[\text{kW}]$, $150[\text{kW}]$이며, 각각의 수용률이 0.6, 0.6, 0.5, 0.5, 0.4이다. 이때 부하의 부등률이 1.3이라면 변압기 용량은 약 몇 $[\text{kVA}]$가 필요한가?(단, 평균 부하 역률은 $80[\%]$라고 한다.)

① 142　　　　② 165
③ 183　　　　④ 212

해설

변압기 용량$[\text{kVA}] = \dfrac{\text{개별 수용 최대 전력의 합}[\text{kW}]}{\text{부등률} \times \cos\theta \times \text{효율}}$

$= \dfrac{50 \times 0.6 + 100 \times 0.6 + 80 \times 0.5 + 60 \times 0.5 + 150 \times 0.4}{1.3 \times 0.8 \times 1}$

$= 212[\text{kVA}]$

484 ★★★

설비 A가 $150[\text{kW}]$, 수용률 0.5, 설비 B가 $250[\text{kW}]$, 수용률 0.8일 때, 합성 최대 전력이 $235[\text{kW}]$이면 부등률은 약 얼마인가?

① 1.10　　　　② 1.13
③ 1.17　　　　④ 1.22

해설

부등률 $= \dfrac{\text{개별 수용 최대 전력의 합}[\text{kW}]}{\text{합성 최대 전력}[\text{kW}]}$

$\therefore$ 부등률 $= \dfrac{150 \times 0.5 + 250 \times 0.8}{235} = 1.17$

485 ★★★

설비 용량 $800[\text{kW}]$, 부등률 1.2, 수용률 $60[\%]$일 때, 변전 시설 용량은 최저 약 몇 $[\text{kVA}]$ 이상이어야 하는가?(단, 역률은 $90[\%]$ 이상 유지되어야 한다.)

① 450　　　　② 500
③ 550　　　　④ 600

해설

변전 시설 용량$[\text{kVA}] \geq \dfrac{\text{설비 용량} \times \text{수용률}}{\text{부등률} \times \text{역률}}$에서

$P \geq \dfrac{800 \times 0.6}{1.2 \times 0.9} = 444.44[\text{kVA}]$

486 ★★★

설비 용량 $600[\text{kW}]$, 부등률 1.2, 수용률 $60[\%]$일 때의 합성 최대 전력은 몇 $[\text{kW}]$인가?

① 240　　　　② 300
③ 432　　　　④ 833

해설

합성 최대 전력 $= \dfrac{\text{설비 용량} \times \text{수용률}}{\text{부등률}} = \dfrac{600 \times 0.6}{1.2}$

$= 300[\text{kW}]$

487
최대 수용 전력의 합계와 합성 최대 수용 전력의 비를 나타내는 계수는?

① 부하율
② 수용률
③ 부등률
④ 보상률

해설

부등률 = $\dfrac{\text{각 수용가의 최대 수용 전력의 합}}{\text{합성 최대 수용 전력}} \geq 1$

488
설비 용량이 $360[\text{kW}]$, 수용률 0.8, 부등률 1.2일 때 최대 수용 전력은 몇 $[\text{kW}]$인가?

① 120
② 240
③ 360
④ 480

해설

최대 수용 전력$[\text{kW}] = \dfrac{\text{설비 용량} \times \text{수용률}}{\text{부등률}}$ 에서

최대 수용 전력 $= \dfrac{360 \times 0.8}{1.2} = 240[\text{kW}]$

489
다음 중 그 값이 1 이상인 것은?

① 부등률
② 부하율
③ 수용률
④ 전압 강하율

해설

- 부등률 = $\dfrac{\text{각 개별 수용가 최대 전력의 합}}{\text{합성 최대 전력}} \geq 1$
- 부등률의 의미: 부하의 최대 수용 전력의 발생 시간이 서로 다른 정도

490
최대 전력의 발생 시각 또는 발생 시기의 분산을 나타내는 지표는?

① 부등률
② 부하율
③ 수용률
④ 전일 효율

해설

부등률 = $\dfrac{\text{각 개별 수용가 최대 전력의 합}}{\text{합성 최대 전력}} \geq 1$로서, 최대 전력의 발생 시각 또는 발생 시기의 분산을 나타내는 지표이다.

491
수용 설비 각각의 최대 수용 전력의 합$[\text{kW}]$을 합성 최대 수용 전력$[\text{kW}]$으로 나눈 값은?

① 부하율
② 수용률
③ 부등률
④ 역률

해설

- 부등률 = $\dfrac{\text{각 개별 수용가 최대 전력의 합}}{\text{합성 최대 수용 전력}} \geq 1$
- 부등률의 의미: 부하의 최대 수용 전력의 발생 시간이 서로 다른 정도

492
배전 계통에서 부등률이란?

① $\dfrac{\text{최대 수용 전력}}{\text{부하 설비 용량}}$

② $\dfrac{\text{부하의 평균 전력의 합}}{\text{부하 설비의 최대 전력}}$

③ $\dfrac{\text{최대 부하 시의 설비 용량}}{\text{정격 용량}}$

④ $\dfrac{\text{각 수용가의 최대 수용 전력의 합}}{\text{합성 최대 수용 전력}}$

해설 부등률

부등률 = $\dfrac{\text{각 수용가의 최대 수용 전력의 합}}{\text{합성 최대 수용 전력}} \geq 1$

493 ★★★

어떤 건물에서 총 설비 부하 용량이 $700[kW]$, 수용률이 $70[\%]$라면 변압기 용량은 최소 몇 $[kVA]$로 하여야 하는가?(단, 여기서 설비 부하의 종합 역률은 0.8이다.)

① 425.9
② 513.8
③ 612.5
④ 739.2

해설

변압기 용량$[kVA] \geq \dfrac{설비\ 용량 \times 수용률}{부등률 \times 역률}$ 에서

$P_{TR}[kVA] \geq \dfrac{700[kW] \times 0.7}{0.8} = 612.5[kVA]$

494 ★★☆

각 수용가의 수용률 및 수용가 사이의 부등률이 변화할 때 수용가군 총합의 부하율에 대한 설명으로 옳은 것은?

① 수용률에 비례하고 부등률에 반비례한다.
② 부등률에 비례하고 수용률에 반비례한다.
③ 부등률과 수용률에 모두 반비례한다.
④ 부등률과 수용률에 모두 비례한다.

해설

수용률, 부하율, 부등률은

- 수용률 = $\dfrac{최대\ 전력}{설비\ 용량}$
- 부하율 = $\dfrac{평균\ 전력}{최대\ 전력}$
- 부등률 = $\dfrac{각\ 부하의\ 최대\ 전력의\ 합}{합성\ 최대\ 전력}$

따라서 이를 부하율에 대해 정리하면

- 부하율 = $\dfrac{평균\ 전력}{최대\ 전력} = \dfrac{평균\ 전력}{수용률 \times 설비\ 용량}$

(∴ 부하율과 수용률은 반비례)

- 부하율 = $\dfrac{평균\ 전력}{최대\ 전력} = \dfrac{평균\ 전력}{\dfrac{각\ 부하의\ 최대\ 전력의\ 합}{부등률}}$

$= \dfrac{평균\ 전력}{각\ 부하의\ 최대\ 전력의\ 합} \times 부등률$

(∴ 부하율과 부등률은 비례)

THEME 07 전력 품질

495 ★★☆

플리커 경감을 위한 전력 공급 측의 방안이 아닌 것은?

① 공급 전압을 낮춘다.
② 전용 변압기로 공급한다.
③ 단독 공급 계통을 구성한다.
④ 단락 용량이 큰 계통에서 공급한다.

해설

- 플리커 경감을 위한 공급자 측의 대책
  - 계통의 전압을 승압한다.
  - 플리커 발생 부하에 대해 전용 변압기로 공급한다.
  - 계통을 각각 개별적으로 단독 공급한다.
  - 단락 용량이 큰 계통에서 전력을 공급한다.
- 플리커 경감을 위한 수용가 측의 대책
  - 전원 계통의 리액터분을 보상
  - 전압 강하 보상
  - 부하의 무효 전력 변동분을 흡수
  - 플리커 부하 전류의 변동분 억제

496 ★★☆

수용가 측에서 부하의 무효 전력 변동분을 흡수하여 플리커의 발생을 방지하는 대책이 아닌 것은?

① 부스터 방식
② 동기 조상기와 리액터 방식
③ 사이리스터 이용 콘덴서 개폐 방식
④ 사이리스터용 리액터 방식

해설 수용가 측 플리커 방지 대책

- 동기 조상기와 리액터 방식 채용
- 사이리스터 소자를 이용한 콘덴서 개폐 방식 채용
- 사이리스터 소자를 이용한 리액터 투입 방식 채용

부스터 방식은 무효 전력 변동분을 흡수하여 플리커의 발생을 방지하는 것이 아니라 전압 강하를 보상하여 플리커의 발생을 방지하는 대책이다.

497 ★★★

전력 계통의 전력용 콘덴서와 직렬로 연결하는 리액터로 제거되는 고조파는?(단, 기본 주파수에서 리액턴스 기준으로 콘덴서 용량의 이론상 4[%] 높은 리액터 값을 적용한다.)

① 제2고조파
② 제3고조파
③ 제4고조파
④ 제5고조파

해설 직렬 리액터

- 직렬 리액터는 제5고조파를 제거하여 파형을 개선할 목적으로 사용된다.
- 이론적 용량: 전력용 콘덴서 용량의 4[%]
- 실제 용량: 전력용 콘덴서 용량의 5~6[%]

498 ★★★

주변압기 등에서 발생하는 제5고조파를 줄이는 방법으로 옳은 것은?

① 전력용 콘덴서에 직렬 리액터를 연결한다.
② 변압기 2차 측에 분로 리액터를 연결한다.
③ 모선에 방전 코일을 연결한다.
④ 모선에 공심 리액터를 연결한다.

해설

전력용 콘덴서에 직렬 리액터를 연결하여 제5고조파를 제거한다. 이론상 콘덴서 용량의 4[%], 실제상 콘덴서 용량의 5~6[%]로 설치한다.

499 ★★☆

전력용 콘덴서를 변전소에 설치할 때 직렬 리액터를 설치하고자 한다. 직렬 리액터의 용량을 결정하는 계산식은?(단, f_0는 전원의 기본 주파수, C는 역률 개선용 콘덴서의 용량, L은 직렬 리액터의 용량이다.)

① $L = \dfrac{1}{(2\pi f_0)^2 C}$
② $L = \dfrac{1}{(5\pi f_0)^2 C}$
③ $L = \dfrac{1}{(6\pi f_0)^2 C}$
④ $L = \dfrac{1}{(10\pi f_0)^2 C}$

해설 직렬 리액터

직렬 리액터는 제5고조파를 제거하기 위해 설치한다.
직렬 리액터의 용량

$L = \dfrac{1}{\omega^2 C}$ 에서 제5고조파에 해당하는 주파수이므로

$L = \dfrac{1}{(2\pi \times 5 f_0)^2 \times C} = \dfrac{1}{(10\pi f_0)^2 C}$

500 ★★★

제5고조파 전류의 억제를 위해 전력용 커패시터에 직렬로 삽입하는 유도 리액턴스의 값으로 적당한 것은?

① 전력용 콘덴서 용량의 약 6[%] 정도
② 전력용 콘덴서 용량의 약 12[%] 정도
③ 전력용 콘덴서 용량의 약 18[%] 정도
④ 전력용 콘덴서 용량의 약 24[%] 정도

해설 직렬 리액터

- 제5고조파 제거 목적으로 설치
- 이론상: 콘덴서 용량의 4[%] 리액터 설치
- 실제상: 콘덴서 용량의 5~6[%] 리액터 설치

| 정답 | 497 ④ 498 ① 499 ④ 500 ①

501 ★★★
송전 선로에서 고조파 제거 방법이 아닌 것은?

① 변압기를 Δ 결선한다.
② 능동형 필터를 설치한다.
③ 유도 전압 조정 장치를 설치한다.
④ 무효 전력 보상 장치를 설치한다.

해설 고조파 제거 방법
- 고조파 제거 필터(수동 필터, 능동 필터) 설치
- 변압기 Δ 결선(제3고조파 제거), 직렬 리액터 설치(제5고조파 제거)
- 무효 전력 보상 장치 설치

502 ★★★
$150[\text{kVA}]$ 전력용 콘덴서에 제5고조파를 억제시키기 위해 필요한 직렬 리액터의 최소 용량은 몇 $[\text{kVA}]$인가?

① 1.5
② 3
③ 4.5
④ 6

해설
제5고조파를 억제시키기 위해 필요한 직렬 리액터의 용량
- 이론상: 콘덴서 용량의 4[%]
- 실제상: 콘덴서 용량의 5~6[%]

따라서 직렬 리액터의 최소 용량은
$X_L = 0.04 X_C = 0.04 \times 150 = 6[\text{kVA}]$

503 ★★★
제5고조파를 제거하기 위하여 전력용 콘덴서 용량의 몇 $[\%]$에 해당하는 직렬 리액터를 설치하는가?

① 2~3
② 5~6
③ 7~8
④ 9~10

해설 직렬 리액터: 제5고조파 제거 목적
- 이론상 용량: 콘덴서 용량의 4[%]
- 실제상 용량: 콘덴서 용량의 5~6[%]

504 ★★★
송전 선로에서 변압기의 유기 기전력에 의해 발생하는 고조파 중 제3고조파를 제거하기 위한 방법으로 가장 적당한 것은?

① 변압기를 Δ 결선한다.
② 동기 조상기를 설치한다.
③ 직렬 리액터를 설치한다.
④ 전력용 콘덴서를 설치한다.

해설
- 제3고조파 제거: 변압기를 Δ 결선
- 제5고조파 제거: 직렬 리액터 설치

암기

Δ 결선	제3고조파 제거
직렬 리액터	제5고조파 제거
분로 리액터	페란티 현상 방지

505 ★★★
송전 선로에서 사용하는 변압기 결선에 Δ 결선이 포함되어 있는 이유는?

① 직류분의 제거
② 제3고조파의 제거
③ 제5고조파의 제거
④ 제7고조파의 제거

해설
계통에서 발생하는 제3고조파를 제거하기 위해서 변압기를 Δ 결선하게 된다. 변압기의 Δ 결선은 제3고조파를 순환시키면서 소멸시키게 된다.

| 정답 | 501 ③ 502 ④ 503 ② 504 ① 505 ②

THEME 08 배전 계통의 손실 감소 대책

506 ★★☆

부하 전력 및 역률이 같을 때 전압을 n배 승압하면 전압 강하율과 전력 손실은 어떻게 되는가?

① 전압 강하율: $\frac{1}{n}$, 전력 손실: $\frac{1}{n^2}$

② 전압 강하율: $\frac{1}{n^2}$, 전력 손실: $\frac{1}{n}$

③ 전압 강하율: $\frac{1}{n}$, 전력 손실: $\frac{1}{n}$

④ 전압 강하율: $\frac{1}{n^2}$, 전력 손실: $\frac{1}{n^2}$

해설

- 전압 강하율

$$\varepsilon = \frac{V_s - V_r}{V_r} \times 100 = \frac{P}{V_r^2}(R + X\tan\theta) \times 100 \, [\%]$$

$$\therefore \frac{\varepsilon_1}{\varepsilon_0} = \frac{\frac{1}{V_1^2}}{\frac{1}{V_0^2}} = \frac{V_0^2}{(nV_0)^2} = \frac{1}{n^2}$$

- 전력 손실

$$P_l = 3I^2 R = 3\left(\frac{P}{\sqrt{3}\,V\cos\theta}\right)^2 R = \frac{P^2 R}{V^2 \cos^2\theta}\,[\text{W}]$$

$$\therefore \frac{P_{l1}}{P_{l0}} = \frac{\frac{1}{V_1^2}}{\frac{1}{V_0^2}} = \frac{V_0^2}{(nV_0)^2} = \frac{1}{n^2}$$

507 ★★★

배전 선로의 전압을 $\sqrt{3}$배로 증가시키고 동일한 전력 손실률로 송전할 경우 송전 전력은 몇 배로 증가되는가?

① $\sqrt{3}$　　　　　② $\frac{3}{2}$

③ 3　　　　　　④ $2\sqrt{3}$

해설

송전 전력과 전압의 관계는 $P \propto V^2$이다. 따라서 전압을 $\sqrt{3}$배 증가시키면 송전 전력은 $(\sqrt{3})^2 = 3$배 증가한다.

508 ★★☆

전압과 역률이 일정할 때 전력을 몇 [%] 증가시키면 전력 손실이 2배로 되는가?

① 31　　　　　　② 41

③ 51　　　　　　④ 61

해설

전력 손실은 $P_l = 3I^2 R = 3\left(\frac{P}{\sqrt{3}\,V\cos\theta}\right)^2 R = \frac{P^2 R}{V^2 \cos^2\theta}\,[\text{W}]$로서 $P_l \propto P^2$이므로 $2P_l = (\sqrt{2}\,P)^2$이다.

즉, 공급 전력을 $\sqrt{2} = 1.414(41.4[\%])$ 증가시키면 전력 손실이 2배가 된다.

509 ★★★

부하 역률이 $\cos\theta$인 경우 배전선로의 전력 손실은 같은 크기의 부하 전력으로 역률이 1인 경우의 전력 손실에 비하여 어떻게 되는가?

① $\frac{1}{\cos\theta}$　　　　② $\frac{1}{\cos^2\theta}$

③ $\cos\theta$　　　　　④ $\cos^2\theta$

해설

$$P_l = I^2 R = \left(\frac{P}{V\cos\theta}\right)^2 R = \frac{P^2 R}{V^2 \cos^2\theta}\,[\text{W}]$$

전력 손실은 역률과 $P_l \propto \frac{1}{\cos^2\theta}$의 관계가 있다.

510 ★★☆

다음 ( )에 알맞은 내용으로 옳은 것은?(단, 공급 전력과 선로 손실률은 동일하다.)

> 선로의 전압을 2배로 승압할 경우, 공급 전력은 승압 전의 (㉮)로 되고 선로 손실은 승압 전의 (㉯)로 된다.

① ㉮ $\frac{1}{4}$ ㉯ 2배

② ㉮ $\frac{1}{4}$ ㉯ 4배

③ ㉮ 2배   ㉯ $\frac{1}{4}$

④ ㉮ 4배   ㉯ $\frac{1}{4}$

해설
- 공급 전력 및 전력 손실과 전압과의 관계
  - 공급 전력: $P \propto V^2$
  - 전력 손실: $P_l \propto \frac{1}{V^2}$
- 전압을 2배로 승압했을 때의 공급 전력과 전력 손실
  $P \propto V^2 : 2^2 = 4$
  $P_l \propto \frac{1}{V^2} : \frac{1}{2^2} = \frac{1}{4}$

511 ★★★

동일한 부하 전력에 대하여 전압을 2배로 승압하면 전압 강하, 전압 강하율, 전력 손실률은 각각 얼마나 감소하는지를 순서대로 나열한 것은?

① $\frac{1}{2}, \frac{1}{2}, \frac{1}{2}$ ② $\frac{1}{2}, \frac{1}{2}, \frac{1}{4}$

③ $\frac{1}{2}, \frac{1}{4}, \frac{1}{4}$ ④ $\frac{1}{4}, \frac{1}{4}, \frac{1}{4}$

해설 전압과 각 전기 요소의 관계
- 공급 전력: $P \propto V^2$ (전압을 2배로 하면 공급 전력은 4배로 증가)
- 전압 강하: $e \propto \frac{1}{V}$ (전압을 2배로 하면 전압 강하는 $\frac{1}{2}$배로 감소)
- 전압 강하율: $\varepsilon \propto \frac{1}{V^2}$ (전압을 2배로 하면 전압 강하율은 $\frac{1}{4}$배로 감소)
- 전력 손실(률): $P_l \propto \frac{1}{V^2}$ (전압을 2배로 하면 전력 손실(률)은 $\frac{1}{4}$배로 감소)
- 전선 굵기: $A \propto \frac{1}{V^2}$ (전압을 2배로 하면 전선의 굵기는 $\frac{1}{4}$배로 감소)

512 ★★☆

서울과 같이 부하 밀도가 큰 지역에서는 일반적으로 변전소의 수와 배전거리를 어떻게 결정하는 것이 좋은가?

① 변전소의 수를 줄이고 배전거리를 증가시킨다.
② 변전소의 수를 늘리고 배전거리를 감소시킨다.
③ 변전소의 수를 줄이고 배전거리를 감소시킨다.
④ 변전소의 수를 늘리고 배전거리를 증가시킨다.

해설
전력 손실 $P_l = \frac{P^2 R}{V^2 \cos^2 \theta}[\text{W}]$에서 전력 손실은 저항과 비례한다. 그리고 저항 $R = \rho \frac{l}{A}[\Omega]$에서 저항은 길이(거리)와 비례하므로 전력 손실은 거리와 비례한다. 즉, 부하 밀집 지역은 변전소 수를 가능한 한 늘리고 그 대신 배전 거리를 짧게 단축시키는 것이 전력 공급 측면에서 유리하다.

513 ★★★

부하 역률이 0.8인 선로의 저항 손실은 0.9인 선로의 저항 손실에 비해서 약 몇 배 정도 되는가?

① 0.97   ② 1.1
③ 1.27   ④ 1.5

해설
전력 손실과 역률의 관계 $\left(P_l \propto \frac{1}{\cos^2 \theta}\right)$를 이용하여
$\frac{P_{l1}}{P_{l2}} = \left(\frac{\cos \theta_2}{\cos \theta_1}\right)^2 = \left(\frac{0.9}{0.8}\right)^2 = 1.27$

| 정답 | 510 ④ 511 ③ 512 ② 513 ③

514 ★★★

$3,300[\text{V}]$ 배전 선로의 전압을 $6,600[\text{V}]$로 승압하고 같은 손실률로 송전하는 경우 송전 전력은 승압 전의 몇 배인가?

① $\sqrt{3}$
② 2
③ 3
④ 4

해설

전력은 전압의 제곱에 비례하므로

$$\frac{P_2}{P_1} = \left(\frac{V_2}{V_1}\right)^2 = \left(\frac{6,600}{3,300}\right)^2 = 4$$

$\therefore P_2 = 4P_1[\text{W}]$

515 ★★★

배전 선로의 손실을 경감하기 위한 대책으로 적절하지 않은 것은?

① 누전 차단기 설치
② 배전 전압의 승압
③ 전력용 콘덴서 설치
④ 전류 밀도의 감소와 평형

해설

배전 선로의 손실(P_l)을 경감하기 위해 $P_l = \frac{P^2 R}{V^2 \cos^2\theta}$에서

- 배전 전압(V)을 승압
- 전력용 콘덴서를 설치해 역률($\cos\theta$)을 개선
- 부하의 전류 밀도 감소 및 평형 운전

누전 차단기는 감전으로부터 보호하는 설비이다.

516 ★★★

배전선의 전력 손실 경감 대책이 아닌 것은?

① 다중 접지 방식을 채용한다.
② 역률을 개선한다.
③ 배전 전압을 높인다.
④ 부하의 불평형을 방지한다.

해설 배전 선로의 손실 경감 대책

- 승압을 한다.
- 역률을 개선한다.
- 동량을 증가한다.
- 부하 설비의 불평형을 개선한다.

517 ★☆☆

단상 변압기 3대에 의한 Δ 결선에서 1대를 제거하고 동일 전력을 V 결선으로 보낸다면 동손은 약 몇 배가 되는가?

① 0.67
② 2.0
③ 2.7
④ 3.0

해설

- Δ 결선

$P_\Delta = 3P_1 = 3VI[\text{W}]$에서 $I = \frac{P_\Delta}{3V}[\text{A}]$이므로

Δ 결선에서의 전력 손실은

$$P_l = 3I^2 R = 3\left(\frac{P_\Delta}{3V}\right)^2 R = \frac{P_\Delta^2 R}{3V^2}[\text{W}]$$

- V 결선

$P_V = \sqrt{3}P_1 = \sqrt{3}VI[\text{W}]$에서 $I = \frac{P_V}{\sqrt{3}V}[\text{A}]$

조건에서 Δ 결선과 동일 전력을 V 결선으로 보낸다 하였으므로 $P_V = P_\Delta$이다. 즉, $I = \frac{P_V}{\sqrt{3}V} = \frac{P_\Delta}{\sqrt{3}V}[\text{A}]$

$\therefore V$ 결선에서의 전력 손실은

$P_l' = 2I^2 R = 2\left(\frac{P_\Delta}{\sqrt{3}V}\right)^2 R = 2 \times \frac{P_\Delta^2 R}{3V^2} = 2P_l[\text{W}]$로서 Δ 결선에 비해 2배가 된다.

518 ★★☆

주상 변압기의 1차 측 전압이 일정할 경우 2차 측 부하가 변하면 주상 변압기의 동손과 철손은 어떻게 되는가?

① 동손과 철손이 모두 변한다.
② 동손은 일정하고 철손이 변한다.
③ 동손은 변하고 철손은 일정하다.
④ 동손과 철손은 모두 변하지 않는다.

해설

- 동손: 부하가 증가하면 비례하여 증가하는 부하손
- 철손: 부하의 크기에 관계없이 항상 일정한 무부하손

519 ★★☆

변압기의 손실 중 철손의 감소 대책이 아닌 것은?

① 자속 밀도의 감소
② 권선의 단면적 증가
③ 아몰퍼스 변압기의 채용
④ 고배향성 규소 강판 사용

해설

철손은 히스테리시스손과 와류손이 있다. 히스테리시스손을 감소시키기 위해 규소 강판을 사용하고, 아몰퍼스 변압기를 채용한다. 권선의 단면적이 증가(권선의 저항값 감소)하는 방법은 동손 감소 대책이다.

THEME 09 역률 개선 방법

520 ★★☆

단상 2선식 배전 선로의 선로 임피던스가 $2+j5[\Omega]$이고 무유도성 부하 전류 $10[A]$일 때 송전단 역률은?(단, 수전단 전압의 크기는 $100[V]$이고, 위상각은 $0°$이다.)

① $\frac{5}{12}$ ② $\frac{5}{13}$
③ $\frac{11}{12}$ ④ $\frac{12}{13}$

해설

부하가 무유도성(저항 부하)이므로 부하의 저항은
$R = \frac{V}{I} = \frac{100}{10} = 10[\Omega]$
따라서 부하와 선로의 합성 임피던스는
$Z = 2+j5+10 = 12+j5[\Omega]$
위의 값으로 역률을 구하면
$\cos\theta = \frac{R}{Z} = \frac{R}{\sqrt{R^2+X^2}} = \frac{12}{\sqrt{12^2+5^2}} = \frac{12}{13}$

521 ★★★

역률 개선용 콘덴서를 부하와 병렬로 연결하고자 한다. Δ 결선 방식과 Y 결선 방식을 비교하면 콘덴서의 정전 용량$[\mu F]$의 크기는 어떠한가?

① Δ 결선 방식과 Y 결선 방식은 동일하다.
② Y 결선 방식이 Δ 결선 방식의 $\frac{1}{2}$이다.
③ Δ 결선 방식이 Y 결선 방식의 $\frac{1}{3}$이다.
④ Y 결선 방식이 Δ 결선 방식의 $\frac{1}{\sqrt{3}}$이다.

해설

• Y 결선
$Q = 3\omega C_Y E^2 = 3\omega C_Y \left(\frac{V}{\sqrt{3}}\right)^2 = \omega C_Y V^2$
$\Rightarrow C_Y = \frac{Q}{\omega V^2}[\mu F]$

• Δ 결선
$Q = 3\omega C_\Delta E^2 = 3\omega C_\Delta V^2$
$\Rightarrow C_\Delta = \frac{Q}{3\omega V^2}[\mu F]$

$\frac{C_\Delta}{C_Y} = \frac{\frac{Q}{3\omega V^2}}{\frac{Q}{\omega V^2}} = \frac{1}{3}$

$\therefore C_\Delta = \frac{1}{3}C_Y[\mu F]$

522 ★★★

전력용 콘덴서에 의하여 얻을 수 있는 전류는?

① 지상 전류   ② 진상 전류
③ 동상 전류   ④ 영상 전류

해설

• 분로 리액터: 경부하나 무부하 시에 지상 전류를 공급하여 페란티 현상 방지
• 전력용 콘덴서: 진상 전류를 공급하여 계통의 전압 유지 및 역률 개선

| 정답 | 519 ② 520 ④ 521 ③ 522 ②

523 ★★★

역률 0.8, 출력 320[kW]인 부하에 전력을 공급하는 변전소에 역률 개선을 위해 전력용 콘덴서 140[kVA]를 설치했을 때 합성 역률은?

① 0.93
② 0.95
③ 0.97
④ 0.99

해설
- 부하의 무효 전력
$$P_r = P\tan\theta = P\frac{\sin\theta}{\cos\theta} = 320 \times \frac{0.6}{0.8} = 240[\text{kVar}]$$
- 콘덴서 설치 후
무효 전력 $P_r - Q_c = 240 - 140 = 100[\text{kVar}]$
- 합성 역률
$$\cos\theta = \frac{P}{\sqrt{P^2 + (P_r - Q_c)^2}} = \frac{320}{\sqrt{320^2 + 100^2}} = 0.954$$

524 ★★★

역률 0.8(지상)의 2,800[kW] 부하에 전력용 콘덴서를 병렬로 접속하여 합성 역률을 0.9로 개선하고자 할 경우, 필요한 전력용 콘덴서의 용량[kVA]은 약 얼마인가?

① 372
② 558
③ 744
④ 1,116

해설 콘덴서 용량
$$Q_c = P(\tan\theta_1 - \tan\theta_2) = 2,800 \times \left(\frac{0.6}{0.8} - \frac{\sqrt{1-0.9^2}}{0.9}\right)$$
$$= 744[\text{kVA}]$$

525 ★★☆

배전 계통에서 콘덴서를 설치하는 주된 목적과 관계가 없는 것은?

① 송전 용량 증가
② 기기의 보호
③ 전력 손실 감소
④ 전압 강하 보상

해설 배전 계통 콘덴서 설치 목적
- 콘덴서는 진상 무효 전력을 공급하여 역률을 개선하고 전력 계통의 효율을 향상시킨다.
- 역률을 개선하므로 전력 손실을 감소시킨다.
$$(P_l \propto \frac{1}{\cos^2\theta})$$
- 선로 전류 감소 및 전압 강하를 보상한다.
- 설비 용량의 여유가 증가한다.

526 ★★★

전력용 콘덴서의 사용 전압을 2배로 증가시키고자 한다. 이때 정전 용량을 변화시켜 동일 용량[kVar]으로 유지하려면 승압 전의 정전 용량보다 어떻게 변화하면 되는가?

① 4배로 증가
② 2배로 증가
③ $\frac{1}{2}$로 감소
④ $\frac{1}{4}$로 감소

해설
$Q_c = 3\omega C E^2 = 3\omega C' \times (2E)^2 \Rightarrow C' = \frac{1}{4}C$가 되어야 Q_c 값이 일정하다.

527 ★★★

부하가 $P[\text{kW}]$이고, 그의 역률이 $\cos\theta_1$인 것을 $\cos\theta_2$로 개선하기 위해서는 전력용 콘덴서가 몇 [kVA] 필요한가?

① $P(\cos\theta_1 - \cos\theta_2)$
② $P(\cos\theta_1 + \cos\theta_2)$
③ $P(\tan\theta_1 + \tan\theta_2)$
④ $P(\tan\theta_1 - \tan\theta_2)$

해설 전력용 콘덴서
콘덴서 용량 $Q_c = P(\tan\theta_1 - \tan\theta_2)[\text{kVA}]$

528 ★★★

역률 $80[\%]$, $10,000[\text{kVA}]$의 부하를 갖는 변전소에 $2,000[\text{kVA}]$의 콘덴서를 설치하여 역률을 개선하면 변압기에 걸리는 부하는 몇 $[\text{kVA}]$ 정도 되는가?

① 8,000 ② 8,500
③ 9,000 ④ 9,500

해설

- 부하의 유효 전력 P
  $P = P_a \cos\theta = 10,000 \times 0.8 = 8,000[\text{kW}]$
- 부하의 무효 전력 P_r
  $P_r = P_a \sin\theta = 10,000 \times 0.6 = 6,000[\text{kVar}]$
- 콘덴서 설치 후 무효 전력 $P_r - Q_r$
  $P_r - Q_r = 6,000 - 2,000 = 4,000[\text{kVar}]$
- 콘덴서 설치 후 피상 전력 P_a'
  $P_a' = \sqrt{P^2 + (P_r - Q_r)^2} = \sqrt{8,000^2 + 4,000^2}$
  $= 8,944[\text{kVA}]$

529 ★★★

3상 배전 선로의 말단에 역률 $60[\%]$(늦음), $60[\text{kW}]$의 평형 3상 부하가 있다. 부하점에 부하와 병렬로 전력용 콘덴서를 접속하여 선로 손실을 최소로 하고자 할 때 콘덴서 용량 $[\text{kVA}]$은?(단, 부하단의 전압은 일정하다.)

① 40 ② 60
③ 80 ④ 100

해설 역률 개선용 콘덴서 용량

$Q_c = P(\tan\theta_1 - \tan\theta_2) = P\left(\dfrac{\sin\theta_1}{\cos\theta_1} - \dfrac{\sin\theta_2}{\cos\theta_2}\right)[\text{kVA}]$에서

선로 손실을 최소로 하고자 하면 개선 후 역률이 $100[\%]$가 되어야 한다. 따라서 $Q_c = 60 \times \left(\dfrac{0.8}{0.6} - \dfrac{0}{1}\right) = 80[\text{kVA}]$

530 ★★★

어느 변전 설비의 역률을 $60[\%]$에서 $80[\%]$로 개선하는데 $2,800[\text{kVA}]$의 전력용 커패시터가 필요하였다. 이 변전 설비의 용량은 몇 $[\text{kW}]$인가?

① 4,800 ② 5,000
③ 5,400 ④ 5,800

해설 역률 개선용 콘덴서 용량 $[\text{kVA}]$

$Q_c = P(\tan\theta_1 - \tan\theta_2)[\text{kVA}]$ (여기서, P: 유효 전력$[\text{kW}]$)

변전 설비의 용량은

$P = \dfrac{Q_c}{(\tan\theta_1 - \tan\theta_2)} = \dfrac{Q_c}{\dfrac{\sin\theta_1}{\cos\theta_1} - \dfrac{\sin\theta_2}{\cos\theta_2}}$

$= \dfrac{Q_c}{\dfrac{\sqrt{1-\cos^2\theta_1}}{\cos\theta_1} - \dfrac{\sqrt{1-\cos^2\theta_2}}{\cos\theta_2}} = \dfrac{2,800}{\dfrac{0.8}{0.6} - \dfrac{0.6}{0.8}}$

$= 4,800[\text{kW}]$

531 ★★★

역률 0.8(지상), $480[\text{kW}]$ 부하가 있다. 전력용 콘덴서를 설치하여 역률을 개선하고자 할 때 콘덴서 $220[\text{kVA}]$를 설치하면 역률은 몇 $[\%]$로 개선되는가?

① 82 ② 85
③ 90 ④ 96

해설

부하의 무효 전력 $P_r = P\tan\theta = 480 \times \dfrac{0.6}{0.8} = 360[\text{kVar}]$

전력용 콘덴서를 설치한 후의 무효 전력
$P_r' = P_r - Q_c = 360 - 220 = 140[\text{kVar}]$

콘덴서 설치 후 역률
$\cos\theta = \dfrac{P}{P_a'} \times 100 = \dfrac{P}{\sqrt{P^2 + P_r'^2}} \times 100$

$= \dfrac{480}{\sqrt{480^2 + 140^2}} \times 100 = 96[\%]$

532 ★★☆

한 대의 주상 변압기에 역률(뒤짐) $\cos\theta_1$, 유효 전력 $P_1[\text{kW}]$의 부하와 역률(뒤짐) $\cos\theta_2$, 유효 전력 $P_2[\text{kW}]$의 부하가 병렬로 접속되어 있을 때 주상 변압기 2차 측에서 본 부하의 종합 역률은 어떻게 되는가?

① $\dfrac{P_1+P_2}{\dfrac{P_1}{\cos\theta_1}+\dfrac{P_2}{\cos\theta_2}}$

② $\dfrac{P_1+P_2}{\dfrac{P_1}{\sin\theta_1}+\dfrac{P_2}{\sin\theta_2}}$

③ $\dfrac{P_1+P_2}{\sqrt{(P_1+P_2)^2+(P_1\tan\theta_1+P_2\tan\theta_2)^2}}$

④ $\dfrac{P_1+P_2}{\sqrt{(P_1+P_2)^2+(P_1\sin\theta_1+P_2\sin\theta_2)^2}}$

해설

종합 역률 $\cos\theta = \dfrac{P}{P_a} = \dfrac{\text{유효 전력}}{\text{피상 전력(벡터 합)}}$

$= \dfrac{P}{\sqrt{P^2+Q^2}}$

$= \dfrac{P_1+P_2}{\sqrt{(P_1+P_2)^2+(Q_1+Q_2)^2}}$

$= \dfrac{P_1+P_2}{\sqrt{(P_1+P_2)^2+(P_1\tan\theta_1+P_2\tan\theta_2)^2}}$

533 ★★★

3상 배전 선로의 말단에 지상 역률 $80[\%]$, $160[\text{kW}]$인 평형 3상 부하가 있다. 부하점에 전력용 콘덴서를 접속하여 선로 손실을 최소가 되게 하려면 전력용 콘덴서의 필요한 용량 $[\text{kVA}]$은?(단, 부하단 전압은 변하지 않는 것으로 한다.)

① 100   ② 120
③ 160   ④ 200

해설

선로 손실을 최소화하려면 무효 전력을 0으로 해야 한다. 따라서 전력용 콘덴서의 용량(Q_c) = 부하의 무효 전력

$\therefore P\tan\theta = P\times\dfrac{\sin\theta}{\cos\theta} = 160\times\dfrac{0.6}{0.8} = 120[\text{kVA}]$

534 ★★★

지상 역률 $80[\%]$, $10,000[\text{kVA}]$의 부하를 가진 변전소에 $6,000[\text{kVA}]$의 콘덴서를 설치하여 역률을 개선하면 변압기에 걸리는 부하$[\text{kVA}]$는 콘덴서 설치 전의 몇 $[\%]$로 되는가?

① 60   ② 75
③ 80   ④ 85

해설

지상 역률 $80[\%]$에서의 $10,000[\text{kVA}]$ 부하의 유효 전력과 무효 전력은
$P = P_a\cos\theta = 10,000\times 0.8 = 8,000[\text{kW}]$
$Q = P_a\sin\theta = 10,000\times 0.6 = 6,000[\text{kVar}]$

$Q_c = 6,000[\text{kVA}]$의 진상 무효 전력을 갖는 콘덴서를 설치한 후의 피상 전력은
$P_a' = \sqrt{P^2+(Q-Q_c)^2} = \sqrt{8,000^2+(6,000-6,000)^2}$
$= 8,000[\text{kVA}]$

역률 개선 전에 비해 피상 전력은
$\dfrac{P_a'}{P_a} = \dfrac{8,000}{10,000}\times 100 = 80[\%]$로 감소한다.

535 ★★★

뒤진 역률 $80[\%]$, $10[\text{kVA}]$의 부하를 가지는 주상변압기의 2차 측에 $2[\text{kVA}]$의 전력용 콘덴서를 접속하면 주상 변압기에 걸리는 부하는 약 몇 $[\text{kVA}]$가 되겠는가?

① 8   ② 8.5
③ 9   ④ 9.5

해설

$10[\text{kVA}]$, 역률 $80[\%]$ 부하 설비에 대한 유효 전력 및 무효 전력은
$P = P_a\cos\theta = 10\times 0.8 = 8[\text{kW}]$
$Q = P_a\sin\theta = 10\times 0.6 = 6[\text{kVar}]$

진상용 콘덴서 설치 후의 주상 변압기에 걸리는 부하의 피상 전력
$P_a' = \sqrt{P^2+(Q-Q_c)^2} = \sqrt{8^2+(6-2)^2} = 8.94[\text{kVA}]$

| 정답 | 532 ③   533 ②   534 ③   535 ③

536 ★★★

$3,300[\text{V}]$, $60[\text{Hz}]$, 뒤진 역률 $60[\%]$, $300[\text{kW}]$의 단상 부하가 있다. 그 역률을 $100[\%]$로 하기 위한 전력용 콘덴서의 용량은 몇 $[\text{kVA}]$인가?

① 150
② 250
③ 400
④ 500

해설 전력용 콘덴서의 용량

$$Q_c = P(\tan\theta_1 - \tan\theta_2) = P\left(\frac{\sin\theta_1}{\cos\theta_1} - \frac{\sin\theta_2}{\cos\theta_2}\right)$$

$$= 300 \times \left(\frac{0.8}{0.6} - \frac{0}{1}\right) = 400[\text{kVA}]$$

537 ★★★

뒤진 역률 $80[\%]$, $1,000[\text{kW}]$의 3상 부하가 있다. 이것에 콘덴서를 설치하여 역률을 $95[\%]$로 개선하려면 콘덴서의 용량은 약 몇 $[\text{kVA}]$로 해야 하는가?

① 240
② 420
③ 630
④ 950

해설 전력용 콘덴서의 용량[kVA]

$$Q_c = P(\tan\theta_1 - \tan\theta_2) = P\left(\frac{\sin\theta_1}{\cos\theta_1} - \frac{\sin\theta_2}{\cos\theta_2}\right)$$

$$= 1,000 \times \left(\frac{0.6}{0.8} - \frac{\sqrt{1-0.95^2}}{0.95}\right) = 421[\text{kVA}]$$

(여기서, $\cos\theta_1$: 개선 전 역률, $\cos\theta_2$: 개선 후 역률)

538 ★★★

부하의 역률을 개선할 경우 배전 선로에 대한 설명으로 틀린 것은?(단, 다른 조건은 동일하다.)

① 설비 용량의 여유 증가
② 전압 강하의 감소
③ 선로 전류의 증가
④ 전력 손실의 감소

해설 역률 개선에 따른 효과
- 설비 용량의 여유 증가
- 전압 강하 감소
- 전력 손실 감소
- 전기 요금 절감

539 ★★★

배전 선로의 역률 개선에 따른 효과로 적합하지 않은 것은?

① 선로의 전력 손실 경감
② 선로의 전압 강하의 감소
③ 전원 측 설비의 이용률 향상
④ 선로 절연의 비용 절감

해설 역률 개선 효과
- 전력 손실 감소
- 전압 강하 감소
- 설비 여유 증대(이용률 향상)
- 전기 요금 절감

540 ★★★

배전 계통에서 전력용 콘덴서를 설치하는 목적으로 옳은 것은?

① 배전선의 전력 손실 감소
② 전압 강하 증대
③ 고장 시 영상 전류 감소
④ 변압기 여유율 감소

해설
전력용 콘덴서는 역률을 개선하기 위해 설치한다. 역률 개선 시 효과는 다음과 같다.
- 전력 손실 감소
- 전압 강하 감소
- 설비 이용률 향상
- 전기 요금 절감

| 정답 | 536 ③ 537 ② 538 ③ 539 ④ 540 ①

541 ★★★
부하 역률이 현저히 낮은 경우 발생하는 현상이 아닌 것은?

① 전기 요금의 증가
② 유효 전력의 증가
③ 전력 손실의 증가
④ 선로의 전압 강하 증가

해설 역률 저하 시 문제점
- 전력 손실 증가
- 전압 강하 증가
- 설비 용량 여유 감소
- 전기 요금 증가

542 ★★★
같은 전력을 수송하는 배전 선로에서 다른 조건은 현 상태로 유지하고 역률만을 개선할 때의 효과로 기대하기 어려운 것은?

① 고조파의 경감
② 전압 강하의 경감
③ 배전선의 손실 경감
④ 설비 용량의 여유 증가

해설 역률 개선 효과
- 전력 손실 감소
- 전압 강하 감소
- 설비 용량 여유 증가
- 전기 요금 절감

THEME 10 배전 선로 보호 방식

543 ★★☆
재폐로 차단기에 대한 설명으로 옳은 것은?

① 배전 선로용은 고장 구간을 고속 차단하여 제거한 후 다시 수동 조작에 의해 배전이 되도록 설계된 것이다.
② 재폐로 계전기와 함께 설치하여 계전기가 고장을 검출하여 이를 차단기에 통보, 차단하도록 된 것이다.
③ 3상 재폐로 차단기는 1상의 차단이 가능하고 무전압 시간을 약 20~30초로 정하여 재폐로 하도록 되어 있다.
④ 송전 선로의 고장 구간을 고속 차단하고 재송전하는 조작을 자동적으로 시행하는 재폐로 차단장치를 장비한 자동 차단기이다.

해설
재폐로 차단기는 송전 선로의 고장 구간을 신속히 차단하고, 재송전하는 조작을 자동적으로 시행하는 자동 차단기이다.

544 ★★☆
다중접지 계통에 사용되는 재폐로 기능을 갖는 일종의 차단기로서 과부하 또는 고장 전류가 흐르면 순시동작하고, 일정 시간 후에는 자동적으로 재폐로 하는 보호 기기는?

① 라인퓨즈
② 리클로저
③ 섹셔널라이저
④ 고장 구간 자동 개폐기

해설 리클로저
배전 선로에서 사고 발생 시 즉시 동작하여 고장 구간을 차단하고, 그 후에 다시 투입시키는 동작을 반복적으로 하는 자동 재폐로 차단기

| 정답 | 541 ② 542 ① 543 ④ 544 ②

545 ★☆☆

공통 중성선 다중 접지 방식의 배전 선로에서 Recloser(R), Sectionalizer(S), Line fuse(F)의 보호 협조가 가장 적합한 배열은?(단, 보호 협조는 변전소를 기준으로 한다.)

① S-F-R
② S-R-F
③ F-S-R
④ R-S-F

해설 배전 선로 보호 협조 배열 순서

배전 변전소 내 차단기(CB) - 리클로저(RC) - 섹셔널라이저(SE) - 라인 퓨즈(F)

546 ★★☆

송전 계통에서 자동 재폐로 방식의 장점이 아닌 것은?

① 신뢰도 향상
② 공급 지장 시간의 단축
③ 보호 계전 방식의 단순화
④ 고장상의 고속도 차단, 고속도 재투입

해설 자동 재폐로 방식

순간적인 사고 시 계통을 개방, 사고 제거 후 즉시 투입하여 정전 시간을 단축하며 계통의 공급 신뢰도를 높이고 계통의 안정도를 향상시킨다. 기본 방식보다 보호 계전 방식은 복잡해진다.

547 ★★☆

선로 고장 발생 시 고장 전류를 차단할 수 없어 리클로저와 같이 차단 기능이 있는 후비 보호 장치와 함께 설치되어야 하는 장치는?

① 배선용 차단기
② 유입 개폐기
③ 컷아웃 스위치
④ 섹셔널라이저

해설 배전 선로 보호 협조

- 리클로저는 선로에 고장이 발생하였을 때 고장 전류를 검출하여 지정된 시간 내에 고속으로 차단하고 자동 재폐로 동작을 수행하여 고장 구간을 분리하거나 재송전하는 장치이다.
- 섹셔널라이저는 리클로저 차단 횟수를 기억하였다가 미리 정해진 횟수에 이르면 선로 무전압 상태에서 고장 구간을 분리하는 장치이다.
- 섹셔널라이저는 고장 전류 차단 능력이 없으므로 리클로저와 직렬로 조합하여 사용한다.
- 보호 협조 배열: 리클로저(R) - 섹셔널라이저(S) - 전력 퓨즈(F)

548 ★★☆

배전 선로 개폐기 중 반드시 차단 기능이 있는 후비 보호 장치와 직렬로 설치하여 고장 구간을 분리시키는 개폐기는?

① 컷아웃 스위치
② 리클로저
③ 부하 개폐기
④ 섹셔널라이저

해설 배전 선로 보호 협조

- 리클로저는 선로에 고장이 발생하였을 때 고장 전류를 검출하여 지정된 시간 내에 고속으로 차단하고 자동 재폐로 동작을 수행하여 고장 구간을 분리하거나 재송전하는 장치이다.
- 섹셔널라이저는 리클로저 차단 횟수를 기억하였다가 미리 정해진 횟수에 이르면 선로 무전압 상태에서 고장 구간을 분리하는 장치이다.
- 섹셔널라이저는 고장 전류 차단 능력이 없으므로 리클로저와 직렬로 조합하여 사용한다.
- 보호 협조 배열: 리클로저(R) - 섹셔널라이저(S) - 전력퓨즈(F)

549 ★☆☆

리클로저에 대한 설명으로 가장 옳은 것은?

① 배전 선로용은 고장 구간을 고속 차단하여 제거한 후 다시 수동 조작에 의해 배전이 되도록 설계된 것이다.
② 재폐로 계전기와 함께 설치하여 계전기가 고장을 검출하고 이를 차단기에 통보, 차단하도록 된 것이다.
③ 3상 재폐로 차단기는 1상의 차단이 가능하고 무전압 시간을 약 20~30초로 정하여 재폐로 하도록 되어 있다.
④ 배전 선로의 고장 구간을 고속 차단하고 재송전하는 조작을 자동적으로 시행하는 재폐로 차단장치를 장비한 자동 차단기이다.

해설 리클로저

리클로저는 배전 선로 보호용 차단기로서 고장 발생 시 즉시 차단하고 사고 제거 후 다시 재투입하는 동작을 자동적으로 행하는 재폐로 차단기이다.

550 ★☆☆
배전 선로의 주상 변압기에서 고압 측-저압 측에 주로 사용되는 보호 장치의 조합으로 적합한 것은?

① 고압 측: 컷아웃 스위치, 저압 측: 캐치 홀더
② 고압 측: 캐치 홀더, 저압 측: 컷아웃 스위치
③ 고압 측: 리클로저, 저압 측: 라인 퓨즈
④ 고압 측: 라인 퓨즈, 저압 측: 리클로저

해설 주상 변압기 보호 장치
- 고압 측(1차 측): 컷아웃 스위치(COS), 피뢰기
- 저압 측(2차 측): 캐치 홀더(Catch holder)

551 ★★☆
배전 선로에서 고장 전류를 차단할 수 있는 장치는?

① 단로기
② 리클로저
③ 선로 개폐기
④ 구분 개폐기

해설
리클로저는 배전 선로에 사용하는 차단기로 고장 발생 시 회로를 개방시키고 재투입 동작을 자동적으로 실시하는 자동 개폐 장치이다.

552 ★☆☆
사고, 정전 등의 중대한 영향을 받는 지역에서 정전과 동시에 자동적으로 예비 전원용 배전 선로로 전환하는 장치는?

① 차단기(Circuit Breaker)
② 리클로저(Recloser)
③ 섹셔널라이저(Sectionalizer)
④ 자동 부하 전환개폐기(Auto Load Transfer Switch)

해설
자동 부하 전환개폐기(ALTS)
사고나 정전 시에 즉시 자동적으로 예비 전원으로 전환하는 개폐기

553 ★★☆
배전 선로의 고장 또는 보수 점검 시 정전 구간을 축소하기 위하여 사용되는 것은?

① 단로기
② 컷아웃 스위치
③ 계자 저항기
④ 구분 개폐기

해설
구분(유입) 개폐기: 배전 선로의 고장 또는 보수 점검 시 정전 구간을 축소하기 위해 사용하는 개폐기

554 ★☆☆
주상 변압기의 고장이 배전 선로에 파급되는 것을 방지하고 변압기의 과부하 소손을 예방하기 위하여 사용되는 개폐기는?

① 리클로저
② 부하 개폐기
③ 컷아웃 스위치
④ 섹셔널라이저

해설 주상 변압기 보호 장치
- COS(컷아웃 스위치): 주상 변압기의 1차 측(고압 측)에 설치하여 주상 변압기 및 배전 선로 보호
- Catch-Holder(캐치 홀더): 주상 변압기의 2차 측(저압 측)에 설치하여 주상 변압기 및 부하 측 보호

555 ★★☆
배전 선로에서 사고 범위의 확대를 방지하기 위한 대책으로 적당하지 않은 것은?

① 선택 접지 계전 방식 채택
② 자동 고장 검출 장치 설치
③ 진상 콘덴서를 설치하여 전압 보상
④ 특고압의 경우 자동 구분 개폐기 설치

해설
진상 콘덴서를 설치하는 것은 역률을 개선시켜 전압 강하 및 전력 손실을 감소시킨다. 배전 선로에서 사고의 범위가 확대되는 것을 방지하는 역할과는 무관하다.

THEME 11 배전 선로의 전압 조정 장치

556 ★★☆
배전 선로에서 사용하는 전압 조정 방법이 아닌 것은?

① 승압기 사용
② 병렬 콘덴서 사용
③ 저전압 계전기 사용
④ 주상 변압기 탭 전환

해설 배전 선로의 전압 조정 방법
- 승압기 사용
- 병렬 콘덴서 사용
- 유도 전압 조정기
- 주상 변압기 탭 전환 장치

저전압 계전기는 계통의 전압이 저하되었을 때 동작하여 계통을 보호하는 보호 계전기로, 전압 조정 설비와는 무관하다.

557 ★☆☆
전력 계통의 전압 조정과 무관한 것은?

① 전력용 콘덴서
② 자동 전압 조정기
③ 발전기의 조속기
④ 부하 시 탭 조정 장치

해설
조속기는 발전기 및 수차(터빈)의 속도를 조정하는 장치로 계통의 전압 조정과는 무관한 설비이다.

558 ★★☆
배전 선로에서 전압 강하를 보상하기 위하여 일반적으로 정격 1차 전압의 $10[\%]$ 범위 내에서 전압 조정을 하고 있다. 전압 조정 방법으로 틀린 것은?

① 배전 선로에서 모선을 일괄 조정
② 배전용 변압기를 V 결선하여 조정
③ 배전용 변압기에서 주상 변압기의 탭 조정
④ 배전용 변전소의 주변압기 부하 시 탭 조정

해설 배전 선로의 전압 조정 방법
- 배전선로의 모선 일괄 조정 방식
- 배전용 주상 변압기의 탭 조정 방식
- 배전 변전소의 주변압기 부하 시 탭 조정 방식

단상 변압기 3대를 Δ 결선 운전 중 1대 고장 시 나머지 2대로 V 결선하여 3상 전원을 지속 공급하는 것이다.

559 ★★☆
변전소 전압의 조정 방법 중 선로 전압 강하 보상기(LDC)의 역할은?

① 승압기로 저하된 전압을 보상
② 분로 리액터로 전압 상승을 억제
③ 직렬 콘덴서로 선로 리액턴스를 보상
④ 선로의 전압 강하를 고려하여 기준 전압을 조정

해설 선로 전압 강하 보상기(LDC)
배전 선로에서 선로의 저항과 리액턴스에 의해 발생하는 전압 강하를 보상하기 위한 전압 조정 장치이다.

560 ★★☆
선로 전압 강하 보상기(LDC)에 대한 설명으로 옳은 것은?

① 승압기로 저하된 전압을 보상하는 것
② 분로 리액터로 전압 상승을 억제하는 것
③ 선로의 전압 강하를 고려하여 모선 전압을 조정하는 것
④ 직렬 콘덴서로 선로의 리액턴스를 보상하는 것

해설 선로 전압 강하 보상기(LDC)
선로 전압 강하 보상기(LDC)는 배전 선로에서 발생하는 전압 강하를 보상하여 변전소의 모선 전압을 제어하는 것이다.

| 정답 | 556 ③ 557 ③ 558 ② 559 ④ 560 ③

561 ★☆☆
고압 배전 선로의 중간에 승압기를 설치하는 주 목적은?

① 역률 개선
② 전력 손실의 감소
③ 전압 변동률의 감소
④ 말단의 전압 강하의 방지

해설
배전 선로 길이가 길게 되면 배전 선로 말단에서의 전압이 많이 저하되므로 승압기를 설치하여 전압을 높여 준다.

562 ★★★
송전선에 직렬 콘덴서를 설치하였을 때의 특징으로 틀린 것은?

① 선로 중에서 일어나는 전압 강하를 감소시킨다.
② 송전 전력의 증가를 꾀할 수 있다.
③ 부하 역률이 좋을수록 설치 효과가 크다.
④ 단락 사고가 발생하는 경우 사고 전류에 의하여 과전압이 발생한다.

해설 직렬 콘덴서
- 전압 강하를 보상한다.
- 송전 용량이 증대한다.
- 부하 역률이 나쁠수록 효과가 좋다.
- 단락 고장 시 과전압, 동기기 난조 및 자기 여자 등을 발생시킬 수 있다.

563 ★★★
직렬 콘덴서를 선로에 삽입할 때의 현상으로 옳은 것은?

① 부하의 역률을 개선한다.
② 선로의 리액턴스가 증가된다.
③ 선로의 전압 강하를 줄일 수 없다.
④ 계통의 정태 안정도를 증가시킨다.

해설 직렬 콘덴서
- 유도성 리액턴스를 보상하여 전압 강하가 감소한다.
- 송전 용량이 증대한다.
- 계통의 안정도가 좋아진다.
- 부하 역률이 나쁠수록 효과가 좋다

564 ★★★
송배전 선로에 사용하는 직렬 콘덴서에 대한 설명으로 옳은 것은?

① 최대 송전 전력이 감소하고 정태 안정도가 감소된다.
② 부하의 변동에 따른 수전단의 전압 변동률은 증대된다.
③ 선로의 유도 리액턴스를 보상하고 전압 강하를 감소시킨다.
④ 송·수 양단의 전달 임피던스가 증가하고 안정 극한 전력이 감소한다.

해설 직렬 콘덴서 설치 효과
- 유도성 리액턴스를 보상하여 전압 강하가 감소한다.
- 송전 용량이 증가한다.
- 계통의 안정도가 좋아진다.

| 정답 | 561 ④ 562 ③ 563 ④ 564 ③

565 ★★★

단상 교류 회로에 $3,150/210[\text{V}]$의 승압기를 $80[\text{kW}]$, 역률 0.8인 부하에 접속하여 전압을 상승시키는 경우 약 몇 $[\text{kVA}]$의 승압기를 사용하여야 적당한가?(단, 전원 전압은 $2,900[\text{V}]$이다.)

① 3.6 ② 5.5
③ 6.8 ④ 10

해설

승압된 전압 $E_2 = E_1\left(1+\dfrac{e_2}{e_1}\right) = 2,900 \times \left(1+\dfrac{210}{3,150}\right)$
$= 3,093.33[\text{V}]$

승압기 용량 $W_2 = e_2 I_2 \times 10^{-3} [\text{kVA}]$
$= e_2 \times \dfrac{P}{E_2 \cos\theta} \times 10^{-3}$
$= 210 \times \dfrac{80 \times 10^3}{3,093.33 \times 0.8} \times 10^{-3}$
$= 6.79[\text{kVA}]$

566 ★★★

단상 승압기 1대를 사용하여 승압할 경우 승압 전의 전압을 E_1이라 하면, 승압 후의 전압 E_2는 어떻게 되는가?(단, 승압기의 변압비는 $\dfrac{\text{전원 측 전압}}{\text{부하 측 전압}} = \dfrac{e_1}{e_2}$ 이다.)

① $E_2 = E_1 + e_1$
② $E_2 = E_1 + e_2$
③ $E_2 = E_1 + \dfrac{e_2}{e_1}E_1$
④ $E_2 = E_1 + \dfrac{e_1}{e_2}E_1$

해설 승압기(Booster)

- 2차 승압 전압: $E_2 = E_1\left(1+\dfrac{e_2}{e_1}\right) = E_1 + \dfrac{e_2}{e_1}E_1 [\text{V}]$
- 승압기 용량: $W = e_2 I_2 [\text{VA}]$
- 부하 용량: $W_L = E_2 I_2 [\text{VA}]$

567 ★★★

승압기에 의하여 전압 V_e에서 V_h로 승압할 때, 2차 정격 전압 e, 자기 용량 W인 단상 승압기가 공급할 수 있는 부하 용량은?

① $\dfrac{V_h}{e} \times W$ ② $\dfrac{V_e}{e} \times W$
③ $\dfrac{V_e}{V_h - V_e} \times W$ ④ $\dfrac{V_h - V_e}{V_e} \times W$

해설

$\dfrac{\text{자기 용량}}{\text{부하 용량}} = \dfrac{eI}{V_h I} = \dfrac{e}{V_h}$

∴ 부하 용량 $= \dfrac{V_h}{e} \times$ 자기 용량 $= \dfrac{V_h}{e} \times W$

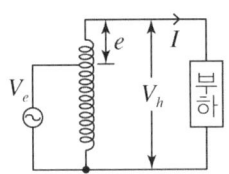

568 ★★☆

배전용 변전소의 주변압기로 주로 사용되는 것은?

① 강압 변압기 ② 체승 변압기
③ 단권 변압기 ④ 3권선 변압기

해설

배전용 변전소에서는 송전된 전압을 낮추어 배전 선로에 공급하는 역할을 하므로 주로 강압용 변압기(체강 변압기)를 사용한다.

569

배전 선로의 배전 변압기 탭을 선정함에 있어 틀린 설명은 어느 것인가?

① 중부하 시 탭 변경점 직전의 저압선 말단 수용가의 전압을 허용 전압 변동의 하한보다 저하시키지 않아야 한다.
② 중부하 시 탭 변경점 직후 변압기에 접속된 수용가 전압을 허용 전압 변동의 상한보다 초과시키지 않아야 한다.
③ 경부하 시 변전소 송전 전압을 저하 시 최초의 탭 변경점 직전의 저압선 말단 수용가의 전압을 허용 전압 변동의 하한보다 저하시키지 않아야 한다.
④ 경부하 시 탭 변경점 직후의 변압기에 접속된 전압을 허용 전압 변동의 하한보다 초과하지 않아야 한다.

해설
- 중부하 시 배전 변압기 탭 선정
  - 탭 변경 직후: 상한보다 초과시키지 말 것
- 경부하 시
  - 탭 변경 직후: 하한보다 저하시키지 말 것

570

부하에 따라 전압 변동이 심한 급전선을 가진 배전 변전소의 전압 조정 장치로서 적당한 것은?

① 단권변압기
② 주변압기 탭
③ 전력용 콘덴서
④ 유도 전압 조정기

해설
- 유도 전압 조정기: 부하 변동이 심한 배전 선로에 적용
- 변압기 탭 조정 장치: 부하 변동이 심하지 않아 전압이 일정한 배전 선로에 적용

| 정답 | 569 ④ 570 ④

CHAPTER 10

수력 발전

1. 수력학
2. 수력 발전소의 출력
3. 수차(Turbine)
4. 조압 수조(Surge Tank)
5. 캐비테이션(Cavitation)
6. 수차의 특유 속도(N_s, 비속도: Specific Speed)
7. 양수 발전소

CBT 완벽대비 가능한 유형마스터 학습!

THEME	유형분석	관련 번호
THEME 01 수력학	수력학에 나오는 각각의 원리와 정리에 대해서 가끔 출제되는 편입니다. 공식 위주의 학습을 추천합니다.	571~574
THEME 02 수력 발전소의 출력	수력 발전소의 출력 공식은 확실히 암기하고 있어야 합니다. 또한, 유황 곡선에 대해서 묻는 문제가 자주 출제되므로 각 명칭에 대해서 이해해야 합니다.	575~588
THEME 03 수차(Turbine)	수차의 종류별 적용 낙차 범위를 위주로 학습하는 것이 좋습니다. 수차의 종류별 특성에 대한 문제는 출제도가 낮습니다.	589~595
THEME 04 조압 수조 (Surge Tank)	조압 수조의 정의와 기능 정도를 이해하고 넘어가는 학습을 추천합니다.	596~597
THEME 05 캐비테이션 (Cavitation)	캐비테이션에 관한 출제 내용은 정해져 있는 편으로 문제 위주의 학습이 좋습니다.	598~600
THEME 06 수차의 특유 속도 (N_s, 비속도: Specific Speed)	특유 속도의 공식을 암기하고 문제에 적용하는 것이 좋습니다.	601~606
THEME 07 양수 발전소	양수 발전의 정의를 확실하게 이해하는 것이 좋습니다.	607~613

학습 효과를 높이는 N제 3회독 시스템

챕터 별 전체 1회독이 끝났다면 회독 체크표에 날짜를 기입하고 체크표시를 해주세요.

회독 체크표	1회독	월 일	2회독	월 일	3회독	월 일

CHAPTER 10 수력 발전

THEME 01 수력학

571 ★★☆
수압철관의 안지름이 $4[\text{m}]$인 곳에서의 유속이 $4[\text{m/s}]$이다. 안지름이 $3.5[\text{m}]$인 곳에서의 유속$[\text{m/s}]$은 약 얼마인가?

① 4.2 ② 5.2
③ 6.2 ④ 7.2

해설 연속의 원리
두 지점을 통과하는 물의 양은 항상 보존되어야 하므로
유량 $Q = v_1 A_1 = v_2 A_2 [\text{m}^3/\text{s}]$

$v_2 = \dfrac{A_1}{A_2} v_1 = \dfrac{\frac{\pi}{4} D_1^2}{\frac{\pi}{4} D_2^2} v_1 = \dfrac{D_1^2}{D_2^2} v_1 [\text{m/s}]$

$\therefore v_2 = \dfrac{4^2}{3.5^2} \times 4 = 5.22 [\text{m/s}]$

572 ★★☆
그림과 같이 "수류가 고체에 둘러싸여 있고 A로부터 유입되는 수량과 B로부터 유출되는 수량이 같다."고 하는 이론은?

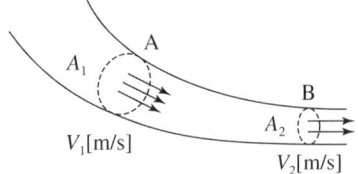

① 수두 이론
② 연속의 원리
③ 베르누이의 정리
④ 토리첼리의 정리

해설
연속의 원리는 "완전히 밀폐된 수관의 어느 임의의 두 지점에 통과하는 물의 유량은 서로 같다."는 법칙이다. 즉, $A_1 V_1 = A_2 V_2$이다.

573 ★★☆
어떤 수력 발전소의 수압관에서 분출되는 물의 속도와 직접적인 관련이 없는 것은?

① 수면에서의 연직 거리
② 관의 경사
③ 관의 길이
④ 유량

해설
수압관에서 분출되는 물의 속도 계산식 $v = \sqrt{2gH}[\text{m/s}]$에서 유효 낙차($H$)에 따라 물의 속도는 결정된다. 유효 낙차(H)를 좌우하는 인자로는
- 수면에서의 연직 거리
- 관의 경사
- 유량

574 ★★☆
유효 낙차 $400[\text{m}]$의 수력 발전소에서 펠턴 수차의 노즐에서 분출하는 물의 속도를 이론 값의 $0.95[\text{배}]$로 한다면 물의 분출 속도는 약 몇 $[\text{m/s}]$인가?

① 42.3 ② 59.5
③ 62.6 ④ 84.1

해설 토리첼리의 정리
물의 속도 $v = k\sqrt{2gH} = 0.95 \times \sqrt{2 \times 9.8 \times 400}$
$= 84.1 [\text{m/s}]$

| 정답 | 571 ② 572 ② 573 ③ 574 ④

THEME 02 수력 발전소의 출력

575 ★★★

유효 낙차 75[m], 최대 사용 수량 200[m²/s], 수차 및 발전기의 합성 효율이 70[%]인 수력 발전소의 최대 출력은 약 몇 [MW]인가?

① 102.9
② 157.3
③ 167.5
④ 177.8

해설

$P = 9.8QH\eta = 9.8 \times 200 \times 75 \times 0.7 = 102,900\,[\text{kW}]$
$= 102.9\,[\text{MW}]$

576 ★★★

수력 발전소의 형식을 취수 방법, 운용 방법에 따라 분류할 수 있다. 다음 중 취수 방법에 따른 분류가 아닌 것은?

① 댐식
② 수로식
③ 조정지식
④ 유역 변경식

해설 취수 방법에 따른 분류
- 수로식 발전
- 댐식 발전
- 댐 수로식 발전
- 유역 변경식 발전

577 ★★★

어떤 발전소의 유효 낙차가 100[m]이고, 사용 수량이 10[m³/s]일 경우 이 발전소의 이론적인 출력[kW]은?

① 4,900
② 9,800
③ 10,000
④ 14,700

해설 수력 발전소의 이론 출력

$P = 9.8QH\,[\text{kW}] = 9.8 \times 10 \times 100 = 9,800\,[\text{kW}]$

578 ★★★

총 낙차 300[m], 사용 수량 20[m³/s]인 수력 발전소의 발전기 출력은 약 몇 [kW]인가?(단, 수차 및 발전기 효율은 각각 90[%], 98[%]라 하고, 손실 낙차는 총 낙차의 6[%]라고 한다.)

① 48,750
② 51,860
③ 54,170
④ 54,970

해설

유효 낙차를 구하면
$H = H_0 - H_l = 300 - (300 \times 0.06) = 282\,[\text{m}]$
따라서 수력 발전소에서 발전기의 출력을 구하면
$P = 9.8QH\eta_t\eta_g = 9.8 \times 20 \times 282 \times 0.9 \times 0.98$
$= 48,750\,[\text{kW}]$

579 ★★★

유효 낙차 100[m], 최대 사용 수량 20[m³/s], 수차 효율 70[%]인 수력 발전소의 연간 발전 전력량은 약 몇 [kWh]인가?(단, 발전기의 효율은 85[%]라고 한다.)

① 2.5×10^7
② 5×10^7
③ 10×10^7
④ 20×10^7

해설 수력 발전소의 연간 발전 전력량

$W = Pt = 9.8QH\eta_t\eta_g t$
$= 9.8 \times 20 \times 100 \times 0.7 \times 0.85 \times (365 \times 24)$
$\fallingdotseq 10 \times 10^7\,[\text{kWh}]$

| 정답 | 575 ① | 576 ③ | 577 ② | 578 ① | 579 ③

580 ★★★
수차 발전기의 출력 P, 수두 H, 수량 Q 및 회전수 N 사이에 성립하는 관계는?

① $P \propto QN$
② $P \propto QH$
③ $P \propto QH^2$
④ $P \propto QHN$

해설 수차 출력
$P = 9.8QH\eta$ [kW]에서 출력은 다음의 관계에 있다.
$P \propto QH$

581 ★★☆
발전 용량 $9,800$[kW]의 수력 발전소 최대 사용 수량이 10[m³/s]일 때, 유효 낙차는 몇 [m]인가?

① 100
② 125
③ 150
④ 175

해설
수력 발전소의 이론 출력 $P = 9.8QH$[kW]식에 의해
$H = \dfrac{P}{9.8Q} = \dfrac{9,800}{9.8 \times 10} = 100$[m]

582 ★★★
유역 면적 80[km²], 유효 낙차 30[m], 연간 강우량 $1,500$[mm]의 수력 발전소에서 그 강우량의 70[%]만 이용하면 연간 발전 전력량은 몇 [kWh]인가?(단, 종합 효율은 80[%]이다.)

① 5.49×10^7
② 1.98×10^7
③ 5.49×10^6
④ 1.98×10^6

해설
$W = 9.8QH\eta \times T$
$= 9.8 \times \left(\dfrac{80 \times 10^6 \times 1,500 \times 10^{-3}}{365 \times 24 \times 60 \times 60} \times 0.7 \right) \times 30 \times 0.8 \times 365 \times 24$
$= 5.49 \times 10^6$ [kWh]

583 ★★★
유효 낙차 30[m], 출력 $2,000$[kW]의 수차 발전기를 전부하로 운전하는 경우 1시간당 사용 수량은 약 몇 [m³]인가?(단, 수차 및 발전기의 효율은 각각 95[%], 82[%]로 한다.)

① 15,500
② 22,500
③ 25,500
④ 31,500

해설
$P = 9.8QH\eta$ [kW]에서
$Q = \dfrac{P}{9.8H\eta} = \dfrac{2,000}{9.8 \times 30 \times 0.95 \times 0.82} = 8.73$ [m³/sec]
$\therefore Q$[m³/h] $= 8.73 \times 60 \times 60 = 31,428$ [m³/h]

584 ★★☆
1년 365일 중 185일은 이 양 이하로 내려가지 않는 유량은?

① 평수량
② 풍수량
③ 고수량
④ 저수량

해설
- 갈수량: 1년(365일) 중 355일은 이 유량 이하로 내려가지 않는 유량
- 저수량: 1년(365일) 중 275일은 이 유량 이하로 내려가지 않는 유량
- 평수량: 1년(365일) 중 185일은 이 유량 이하로 내려가지 않는 유량
- 풍수량: 1년(365일) 중 95일은 이 유량 이하로 내려가지 않는 유량

| 정답 | 580 ② 581 ① 582 ③ 583 ④ 584 ①

585 ★★☆
갈수량이란 어떤 유량을 말하는가?

① 1년 365일 중 95일간은 이보다 낮아지지 않는 유량
② 1년 365일 중 185일간은 이보다 낮아지지 않는 유량
③ 1년 365일 중 275일간은 이보다 낮아지지 않는 유량
④ 1년 365일 중 355일간은 이보다 낮아지지 않는 유량

해설
갈수량이란 1년(365일) 중 355일간은 충분히 확보될 수 있는 하천의 유량이다.

암기
① 풍수량 ② 평수량 ③ 저수량

586 ★★☆
그림과 같은 유황 곡선을 가진 수력 지점에서 최대 사용 수량 OC로 1년간 계속 발전하는 데 필요한 저수지의 용량은?

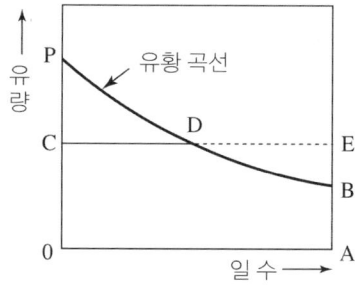

① 면적 OCPBA
② 면적 OCDBA
③ 면적 DEB
④ 면적 PCD

해설
최대 사용 수량 OC로 1년간 계속해서 발전하기 위해서는 유량이 면적 DEB만큼 부족하므로 필요한 저수지의 용량은 면적 DEB가 된다.

587 ★★☆
수력 발전소의 저수지 용량 등을 결정하는 데 사용되는 것으로 가장 적합한 것은?

① 유량도
② 유황 곡선
③ 수위 유량 곡선
④ 적산 유량 곡선

해설 적산 유량 곡선
- 매일 수량을 차례로 적산하여 가로축에 일수를, 세로축에 적산 수량을 그린 곡선
- 저수지 유입 수량과 계획 취수량에 대한 각각의 적산 유량 곡선을 작성하여 저수지 용량을 결정하는 데 이용

588 ★★☆
수력 발전소에서 사용되고 횡축에 1년 365일을, 종축에 유량을 표시하는 유황 곡선이란?

① 유량이 적은 것부터 순차적으로 배열하여 이들 점을 연결한 것이다.
② 유량이 큰 것부터 순차적으로 배열하여 이들 점을 연결한 것이다.
③ 유량의 월별 평균값을 구하여 선으로 연결한 것이다.
④ 각 월에 가장 큰 유량만을 선으로 연결한 것이다.

해설
- 유량도: 가로축에 1년(365일)을 세로축에 매일의 하천 유량을 기입한 것
- 유황 곡선: 유량도 작성 후 이 유량도를 사용하여 가로축에 1년의 일수를, 세로축에 유량을 취하여 매일의 유량 중에서 큰 것부터 1년분을 배열한 곡선
- 적산 유량 곡선: 매일 수량을 차례로 적산하여 가로축에 일수를, 세로축에 적산 수량을 그린 곡선

THEME 03 수차(Turbine)

589 ★★☆
프란시스 수차의 특유 속도[m·kW]의 한계를 나타내는 식은?(단, H[m]는 유효 낙차이다.)

① $\dfrac{13{,}000}{H+50}+10$ ② $\dfrac{13{,}000}{H+50}+30$

③ $\dfrac{20{,}000}{H+20}+10$ ④ $\dfrac{20{,}000}{H+20}+30$

해설
프란시스 수차의 특유 속도의 한계
$N_s \leq \dfrac{20{,}000}{H+20}+30$ [m·kW]

590 ★★★
반동 수차의 일종으로 주요 부분은 러너, 안내날개, 스피드링 및 흡출관 등으로 되어 있으며 50 ~ 500[m] 정도의 중낙차 발전소에 사용되는 수차는?

① 카플란 수차   ② 프란시스 수차
③ 펠턴 수차   ④ 튜블러 수차

해설
프란시스 수차는 반동 수차의 일종이다. 케이싱, 안내날개, 러너, 흡출관 등으로 구성되어 있으며 유효 낙차의 높이 50~500[m] 정도의 중낙차 발전소에 사용된다.

591 ★★★
수력 발전소에서 사용되는 다음의 수차 중 특유 속도가 가장 높은 수차는?

① 펠턴 수차   ② 프로펠러 수차
③ 프란시스 수차 ④ 사류 수차

해설
특유 속도 $N_s = N\dfrac{P^{\frac{1}{2}}}{H^{\frac{5}{4}}}$ [rpm]에서 특유 속도는 유효 낙차와 반비례의 관계로 가장 저낙차인 프로펠러 수차가 특유 속도가 가장 높다.

암기 낙차가 높은 수차의 순서
펠턴 > 프란시스 > 사류 > 카플란 > 프로펠러

592 ★★★
수력 발전소에서 사용되는 수차 중 15[m] 이하의 저낙차에 적합하여 조력 발전용으로 알맞은 수차는?

① 카플란 수차   ② 펠턴 수차
③ 프란시스 수차 ④ 튜블러 수차

해설 수차의 종류
- 펠턴 수차(고낙차)
- 프란시스 수차(중낙차)
- 프로펠러 수차(저낙차)
- 튜블러 수차(15[m] 이하의 저낙차, 조력 발전용)

593 ★★★
특유 속도가 가장 낮은 수차는?

① 펠턴 수차   ② 사류 수차
③ 프로펠라 수차 ④ 프란시스 수차

해설
특유 속도 $N_s = N\dfrac{P^{\frac{1}{2}}}{H^{\frac{5}{4}}}$ [rpm](여기서, H: 낙차[m], P: 출력[kW])에서 특유 속도는 유효 낙차와 반비례의 관계에 있으므로 고낙차에 적용하는 펠턴 수차(300~1,800[m])가 가장 특유 속도가 낮다.

| 정답 | 589 ④ 590 ② 591 ② 592 ④ 593 ①

594 ★★★
수차의 특유 속도 크기를 바르게 나열한 것은?

① 펠턴 수차 < 카플란 수차 < 프란시스 수차
② 펠턴 수차 < 프란시스 수차 < 카플란 수차
③ 프란시스 수차 < 카플란 수차 < 펠턴 수차
④ 카플란 수차 < 펠턴 수차 < 프란시스 수차

해설

특유 속도 $N_s = N \dfrac{P^{\frac{1}{2}}}{H^{\frac{5}{4}}}$ 에서 $N_s \propto \dfrac{1}{H}$ 의 관계가 있으므로 낙차가 낮은 수차일수록 특유 속도가 크다. 이를 열거하면 '펠턴 수차 < 프란시스 수차 < 카플란 수차 < 프로펠러 수차'이다.

595 ★☆☆
수력 발전 설비에서 흡출관을 사용하는 목적으로 옳은 것은?

① 압력을 줄이기 위하여
② 유효 낙차를 늘리기 위하여
③ 속도 변동률을 적게 하기 위하여
④ 물의 유선을 일정하게 하기 위하여

해설 흡출관

비교적 유효 낙차가 낮은 수력 발전소(반동수차)에서 수차 하단에 설치한 관으로서 가능한 한 유효 낙차를 높이기 위한 목적으로 설치한다.

THEME 04 조압 수조(Surge Tank)

596 ★★☆
댐의 부속 설비가 아닌 것은?

① 수로
② 수조
③ 취수구
④ 흡출관

해설 댐의 부속 설비

- 취수구
- 수조
- 수로

흡출관은 수차 밑에 설치한 수압관으로 유효 낙차를 늘리는 역할을 한다.

597 ★★☆
저수지에서 취수구에 제수문을 설치하는 목적은?

① 낙차를 높인다.
② 어족을 보호한다.
③ 수차를 조절한다.
④ 유량을 조절한다.

해설

제수문의 역할은 수력 발전소의 유량을 조절하는 것이다.

THEME 05 캐비테이션(Cavitation)

598 ★☆☆
수차의 캐비테이션 방지책으로 틀린 것은?

① 흡출 수두를 증대시킨다.
② 과부하 운전을 가능한 한 피한다.
③ 수차의 비속도를 너무 크게 잡지 않는다.
④ 침식에 강한 금속 재료로 러너를 제작한다.

해설 캐비테이션 방지 대책
- 수차의 특유 속도(N_s)를 너무 크게 하지 않을 것
- 흡출관의 높이(흡출수두)를 너무 높게 취하지 않을 것
- 수차 러너를 침식에 강한 스테인레스강, 특수강으로 제작한다.
- 러너의 표면을 매끄럽게 가공한다.
- 수차의 과도한 부분 부하, 과부하 운전을 피한다.

599 ★★★
수차 발전기가 난조를 일으키는 원인은?

① 수차의 조속기가 예민하다.
② 수차의 속도 변동률이 적다.
③ 발전기의 관성 모멘트가 크다.
④ 발전기의 자극에 제동권선이 있다.

해설
발전소에서 조속기의 동작이 너무 예민하면 속도의 조정 빈도수가 빈번해지므로 수차 및 발전기의 속도가 너무 자주 변동하여 결국 발전기 난조의 원인이 된다.

600 ★★★
수차 발전기에 제동 권선을 설치하는 주된 목적은?

① 정지 시간 단축
② 회전력의 증가
③ 과부하 내량의 증대
④ 발전기 안정도의 증진

해설
제동 권선은 발전기의 난조 현상을 방지하여 계통의 안정도 향상 목적으로 설치한다.

THEME 06 수차의 특유 속도(N_s, 비속도: Specific Speed)

601 ★★☆
유효 낙차 $100[\text{m}]$, 최대 유량 $20[\text{m}^3/\text{s}]$의 수차가 있다. 낙차가 $81[\text{m}]$로 감소하면 유량$[\text{m}^3/\text{s}]$은?(단, 수차에서 발생되는 손실 등은 무시하며 수차 효율은 일정하다.)

① 15
② 18
③ 24
④ 30

해설
낙차(H)와 유량(Q)의 관계 $\dfrac{Q_1}{Q_2} = \left(\dfrac{H_1}{H_2}\right)^{\frac{1}{2}}$ 에서

$$\therefore Q = 20 \times \left(\dfrac{81}{100}\right)^{\frac{1}{2}} = 18[\text{m}^3/\text{s}]$$

암기 낙차에 따른 특성 변화

- 회전수 $\dfrac{N_1}{N_2} = \left(\dfrac{H_1}{H_2}\right)^{\frac{1}{2}}$
- 출력 $\dfrac{P_1}{P_2} = \left(\dfrac{H_1}{H_2}\right)^{\frac{3}{2}}$

602 ★★☆
수차에 있어서 비속도가 높다는 의미는?

① 속도 변동률이 높다는 것이다.
② 유수의 유속이 빠르다는 것이다.
③ 수차의 실제의 회전수가 높다는 것이다.
④ 유수에 대한 수차 러너의 상대 속도가 빠르다는 것이다.

해설 비속도
비속도는 실제 수차와 가상의 모형 수차의 속도비로서 유수에 대해 수차의 상대적인 속도의 비를 말한다. 비속도가 크면 이 상대 속도가 빠르다.

$$N_s = N \dfrac{P^{\frac{1}{2}}}{H^{\frac{5}{4}}} [\text{rpm}]$$

603 ★★☆

수차의 특유 속도를 나타내는 계산식으로 옳은 것은?(단, 유효 낙차: $H[\text{m}]$, 수차의 출력: $P[\text{kW}]$, 수차의 정격 회전수: $N[\text{rpm}]$이라 한다.)

① $N_s = \dfrac{NP^{\frac{1}{2}}}{H^{\frac{5}{4}}}$ ② $N_s = \dfrac{H^{\frac{5}{4}}}{NP}$

③ $N_s = \dfrac{HP^{\frac{1}{4}}}{N^{\frac{5}{4}}}$ ④ $N_s = \dfrac{NP^2}{H^{\frac{5}{4}}}$

해설 수차의 특유 속도(비속도) 산출식

$$N_s = N\dfrac{P^{\frac{1}{2}}}{H^{\frac{5}{4}}}\,[\text{rpm}]$$

604 ★★☆

낙차 $350[\text{m}]$, 회전수 $600[\text{rpm}]$인 수차를 $325[\text{m}]$의 낙차에서 사용할 때의 회전수는 약 몇 $[\text{rpm}]$인가?

① 500 ② 560
③ 580 ④ 600

해설 낙차 변화에 따른 수력 발전소 특성 변화

- 회전수: $\dfrac{N_2}{N_1} = \left(\dfrac{H_2}{H_1}\right)^{\frac{1}{2}}$

- 유량: $\dfrac{Q_2}{Q_1} = \left(\dfrac{H_2}{H_1}\right)^{\frac{1}{2}}$

- 출력: $\dfrac{P_2}{P_1} = \left(\dfrac{H_2}{H_1}\right)^{\frac{3}{2}}$

따라서 문제의 조건을 대입하면 회전수 변화는

$$N_2 = N_1\left(\dfrac{H_2}{H_1}\right)^{\frac{1}{2}} = 600 \times \left(\dfrac{325}{350}\right)^{\frac{1}{2}} = 578.17[\text{rpm}]$$

605 ★★☆

출력 $5,000[\text{kW}]$, 유효 낙차 $50[\text{m}]$인 수차에서 안내 날개의 개방 상태나 효율의 변화 없이 일정할 때 유효 낙차가 $5[\text{m}]$ 줄었을 경우 출력은 약 몇 $[\text{kW}]$인가?

① 4,000 ② 4,270
③ 4,500 ④ 4,740

해설 낙차 변화에 따른 수력 발전소 특성 변화

- 회전수: $\dfrac{N_2}{N_1} = \left(\dfrac{H_2}{H_1}\right)^{\frac{1}{2}}$

- 유량: $\dfrac{Q_2}{Q_1} = \left(\dfrac{H_2}{H_1}\right)^{\frac{1}{2}}$

- 출력: $\dfrac{P_2}{P_1} = \left(\dfrac{H_2}{H_1}\right)^{\frac{3}{2}}$

따라서 문제의 조건을 대입하면 출력 변화는

$$P_2 = P_1 \times \left(\dfrac{H_2}{H_1}\right)^{\frac{3}{2}} = 5,000 \times \left(\dfrac{45}{50}\right)^{\frac{3}{2}} = 4,269[\text{kW}]$$

606 ★★☆

유효 낙차가 $40[\%]$ 저하되면 수차의 효율이 $20[\%]$ 저하된다고 할 경우 이때의 출력은 원래의 약 몇 $[\%]$ 인가?(단, 안내 날개의 열림은 불변인 것으로 한다.)

① 37.2 ② 48.0
③ 52.7 ④ 63.7

해설 수차의 낙차 변화 특성

출력 $\dfrac{P_2}{P_1} = \left(\dfrac{H_2}{H_1}\right)^{\frac{3}{2}}$ 에서

$$P_2 = P_1 \times \left(\dfrac{H_2}{H_1}\right)^{\frac{3}{2}} \times 0.8 = P_1 \times \left(\dfrac{0.6H_1}{H_1}\right)^{\frac{3}{2}} \times 0.8 = 0.372 P_1$$

$(\therefore 37.2[\%])$

THEME 07 양수 발전소

607 ★★☆

전력 계통의 경부하 시나 또는 다른 발전소의 발전 전력에 여유가 있을 때, 이 잉여 전력을 이용하여 전동기로 펌프를 돌려서 물을 상부의 저수지에 저장하였다가 필요에 따라 이 물을 이용해서 발전하는 발전소는?

① 조력 발전소　　② 양수식 발전소
③ 유역변경식 발전소　　④ 수로식 발전소

해설 양수식 발전소
심야 시간에 남는 잉여 전력을 이용하여 상부 저수지에 물을 양수시켜 저장한 후, 다음날 피크 부하 시 전력 공급이 필요할 때 물을 낙하시켜 발전하는 형식의 수력 발전소이다. 양수 발전소를 가동하면 연간 발전 비용이 절감된다.

608 ★★☆

양수 발전의 주된 목적으로 옳은 것은?

① 연간 발전량을 늘리기 위하여
② 연간 평균 손실 전력을 줄이기 위하여
③ 연간 발전 비용을 줄이기 위하여
④ 연간 수력 발전량을 늘리기 위하여

해설 양수 발전소
심야 시간에 남는 잉여 전력을 이용하여 상부 저수지에 물을 양수시켜 저장한 후, 다음날 피크 부하 시 전력 공급이 필요할 때 물을 낙하시켜 발전하는 형식의 수력 발전소이다.
양수 발전소를 가동하면 다른 화력 발전소를 운전하지 않아도 되므로 결국 연간 발전 비용은 절약된다.

609 ★★★

출력 $20[\mathrm{kW}]$의 전동기로서 총 양정 $10[\mathrm{m}]$, 펌프 효율 0.75일 때 양수량은 약 몇 $[\mathrm{m}^3/\mathrm{min}]$인가?

① 9.18　　② 9.85
③ 10.31　　④ 11.02

해설

양수 펌프의 전동기 출력 $P=\dfrac{QH}{6.12\eta}[\mathrm{kW}]$ (여기서, $Q[\mathrm{m}^3/\mathrm{min}]$)

$Q=\dfrac{6.12P\eta}{H}=\dfrac{6.12\times 20\times 0.75}{10}=9.18[\mathrm{m}^3/\mathrm{min}]$

610 ★★★

양수량 $Q[\mathrm{m}^3/\mathrm{s}]$, 총 양정 $H[\mathrm{m}]$, 펌프 효율 η인 경우 양수 펌프용 전동기의 출력 $P[\mathrm{kW}]$는? (단, k는 상수이다.)

① $k\dfrac{Q^2H^2}{\eta}$　　② $k\dfrac{Q^2H}{\eta}$
③ $k\dfrac{QH^2}{\eta}$　　④ $k\dfrac{QH}{\eta}$

해설

- 수력 발전소의 출력 $P=9.8QH\eta=kQH\eta[\mathrm{kW}]$
- 양수 펌프의 전동기 출력 $P=\dfrac{9.8QH}{\eta}=k\dfrac{QH}{\eta}[\mathrm{kW}]$ (단, $k=9.8$인 상수이다.)

611 ★☆☆
컴퓨터에 의한 전력 조류 계산에서 슬랙(Slack) 모선의 초기치로 지정하는 값은? (단, 슬랙 모선을 기준 모선으로 한다.)

① 유효 전력과 무효 전력
② 전압 크기와 유효 전력
③ 전압 크기와 위상각
④ 전압 크기와 무효 전력

해설 슬랙 모선의 기지값과 미지값
- 기지값: 모선 전압 크기, 위상각
- 미지값: 유효 전력, 무효 전력, 계통 전손실

612 ★★☆
조력 발전소에 대한 설명으로 옳은 것은?

① 간만의 차가 작은 해안에 설치한다.
② 완만한 해안선을 이루고 있는 지점에 설치한다.
③ 만조로 되는 동안 바닷물을 받아들여 발전한다.
④ 지형적 조건에 따라 수로식과 양수식이 있다.

해설 조력 발전
- 조력 발전은 바다의 밀물과 썰물의 차이에서 발생하는 위치 에너지의 차이를 전력으로 변환하는 발전 방식으로 조수간만의 차이가 큰 지역에 적용한다.
- 조력 발전소는 방조제를 축조하여 조지(潮池)를 형성해야 하므로 해안선이 복잡하여 만(灣)이 발달된 지형에 설치한다.
- 조력 발전소는 저낙차에 사용되는 튜블러 수차를 사용한다.

613
소수력 발전의 장점이 아닌 것은?

① 국내 부존자원 활용
② 일단 건설 후에는 운영비가 저렴함
③ 전력 생산 외에 농업용수 공급, 홍수 조절에 기여
④ 양수 발전과 같이 첨두 부하에 대한 기여도가 많음

해설 소수력 발전소
- 일반 수력 발전보다 수량이 적은 하천을 이용하여 소규모로 발전한다.
- 비교적 저렴한 공사비로 무용의 하천 자원을 이용한다.
- 건설 후 유지 관리비 등 운영비가 작다.
- 전력 생산 외에도 지역 농업용수 보급 등에 기여도가 높다.

에듀윌이
너를
지지할게
ENERGY

인생은 끊임없는 반복.
반복에 지치지 않는 자가 성취한다.

– 윤태호 「미생」 중

CHAPTER 11

화력 발전

1. 열역학 이론
2. 화력 발전소의 열 사이클 종류
3. 화력 발전소의 열효율 계산
4. 화력 발전소용 보일러의 원리
5. 전기식 집진기 및 조속기

CBT 완벽대비 가능한 유형마스터 학습!

THEME	유형분석	관련 번호
THEME 01 열역학 이론	열역학에 관련한 단위 변환을 위주로 학습하는 것이 좋습니다.	614~617
THEME 02 화력 발전소의 열 사이클 종류	화력 발전소의 열 사이클을 먼저 이해한 후, 각 사이클 종류별 특징을 학습하는 방법이 좋습니다.	618~630
THEME 03 화력 발전소의 열효율 계산	열 효율 계산식은 1, 2차 시험 모두에서 자주 출제되는 중요한 공식입니다.	631~647
THEME 04 화력 발전소용 보일러의 원리	자주 출제되지는 않는 테마로 가볍게 학습하는 것을 추천합니다.	648~649
THEME 05 전기식 집진기 및 조속기	문제 위주의 개념 학습 방법도 추천합니다.	650~651

학습 효과를 높이는 N제 3회독 시스템

챕터 별 전체 1회독이 끝났다면 회독 체크표에 날짜를 기입하고 체크표시를 해주세요.

회독 체크표	☐ 1회독	월 일	☐ 2회독	월 일	☐ 3회독	월 일

CHAPTER 11 화력 발전

THEME 01 열역학 이론

614 ★★☆
열의 일당량에 해당되는 단위는?

① [kcal/kg] ② [kg/cm²]
③ [kcal/cm³] ④ [kg·m/kcal]

해설
역학적 에너지(W)와 열량(Q)과의 상호관계식
$W = JQ[J]$ ($Q[cal]$: 열량, $J[J/cal]$: 열의 일당량)
$J = 4.2[J/cal] = 4.2[kJ/kcal] = 428[kg·m/kcal]$

참고
$4.2[kJ] = 4.2 \times 10^3 [N·m]$
$= \dfrac{4.2 \times 10^3}{9.8}[kg·m] = 428[kg·m]$

615 ★★☆
증기의 엔탈피(Enthalpy)란?

① 증기 1[kg]의 잠열
② 증기 1[kg]의 기화 열량
③ 증기 1[kg]의 보유 열량
④ 증기 1[kg]의 증발열을 그 온도로 나눈 것

해설
증기 엔탈피는 [kcal/kg]로 표시되며, 증기 1[kg]당 보유한 열량[kcal]을 말한다.

616 ★★☆
전력량 1[kWh]를 열량으로 환산하면 약 몇 [kcal]인가?

① 800 ② 256
③ 539 ④ 860

해설
$1[kWh] = 1,000 \times 60 \times 60 [W·sec] = 36 \times 10^5 [J]$
$= 36 \times 10^5 \times 0.24 [cal]$
$= 864,000[cal] ≒ 860[kcal]$

617 ★★☆
어떤 화력 발전소에서 과열기 출구의 증기압이 $169[kg/cm^2]$이다. 이것은 약 몇 [atm]인가?

① 127.1 ② 163.6
③ 1,650 ④ 12,850

해설
$1[kg/cm^2] = 0.968[atm]$
∴ $169 \times 0.968 = 163.6[atm]$

| 정답 | 614 ④ 615 ③ 616 ④ 617 ②

THEME 02 화력 발전소의 열 사이클 종류

618 ★★★
화력 발전소에서 증기 및 급수가 흐르는 순서는?

① 절탄기 → 보일러 → 과열기 → 터빈 → 복수기
② 보일러 → 절탄기 → 과열기 → 터빈 → 복수기
③ 보일러 → 과열기 → 절탄기 → 터빈 → 복수기
④ 절탄기 → 과열기 → 보일러 → 터빈 → 복수기

해설 화력 발전의 기본 장치

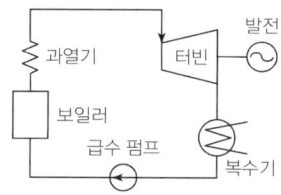

- 증기 및 급수 이동 순서: 급수 펌프 → 절탄기 → 보일러 → 과열기 → 터빈 → 복수기
- 복수기에서 나온 물을 보일러로 보내기 전에 절탄기를 통해 급수를 미리 예열한다.
- 절탄기(Economizer)란 보일러에서 나오는 연소 배기가스의 열을 이용하여 급수를 미리 예열하는 장치이다.

619 ★★☆
터빈(Turbine)의 임계 속도란?

① 비상 조속기를 동작시키는 회전수
② 회전자의 고유 진동수와 일치하는 위험 회전수
③ 부하를 급히 차단하였을 때의 순간 최대 회전수
④ 부하 차단 후 자동적으로 정정된 회전수

해설 터빈의 임계 속도
회전자의 고유 진동수와 일치하여 터빈이 위험한 상태에 이르는 속도

620 ★★☆
기력 발전소 내의 보조기 중 예비기를 가장 필요로 하는 것은?

① 미분탄 송입기
② 급수 펌프
③ 강제 통풍기
④ 급탄기

해설
급수 펌프는 보일러에 급수를 보급해 주는 펌프이다. 급수 펌프의 고장 시 보일러에 급수가 공급되지 않는 상태에서 보일러가 과열되기 때문에 예비 보조 급수 펌프가 필수적이다.

621 ★★☆
기력 발전소의 열 사이클 과정 중 단열 팽창 과정에서 물 또는 증기 상태 변화로 옳은 것은?

① 습증기 → 포화액
② 포화액 → 압축액
③ 과열 증기 → 습증기
④ 압축액 → 포화액 → 포화 증기

해설
기력 발전소의 열 사이클 과정에서 단열 팽창은 증기 터빈에서 발생하며, 이 과정을 거치면서 과열 증기가 습증기로 변환되면서 열량을 소비한다.

622 ★★☆

어떤 화력 발전소의 증기 조건이 고온 열원 540[℃], 저온 열원 30[℃]일 때 이 온도 간에서 움직이는 카르노 사이클의 이론 열효율[%]은?

① 85.2
② 80.5
③ 75.3
④ 62.7

해설

고온 온도를 T_1[K], 저온 온도를 T_2[K]라 하면

열효율 $\eta = 1 - \dfrac{T_2}{T_1}$

$\therefore \eta = 1 - \dfrac{T_2}{T_1} = 1 - \dfrac{30+273}{540+273} = 0.627$ ($\therefore 62.7$[%])

623 ★★☆

화력 발전소의 랭킨 사이클(Rankine cycle)로 옳은 것은?

① 보일러 → 급수펌프 → 터빈 → 복수기 → 과열기 → 다시 보일러로
② 보일러 → 터빈 → 급수펌프 → 과열기 → 복수기 → 다시 보일러로
③ 급수펌프 → 보일러 → 과열기 → 터빈 → 복수기 → 다시 급수펌프로
④ 급수펌프 → 보일러 → 터빈 → 과열기 → 복수기 → 다시 급수펌프로

해설

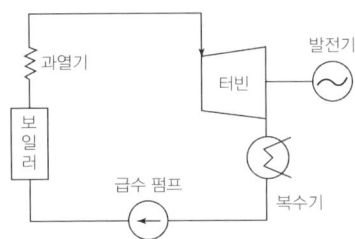

▲ 화력 발전의 기본 장치

기력 발전소의 열 사이클 블록선도에서
(1) 보일러에서 물 → 습증기로 변환
(2) 과열기에서 습증기 → 과열증기로 변환
(3) 터빈에서 과열 증기 → 습증기로 변환
(4) 복수기에서 습증기 → 급수로 변환
(5) 복수기에서 나온 물을 급수펌프를 거쳐 보일러로 다시 보내어짐
∴ 랭킨 사이클: 급수펌프 → 보일러 → 과열기 → 터빈 → 복수기 → 다시 급수펌프로

624 ★★☆

증기 터빈 내에서 팽창 도중에 있는 증기를 일부 추기하여 그것이 갖는 열을 급수가열에 이용하는 열사이클은?

① 랭킨 사이클
② 카르노 사이클
③ 재생 사이클
④ 재열 사이클

해설 화력 발전소의 열 사이클 종류

- 랭킨 사이클: 가장 기본이 되는 사이클
- 카르노 사이클: 가장 이상적인 사이클
- 재생 사이클: 터빈에서 증기의 일부를 추기하여 급수가열기에 공급함으로써 복수기의 열 손실을 회수하는 사이클
- 재열 사이클: 터빈에서 팽창된 증기를 과열기로 공급하여 과열 증기로 만든 후 다시 터빈에 공급하는 사이클
- 재열재생 사이클: 재열 사이클과 재생 사이클을 모두 채용하여 사이클의 효율을 크게 한 것으로 화력 발전소에서 실현할 수 있는 가장 효율이 좋은 사이클이며, 대용량 화력 발전소에서 가장 많이 사용하는 사이클

625 ★★☆

그림과 같은 열 사이클은?

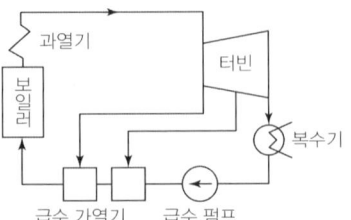

① 재생 사이클
② 재열 사이클
③ 카르노 사이클
④ 재생 재열 사이클

해설

재생 사이클은 터빈에서 증기를 일부 추출하여 보일러용 급수를 미리 예열시키는 열 사이클 방식이다.

626 ★★☆
화력 발전소에서 재열기의 목적은?

① 급수를 예열한다. ② 석탄을 건조한다.
③ 공기를 예열한다. ④ 증기를 가열한다.

해설 재열기
화력 발전소의 열효율은 증기의 압력과 온도가 높을수록 증가하는데, 재열기는 이러한 열효율 증가를 위해 고압 터빈을 통과하여 온도가 낮아진 증기를 다시 가열하는 장치이다.

627 ★★☆
일반적으로 화력 발전소에서 적용하고 있는 열 사이클 중 가장 열효율이 좋은 것은?

① 재생 사이클 ② 랭킨 사이클
③ 재열 사이클 ④ 재생 재열 사이클

해설 재생 재열 사이클
- 열 사이클이 가장 우수한 사이클이다.
- 재생 사이클과 재열 사이클을 모두 채용한 방식이다.

628 ★☆☆
증기 사이클에 대한 설명 중 틀린 것은?

① 랭킨 사이클의 열효율은 초기 온도 및 초기 압력이 높을수록 효율이 크다.
② 재열 사이클은 저압 터빈에서 증기가 포화 상태에 가까워졌을 때 증기를 다시 가열하여 고압 터빈으로 보낸다.
③ 재생 사이클은 증기 원동기 내에서 증기의 팽창 도중에서 증기를 추출하여 급수를 예열한다.
④ 재열 재생 사이클은 재생 사이클과 재열 사이클을 조합하여 병용하는 방식이다.

해설
재열 사이클은 고압 터빈에서 증기가 포화 상태에 가까워졌을 때 재열기로 증기를 다시 가열하여 저압 터빈으로 보낸다.

629 ★★☆
화력 발전소에서 재열기의 사용 목적은?

① 증기를 가열한다. ② 공기를 가열한다.
③ 급수를 가열한다. ④ 석탄을 건조한다.

해설 재열기
증기를 가열하기 위해 사용하는 재열기는 보일러에서 발생시킨 과열 증기가 1차적으로 고압 터빈을 돌린 후 온도가 내려간 포화 증기를 다시 보일러 내에 보낸다. 과열 증기를 만든 후 저압 터빈에 보내어 2차적으로 터빈을 돌리는 역할을 한다.

630 ★★☆
화력 발전소에서 재열기로 가열하는 것은?

① 석탄 ② 급수
③ 공기 ④ 증기

해설
재열 사이클에서 채용하는 재열기는 고압 터빈에서 나온 포화 증기를 더 한층 뜨거운 과열 증기로 바꾸는 장치이다.

THEME 03 화력 발전소의 열효율 계산

631 ★☆☆

연료의 발열량이 $430[\text{kcal/kg}]$일 때, 화력 발전소의 열효율 $[\%]$은?(단, 발전기 출력은 $P_G[\text{kW}]$, 시간당 연료의 소비량은 $B[\text{kg/h}]$이다.)

① $\dfrac{P_G}{B} \times 100$

② $\sqrt{2} \times \dfrac{P_G}{B} \times 100$

③ $\sqrt{3} \times \dfrac{P_G}{B} \times 100$

④ $2 \times \dfrac{P_G}{B} \times 100$

해설

열효율 $\eta = \dfrac{860 \times P_G[\text{kW}] \times t[\text{h}]}{430[\text{kcal/kg}] \times B[\text{kg/h}] \times t[\text{h}]} \times 100[\%]$

$\therefore \eta = 2 \times \dfrac{P_G}{B} \times 100[\%]$

632 ★★★

어느 화력 발전소에서 $40,000[\text{kWh}]$를 발전하는 데 발열량 $860[\text{kcal/kg}]$의 석탄이 60톤 사용된다. 이 발전소의 열효율 $[\%]$은 약 얼마인가?

① 56.7 ② 66.7
③ 76.7 ④ 86.7

해설

열효율 $\eta = \dfrac{860W}{BH} \times 100[\%]$

$\therefore \eta = \dfrac{860 \times 40,000}{60 \times 10^3 \times 860} \times 100 = 66.7[\%]$

633 ★★★

발전 전력량 $E[\text{kWh}]$, 연료 소비량 $W[\text{kg}]$, 연료의 발열량 $C[\text{kcal/kg}]$인 화력 발전소의 열효율 $\eta[\%]$는?

① $\dfrac{860E}{WC} \times 100$

② $\dfrac{E}{WC} \times 100$

③ $\dfrac{E}{860WC} \times 100$

④ $\dfrac{9.8E}{WC} \times 100$

해설 화력 발전소의 열효율 계산식

$\eta = \dfrac{860E}{WC} \times 100[\%]$ (단, E: 발전 전력량[kWh], W: 연료 소비량[kg], C: 연료 발열량[kcal/kg])

634 ★★★

증기 터빈 출력을 $P[\text{kW}]$, 증기량을 $W[\text{t/h}]$, 초압 및 배기의 증기 엔탈피를 각각 i_0, $i_1[\text{kcal/kg}]$이라 하면 터빈의 효율 $\eta_T[\%]$는?

① $\dfrac{860P \times 10^3}{W(i_0 - i_1)} \times 100$

② $\dfrac{860P \times 10^3}{W(i_1 - i_0)} \times 100$

③ $\dfrac{860P}{W(i_0 - i_1) \times 10^3} \times 100$

④ $\dfrac{860P}{W(i_1 - i_0) \times 10^3} \times 100$

해설 증기 터빈 효율

$\eta_T = \dfrac{\text{출력}}{\text{입력}} \times 100[\%] = \dfrac{860P}{W \times 10^3 \times (i_0 - i_1)} \times 100[\%]$

$= \dfrac{860P}{W(i_0 - i_1) \times 10^3} \times 100[\%]$

| 정답 | 631 ④ 632 ② 633 ① 634 ③

635 ★★☆

( )안에 들어갈 알맞은 내용은?

"화력 발전소의 (㉠)은 발생 (㉡)을 열량으로 환산한 값과 이것을 발생하기 위하여 소비된 (㉢)의 보유 열량(㉣)를 말한다."

① ㉠ 손실률, ㉡ 발열량, ㉢ 물, ㉣ 차
② ㉠ 열효율, ㉡ 전력량, ㉢ 연료, ㉣ 비
③ ㉠ 발전량, ㉡ 증기량, ㉢ 연료, ㉣ 결과
④ ㉠ 연료 소비율, ㉡ 증기량, ㉢ 물, ㉣ 차

해설

화력 발전소의 열 효율 $\eta = \dfrac{860W}{BH} \times 100[\%]$

(여기서, W: 발생 전력량[kWh], B: 연료 소비량[kg], H: 연료 발열량 [kcal/kg])

636 ★★★

화력 발전소에서 매일 최대 출력 $100{,}000[kW]$, 부하율 $90[\%]$로 60일간 연속 운전할 때 필요한 석탄량은 약 몇 [t]인가?(단, 사이클 효율은 $40[\%]$, 보일러 효율은 $85[\%]$, 발전기 효율은 $98[\%]$로 하고 석탄의 발열량은 $5{,}500[kcal/kg]$이라 한다.)

① 60,820
② 61,820
③ 62,820
④ 63,820

해설

$\eta = \dfrac{860W}{BH} \Rightarrow \therefore B = \dfrac{860W}{\eta H}$

$= \dfrac{860 \times 100{,}000 \times 0.9 \times (24 \times 60)}{0.4 \times 0.85 \times 0.98 \times 5{,}500}$

$= 60{,}818{,}509[kg] \fallingdotseq 60{,}819[t]$

637 ★★★

최대 출력 $350[MW]$, 평균 부하율 $80[\%]$로 운전되고 있는 화력 발전소의 10일간 중유 소비량이 $1.6 \times 10^7[L]$라고 하면 발전단에서의 열효율은 몇 [%]인가?(단, 중유의 열량은 $10{,}000[kcal/L]$이다.)

① 35.3
② 36.1
③ 37.8
④ 39.2

해설

$\eta = \dfrac{860W}{BH} \times 100$ (여기서, W: 발전 전력량[kWh])

$= \dfrac{860 \times 350 \times 10^3 \times 0.8 \times (10 \times 24)}{1.6 \times 10^7 \times 10{,}000} \times 100 = 36.12[\%]$

638 ★★★

화력 발전소에서 석탄 $1[kg]$으로 발생할 수 있는 전력량은 약 몇 [kWh]인가?(단, 석탄의 발열량은 $5{,}000[kcal/kg]$, 발전소의 효율은 $40[\%]$이다.)

① 2.0
② 2.3
③ 4.7
④ 5.8

해설

$\eta = \dfrac{860W}{BH}$ 에서

$W = \dfrac{\eta \times BH}{860} = \dfrac{0.4 \times 1 \times 5{,}000}{860} = 2.3[kWh]$

639 ★★☆

어떤 화력 발전소의 증기 조건이 고온원 540[℃], 저온원 30[℃]일 때 이 온도 간에서 움직이는 카르노 사이클의 이론 열효율[%]은?

① 85.2
② 80.5
③ 75.3
④ 62.7

해설

카르노 사이클의 열효율
$\eta = 1 - \dfrac{T_C}{T_H}$ (T_C = 저온 켈빈 온도[K], T_H = 고온 켈빈 온도[K])
$\eta = 1 - \dfrac{273+30}{273+540} = 0.627 (\therefore 62.7[\%])$

640 ★★☆

화력 발전소에서 가장 큰 손실은 무엇인가?

① 소내용 동력
② 송풍기 손실
③ 복수기에서의 손실
④ 연도 배출 가스 손실

해설

복수기는 증기 터빈에서 방출된 습증기를 냉각수로 응축시켜 급수로 환원시키는 설비이다. 습증기가 가지고 있는 열량을 냉각수가 대부분 빼앗으므로 열손실이 화력 발전 전체 열량 손실의 50[%]를 차지하여 가장 많이 발생한다.

641 ★☆☆

우리나라의 화력 발전소에서 가장 많이 사용되고 있는 복수기는?

① 분사 복수기
② 방사 복수기
③ 표면 복수기
④ 증발 복수기

해설

우리나라에서 가장 널리 쓰이는 복수기는 표면 복수기이다. 증기관을 설치하고 이 증기관에 냉각수를 접촉시켜 복수시키는 방식이다. 냉각수를 다량으로 얻을 수 있는 해안가 근처에 발전소를 건설하여 바닷물을 냉각수로 사용한다.

642 ★★☆

화력 발전소에서 탈기기를 사용하는 주목적은?

① 급수 중에 함유된 산소 등의 분리 제거
② 보일러 관벽의 스케일 부착의 방지
③ 급수 중에 포함된 염류의 제거
④ 연소용 공기의 예열

해설 탈기기

보일러에 보급되는 급수 중에 산소가 섞여 있으면 보일러 배관이나 터빈 날개 등을 부식시킨다. 이런 산소를 제거할 목적으로 설치하는 장치가 탈기기이다.

| 정답 | 639 ④ 640 ③ 641 ③ 642 ①

643 ★★☆
공기 예열기를 설치하는 효과로 볼 수 없는 것은?

① 화로의 온도가 높아져 보일러의 증발량이 증가한다.
② 매연의 발생이 적어진다.
③ 보일러 효율이 높아진다.
④ 연소율이 감소한다.

해설
공기 예열기는 보일러에서 배출된 배기가스의 열을 이용하여 보일러 연소용 공기를 가열시키는 장치이다. 공기 연소가 잘 되므로 매연의 발생이 감소하고, 예열기는 완전 연소되므로 보일러 효율이 향상되며, 보일러 화로의 온도가 높아져 증기 증발량이 증가한다.

644 ★★☆
보일러 절탄기(Economizer)의 용도는?

① 증기를 과열한다.
② 공기를 예열한다.
③ 석탄을 건조한다.
④ 보일러 급수를 예열한다.

해설 절탄기
보일러에서 연소된 후의 뜨거운 연소 공기를 이용하여 보일러에 공급되는 급수를 예열시켜 연료를 절약하는 장치

645 ★★☆
보일러 급수 중에 포함되어 있는 산소 등에 의한 보일러 배관의 부식을 방지할 목적으로 사용되는 장치는?

① 탈기기   ② 공기 예열기
③ 급수 가열기   ④ 수위 경보기

해설
보일러에 보급되는 급수 중에 산소가 섞여 있으면 보일러 배관이나 터빈 날개 등을 부식시킨다. 이런 산소를 제거할 목적으로 설치하는 장치가 탈기기이다.

646 NEW
보일러 급수 중의 염류 등이 굳어서 내벽에 부착되어 보일러 열전도와 물의 순환을 방해하며 내면의 수관벽을 과열시켜 파열을 일으키게 하는 원인이 되는 것은?

① 스케일   ② 부식
③ 포밍   ④ 캐리오버

해설
스케일은 급수 중의 불순물이 보일러 내벽이나 관내에 부착되어 급수의 순환을 방해하고 화력 발전소의 열효율을 저하시키는 원인으로 작용한다.

647 ★★☆
가스터빈의 장점이 아닌 것은?

① 구조가 간단해서 운전에 대한 신뢰가 높다.
② 기동, 정지가 용이하다.
③ 냉각수를 다량으로 필요로 하지 않는다.
④ 화력 발전소보다 열효율이 높다.

해설 가스터빈 발전기
• 급속한 기동 정지가 용이하여 첨두부하 운전에 유리하다.
• 화력 발전소(증기 터빈)보다 열효율이 낮다.
• 냉각수의 소요량이 적고, 입지 조건의 제약이 적다.

정답 643 ④ 644 ④ 645 ① 646 ① 647 ④

THEME 04 화력 발전소용 보일러의 원리

648 ★★☆
화력 발전소의 위치를 선정할 때 고려하지 않아도 되는 것은?

① 전력 수요지에 가까울 것
② 바람이 불지 않도록 산으로 둘러싸여 있을 것
③ 값이 싸고 풍부한 용수와 냉각수를 얻을 수 있을 것
④ 연료의 운반과 저장이 편리하며 지반이 견고할 것

해설 화력 발전소 위치 선정 시 고려사항
- 전력 수요지에 가까울 것
- 값이 싸고 풍부한 용수와 냉각수를 얻을 수 있을 것
- 연료의 운반과 저장이 편리하며 지반이 견고할 것
- 화력 발전은 많은 양의 냉각수 공급이 필요하므로 주로 하천 근처나 바닷가 근처에 위치해야 할 것

649 ★★☆
보일러에서 흡수 열량이 가장 큰 것은?

① 수냉벽   ② 과열기
③ 절탄기   ④ 공기 예열기

해설
보일러는 급수에 열량을 가하여 증기로 만드는 장치이다. 보일러에서 흡수 열량이 가장 큰 것은 수냉벽으로 가장 많은 열량을 흡수한다.

| 정답 | 648 ② 649 ①

THEME 05 전기식 집진기 및 조속기

650 ★★☆
조속기의 폐쇄 시간이 짧을수록 나타나는 현상으로 옳은 것은?

① 수격 작용은 작아진다.
② 발전기의 전압 상승률은 커진다.
③ 수차의 속도 변동률은 작아진다.
④ 수압관 내의 수압 상승률은 작아진다.

해설
조속기의 폐쇄 시간이 짧게 되면 그만큼 조속기의 동작이 예민하게 되므로, 수차의 속도 상승이 적게 되어 속도 변동률이 작아진다.

651 ★★☆
화력 발전소에서 열 사이클의 효율 향상을 위한 방법이 아닌 것은?

① 조속기의 설치
② 재생, 재열 사이클의 채용
③ 절탄기, 공기 예열기의 설치
④ 고압, 고온 증기의 채용과 과열기의 설치

해설
조속기는 발전기 및 수차(터빈)의 회전수를 자동으로 조정해 주는 속도 (주파수) 조정 장치이다.

| 정답 | 650 ③ 651 ①

CHAPTER 12

원자력 발전

1. 원자력 발전의 기본 원리
2. 열중성자 원자로
3. 원자로의 종류

CBT 완벽대비 가능한 유형마스터 학습!

THEME	유형분석	관련 번호
THEME 01 원자력 발전의 기본 원리	원자력 발전의 특징을 묻는 문제가 출제되곤 합니다.	652~654
THEME 02 열중성자 원자로	열중성자 원자로의 구성 요소에 대해서 까다롭게 출제되는 편입니다.	655~660
THEME 03 원자로의 종류	각 원자로의 차이에 따른 문제가 출제되곤 합니다.	661~665

학습 효과를 높이는 N제 3회독 시스템

챕터 별 전체 1회독이 끝났다면 회독 체크표에 날짜를 기입하고 체크표시를 해주세요.

회독 체크표	☐ 1회독	월 일	☐ 2회독	월 일	☐ 3회독	월 일

CHAPTER 12 원자력 발전

THEME 01 원자력 발전의 기본 원리

652 ★☆☆
원자력 발전의 특징이 아닌 것은?

① 건설비와 연료비가 높다.
② 설비는 국내 관련 사업을 발전시킨다.
③ 수송 및 저장이 용이하여 비용이 절감된다.
④ 방사선 측정기, 폐기물 처리 장치 등이 필요하다.

해설
원자력 발전은 화력 발전소에 비해 건설비는 비싸지만 우라늄 연료가 석탄이나 중유 연료보다 저렴하여 연료비가 낮다.

653 ★☆☆
다음 (㉮), (㉯), (㉰)에 들어갈 내용으로 옳은 것은?

> 원자력이란 일반적으로 무거운 원자핵이 핵분열 하여 가벼운 핵으로 바뀌면서 발생하는 핵분열 에너지를 이용하는 것이고, (㉮) 발전은 가벼운 원자핵을(과) (㉯)하여 무거운 핵으로 바꾸면서 (㉰) 전후의 질량 결손에 해당하는 방출 에너지를 이용하는 방식이다.

① ㉮ 원자핵 융합 ㉯ 융합 ㉰ 결합
② ㉮ 핵결합 ㉯ 반응 ㉰ 융합
③ ㉮ 핵융합 ㉯ 융합 ㉰ 핵반응
④ ㉮ 핵반응 ㉯ 반응 ㉰ 결합

해설 핵융합 발전
• 중수소를 결합하여 헬륨으로 바꾸면서 열에너지를 방출한다.
• 핵융합 발전은 가벼운 원자핵을 융합하여 무거운 핵으로 바꾸면서 핵반응 전후의 질량 결손에 해당하는 방출에너지를 이용한다.

654 ★☆☆
원자력 발전소와 화력 발전소의 특성을 비교한 것 중 틀린 것은?

① 원자력 발전소는 화력 발전소의 보일러 대신 원자로와 열 교환기를 사용한다.
② 원자력 발전소의 건설비는 화력 발전소에 비해 싸다.
③ 동일 출력일 경우 원자력 발전소의 터빈이나 복수기가 화력 발전소에 비하여 대형이다.
④ 원자력 발전소는 방사능에 대한 차폐 시설물의 투자가 필요하다.

해설 원자력 발전소
• 화력 발전소의 보일러 대신 원자로를 설치하여 연료로 우라늄을 사용한다.
• 화력 발전소의 공사비보다 훨씬 많은 공사 비용이 필요하다.
• 같은 발전 출력에서 화력 발전소보다 터빈이나 복수기 등 설비의 크기가 크다.
• 방사능에 대한 철저한 차폐가 중요하다.

THEME 02 열중성자 원자로

655 ★★☆
원자로에 사용되는 감속재가 구비하여야 할 조건으로 틀린 것은?

① 중성자 에너지를 빨리 감속시킬 수 있을 것
② 불필요한 중성자 흡수가 적을 것
③ 원자의 질량이 클 것
④ 감속능 및 감속비가 클 것

해설 감속재 구비 조건
• 중성자의 흡수가 적을 것(중성자 흡수 단면적이 적다.)
• 중성자 에너지를 빨리 감속시킬 수 있을 것
• 탄성 산란 효과가 클 것(가벼운 원자핵일수록 효과가 좋다.)
• 감속능과 감속비의 값이 클 것

| 정답 | 652 ① 653 ③ 654 ② 655 ③

656 ★★☆
원자로의 냉각재가 갖추어야 할 조건이 아닌 것은?

① 열용량이 적을 것
② 중성자의 흡수가 적을 것
③ 열전도율 및 열전달 계수가 클 것
④ 방사능을 띄기 어려울 것

해설 냉각재
냉각재는 원자로에서 핵반응 결과 발생한 열을 외부로 끄집어내는 열전달 매체로서 열용량이 커야 한다.(주로 경수를 사용)

657 ★★☆
원자로의 감속재에 대한 설명으로 틀린 것은?

① 감속 능력이 클 것
② 원자 질량이 클 것
③ 사용 재료로 경수를 사용
④ 고속 중성자를 열중성자로 바꾸는 작용

해설 감속재
원자로의 감속재는 고속 중성자를 열중성자까지 바꾸기 위해 속도 에너지를 감소시켜야 한다. 따라서 감속 능력이 뛰어나고 원자 질량이 비교적 작은 경수(H_2O)나 중수(D_2O)를 주로 사용한다.

658 ★☆☆
원자로에서 카드뮴(Cd) 막대가 하는 일을 옳게 설명한 것은?

① 원자로 내에 중성자를 공급한다.
② 원자로 내에 중성자 운동을 느리게 한다.
③ 원자로 내의 핵분열을 일으킨다.
④ 원자로 내에 중성자수를 감소시켜 핵분열의 연쇄반응을 제어한다.

해설 제어봉
- 연쇄 핵분열의 매개체인 중성자를 흡수하여 원자로의 핵분열 반응 속도를 조절한다.
- 중성자 흡수 단면적이 큰 카드뮴(Cd), 붕소(B), 하프늄(Hf) 등의 물질이 주로 사용된다.

659 ★★☆
원자로 내에서 발생한 열에너지를 외부로 끄집어내기 위한 열매체를 무엇이라고 하는가?

① 반사체
② 감속재
③ 냉각재
④ 제어봉

해설
냉각재는 원자로에서 핵분열 결과 발생한 막대한 열에너지를 외부로 끄집어내기 위한 열전달 매체로서 주로 경수(H_2O)나 중수(D_2O)를 사용한다.

660 ★★☆
원자로에서 중성자가 원자로 외부로 유출되어 인체에 위험을 주는 것을 방지하고 방열의 효과를 주기 위한 것은?

① 제어재
② 차폐재
③ 반사체
④ 구조재

해설 차폐재
원자로에서 중성자가 원자로 외부로 유출되어 인체에 위험을 주는 것을 방지하고 방열의 효과를 주기 위한 원자력 발전소의 최외곽 보호벽으로, 두꺼운 철근 콘크리트로 되어 있다.

| 정답 | 656 ① 657 ② 658 ④ 659 ③ 660 ②

THEME 03 원자로의 종류

661 ★★☆
비등수형 원자로의 특색이 아닌 것은?

① 열 교환기가 필요하다.
② 기포에 의한 자기 제어성이 있다.
③ 방사능 때문에 증기는 완전히 기수 분리를 해야 한다.
④ 순환 펌프로서는 급수 펌프뿐이므로 펌프 동력이 작다.

해설
비등수형 원자로(BWR)는 직접 열 사이클 방식으로서 열 교환기가 필요 없다.

662 ★★☆
원자력 발전소에서 비등수형 원자로에 대한 설명으로 틀린 것은?

① 연료로 농축 우라늄을 사용한다.
② 냉각재로 경수를 사용한다.
③ 물을 원자로 내에서 직접 비등시킨다.
④ 가압수형 원자로에 비해 노심의 출력 밀도가 높다.

해설 비등수형 원자로(BWR)의 특징
- 연료는 농축 우라늄을 사용한다.
- 냉각재는 경수(H_2O)를 사용한다.
- 물을 원자로 내에서 직접 비등시킨다.
- 소내용 동력은 적어도 된다.
- 가압수형(PWR)에 비해 노심의 출력 밀도가 낮아 같은 출력의 경우 노심 및 압력용기가 커진다.

663 ★★☆
경수 감속 냉각형 원자로에 속하는 것은?

① 고속 증식로
② 열중성자로
③ 비등수형 원자로
④ 흑연 감속 가스 냉각로

해설 경수 감속 냉각형 원자로
비등수형 원자로(BWR), 가압 경수형 원자로(PWR)는 냉각재 및 감속재로 경수(H_2O)를 사용한다.

664 ★★☆
증식비가 1보다 큰 원자로는?

① 경수로　　　② 흑연로
③ 중수로　　　④ 고속 증식로

해설
- 전환로(경수로, 중수로): 증식비가 1보다 작다.
- 증식로(고속 증식로): 증식비가 1보다 크다.

665 ★☆☆
다음 중 원자로에서 독작용을 설명한 것으로 가장 알맞은 것은?

① 열중성자가 독성을 받는 것을 말한다.
② $_{54}Xe^{135}$와 $_{62}Sm^{149}$가 인체에 독성을 주는 작용이다.
③ 열중성자 이용률이 저하되고 반응도가 감소되는 작용을 말한다.
④ 방사성 물질이 생체에 유해 작용을 하는 것을 말한다.

해설 원자로의 독작용
원자로 운전 중에는 핵연료 연소로 인하여 열중성자에 대한 흡수 단면적이 큰 물질(열중성자 독물질)이 생성되는데, 이것이 열중성자를 쉽게 흡수하여 핵반응을 감소시키는 작용을 원자로의 독작용이라고 한다.

| 정답 | 661 ①　662 ④　663 ③　664 ④　665 ③

에듀윌이 너를 지지할게

ENERGY

삶의 순간순간이
아름다운 마무리이며
새로운 시작이어야 한다.

– 법정 스님

여러분의 작은 소리
에듀윌은 크게 듣겠습니다.

본 교재에 대한 여러분의 목소리를 들려주세요.
공부하시면서 어려웠던 점, 궁금한 점,
칭찬하고 싶은 점, 개선할 점, 어떤 것이라도 좋습니다.

에듀윌은 여러분께서 나누어 주신 의견을
통해 끊임없이 발전하고 있습니다.

에듀윌 도서몰 book.eduwill.net
- 부가학습자료 및 정오표: 에듀윌 도서몰 → 도서자료실
- 교재 문의: 에듀윌 도서몰 → 문의하기 → 교재(내용, 출간) / 주문 및 배송

꿈을 현실로 만드는
에듀윌

DREAM

공무원 교육
- 선호도 1위, 신뢰도 1위! 브랜드만족도 1위!
- 합격자 수 2,100% 폭등시킨 독한 커리큘럼

자격증 교육
- 9년간 아무도 깨지 못한 기록 합격자 수 1위
- 가장 많은 합격자를 배출한 최고의 합격 시스템

직영학원
- 검증된 합격 프로그램과 강의
- 1:1 밀착 관리 및 컨설팅
- 호텔 수준의 학습 환경

종합출판
- 온라인서점 베스트셀러 1위!
- 출제위원급 전문 교수진이 직접 집필한 합격 교재

어학 교육
- 토익 베스트셀러 1위
- 토익 동영상 강의 무료 제공

콘텐츠 제휴·B2B 교육
- 고객 맞춤형 위탁 교육 서비스 제공
- 기업, 기관, 대학 등 각 단체에 최적화된 고객 맞춤형 교육 및 제휴 서비스

부동산 아카데미
- 부동산 실무 교육 1위!
- 상위 1% 고소득 창업/취업 비법
- 부동산 실전 재테크 성공 비법

학점은행제
- 99%의 과목이수율
- 17년 연속 교육부 평가 인정 기관 선정

대학 편입
- 편입 교육 1위!
- 최대 200% 환급 상품 서비스

국비무료 교육
- '5년우수훈련기관' 선정
- K-디지털, 산대특 등 특화 훈련과정
- 원격국비교육원 오픈

에듀윌 교육서비스 **공무원 교육** 9급공무원/소방공무원/계리직공무원 **자격증 교육** 공인중개사/주택관리사/손해평가사/감정평가사/노무사/전기기사/경비지도사/검정고시/소방설비기사/소방시설관리사/사회복지사1급/대기환경기사/수질환경기사/건축기사/토목기사/직업상담사/전기기능사/산업안전기사/건설안전기사/위험물산업기사/위험물기능사/유통관리사/물류관리사/행정사/한국사능력검정/한경TESAT/매경TEST/KBS한국어능력시험·실용글쓰기/IT자격증/국제무역사/무역영어 **어학 교육** 토익 교재/토익 동영상 강의 **세무/회계** 전산세무회계/ERP정보관리사/재경관리사 **대학 편입** 편입 영어·수학/연고대/의약대/경찰대/논술/면접 **직영학원** 공무원학원/소방학원/공인중개사 학원/주택관리사 학원/전기기사 학원/편입학원 **종합출판** 공무원·자격증 수험교재 및 단행본 **학점은행제** 교육부 평가인정기관 원격평생교육원(사회복지사2급/경영학/CPA) **콘텐츠 제휴·B2B 교육** 교육 콘텐츠 제휴/기업 맞춤 자격증 교육/대학취업역량 강화 교육 **부동산 아카데미** 부동산 창업CEO/부동산 경매 마스터/부동산 컨설팅 **주택취업센터** 실무 특강/실무 아카데미 **국비무료 교육(국비교육원)** 전기기능사/전기(산업)기사/소방설비(산업)기사/IT(빅데이터/자바프로그램/파이썬)/게임그래픽/3D프린터/실내건축디자인/웹퍼블리셔/그래픽디자인/영상편집(유튜브) 디자인/온라인 쇼핑몰광고 및 제작(쿠팡, 스마트스토어)/전산세무회계/컴퓨터활용능력/ITQ/GTQ/직업상담사

교육문의 **1600-6700** www.eduwill.net

YES24 수험서 자격증 한국산업인력공단 전기분야 전기철도/철도신호 베스트셀러 1위
(2019년 2월, 7월, 2020년 3월, 6월, 2021년 10월, 2022년 3월, 9월, 12월, 2023년 3월, 7월, 2024년 2월, 10월 월별 베스트)
2023, 2022, 2021 대한민국 브랜드만족도 전기기사 교육 1위(한경비즈니스)
2020, 2019 한국소비자만족지수 전기기사 교육 1위(한경비즈니스, G밸리뉴스)

2026 에듀윌 전기 전력공학 필기 +무료특강

기사맛집 합격 레시피

1. **끝맺음 노트: 핵심이론+빈출문제+최신기출 CBT 모의고사 3회**
   혜택받기 교재 내 별책부록 제공

2. **최신기출 CBT 모의고사 무료 해설강의(3회분)**
   혜택받기 교재 내 'QR코드 스캔' 또는 'URL 링크'로 접속

3. **한국전기설비규정 용어 표준화 및 국문순화 신구비교표 제공(PDF)**
   혜택받기 교재 내 'QR코드 스캔' 또는 'URL 링크'로 접속

고객의 꿈, 직원의 꿈, 지역사회의 꿈을 실현한다

에듀윌 도서몰
book.eduwill.net
- 부가학습자료 및 정오표: 에듀윌 도서몰 > 도서자료실
- 교재 문의: 에듀윌 도서몰 > 문의하기 > 교재(내용, 출간) / 주문 및 배송